"101 计划"核心教材

数学领域

概率论（下册）

李增沪　张梅　何辉　编著

中国教育出版传媒集团

高等教育出版社·北京

内容提要

本书是教育部本科教育教学改革试点工作计划（"101 计划"）教材，为高校数学类专业概率论课程设计，基于尽量少的预备知识，介绍该学科的基本概念、工具和方法。教材分为上、下两册：上册讲授概率论基础知识，包括概率空间、随机变量、条件分布与独立性、数学期望、特征函数、概率极限定理等；下册是关于随机过程和随机分析的引论，包括随机过程和鞅论的基本结果、更新过程、离散时间马氏链、连续时间马氏过程、随机积分和应用等。

本书读者对象为高等学校理工科大学生、研究生和科技工作者。

总 序

　　自数学出现以来，世界上不同国家、地区的人们在生产实践中、在思考探索中以不同的节奏推动着数学的不断突破和飞跃，并使之成为一门系统的学科。尤其是进入 21 世纪之后，数学发展的速度、规模、抽象程度及其应用的广泛和深入都远远超过了以往任何时期。数学的发展不仅是在理论知识方面的增加和扩大，更是思维能力的转变和升级，数学深刻地改变了人类认识和改造世界的方式。对于新时代的数学研究和教育工作者而言，有责任将这些知识和能力的发展与革新及时体现到课程和教材改革等工作当中。

　　数学 "101 计划" 核心教材是我国高等教育领域数学教材的大型编写工程。作为教育部基础学科系列 "101 计划" 的一部分，数学 "101 计划" 旨在通过深化课程、教材改革，探索培养具有国际视野的数学拔尖创新人才，教材的编写是其中一项重要工作。教材是学生理解和掌握数学的主要载体，教材质量的高低对数学教育的变革与发展意义重大。优秀的数学教材可以为青年学生打下坚实的数学基础，培养他们的逻辑思维能力和解决问题的能力，激发他们进一步探索数学的兴趣和热情。为此，数学 "101 计划" 工作组统筹协调来自国内 16 所一流高校的师资力量，全面梳理知识点，强化协同创新，陆续编写完成符合数学学科 "教与学"特点，体现学术前沿，具备中国特色的高质量核心教材。此次核心教材的编写者均为具有丰富教学成果和教材编写经验的数学家，他们当中很多人不仅有国际视野，还在各自的研究领域作出杰出的工作成果。在教材的内容方面，几乎是包括了分析学、代数学、几何学、微分方程、概率论、现代分析、数论基础、代数几何基础、拓扑学、微分几何、应用数学基础、统计学基础等现代数学的全部分支方向。考虑到不同层次的学生需要，编写组对个别教材设置了不同难度的版本。同时，还及时结合现代科技的最新动向，特别组织编写《人工智能的数学基础》等相关教材。

　　数学 "101 计划" 核心教材得以顺利完成离不开所有参与教材编写和审订的专家、学者及编辑人员的辛勤付出，在此深表感谢。希望读者们能通过数学 "101计划" 核心教材更好地构建扎实的数学知识基础，锻炼数学思维能力，深化对数学的理解，进一步生发出自主学习探究的能力。期盼广大青年学生受益于这套核心教材，有更多的拔尖创新人才脱颖而出！

田 刚

数学"101 计划"工作组组长

中国科学院院士

北京大学讲席教授

前　言

概率论研究随机现象的内在规律性并发展相应的数学理论。描述随机现象的基本概念是随机变量和随机过程。随机现象是相对于决定性现象而言的，后者是指在一定条件下必然产生某种结果的现象。随机现象则是指在基本条件不变的情况下，不能肯定最终会出现哪种结果的现象，即其结果的出现具有偶然性。随机现象的产生和对它的观察构成了概率论中所说的随机试验。虽然一次随机试验中某个事件的发生与否带有偶然性，在相同条件下大量重复的随机试验却往往呈现出明显的规律性。

如何把概率论建立在严格的数学基础之上曾经是该学科发展中的主要困难之一，对此问题的探索持续了相当长的时间。柯尔莫哥洛夫在他 1933 年出版的《概率论基础》一书中建立了概率论的严格的公理化体系。他的公理化方法是现代概率论的基础，使之成为严谨的数学分支，有力地推动了该学科的发展。

20 世纪初，受物理等学科的影响，人们开始深入地研究描述随机现象随时间演化的随机过程。爱因斯坦和维纳等对于布朗运动的研究推动了随机过程理论早期的发展。对该理论做出奠基性贡献的学者包括柯尔莫哥洛夫、马尔可夫、辛钦、维纳、莱维、伊藤等。目前概率论的思想和方法已经渗透到自然科学、工程技术、社会科学的各个领域。概率论已成为大学各专业开设最为广泛的数学课程之一。

本套《概率论》教材为大学数学类专业概率论课程设计，基于尽量少的预备知识，介绍该学科的基本概念、工具和方法。教材分为上、下两册；上册讲授概率论基础知识，包括概率空间、随机变量、条件分布与独立性、数学期望、特征函数、概率极限定理等；下册是关于随机过程和随机分析的引论，包括随机过程和鞅论的基本结果、更新过程、离散时间马氏链、连续时间马氏过程、随机积分和应用等。这些内容涵盖了教育部本科教育教学改革试点工作计划（"101 计划"）《高等学校数学类专业人才培养战略研究报告暨核心课程体系》中所列的概率论课程知识要点。与国际上流行的同类教材相比，本教材的难度介于文献 [9] 和 [13] 之间，大致与 [15] 相当，但内容与上述教材有很大不同。

在内容的处理上，我们力求简明精练、深入浅出，对于概念和结论的阐述都是严格和准确的。个别结论的证明中引入了附加条件，以便使学生既能够通过证明理解结论为什么是正确的，又不至陷入过于烦琐的技术性推演。对于数学期望，书中采用的是比较易于理解的斯蒂尔切斯积分的处理方式。为了方便师生的教和学，我们对该积分给出了较为系统的介绍，包括有界区间上的积分、全欧氏空间上的积分、极限与积分的换序等。这使我们在后面关于特征函数和各种概率极限定理等的讨论中，可以给出相对完整的一般性证明，而不必过多地引用关于抽象测度与积分的结果。

教材重视教学内容的现代化，并适当反映学科的发展情况，基本理论部分吸纳了若干新的结果和处理手法。特别地，对于随机过程讨论了左极右连实现和左极右连修正存在性的等价关系。对于柯尔莫哥洛夫强大数定律的证明，书中采用了比柯氏不等式方法更为简短的加西亚极大不等式方法。对于独立同分布随机变量序列的中心极限定理，书中分别给出了基于特征函数方法和基于斯坦方法的两种证明。结合马氏链和莱维过程的讨论，介绍了马氏耦合方法。对于连续时间马氏链，通过泊松随机测度驱动的随机方程给出了极小链的构造，这显示了随机分析方法的广泛的适用性。此外，书中通过专题讨论，例题和习题等形式介绍或提及了若干活跃的研究课题，如伊辛模型、自旋玻璃、分支结构系统等。

教材的上册通过对频率稳定性，高尔顿钉板试验等典型现象或案例的讨论导入，激发学生对于随机现象的相关问题的探索兴趣，最后又回到这些问题，用概率极限定理对其中的科学规律给出严格的分析和解释。希望学生通过对比自己对这些现象或案例理解程度的变化，认识到概率论在随机现象研究中的重要作用。作为对正文内容的扩展，在上册的附录中讨论了集合形式的单调类定理和关于抽象测度的积分，可供在需要时查阅。下册第一、二章分别介绍随机过程和鞅论的基本结果，后面各章围绕离散状态过程和连续状态过程两条主线展开，在内容的处理上有较大的独立性，以增加教学的灵活度。根据课时等实际情况，教师可以对书中的内容进行适当的选择。例如，下册可选择只讲授第一、二、四、五、六、七章，或者只讲授第一、二、四、八、九章。另外，跳过标题后带"*"号的内容不会影响后面内容的教学。

本书的材料来源于作者的课程讲义。我们感谢多位同行朋友对书稿在内容选取、编排设计等方面给予的有益建议；感谢历届同学在学习过程中富有启发性的问题；感谢高等教育出版社非常认真的编校工作。欢迎各位同仁继续对教材中的疏漏和谬误之处给予批评和指正。

作 者

2024 年 6 月

常用记号

$\mathbb{Z}$ 整数集合

$\mathbb{R}$ 实直线, 即一维欧氏空间

$\mathbb{R}^d$ d 维欧氏空间

$\mathbb{R}_+$ 正半实直线 $[0,\infty)$

$\mathbb{R}_{++}$ 严格正半实直线 $(0,\infty)$

$\mathbb{C}$ 复平面

$|\cdot|$ 模或欧氏范数

$a \wedge b$ $\min(a,b)$

$a \vee b$ $\max(a,b)$

$\lfloor x \rfloor$ 不超过 x 的最大整数

1_A 集合 A 的示性函数

δ_x 集中于 x 处的单点概率测度

$\mathrm{b}\mathscr{E}$ 关于 σ 代数 $\mathscr{E}$ 可测的有界实函数全体

目 录

第一章

基本概念和例子

随机过程描述某个系统在随机因素影响下随时间演进的过程. 这里的时间参量可以是离散的, 也可以是连续的. 本章介绍随机过程的基本结构和性质, 并讨论若干典型的例子, 主要内容包括过程的适应性、修正与实现、有限维分布族、随机游动、布朗运动、泊松过程、复合泊松过程和泊松随机测度等.

1.1　基本概念

1.1.1　随机过程的定义

定义在某个概率空间 $(\Omega, \mathscr{F}, \mathbf{P})$ 上, 取值于可测空间 $(E, \mathscr{E})$ 的随机变量族 $X = (X_t : t \in I)$ 称为随机过程, 简称过程. 此时, 称 $(E, \mathscr{E})$ 或 E 为 X 的状态空间. 我们经常会考虑 E 为度量拓扑空间的情况, 此时一般取 $\mathscr{E}$ 为其博雷尔 σ 代数, 即由 E 的全体开子集生成的 σ 代数. 特别地, 当 $E = \mathbb{R}$ 为欧氏空间时, 称 X 为实数值过程.

原则上, 随机过程的指标集 I 可以是任意的集合. 我们通常假定 I 是整数集 $\mathbb{Z}$ 或实数集 $\mathbb{R}$ 中的某个区间, 分别称为离散时间集与连续时间集. 此时 X 描述某个随机系统在时间区间 I 的变化情况. 在指标集明确的情况下, 我们也会将 $(X_t : t \in I)$ 简写为 (X_t). 经常考虑的指标集 I 的特例为 $\mathbb{Z}_+ = \{0, 1, 2, \cdots\}$ 或 $\mathbb{R}_+ = [0, \infty)$. 此时也将 $(X_t : t \in I)$ 写作 $(X_t : t \geqslant 0)$ 或 $(X_n : n \geqslant 0)$. 注意 $(X_n : n \geqslant 0)$ 就是随机变量序列 $(X_0, X_1, X_2, \cdots)$, 它也可以看作一个可数无穷维随机向量.

设 $(X_t : t \in I)$ 和 $(Y_t : t \in J)$ 是定义在某个概率空间 $(\Omega, \mathscr{F}, \mathbf{P})$ 上的随机过程, 其指标集或状态空间都可以相同或不同. 若对任意的有限集 $(s_1, s_2, \cdots, s_m) \subseteq I$ 和 $(t_1, t_2, \cdots, t_n) \subseteq J$, 随机向量 $(X_{s_1}, X_{s_2}, \cdots, X_{s_m})$ 和 $(Y_{t_1}, Y_{t_2}, \cdots, Y_{t_n})$ 独立, 则称这两个随机过程是独立的.

例 1.1.1　设 $\{\xi_n : n \geqslant 1\}$ 是概率空间 $(\Omega, \mathscr{F}, \mathbf{P})$ 上的独立实数值随机变量序列, 令 $X(0) = 0$ 并对 $n \geqslant 1$ 令 $X_n = \xi_1 + \xi_2 + \cdots + \xi_n$, 则 $(X_n : n \geqslant 0)$ 是一个随机过程. 显然, 对任何 $k \geqslant 1$, 过程 $(X_{n \wedge k} : n \geqslant 0)$ 和 $(X_{k+n} - X_k : n \geqslant 0)$ 独立, 其中 $n \wedge k = \min(n, k)$.

1.1.2　轨道和修正

设 $(X_t : t \in I)$ 是定义在某个概率空间 $(\Omega, \mathscr{F}, \mathbf{P})$ 上以 $(E, \mathscr{E})$ 为状态空间的随机过程. 在固定 $\omega \in \Omega$ 后, 由 I 到 $\mathbb{R}^d$ 的映射 $t \mapsto X_t(\omega)$ 称为 X 的轨道. 轨道是一个随机过程的基本要素, 关于轨道的结构与性质的研究是随机过程理论的重要内容. 特别地, 称

以度量空间 E 为状态空间的连续时间随机过程 $(X_t : t \geqslant 0)$ 是右连续的 (连续的, 左极右连的等), 是指其所有轨道右连续 (连续, 左极右连等).

定义 1.1.1 假定 $X = (X_t : t \in I)$ 和 $Y = (Y_t : t \in I)$ 是定义在概率空间 $(\Omega, \mathscr{F}, \mathbf{P})$ 上的以 $(E, \mathscr{E})$ 为状态空间的随机过程. 若对任何 $t \in I$ 有 $N_t \in \mathscr{F}$ 满足 $\{X_t \neq Y_t\} \subset N_t$ 且 $\mathbf{P}(N_t) = 0$, 则称 X 和 Y 互为修正. 若存在 $\Omega_1 \in \mathscr{F}$ 满足

$$\Omega_1 \subseteq \Omega_0 := \{X_t = Y_t \text{ 对所有 } t \in I \text{ 成立}\}$$

且有 $\mathbf{P}(\Omega_1) = 1$, 则称 X 和 Y 是无区别的.

易知, 当 I 为可数集时, X 和 Y 是无区别的当且仅当它们互为修正. 对于一般的指标集, 无区别的过程互为修正, 但反之未必成立.

例 1.1.2 设 X 和 Y 都是实数值随机过程, 则对 $t \in I$ 都有 $\{X_t = Y_t\} \in \mathscr{F}$. 此时 X 和 Y 互为修正当且仅当对一切 $t \in I$ 有 $\mathbf{P}(X_t \neq Y_t) = 0$.

例 1.1.3 设非负随机变量 T 的分布函数在 $\mathbb{R}$ 上连续. 对于 $t \geqslant 0$ 和 $\omega \in \Omega$ 定义 $\xi_t(\omega) = 0$ 和 $\eta_t(\omega) = 1_{\{T(\omega) = t\}}$, 则对任何 $t \geqslant 0$ 有

$$\mathbf{P}(\xi_t \neq \eta_t) = \mathbf{P}(\eta_t = 1) = \mathbf{P}(T = t) = 0,$$

故 $\mathbf{P}(\xi_t = \eta_t) = 1$, 因而 $(\xi_t : t \geqslant 0)$ 与 $(\eta_t : t \geqslant 0)$ 互为修正. 另一方面, 显然有

$$\mathbf{P}(\xi_t = \eta_t \text{ 对所有 } t \geqslant 0 \text{ 成立}) = \mathbf{P}(\varnothing) = 0 \neq 1,$$

其中 $\varnothing$ 表示空集. 因此 $(\xi_t : t \geqslant 0)$ 与 $(\eta_t : t \geqslant 0)$ 不是无区别的.

例 1.1.4 设 $\{\tau_k : k = 1, 2, \cdots\}$ 为独立随机变量序列, 其中所有随机变量都服从参数为 $\alpha > 0$ 的指数分布. 记 $S_n = \sum_{k=1}^{n} \tau_k$. 对任何 $t \geqslant 0$ 令

$$N_t = \sum_{n=1}^{\infty} 1_{\{S_n \leqslant t\}}, \quad X_t = \sum_{n=1}^{\infty} 1_{\{S_n < t\}},$$

则随机过程 $(N_t : t \geqslant 0)$ 左极右连, 而 $(X_t : t \geqslant 0)$ 左连右极. 它们互为修正, 但不是无区别的.

命题 1.1.1 设 $(X_t : t \geqslant 0)$ 和 $(Y_t : t \geqslant 0)$ 是定义在概率空间 $(\Omega, \mathscr{F}, \mathbf{P})$ 上的以度量空间 E 为状态空间右连续的实数值随机过程, 而 D 是 $[0, \infty)$ 的可数稠子集. 若对每个 $s \in D$ 都有 $\mathbf{P}(X_s = Y_s) = 1$, 则 $(X_t : t \geqslant 0)$ 和 $(Y_t : t \geqslant 0)$ 是无区别的.

证明 在假设条件下, 对每个 $s \geqslant 0$, 有 $N_s \in \mathscr{F}$, 满足 $\{X_s \neq Y_s\} \subset N_s$ 且 $\mathbf{P}(N_s) = 0$. 令 $\Omega_1 = \bigcap_{s \in D} N_s^c \in \mathscr{F}$. 易知 $\mathbf{P}(\Omega_1) = 1$, 且对 $\omega \in \Omega_1$ 和 $s \in D$, 有 $X_s(\omega) = Y_s(\omega)$. 对任何 $t \geqslant 0$, 可取 $\{s_n\} \subseteq D$ 使 $s_n \downarrow t$. 根据两个过程的右连续性, 对

$\omega \in \Omega_1$ 有

$$X_t(\omega) = \lim_{n \to \infty} X_{s_n}(\omega) = \lim_{n \to \infty} Y_{s_n}(\omega) = Y_t(\omega).$$

所以 $(X_t : t \geq 0)$ 和 $(Y_t : t \geq 0)$ 无区别. □

　　设 $(X_t : t \geq 0)$ 是以 $\mathbb{R}^d$ 为状态空间的随机过程. 称 $(X_t : t \geq 0)$ 是随机右连续的, 是指对于所有 $t \geq 0$ 当 $s \downarrow t$ 时有 $X_s \xrightarrow{\mathrm{P}} X_t$, 其中 "$\xrightarrow{\mathrm{P}}$" 表示依概率收敛, 即对任何 $\varepsilon > 0$ 有

$$\lim_{s \downarrow t} \mathbf{P}(\rho(X_s, X_t) \geq \varepsilon) = 0,$$

其中 ρ 表示 $\mathbb{R}^d$ 上的欧氏距离. 类似地, 可以定义随机左连续. 如果随机过程 $(X_t : t \geq 0)$ 既随机右连续又随机左连续, 就称其为随机连续.

　　命题 1.1.2　　设 $(X_t : t \geq 0)$ 是以 $\mathbb{R}^d$ 为状态空间的随机过程. (1) 若 $(X_t : t \geq 0)$ 随机右连续且对 $t \geq 0$ 右极限 X_{t+} 几乎必然存在, 则几乎必然地 $X_{t+} = X_t$; (2) 若 $(X_t : t \geq 0)$ 随机左连续且对 $t > 0$ 左极限 X_{t-} 几乎必然存在, 则几乎必然地 $X_{t-} = X_t$.

　　证明　　设 $(X_t : t \geq 0)$ 随机右连续且对 $t \geq 0$ 右极限 X_{t+} 几乎必然存在. 根据依概率收敛的性质, 存在数列 $t_n \downarrow t$ 使得几乎必然有 $\lim_n X_{t_n} = X_t$. 但是 $\lim_n X_{t_n} = X_{t+}$, 因此几乎必然地 $X_{t+} = X_t$, 即 (1) 成立. 类似地可证 (2) 成立. □

　　例 1.1.5　　设非负随机变量 T 的分布函数 F 为 $\mathbb{R}$ 上的连续函数. 令 $X_t = 1_{\{T \leq t\}}$, 则对于任意的 $\varepsilon > 0$ 和 $t > s \geq 0$ 显然有

$$\mathbf{P}(|X_s - X_t| \geq \varepsilon) \leq \mathbf{P}(X_s = 0, X_t = 1) = \mathbf{P}(s < T \leq t) = F(t) - F(s).$$

由此易知 $(X_t : t \geq 0)$ 随机连续.

1.1.3　有限维分布族

　　考虑可测空间 $(E, \mathscr{E})$. 给定指标集 I, 我们用 $s(I)$ 表示 I 的有序的有限子集全体, 即

$$s(I) = \{(t_1, t_2, \cdots, t_n) : n \geq 1; t_i \in I; i = 1, 2, \cdots, n\}.$$

对 $J = (t_1, t_2, \cdots, t_n) \in s(I)$ 写 $|J| = n$. 若每个 $J \in s(I)$ 都对应于乘积可测空间 $(E^{|J|}, \mathscr{E}^{|J|})$ 上的一个概率测度 μ_J, 我们称

$$\mathscr{D} = \{\mu_J : J \in s(I)\}$$

为 E 或 $(E, \mathscr{E})$ 上的有限维分布族, 而称其中的每个 μ_J 为有限维分布.

设 $X = (X_t : t \in I)$ 是定义在概率空间 $(\Omega, \mathscr{F}, \mathbf{P})$ 上以 $(E, \mathscr{E})$ 为状态空间的随机过程. 对 $J \in s(I)$, 用 μ_J^X 表示 $|J|$ 维随机向量 $X_J := (X_{t_1}, X_{t_2}, \cdots, X_{t_n})$ 在 $(E^{|J|}, \mathscr{E}^{|J|})$ 上的分布, 即对任何 $H \in \mathscr{E}^{|J|}$, 有

$$\mu_J^X(H) = \mu_{(t_1, t_2, \cdots, t_n)}^X(H) = \mathbf{P}\{(X_{t_1}, X_{t_2}, \cdots, X_{t_n}) \in H\}. \tag{1.1.1}$$

我们称 μ_J^X 为 X 的一个有限维分布, 而称 $\mathscr{D}_X = \{\mu_J^X : J \in s(I)\}$ 为 X 的有限维分布族.

定义 1.1.2 给定 $(E, \mathscr{E})$ 上的有限维分布族 $\mathscr{D}$, 若存在随机过程 $X = (X_t : t \in I)$ 使 $\mathscr{D}_X = \mathscr{D}$, 则称 $(X_t : t \in I)$ 为 $\mathscr{D}$ 的实现. 若两个随机过程 $(X_t : t \in I)$ 和 $(Y_t : t \in I)$ 有相同的有限维分布族, 则称它们为等价的. 两个等价的过程互称为实现.

显然, 若两个过程 $(X_t : t \in I)$ 和 $(Y_t : t \in I)$ 定义在同一概率空间上, 且互为修正, 则它们一定是等价的; 但反之未必成立.

例 1.1.6 设随机变量 ξ 服从正态分布 $N(0, 1)$. 对任何 $t \geq 0$ 令 $x(t) = \xi$ 和 $y(t) = -\xi$, 则 $\{x(t) : t \geq 0\}$ 与 $\{y(t) : t \geq 0\}$ 等价, 但不互为修正.

对于指标集 $I = \mathbb{Z}_+$, 可将状态空间 $E = \mathbb{R}$ 上的随机过程 $X = (X_t : t \in I)$ 等同于无穷维随机向量 $(X_0, X_1, X_2, \cdots)$. 此时 X 在可数维乘积可测空间 $(E^I, \mathscr{E}^I) := (\mathbb{R}^\infty, \mathscr{B}^\infty)$ 上的概率分布 μ_X 定义为

$$\mu_X(A) = \mathbf{P}(X \in A), \quad A \in \mathscr{B}^\infty.$$

应用测度论中的测度扩张定理可以证明, 过程 $X = (X_t : t \in I)$ 和 $Y = (Y_t : t \in I)$ 等价当且仅当它们在 $(\mathbb{R}^\infty, \mathscr{B}^\infty)$ 上有相同的概率分布. 对于 I 是一般指标集的情况, 令 E^I 为由 I 到 E 的所有映射 $w = \{w(t) : t \in I\}$ 构成的集合, 再令 $\mathscr{E}^I$ 为 E^I 上由所有函数类 $\{w \mapsto w(t) : t \in I\}$ 生成的 σ 代数. 则随机过程 $X = (X_t : t \in I)$ 可视为取值于 $(E^I, \mathscr{E}^I)$ 的随机变量.

1.1.4 左极右连修正和实现

设 $t \mapsto X(t)$ 是定义在某个集合 $D \subset [0, \infty)$ 上的实数值函数. 给定 $a < b \in \mathbb{R}$, 我们定义该函数对区间 $[a, b]$ 的上穿次数如下:

$$\begin{aligned} U_D^X[a, b] = \sup\{k \geq 0 : &\text{ 存在 } s_1 < t_1 < s_2 < t_2 < \cdots < s_k < t_k \in D \\ &\text{ 使对 } 1 \leq i \leq k \text{ 有 } X(s_i) \leq a \text{ 和 } X(t_i) \geq b\}. \end{aligned} \tag{1.1.2}$$

令 $\mathbb{Q}$ 表示有理数集.

引理 1.1.3 设 D 在 $[0, \infty)$ 中稠密, 则函数 $t \mapsto X(t)$ 在 $[0, \infty)$ 上每点处沿 D 的左右极限存在当且仅当对任意的 $K > 0$ 和 $a < b \in \mathbb{Q}$ 该函数在 $D_K := D \cap [0, K]$ 上有界且上穿次数 $U_{D_K}^X[a, b]$ 有限.

证明　假若 $t \mapsto X(t)$ 在某点 $t_0 \geqslant 0$ 处的右极限不存在, 则有 $\limsup\limits_{D \ni t \Downarrow t_0} |X(t)| = \infty$ 或者 $\liminf\limits_{D \ni t \Downarrow t_0} X(t) < \limsup\limits_{D \ni t \Downarrow t_0} X(t)$, 其中 $t \Downarrow t_0$ 表示 $t > t_0$ 且 $t \downarrow t_0$. 在第一种情况下, 令 $K = t_0 + 1$, 则显然 $t \mapsto X(t)$ 在 D_K 上无界. 在第二种情况下, 可取 $a, b \in \mathbb{Q}$ 满足

$$\liminf_{D \ni t \Downarrow t_0} X(t) < a < b < \limsup_{D \ni t \Downarrow t_0} X(t).$$

此时令 $K = t_0 + 1$, 则有 $U_{D_K}^X[a,b] = \infty$. 类似地, 假若 $t \mapsto X(t)$ 在某点 $t_0 > 0$ 处的左极限不存在, 令 $K = t_0$, 则可推出 $t \mapsto X(t)$ 在 D_K 上无界或者 $U_{D_K}^X[a,b] = \infty$. 根据上面的推导和反证法可知, 若对任意的 $K > 0$ 和 $a < b \in \mathbb{Q}$ 函数 $t \mapsto X(t)$ 在 D_K 上有界且 $U_{D_K}^X[a,b]$ 有限, 则该函数在 $[0, \infty)$ 上每点处沿 D 的左右极限存在. 反之, 假设对 $K > 0$ 和 $a < b \in \mathbb{Q}$ 函数 $t \mapsto X(t)$ 在 D_K 上无界或者 $U_{D_K}^X[a,b]$ 无限. 在第一种情况下, 对每个 $n \geqslant 1$ 可取 $t_n \in D_K$ 使得 $|X(t_n)| \geqslant n$, 再取子列 $\{t_{n_k}\} \subset \{t_n\}$ 使当 $k \to \infty$ 时 $t_{n_k} \to$ 某个 $t_0 \in [0, K]$. 此时显然 $t \mapsto X(t)$ 在 t_0 处沿 D 的左极限或右极限不存在. 在第二种情况下, 有 $U_{D_K}^X[a,b] = \infty$. 此时可取 $[0, K]$ 的递降区间套 $I_1 \supset I_2 \supset \cdots$ 使对每个 $n \geqslant 1$ 有 $|I_{n+1}| = |I_n|/2$ 且 $U_{D \cap I_n}^X[a,b] = \infty$, 其中 $|I_n|$ 表示区间 I_n 的长度. 根据区间套原理, 存在唯一的点 $t_0 \in \bigcap\limits_{n=1}^{\infty} I_n \subset [0, K]$. 显然 $t \mapsto X(t)$ 在 t_0 处沿 D 的左极限或右极限不存在. 再根据反证法可知, 若函数 $t \mapsto X(t)$ 在 $[0, \infty)$ 上每点处沿 D 的左右极限存在, 则对任意的 $K > 0$ 和 $a < b \in \mathbb{Q}$ 该函数在 $D_K := D \cap [0, K]$ 上有界且 $U_{D_K}^X[a,b]$ 有限. $\square$

定理 1.1.4　状态空间 $\mathbb{R}^d$ 上的随机过程 $(X_t : t \geqslant 0)$ 有左极右连的修正当且仅当它有左极右连的实现.

证明　显然, 若 $(X_t : t \geqslant 0)$ 有左极右连的修正, 它必然有左极右连的实现. 下面假定 $(X_t : t \geqslant 0)$ 有左极右连的实现 $(\xi_t : t \geqslant 0)$, 我们来证明 $(X_t : t \geqslant 0)$ 有左极右连的修正. 显然, 我们只需考虑 $d = 1$ 的情况. 取 $\mathbb{R}_+$ 的一个可数稠子集 $D = \{r_1, r_2, \cdots\}$ 并对 $n \geqslant 1$ 记 $D^n = \{r_1, r_2, \cdots, r_n\}$. 对于 $K > 0$ 记 $D_K = D \cap [0, a]$ 和 $D_K^n = D^n \cap [0, K]$. 注意

$$\mathbf{P}\Big\{ \sup_{t \in D_K} |X_t| = \infty \Big\} = \lim_{k \to \infty} \mathbf{P}\Big\{ \sup_{t \in D_K} |X_t| > k \Big\}$$
$$= \lim_{k \to \infty} \lim_{n \to \infty} \mathbf{P}\Big\{ \sup_{t \in D_K^n} |X_t| > k \Big\}.$$

显然, 将 X_t 替换为 ξ_t 上面的等式仍然成立. 由于 $(X_t : t \geqslant 0)$ 和 $(\xi_t : t \geqslant 0)$ 互为实现, 有限维随机向量 $(X_t : t \in D_K^n)$ 和 $(\xi_t : t \in D_K^n)$ 同分布. 又因为 $(\xi_t : t \geqslant 0)$ 左极右连, 由上式得

$$\mathbf{P}\Big\{ \sup_{t \in D_K} |X_t| < \infty \Big\} = 1 - \lim_{k \to \infty} \lim_{n \to \infty} \mathbf{P}\Big\{ \sup_{t \in D_K^n} |\xi_t| > k \Big\}$$

$$= 1 - \mathbf{P}\Big\{ \sup_{t \in D_K} |\xi_t| = \infty \Big\} = 1, \tag{1.1.3}$$

其中最后的等式用到了引理 1.1.3. 另一方面, 由 (1.1.2) 式不难看出, 对于任意的 $a < b \in \mathbb{R}$ 有 $U_{D_K^n}^X[a,b] \stackrel{\mathrm{d}}{=} U_{D_K^n}^\xi[a,b]$, 进而

$$U_{D_K}^X[a,b] = \lim_{n\to\infty} U_{D_K^n}^X[a,b] \stackrel{\mathrm{d}}{=} \lim_{n\to\infty} U_{D_K^n}^\xi[a,b] = U_{D_K}^\xi[a,b].$$

再因为 $(\xi_t : t \geq 0)$ 左极右连, 根据引理 1.1.3 有

$$\mathbf{P}\{U_{D_K}^X[a,b] < \infty\} = \mathbf{P}\{U_{D_K}^\xi[a,b] < \infty\} = 1. \tag{1.1.4}$$

现在令

$$\Omega_\infty = \bigcap_{K=1}^\infty \Big(\Big\{ \sup_{t \in D_K} |X_t| < \infty \Big\} \cap \Omega_K \Big),$$

其中

$$\Omega_K = \bigcap_{a,b \in \mathbb{Q}, a < b} \{U_{D_K}^X[a,b] < \infty\}.$$

根据 (1.1.3) 式和 (1.1.4) 式有 $\mathbf{P}(\Omega_\infty) = 1$. 再由引理 1.1.3 知对 $\omega \in \Omega_\infty$ 和 $t \geq 0$ 极限 $Y_t(\omega) := \lim_{D \ni s \to t+} X_s(\omega)$ 存在, 而对 $\omega \in \Omega_\infty$ 和 $t > 0$ 极限 $Z_t(\omega) := \lim_{D \ni s \to t-} X_s(\omega)$ 存在. 取定 $x_0 \in \mathbb{R}$, 对所有 $t \geq 0$ 和 $\omega \in \Omega \setminus \Omega_\infty$ 令 $Y_t(\omega) = x_0$. 显然 $(Y_t : t \geq 0)$ 是左极右连过程且对 $t > 0$ 有 $Y_{t-} = Z_t$. 因为 $(X_t : t \geq 0)$ 有左极右连的实现, 它必然随机右连续, 故对任何 $t \geq 0$ 可取 $\{s_n\} \subseteq D$ 满足 $s_n \downarrow t$ 且几乎必然 $X_t = \lim_{n\to\infty} X_{s_n}$. 因此几乎必然有 $Y_t = X_t$, 即 $(Y_t : t \geq 0)$ 是 $(X_t : t \geq 0)$ 的修正. $\square$

定理 1.1.4 可以推广到状态空间为完备可分度量空间的随机过程, 详见 [24, p.415, Theorem A.7]. 该定理建立了随机过程的左极右连实现和左极右连修正的存在性的等价关系. 尽管这是一个颇为基本的结果, 我们没有在更早的文献中找到对其明确的阐述.

练习题

1. 设 $(X_t : t \geq 0)$ 是定义在概率空间 $(\Omega, \mathscr{F}, \mathbf{P})$ 上的随机过程. 证明对于任意的 $s, t \geq 0$ 和 $\varepsilon > 0$ 有 $\{\rho(X_s, X_t) \geq \varepsilon\} \in \mathscr{F}$.

2. 令 $\mathscr{D}_X = \{\mu_J^X : J \in s(I)\}$ 是状态空间 $E = \mathbb{R}^d$ 上的随机过程 $(X_t : t \in I)$ 的有限维分布族. 任取 $(s_1, s_2) \in s(I)$ 和 $J = (t_1, t_2, \cdots, t_n) \in s(I)$. 记 $K_1 = (s_1, s_2, t_1, t_2, \cdots, t_n) \in s(I)$ 和 $K_2 = (s_2, s_1, t_1, t_2, \cdots, t_n) \in s(I)$. 证明: 对于 $A_1, A_2 \in \mathscr{E}$ 和 $B \in \mathscr{E}^n$, 有

$$\mu_{K_1}^X(A_1 \times A_2 \times B) = \mu_{K_2}^X(A_2 \times A_1 \times B)$$

和

$$\mu_{K_1}^X(E \times E \times B) = \mu_{K_2}^X(E \times E \times B) = \mu_J^X(B).$$

3. 证明例 1.1.4 中定义的随机过程 $(N_t : t \geqslant 0)$ 和 $(X_t : t \geqslant 0)$ 互为修正, 但不是无区别的.

提示: 利用强大数定律证明几乎必然地有 $\lim\limits_{n \to \infty} S_n = \infty$. 所以 N_t 和 X_t 的表达式实际上都是有限和.

4. 证明例 1.1.4 中定义的随机过程 $(N_t : t \geqslant 0)$ 和 $(X_t : t \geqslant 0)$ 随机连续.

5. 设 $(\Omega, \mathscr{F}, \mathbf{P})$ 为完备概率空间. 证明 $(\Omega, \mathscr{F}, \mathbf{P})$ 上的随机过程无区别当且仅当 $\mathbf{P}(X_t = Y_t$ 对一切 $t \in I$ 成立 $) = 1$.

6. 设 $\{(X_t^1, X_t^2, \cdots, X_t^d) : t \geqslant 0\}$ 是 d 维随机过程. 证明: 若对于 $1 \leqslant i \leqslant d$ 每个 $(X_t^i : t \geqslant 0)$ 有修正 $(\xi_t^i : t \geqslant 0)$, 则 $\{(\xi_t^1, \xi_t^2, \cdots, \xi_t^d) : t \geqslant 0\}$ 是 $\{(X_t^1, X_t^2, \cdots, X_t^d) : t \geqslant 0\}$ 的修正.

1.2　随机游动

随机游动是最简单和最早被研究的随机过程之一. 设 $\{\xi_n : n \geqslant 1\}$ 是独立同分布 d 维随机变量序列, 而 X_0 是与之独立的另一个 d 维随机变量. 令

$$X_n = X_0 + \sum_{i=1}^n \xi_i, \quad n \geqslant 1, \tag{1.2.1}$$

称 $(X_n : n \geqslant 0)$ 为 d 维随机游动, 并称 $\{\xi_n : n \geqslant 1\}$ 为其步长列.

例 1.2.1　令 $(X_n : n \geqslant 0)$ 是 (1.2.1) 式定义的 d 维随机游动, 并记 $X_n = (X_n^1, X_n^2, \cdots, X_n^d)$. 对于正整数 $d_1 \leqslant d$ 令 $Y_n = (X_n^1, X_n^2, \cdots, X_n^{d_1})$, 则 $(Y_n : n \geqslant 0)$ 是 d_1 维随机游动.

在很多时候, 我们假定 X_0 和 $\{\xi_n : n \geqslant 1\}$ 都是取值于 d 维整数格点空间 $\mathbb{Z}^d$ 的随机变量. 此时, 随机游动 $(X_n : n \geqslant 0)$ 的状态空间可取为 $\mathbb{Z}^d$. 特别地, 若有 $\mathbf{P}(|\xi_i| = 1) = 1$, 则称 $(X_n : n \geqslant 0)$ 为 d 维简单随机游动. 令 $v_1, v_2, \cdots, v_d$ 为 $\mathbb{Z}^d$ 中的 d 个单位向量. 若 $\mathbf{P}(\xi_1 = \pm v_k) = 1/2d, k = 1, 2, \cdots, d$, 则称 $(X_n : n \geqslant 0)$ 为 d 维对称简单随机游动.

例 1.2.2　令 $(S_n : n \geqslant 0)$ 为从原点出发的 d 维对称简单随机游动. 注意, 该游动只可能在偶数步以严格正概率返回原点. 特别地, 当 $d = 1$ 时, 若由原点出发的游动在第 $2n$ 步返回该点, 则它必有 n 步向左而另外 n 步向右运动. 所以

$$\mathbf{P}(S_{2n} = 0) = \frac{1}{2^{2n}} \binom{2n}{n} = \frac{1}{2^{2n}} \frac{(2n)!}{(n!)^2}.$$

当 $d = 2$ 时, 若由原点出发的游动在第 $2n$ 步返回该点, 则必存在 $0 \leqslant k \leqslant n$ 使游动的运动为 k 步向上, k 步向下, $n-k$ 步向左, $n-k$ 步向右. 因此, 利用二项分布的卷积公式有

$$
\begin{aligned}
\mathbf{P}(S_{2n} = 0) &= \frac{1}{4^{2n}} \sum_{k=0}^{n} \frac{(2n)!}{(k!)^2[(n-k)!]^2} = \frac{1}{4^{2n}} \frac{(2n)!}{(n!)^2} \sum_{k=0}^{n} \mathrm{C}_k^n \mathrm{C}_{n-k}^n \\
&= \frac{1}{4^{2n}} \frac{(2n)!}{(n!)^2} \mathrm{C}_n^{2n} = \frac{1}{4^{2n}} \left(\frac{(2n)!}{(n!)^2} \right)^2.
\end{aligned}
$$

当 $d = 3$ 时, 与上面的分析类似地有

$$
\begin{aligned}
\mathbf{P}(S_{2n} = 0) &= \frac{1}{6^{2n}} \sum_{i+j+k=n} \frac{(2n)!}{(i!j!k!)^2} = \frac{1}{6^{2n}} \frac{(2n)!}{(n!)^2} \sum_{i+j+k=n} \left(\frac{n!}{i!j!k!} \right)^2 \\
&= \frac{1}{2^{2n}} \frac{(2n)!}{(n!)^2} \sum_{i+j+k=n} \left(\frac{1}{3^n} \frac{n!}{i!j!k!} \right)^2.
\end{aligned}
$$

当 $d \geqslant 4$ 时, $\mathbf{P}(S_{2n} = 0)$ 也有类似的表达式.

1.2.1　轨道的无界性

为了方便讨论, 我们考虑 $\mathbb{Z}$ 上的简单随机游动 $(S_n : n \geqslant 0)$. 其构造如下: 设 $\{\xi_n : n \geqslant 1\}$ 为独立同分布的随机变量序列, 且有

$$
\mathbf{P}(\xi_n = 1) = p, \ \mathbf{P}(\xi_n = -1) = q, \tag{1.2.2}
$$

其中 $p, q \geqslant 0$ 且 $p + q = 1$. 令 S_0 为取值于 $\mathbb{Z}$ 且与 $\{\xi_n : n \geqslant 1\}$ 独立的随机变量, 再令

$$
S_n = S_0 + \sum_{k=1}^{n} \xi_k, \quad n \geqslant 1, \tag{1.2.3}
$$

则 $(S_n : n \geqslant 0)$ 是 $\mathbb{Z}$ 上的简单随机游动.

命题 1.2.1　简单随机游动 $(S_n : n \geqslant 0)$ 的轨道是几乎必然无界的, 即

$$
\mathbf{P}\left\{ \sup_{n \geqslant 0} |S_n| = \infty \right\} = 1. \tag{1.2.4}
$$

证明　(1) 考虑 $p = q = 1/2$ 的情况. 此时 (S_n) 是对称简单随机游动. 不妨设 $S_0 = 0$. 这样, 对任意的 $M, k \geqslant 1$ 有

$$
\mathbf{P}\left\{ \sup_{n \geqslant 0} |S_n| \leqslant M \right\} \leqslant \mathbf{P}\{|S_k| \leqslant M\} = \mathbf{P}\left\{ \left| \frac{S_k}{\sqrt{k}} \right| \leqslant \frac{M}{\sqrt{k}} \right\}. \tag{1.2.5}
$$

根据假设条件, 对每个 $i \geqslant 1$ 有 $\mathbf{E}\xi_i = 0$ 和 $\mathbf{Var}\xi_i = 1$. 由中心极限定理, 当 $k \to \infty$ 时随机变量

$$\frac{S_k}{\sqrt{k}} = \frac{1}{\sqrt{k}} \sum_{i=1}^{k} \xi_i$$

的分布弱收敛到标准正态分布. 所以当 $k \to \infty$ 时 (1.2.5) 式右端的概率趋于零, 故其左端的概率为零. 再由概率的次可加性知

$$\mathbf{P}\Big\{\sup_{n \geqslant 0} |S_n| < \infty\Big\} = \mathbf{P}\Big(\bigcup_{M=1}^{\infty} \Big\{\sup_{n \geqslant 0} |S_n| \leqslant M\Big\}\Big)$$
$$= \sum_{M=1}^{\infty} \mathbf{P}\Big(\sup_{n \geqslant 0} |S_n| \leqslant M\Big) = 0,$$

即 (1.2.4) 式成立.

(2) 考虑 $p \neq q$ 的情况. 此时由大数定律, 当 $n \to \infty$ 时几乎必然有 $S_n/n \to p - q \neq 0$, 故 $|S_n| \to \infty$, 进而 (1.2.4) 式成立. $\square$

1.2.2　首达时分布

定义 $(S_n : n \geqslant 0)$ 到位置 $x \in \mathbb{Z}$ 的首达时 $\tau_x = \inf\{n \geqslant 0 : S_n = x\}$. 因为该游动每步只跳跃一个单位长度, 不难看出 $\tau_x \geqslant |x - S_0|$, 故几乎必然地

$$\lim_{|x| \to \infty} \tau_x = \infty. \tag{1.2.6}$$

下面设 $a \leqslant i \leqslant b \in \mathbb{Z}$, 并记 $\mathbf{P}_i = \mathbf{P}(\cdot | S_0 = i)$. 再令

$$P_i = \mathbf{P}_i(\tau_b < \tau_a), \quad Q_i = \mathbf{P}_i(\tau_a < \tau_b),$$

显然有 $P_a = 0$ 和 $Q_a = 1$. 另外, 由命题 1.2.1 知 $\mathbf{P}_i(\tau_a \wedge \tau_b < \infty) = 1$. 因此

$$P_i + Q_i = 1, \quad a \leqslant i \leqslant b. \tag{1.2.7}$$

令 $A_1 = \{\xi_1 = 1\}$. 由全概率公式,

$$P_i = \mathbf{P}_i(A_1)P_{i+1} + \mathbf{P}_i(A_1^c)P_{i-1} = pP_{i+1} + qP_{i-1},$$

故有

$$P_{i+1} - P_i = \frac{q}{p}(P_i - P_{i-1}), \quad a + 1 \leqslant i \leqslant b - 1. \tag{1.2.8}$$

定理 1.2.2 (1) 当 $p = q = 1/2$ 时, 对 $a \leqslant i \leqslant b \in \mathbb{Z}$ 有

$$\mathbf{P}_i(\tau_b < \tau_a) = \frac{i-a}{b-a}, \quad \mathbf{P}_i(\tau_a < \tau_b) = \frac{b-i}{b-a}. \tag{1.2.9}$$

(2) 当 $p \neq q$ 时, 对 $a \leqslant i \leqslant b \in \mathbb{Z}$ 有

$$\mathbf{P}_i(\tau_b < \tau_a) = \frac{1 - \left(\dfrac{q}{p}\right)^{i-a}}{1 - \left(\dfrac{q}{p}\right)^{b-a}}, \quad \mathbf{P}_i(\tau_a < \tau_b) = \frac{\left(\dfrac{q}{p}\right)^{i-a} - \left(\dfrac{q}{p}\right)^{b-a}}{1 - \left(\dfrac{q}{p}\right)^{b-a}}. \tag{1.2.10}$$

证明 (1) 当 $p = q = 1/2$ 时, 由 (1.2.8) 式有 $P_{i+1} - P_i = P_i - P_{i-1}$, 即

$$\{P_i : i = a, a+1, \cdots, b-1, b\}$$

为等差数列. 再由 $P_a = 0$ 和 $P_b = 1$ 得 $P_{i+1} - P_i = 1/(b-a)$. 利用 (1.2.7) 式即得 (1.2.9)式.

(2) 当 $p \neq q$ 时, 因 $P_a = 0$, 由 (1.2.8) 式有

$$P_i - P_{i-1} = \frac{q}{p}(P_{i-1} - P_{i-2}) = \cdots$$

$$= \left(\frac{q}{p}\right)^{i-1}(P_{a+1} - P_a) = \left(\frac{q}{p}\right)^{i-1} P_{a+1}.$$

对上式求和得

$$P_i = \sum_{k=a+1}^{i} \left(\frac{q}{p}\right)^{k-a-1} P_{a+1} = \sum_{k=1}^{i-a} \left(\frac{q}{p}\right)^{k-1} P_{a+1} = \left[\frac{1 - \left(\dfrac{q}{p}\right)^{i-a}}{1 - \dfrac{q}{p}}\right] P_{a+1}.$$

因 $P_b = 1$, 有

$$P_{a+1} = \frac{1 - \dfrac{q}{p}}{1 - \left(\dfrac{q}{p}\right)^{b-a}}.$$

再由 (1.2.7) 式即得 (1.2.10)式. □

在定理 1.2.2 的结论的基础上, 可以容易地给出从固定位置出发的简单随机游动的首达时的分布. 这就是下面的:

推论 1.2.3 (1) 当 $p \geqslant q$ 时, 对 $a \leqslant i \leqslant b \in \mathbb{Z}$ 有

$$\mathbf{P}_i(\tau_a < \infty) = \left(\frac{q}{p}\right)^{i-a}, \quad \mathbf{P}_i(\tau_b < \infty) = 1.$$

(2) 当 $p \leqslant q$ 时, 对 $a \leqslant i \leqslant b \in \mathbb{Z}$ 有

$$\mathbf{P}_i(\tau_a < \infty) = 1, \quad \mathbf{P}_i(\tau_b < \infty) = \left(\frac{p}{q}\right)^{b-i}.$$

证明　利用 (1.2.6) 式不难得到

$$\mathbf{P}_i(\tau_a < \infty) = \lim_{b \to \infty} \mathbf{P}_i(\tau_a < \tau_b), \quad \mathbf{P}_i(\tau_b < \infty) = \lim_{a \to -\infty} \mathbf{P}_i(\tau_b < \tau_a).$$

再由定理 1.2.1 即得 (1). 类似地可证 (2).　□

练习题

1. 设 $(X_n : n \geq 0)$ 是简单随机游动. 证明 $(-X_n : n \geq 0)$ 也是简单随机游动.

2. 设 $\{(X_n, Y_n) : n \geq 0\}$ 是二维随机游动. 证明 $(X_n : n \geq 0)$ 和 $(Y_n : n \geq 0)$ 都是一维随机游动.

3. 设 (S_n) 是由 (1.2.3) 式定义的一维简单随机游动.

(1) 证明对任意的 $n \geq 0$ 和 $\{i_0, i_1, \cdots, i_n, j\} \subseteq \mathbb{Z}$ 有

$$\mathbf{P}(X_{n+1} = j | X_k = i_k : 0 \leq k \leq n) = p1_{\{j = i_n + 1\}} + q1_{\{j = i_n - 1\}}.$$

(2) 说明上面的条件概率与 $\mathbf{P}(X_{n+1} = j | X_n = i_n)$ 的关系并解释其原因.

4. 令 (X_n) 是由 (1.2.1) 式定义的 d 维随机游动, 其中序列 $\{\xi_n\}$ 满足 $\mathbf{P}(|\xi_i| \geq 1) > 0$. 证明:

$$\mathbf{P}\left\{ \sup_{n \geq 0} |X_n| = \infty \right\} = 1.$$

5. 令 (S_n) 是一维对称简单随机游动. 证明对于任何 $a \in \mathbb{Z}$ 该游动首次到达 a 的时刻 τ_a 几乎必然有限.

1.3　布朗运动

布朗运动是英国植物学家布朗 (Robert Brown) 发现的一种自然现象. 布朗 1827 年发现漂浮在液体表面的花粉颗粒会无序地运动. 爱因斯坦 (Albert Einstein) 在 1905 年发表的论文 [11] 中指出, 花粉的运动是因为液体分子在各个方向撞击它们的缘故. 爱因斯坦还计算出了布朗运动增量的分布. 后来维纳 (Norbert Wiener) 在 1923 年的论文 [36] 中证明这种随机过程可以在连续轨道上实现, 因此布朗运动也称为维纳过程.

1.3.1　背景和定义

定义 1.3.1　假定 $\sigma^2 \geq 0$ 为常数. 称具有连续轨道的实值过程 $(B_t : t \geq 0)$ 是以 σ^2 为参数的 (一维) 布朗运动, 是指它具有下面两个性质:

(1) 对任何 $0 \leqslant s \leqslant t$, 增量 $B_t - B_s$ 服从高斯分布 $N(0, \sigma^2(t-s))$, 即

$$\mathbf{E}\mathrm{e}^{\mathrm{i}\theta(B_t - B_s)} = \mathrm{e}^{-\sigma^2(t-s)\theta^2/2}, \quad \theta \in \mathbb{R};$$

(2) 对任何 $0 \leqslant t_0 < t_1 < \cdots < t_n$, 随机变量 $B_{t_0}, B_{t_1} - B_{t_0}, \cdots, B_{t_n} - B_{t_{n-1}}$ 相互独立.

特别地, 当 $\sigma^2 = 1$ 时称 $(B_t : t \geqslant 0)$ 为标准布朗运动.

有限维分布为正态分布的随机过程称为正态过程. 根据定义 1.3.1, 若 B_0 服从正态分布, 则布朗运动 $(B_t : t \geqslant 0)$ 是高斯过程. 显然, 若 $(B_t : t \geqslant 0)$ 是以 σ^2 为参数的布朗运动, 则 $(-B_t : t \geqslant 0)$ 也是以 σ^2 为参数的布朗运动. 布朗运动描述了微观粒子在理想介质中随机运动的速度随时间的变化情况. 下面的例子通过变尺度极限给出了该模型的直观解释.

例 1.3.1 设 $\{\xi_k : k \geqslant 1\}$ 是独立同分布的零均值平方可积随机变量序列且 $\sigma^2 := \mathbf{Var}(\xi_k) > 0$. 记 $X(0) = 0$ 和

$$X(n) = \sum_{k=1}^{n} \xi_k, \quad n \geqslant 1,$$

则 $\{X(n) : n \geqslant 0\}$ 是一个随机游动. 这里 ξ_k 可以解释为粒子由于介质分子的第 k 次撞击所产生的速度的增量, 而 $X(n)$ 代表粒子在受到介质分子的 n 次撞击后的速度. 通常相对于粒子而言介质分子的质量非常小, 而单位时间内粒子受到介质分子撞击的次数非常多. 为了近似这种情况, 我们考虑变尺度过程:

$$X_n(t) = \frac{1}{\sqrt{n}} X(\lfloor nt \rfloor), \quad t \geqslant 0, \tag{1.3.1}$$

其中 $\lfloor x \rfloor$ 表示不超过 $x \in \mathbb{R}$ 的最大整数, 则 $\{X_n(t) : t \geqslant 0\}$ 为连续时间随机过程. 对于 $t > s \geqslant 0$ 有

$$\begin{aligned}
X_n(t) - X_n(s) &= \frac{1}{\sqrt{n}} \big[X(\lfloor nt \rfloor) - X(\lfloor ns \rfloor) \big] \\
&= \frac{1}{\sqrt{n}} \bigg[\sum_{k=\lfloor ns \rfloor + 1}^{\lfloor nt \rfloor} \xi_k \bigg] = a_n(s,t) Z_n(s,t),
\end{aligned}$$

其中

$$a_n(s,t) = \frac{\sigma}{\sqrt{n}} \sqrt{\lfloor nt \rfloor - \lfloor ns \rfloor},$$

而

$$Z_n(s,t) = \frac{1}{\sigma \sqrt{\lfloor nt \rfloor - \lfloor ns \rfloor}} \sum_{k=\lfloor ns \rfloor + 1}^{\lfloor nt \rfloor} \xi_k.$$

这里 $Z_n(s,t)$ 是 $\lfloor nt \rfloor - \lfloor ns \rfloor$ 个独立同分布随机变量的标准化部分和, 其中 $\lfloor nt \rfloor - \lfloor ns \rfloor \geqslant (t-s)/n - 1$. 根据林德伯格中心极限定理, 当 $n \to \infty$ 时 $Z_n(s,t)$ 依分布收敛到标准正态随机变量. 又因为

$$\lim_{n \to \infty} a_n(s,t) = \sigma \sqrt{t-s},$$

易知 $X_n(t) - X_n(s)$ 的分布弱收敛到正态分布 $N(0, \sigma^2(t-s))$. 另外, 对任何 $0 \leqslant t_0 < t_1 < \cdots < t_n$, 利用 (1.3.1) 式可以证明随机变量 $X_n(t_0), X_n(t_1) - X_n(t_0), \cdots, X_n(t_n) - X_n(t_{n-1})$ 相互独立. 据此不难证明 $\{X_n(t) : t \geqslant 0\}$ 的任何有限维分布弱收敛到从原点出发的以 σ^2 为参数的一维布朗运动的相应的有限维分布. 所以布朗运动近似地描述了粒子在介质中随机运动的速度的变化情况.

1.3.2 布朗运动的构造

在本小节中, 我们利用随机插值法给出布朗运动的严格构造, 说明前面定义的布朗运动在数学上是存在的. 注意, 若 $(B_t : t \geqslant 0)$ 是从原点出发的标准布朗运动, 对 $\sigma \geqslant 0$ 和 $x \in \mathbb{R}$ 记 $X_t = x + \sigma B_t$, 则 $(X_t : t \geqslant 0)$ 就是从 x 出发且以 σ^2 为参数的布朗运动. 因此, 我们只需讨论从原点出发的标准布朗运动的构造. 显然, 后者可以容易地转化为以 $[0,1]$ 为时间集的标准布朗运动的构造问题.

对 $n \geqslant 0$ 令 I_n 为 0 和 2^n 之间的奇数构成的集合. 例如 $I_0 = I_1 = \{1\}$, $I_2 = \{1,3\}$, $I_3 = \{1,3,5,7\}$. 再令 $C_n = \{k/2^n : k = 0, 1, \cdots, 2^n\}$. 则对 $n \geqslant 1$ 有 $C_{n-1} \subseteq C_n$. 记 $C = \bigcup_{n=0}^{\infty} C_n$.

设 $\xi_{n,k}$, $n \geqslant 0, k \geqslant 1$ 是定义在某个概率空间 $(\Omega, \mathscr{F}, \mathbf{P})$ 上的可数个独立同分布标准正态随机变量. 对 $n \geqslant 0$ 令 $B(0) = 0$. 再令 $B_0(1) = \xi_{0,1}$. 设 $\{B(s) : s \in C_{n-1}\}$ 已给定. 注意对 $k \in I_n$ 有 $(k \pm 1)/2^n \in C_{n-1}$. 令

$$B\left(\frac{k}{2^n}\right) = \frac{1}{2}\left[B\left(\frac{k-1}{2^n}\right) + B\left(\frac{k+1}{2^n}\right)\right] + \frac{\xi_{n,k}}{2^{(n+1)/2}}. \tag{1.3.2}$$

这样, 就归纳地定义了零均值的正态过程 $\{B(s) : s \in C\}$.

引理 1.3.1 对任何 $n \geqslant 0$, 离散时间正态过程 $\{B(s) : s \in C_n\}$ 的单步增量

$$B\left(\frac{k}{2^n}\right) - B\left(\frac{k-1}{2^n}\right), \quad k = 1, 2, \cdots, 2^n \tag{1.3.3}$$

是独立同分布的零均值正态随机变量且有方差 $1/2^n$.

证明 显然, 欲证结论对离散时间正态过程 $\{B(s) : s \in C_0\} = \{B(0), B(1)\}$ 成立. 假设正态过程 $\{B(s) : s \in C_{n-1}\}$ 的单步增量是独立同分布的零均值正态随机变量且有方差 $1/2^{n-1}$. 对任何 $k \in I_n$ 由 (1.3.2) 式有

$$B\left(\frac{k}{2^n}\right) - B\left(\frac{k-1}{2^n}\right) = \frac{1}{2}\left[B\left(\frac{k+1}{2^n}\right) - B\left(\frac{k-1}{2^n}\right)\right] + \frac{\xi_{n,k}}{2^{(n+1)/2}} \tag{1.3.4}$$

1.3 布朗运动 15

和

$$B\left(\frac{k+1}{2^n}\right) - B\left(\frac{k}{2^n}\right) = \frac{1}{2}\left[B\left(\frac{k+1}{2^n}\right) - B\left(\frac{k-1}{2^n}\right)\right] - \frac{\xi_{n,k}}{2^{(n+1)/2}}. \tag{1.3.5}$$

注意 $(k\pm 1)/2^n \in C_{n-1}$, 而 $\xi_{n,k}$ 与 $\{B(s) : s \in C_{n-1}\}$ 独立. 由 (1.3.4) 式, (1.3.5) 式和归纳假设有

$$\begin{aligned}
&\mathbf{E}\left\{\left[B\left(\frac{k}{2^n}\right) - B\left(\frac{k-1}{2^n}\right)\right]^2\right\} \\
&= \mathbf{E}\left\{\left[B\left(\frac{k+1}{2^n}\right) - B\left(\frac{k}{2^n}\right)\right]^2\right\} \\
&= \frac{1}{2^2}\mathbf{E}\left\{\left[B\left(\frac{k+1}{2^n}\right) - B\left(\frac{k-1}{2^n}\right)\right]^2\right\} + \mathbf{E}\left[\frac{\xi_{n,k}^2}{2^{n+1}}\right] \\
&= \frac{1}{2^2}\frac{1}{2^{n-1}} + \frac{1}{2^{n+1}} = \frac{1}{2^n}.
\end{aligned}$$

所以 $B(k/2^n) - B((k-1)/2^n)$ 和 $B((k+1)/2^n) - B(k/2^n)$ 都是方差为 $1/2^n$ 正态随机变量. 这就证明了 (1.3.3) 式中的增量是同分布的正态随机变量. 类似地, 有

$$\begin{aligned}
&\mathbf{E}\left\{\left[B\left(\frac{k}{2^n}\right) - B\left(\frac{k-1}{2^n}\right)\right]\left[B\left(\frac{k+1}{2^n}\right) - B\left(\frac{k}{2^n}\right)\right]\right\} \\
&= \frac{1}{2^2}\mathbf{E}\left\{\left[B\left(\frac{k+1}{2^n}\right) - B\left(\frac{k-1}{2^n}\right)\right]^2\right\} - \mathbf{E}\left[\frac{\xi_{n,k}^2}{2^{n+1}}\right] \\
&= \frac{1}{2^2}\frac{1}{2^{n-1}} - \frac{1}{2^{n+1}} = 0,
\end{aligned}$$

因而 $B(k/2^n) - B((k-1)/2^n)$ 与 $B((k+1)/2^n) - B(k/2^n)$ 独立. 由归纳假设不难看出, 若 $j \in I_n$ 且 $j \neq k$, 则随机向量 $(B(j/2^n) - B((j-1)/2^n), B((j+1)/2^n) - B(j/2^n))$ 与 $(B(k/2^n) - B((k-1)/2^n), B((k+1)/2^n) - B(k/2^n))$ 独立. 所以 (1.3.3) 式中的正态随机变量相互独立. 根据数学归纳法, 引理结论对所有 $n \geqslant 0$ 成立. □

现在, 对每个 $n \geqslant 0$, 基于 $\{B(s) : s \in C_n\}$, 通过线性插值可以定义随机过程 $\{B_n(t) : t \in [0,1]\}$. 令 $h_{0,1}(t) = 1$. 对 $n \geqslant 1$ 和 $k \in I_n$ 令

$$h_{n,k}(t) = 2^{(n-1)/2}\left[1_{((k-1)/2^n, k/2^n)}(t) - 1_{(k/2^n, (k+1)/2^n)}(t)\right].$$

再对 $n \geqslant 0$ 和 $k \in I_n$ 定义函数

$$S_{n,k}(t) = \int_0^t h_{n,k}(s)\mathrm{d}s, \quad t \in [0,1].$$

该函数的图像的非零部分由底边为 $[(k-1)/2^n, (k+1)/2^n]$, 高度为 $1/2^{(n+1)/2}$ 的等腰三角形的两个腰构成. 不难看出, 对 $n \geqslant 0$ 和 $\omega \in \Omega$ 有

$$B_n(\omega, t) = \sum_{m=0}^n \sum_{k \in I_m} S_{m,k}(t)\xi_{m,k}(\omega), \quad t \in [0,1]. \tag{1.3.6}$$

引理 1.3.2　　存在 $\Omega_0 \in \mathscr{F}$ 满足 $\mathbf{P}(\Omega_0) = 1$ 且对每个 $\omega \in \Omega_0$ 当 $n \to \infty$ 时 $\{B_n(t, \omega) : t \in [0, 1]\}$ 一致收敛到某个连续函数 $\{B(t, \omega) : t \in [0, 1]\}$.

证明　对 $n \geqslant 0$ 令 $X_n = \max\limits_{k \in I_n} |\xi_{n,k}|$. 因为 $\xi_{n,k}$ 服从标准正态分布, 对任何 $c > 0$ 有

$$\mathbf{P}(|\xi_{n,k}| > c) = \frac{\sqrt{2}}{\sqrt{\pi}} \int_c^\infty \mathrm{e}^{-x^2/2} \mathrm{d}x$$
$$\leqslant \frac{\sqrt{2}}{\sqrt{\pi}} \int_c^\infty \frac{x}{c} \mathrm{e}^{-x^2/2} \mathrm{d}x = \frac{\sqrt{2}}{c\sqrt{\pi}} \mathrm{e}^{-c^2/2},$$

进而

$$\mathbf{P}(X_n > n) = \mathbf{P}\Big(\bigcup_{k \in I_n} \{|\xi_{n,k}| > n\} \Big)$$
$$\leqslant 2^n \mathbf{P}(|\xi_{n,1}| > n) \leqslant \frac{2^n \sqrt{2}}{n\sqrt{\pi}} \mathrm{e}^{-n^2/2}.$$

所以 $\sum\limits_{n=0}^\infty \mathbf{P}(X_n > n) < \infty$. 令 $\Omega_0 = \bigcup\limits_{k=1}^\infty \bigcap\limits_{n=k}^\infty \{X_n \leqslant n\}$. 根据博雷尔–坎泰利引理有 $\mathbf{P}(\Omega_0) = 1$. 显然, 对每个 $\omega \in \Omega_0$ 存在整数 $k(\omega) \geqslant 1$ 使当 $n \geqslant k(\omega)$ 时 $X_n(\omega) \leqslant n$, 从而

$$\sum_{n=k(\omega)}^\infty \sum_{i \in I_n} S_{n,i}(t) |\xi_{n,i}(\omega)| \leqslant \sum_{n=k(\omega)}^\infty X_n(\omega) \sum_{i \in I_n} S_{n,i}(t)$$
$$\leqslant \sum_{n=k(\omega)}^\infty n 2^{-(n+1)/2} < \infty,$$

其中第二个不等号成立是由于函数 $S_{n,i}$, $i \in I_n$ 的支撑集不重叠. 所以 $\{B_n(t, \omega) : t \in [0, 1]\}$ 一致收敛到某个连续函数 $\{B(t, \omega) : t \in [0, 1]\}$. □

对于 $\omega \in \Omega \setminus \Omega_0$ 补充定义 $B(t, \omega) = 0$, $t \in [0, 1]$. 这样我们就得到连续随机过程 $\{B(t) : t \in [0, 1]\}$.

定理 1.3.3　　如上定义的连续随机过程 $\{B(t) : t \in [0, 1]\}$ 是从原点出发的标准布朗运动.

证明　由 $\{B(t) : t \in [0, 1]\}$ 的构造, 对于 $n \geqslant 0$ 和 $t \in C_n$ 有 $B(t) = B_n(t)$ (a.s.). 根据引理 1.3.1 不难证明, 定义 1.3.1 中的两个性质对 C_n 中的点 $s \leqslant t$ 和 $0 \leqslant t_0 < t_1 < \cdots < t_n$ 成立. 对于 $s \leqslant t \in [0, 1]$, 显然有 $s_n := \inf C_n \cap [s, 1] \downarrow s$ 和 $t_n := \inf C_n \cap [t, 1] \downarrow t$. 再由 $\{B(t) : t \in [0, 1]\}$ 的连续性有 $B(s) = \lim\limits_{n \to \infty} B(s_n)$ 和 $B(t) = \lim\limits_{n \to \infty} B(t_n)$ (a.s.). 根据控制收敛定理有

$$\mathbf{E}\mathrm{e}^{\mathrm{i}\theta[B(t)-B(s)]} = \lim_{n \to \infty} \mathbf{E}\mathrm{e}^{\mathrm{i}\theta[B(t_n)-B(s_n)]} = \lim_{n \to \infty} \mathrm{e}^{-(t_n-s_n)\theta^2/2} = \mathrm{e}^{-(t-s)\theta^2/2}.$$

所以定义 1.3.1 中的性质 (1) 对于 $s \leqslant t \in [0,1]$ 成立. 类似地, 可以证明该定义中的性质 (2) 对于 $[0,1]$ 中的 $0 \leqslant t_0 < t_1 < \cdots < t_n$ 也成立. 所以 $\{B(t) : t \in [0,1]\}$ 是从原点出发的标准布朗运动. □

定义 1.3.2 令 $W = C_{\mathbb{R}}[0,\infty)$ 是所有连续实值函数 $w : [0,\infty) \to \mathbb{R}$ 构成的集合, 而 $\mathscr{W}$ 是其上的坐标过程 $\{w(t) : t \geqslant 0\}$ 生成的 σ 代数. 令 Q 为从原点出发的标准布朗运动 $(B_t : t \geqslant 0)$ 在 $(W, \mathscr{W})$ 上的分布, 则 $\{w(t) : t \geqslant 0\}$ 是定义在概率空间 $(W, \mathscr{W}, Q)$ 上的从原点出发的标准布朗运动. 我们称 $(W, \mathscr{W}, Q)$ 为维纳空间, 而称 Q 为维纳测度.

1.3.3 几个基本性质

布朗运动属于几类重要的随机过程的交集. 特别地, 运用高斯过程的语言, 可以给出对布朗运动的如下的刻画:

定理 1.3.4 从原点出发的零均值高斯过程 $(B_t : t \geqslant 0)$ 是标准布朗运动当且仅当对任意的 $s, t \geqslant 0$ 有 $\mathbf{E}(B_t B_s) = t \wedge s$.

证明 若 $(B_t : t \geqslant 0)$ 是从原点出发的标准布朗运动, 易知它是中心化的高斯过程, 且对 $t \geqslant s \geqslant 0$ 有 $\mathbf{E}(B_t B_s) = \mathbf{E}[(B_t - B_s)B_s + B_s^2] = s$, 故对任意的 $s, t \geqslant 0$ 有 $\mathbf{E}(B_t B_s) = t \wedge s$. 反之, 假设 $(B_t : t \geqslant 0)$ 是从原点出发的中心化连续实值高斯过程, 且对任意的 $s, t \geqslant 0$ 有 $\mathbf{E}(B_t B_s) = t \wedge s$. 则对于 $t > s \geqslant r \geqslant 0$ 有 $\mathbf{E}[(B_t - B_s)^2] = t - s$ 和 $\mathbf{E}[B_r(B_t - B_s)] = 0$, 故 $B_t - B_s$ 服从高斯分布 $N(0, t-s)$ 且与 B_r 独立. 由此易知 $(B_t : t \geqslant 0)$ 满足定义 1.3.1 中的两条性质. □

定理 1.3.5 设 $(B_t : t \geqslant 0)$ 是定义在概率空间 $(\Omega, \mathscr{F}, \mathbf{P})$ 上的标准布朗运动. 对 $t > r \geqslant 0$ 和 $n \geqslant 1$, 取区间 $[r,t] \subseteq \mathbb{R}_+$ 的划分

$$\pi_n := \{r = t_{n,0} < t_{n,1} < t_{n,2} < \cdots < t_{n,k_n} = t\}$$

使当 $n \to \infty$ 时有 $\delta_n := \max_i |t_{n,i} - t_{n,i-1}| \to 0$. 则当 $n \to \infty$ 时, 在 L^2 收敛的意义下有

$$\sum_{i=1}^{k_n} (B_{t_{n,i}} - B_{t_{n,i-1}})^2 \to t - r. \tag{1.3.7}$$

证明 根据正态分布的矩的计算公式, 对 $t > s \geqslant 0$ 有

$$\mathbf{E}\{[(B_t - B_s)^2 - (t-s)]^2\} = \mathbf{E}[(B_t - B_s)^4 - 2(t-s)(B_t - B_s)^2 + (t-s)^2]$$
$$= 3(t-s)^2 - 2(t-s)^2 + (t-s)^2 = 2(t-s)^2.$$

另外, 对 $t_2 > s_2 \geqslant t_1 > s_1 \geqslant 0$, 由独立增量性,

$$\mathbf{E}\{[(B_{t_1} - B_{s_1})^2 - (t_1 - s_1)][(B_{t_2} - B_{s_2})^2 - (t_2 - s_2)]\} = 0.$$

针对划分 π_n 记 $\Delta B_{t_{n,j}} = B_{t_{n,j}} - B_{t_{n,j-1}}$ 和 $\Delta t_{n,j} = t_{n,j} - t_{n,j-1}$. 根据上面的分析, 计算得到

$$\mathbf{E}\left\{\left[\sum_{j=1}^{k_n}(\Delta B_{t_{n,j}})^2 - (t-s)\right]^2\right\} = \mathbf{E}\left\{\left[\sum_{j=1}^{k_n}\left((\Delta B_{t_{n,j}})^2 - \Delta t_{n,j}\right)\right]^2\right\}$$

$$= \sum_{j=1}^{k_n}\mathbf{E}\left\{[(\Delta B_{t_{n,j}})^2 - \Delta t_{n,j}]^2\right\}$$

$$= \sum_{j=1}^{k_n}2(\Delta t_{n,i})^2 \leqslant 2(t-s)\delta_n.$$

因此当 $n \to \infty$ 时在 L^2 收敛意义下有 (1.3.7) 式成立. $\square$

推论 1.3.6 存在 $\Omega_0 \in \mathscr{F}$ 满足 $\mathbf{P}(\Omega_0) = 1$ 且对 $\omega \in \Omega_0$ 轨道 $t \mapsto B_t(\omega)$ 在 $\mathbb{R}_+$ 的任何长度非零的区间上都有无限变差.

证明 根据定理 1.3.5, 存在 $\{\pi_n\}$ 的某个子列, 仍然记为 $\{\pi_n\}$, 使当 $n \to \infty$ 时几乎必然地有

$$\sum_{i=1}^{k_n}(B_{t_{n,i}} - B_{t_{n,i-1}})^2 \to t - r > 0.$$

因 $(B_t : t \geqslant 0)$ 连续, 使上式成立的轨道 $s \mapsto B_s(\omega)$ 在 $[r,t]$ 上有无限变差, 故可取 $\Omega_{r,t} \in \mathscr{F}$ 满足 $\mathbf{P}(\Omega_{r,t}) = 1$ 且对 $\omega \in \Omega_{r,t}$ 轨道 $s \mapsto B_s(\omega)$ 在 $[r,t]$ 上有有界无限变差. 再令

$$\Omega_0 = \bigcap_{r,t\in\mathbb{Q},0\leqslant r<t} \Omega_{r,t} \in \mathscr{F},$$

其中 $\mathbb{Q}$ 表示有理数集. 则 $\mathbf{P}(\Omega_0) = 1$ 且对 $\omega \in \Omega_0$ 轨道 $s \mapsto B_s(\omega)$ 在任何长度非零的区间上都有无限变差. $\square$

根据推论 1.3.6 易知, 几乎必然地布朗运动的轨道处处不可导.

练习题

1. 设 $(B_t : t \geqslant 0)$ 是标准布朗运动. 证明对任何 $r \geqslant 0$ 随机过程 $(B_{t+r} - B_r : t \geqslant 0)$ 是从 0 出发的标准布朗运动.

2. 设 $(B_t : t \geqslant 0)$ 是从原点出发的标准布朗运动. 证明对任何 $c > 0$ 随机过程 $(cB_{t/c^2} : t \geqslant 0)$ 也是从原点出发的标准布朗运动.

3. 设 $(X_t : t \geqslant 0)$ 和 $(Y_t : t \geqslant 0)$ 是相互独立的标准布朗运动, 而 $\alpha, \beta \in \mathbb{R}$ 为常数. 证明 $(\alpha X_t + \beta Y_t : t \geqslant 0)$ 是以 $\alpha^2 + \beta^2$ 为参数的布朗运动.

4. 设 $(B_t : t \geqslant 0)$ 是从原点出发的标准布朗运动. 定义 $X_0 = 0$ 和 $X_t = tB_{1/t}$. 根据重对数率, 几乎必然有

$$\limsup_{t \to \infty} \frac{B(t)}{\sqrt{2t \ln \ln t}} = 1.$$

基于上面结论证明 $(X_t : t \geqslant 0)$ 也是从原点出发的标准布朗运动.

1.4 泊松过程

令 $(N_t : t \geqslant 0)$ 是参数为 $\alpha \geqslant 0$ 的泊松过程. 我们知道, 它是一个不降的左极右连非负整数值随机过程, 且具有如下两个性质:

(1) 对任何 $s, t \geqslant 0$, 增量 $N_{s+t} - N_s$ 服从参数为 αt 的泊松分布, 即

$$\mathbf{P}(N_{s+t} - N_s = k) = \frac{\alpha^k t^k}{k!} \mathrm{e}^{-\alpha t}, \quad k = 0, 1, 2, \cdots; \tag{1.4.1}$$

(2) 对任何 $0 \leqslant t_0 < t_1 < \cdots < t_n$, 随机变量 $N_{t_0}, N_{t_1} - N_{t_0}, \cdots, N_{t_n} - N_{t_{n-1}}$ 相互独立.

这里, 我们只假定 $(N_t : t \geqslant 0)$ 具有上面两个性质, 而不要求 $N_0 = 0$.

1.4.1 跳跃间隔时间

给定参数为 $\alpha \geqslant 0$ 的泊松过程 $(N_t : t \geqslant 0)$, 记 $S_0 = 0$ 并对 $n \geqslant 1$ 令 $S_n = \inf\{t \geqslant 0 : N_t - N_0 \geqslant n\}$ 和 $\eta_n = S_n - S_{n-1}$. 直观上 S_n 是 $(N_t : t \geqslant 0)$ 的第 n 次跳跃的等待时间, 而 η_n 是它由第 $n-1$ 次到第 n 次的跳跃间隔时间.

定理 1.4.1 随机变量 $\eta_n, n \geqslant 1$ 相互独立且同服从参数为 α 的指数分布.

证明 首先计算随机向量 $(S_1, S_2, \cdots, S_n)$ 的分布. 该随机向量的状态空间为

$$H_n := \{(x_1, x_2, \cdots, x_n) \in \mathbb{R}^n : 0 < x_1 < x_2 < \cdots < x_n\}.$$

对 $0 = t_0 < r_1 < t_1 < r_2 < t_2 < \cdots < r_n < t_n$, 根据独立增量性有

$$\mathbf{P}\big(r_i < S_i \leqslant t_i, i = 1, \cdots, n\big)$$
$$= \mathbf{P}\big(\{N_{r_1} - N_{t_0} = \cdots = N_{r_n} - N_{t_{n-1}} = 0\} \cap$$
$$\{N_{t_1} - N_{r_1} = \cdots = N_{t_{n-1}} - N_{r_{n-1}} = 1\} \cap$$
$$\{N_{t_n} - N_{r_n} \geqslant 1\}\big)$$

$$= \prod_{i=1}^{n} e^{-\alpha(r_i - t_{i-1})} \cdot \prod_{i=1}^{n-1} \alpha(t_i - r_i) e^{-\alpha(t_i - r_i)} \cdot (1 - e^{-\alpha(t_n - r_n)})$$

$$= e^{-\alpha(r_n - t_{n-1})} \cdot \prod_{i=1}^{n-1} e^{-\alpha(t_i - t_{i-1})} \cdot \prod_{i=1}^{n-1} \alpha(t_i - r_i) \cdot (1 - e^{-\alpha(t_n - r_n)})$$

$$= e^{-\alpha(r_n - t_0)} \cdot \prod_{i=1}^{n-1} \alpha(t_i - r_i) \cdot (1 - e^{-\alpha(t_n - r_n)})$$

$$= \prod_{i=1}^{n-1} \alpha(t_i - r_i) \cdot (e^{-\alpha r_n} - e^{-\alpha t_n})$$

$$= \alpha^{n-1} \int_{r_1}^{t_1} dx_1 \int_{r_2}^{t_2} dx_2 \cdots \int_{r_{n-1}}^{t_{n-1}} dx_{n-1} \int_{r_n}^{t_n} \alpha e^{-\alpha x_n} dx_n.$$

所以 $(S_1, S_2, \cdots, S_n)$ 有联合分布密度

$$p(x_1, x_2, \cdots, x_n) := \alpha^n e^{-\alpha x_n} 1_{H_n}(x_1, x_2, \cdots, x_n). \tag{1.4.2}$$

对于 $t_1 > 0,\, t_2 > 0,\, \cdots,\, t_n > 0$ 有

$$\mathbf{P}\big(\eta_1 > t_1, \eta_2 > t_2, \cdots, \eta_n > t_n\big)$$

$$= \mathbf{P}\big(S_1 > t_1, S_2 - S_1 > t_2, \cdots, S_n - S_{n-1} > t_n\big)$$

$$= \int_{\{x_1 > t_1\}} dx_1 \cdots \int_{\{x_{n-1} - x_{n-2} > t_{n-1}\}} dx_{n-1} \int_{\{x_n - x_{n-1} > t_n\}} \alpha^n e^{-\alpha x_n} dx_n$$

$$= \int_{\{x_1 > t_1\}} dx_1 \cdots \int_{\{x_{n-1} - x_{n-2} > t_{n-1}\}} \alpha^{n-1} e^{-\alpha x_{n-1}} dx_{n-1} \cdot e^{-\alpha t_n}$$

$$= \cdots = \prod_{i=1}^{n} e^{-\alpha t_i},$$

故 $\{\eta_n : n \geqslant 1\}$ 是独立同分布的随机变量序列, 且服从参数 α 的指数分布. $\square$

推论 1.4.2   随机变量 S_n 服从伽马分布 $\Gamma(\alpha, n)$.

例 1.4.1   设 $(X_n : n \geqslant 0)$ 是 (1.2.1) 式定义的 d 维随机游动, 而 $(N_t : t \geqslant 0)$ 是以 $\alpha > 0$ 为参数的泊松过程. 称随机过程 $(X_{N_t} : t \geqslant 0)$ 为连续时间随机游动. 可见 $(X_{N_t} : t \geqslant 0)$ 的每次的跳幅与 $(X_n : n \geqslant 0)$ 相同, 只是跳跃的间隔时间由单位时间变为独立同分布的指数分布随机变量.

1.4.2　轨道的重构

直观上, 定理 1.4.1 中定义的随机变量 S_n 就是泊松过程的第 n 次跳跃时间, 而 η_n 为第 $n-1$ 次到第 n 次的跳跃间隔时间. 由该定理知 $\{\eta_n : n \geqslant 1\}$ 是独立同分布的随机变量序列. 利用这个分布性质, 可以重构泊松过程轨道. 这就是下面的:

定理 1.4.3 设 $\{\eta_n : n \geqslant 1\}$ 是独立同分布随机变量序列, 服从参数为 $\alpha > 0$ 的指数分布. 令 $S_0 = 0$ 和 $S_n = \sum\limits_{i=1}^{n} \eta_i$. 对 $t \geqslant 0$ 令

$$N_t = \sum_{n=1}^{\infty} 1_{\{S_n \leqslant t\}} = \sup\{n \geqslant 0 : S_n \leqslant t\},$$

则随机过程 $(N_t : t \geqslant 0)$ 是参数为 α 的泊松过程.

证明 令 $H_n = \{(x_1, x_2, \cdots, x_n) \in \mathbb{R}^n : 0 < x_1 < x_2 < \cdots < x_n\}$. 对于 $0 = t_0 < r_1 < t_1 < r_2 < t_2 < \cdots < r_n < t_n$, 我们有

$$\mathbf{P}\big(r_1 < S_1 \leqslant t_1, r_2 < S_2 \leqslant t_2, \cdots, r_{n-1} < S_{n-1} \leqslant t_{n-1}, r_n < S_n \leqslant t_n\big)$$
$$= \mathbf{P}\big(r_1 < \eta_1 \leqslant t_1, r_2 < \eta_1 + \eta_2 \leqslant t_2, \cdots, r_n < \eta_1 + \eta_2 + \cdots + \eta_n \leqslant t_n\big)$$
$$= \alpha^n \int_{\{r_1 < y_1 \leqslant t_1\}} e^{-\alpha y_1} dy_1 \int_{\{r_2 < y_1 + y_2 \leqslant t_2\}} e^{-\alpha y_2} dy_2 \cdots$$
$$\int_{\{r_{n-1} < y_1 + y_2 + \cdots + y_{n-1} \leqslant t_{n-1}\}} e^{-\alpha y_{n-1}} dy_{n-1} \int_{\{r_n < y_1 + y_2 + \cdots + y_n \leqslant t_n\}} e^{-\alpha y_n} dy_n$$
$$= \alpha^n \int_{\{r_1 < y_1 \leqslant t_1\}} dy_1 \int_{\{r_2 < y_1 + y_2 \leqslant t_2\}} dy_2 \cdots$$
$$\int_{\{r_{n-1} < y_1 + y_2 + \cdots + y_{n-1} \leqslant t_{n-1}\}} dy_{n-1} \int_{\{r_n < x_n \leqslant t_n\}} e^{-\alpha x_n} dx_n$$
$$= \alpha^n \int_{\{r_1 < x_1 \leqslant t_1\}} dx_1 \cdots \int_{\{r_{n-1} < x_{n-1} \leqslant t_{n-1}\}} dx_{n-1} \int_{\{r_n < x_n \leqslant t_n\}} e^{-\alpha x_n} dx_n,$$

其中 $x_k = y_1 + y_2 + \cdots + y_k$. 所以 $(S_1, S_2, \cdots, S_n)$ 有联合分布密度 (1.4.2). 这样, 对于 $1 \leqslant i_1 < i_2$ 和 $0 < a_1 < b_1 < a_2 < b_2$ 可算得

$$\mathbf{P}\big(a_1 < S_{i_1} \leqslant b_1, a_2 < S_{i_2} \leqslant b_2\big)$$
$$= \alpha^{i_2} \int_{a_1}^{b_1} dx_{i_1} \int_0^{x_{i_1}} dx_{i_1-1} \cdots \int_0^{x_3} dx_2 \int_0^{x_2} dx_1 \cdot$$
$$\int_{a_2}^{b_2} e^{-\alpha x_{i_2}} dx_{i_2} \int_{x_{i_1}}^{x_{i_2}} dx_{i_2-1} \cdots \int_{x_{i_1}}^{x_{i_1+2}} dx_{i_1+1}$$
$$= \alpha^{i_2} \int_{a_1}^{b_1} \frac{x_{i_1}^{i_1-1}}{(i_1-1)!} dx_{i_1} \int_{a_2}^{b_2} \frac{(x_{i_2} - x_{i_1})^{i_2-i_1-1}}{(i_2-i_1-1)!} e^{-\alpha x_{i_2}} dx_{i_2},$$

故 (S_{i_1}, S_{i_2}) 有联合分布密度

$$q(y_1, y_2) := \frac{y_1^{i_1-1}}{(i_1-1)!} \cdot \frac{(y_2 - y_1)^{i_2-i_1-1}}{(i_2-i_1-1)!} \cdot \alpha^{i_2} e^{-\alpha y_2} 1_{H_2}(y_1, y_2).$$

对于 $1 \leqslant i_1 < i_2 < \cdots < i_n$, 类似地可算出 $(S_{i_1}, S_{i_2}, \cdots, S_{i_n})$ 的联合分布密度为

$$q(y_1, y_2, \cdots, y_n) := \frac{y_1^{i_1-1}}{(i_1-1)!} \cdot \frac{(y_2 - y_1)^{i_2-i_1-1}}{(i_2-i_1-1)!} \cdot \frac{(y_3 - y_2)^{i_3-i_2-1}}{(i_3-i_2-1)!} \cdots$$

$$\frac{(y_n - y_{n-1})^{i_n - i_{n-1} - 1}}{(i_n - i_{n-1} - 1)!} \cdot \alpha^{i_n} \mathrm{e}^{-\alpha y_n} 1_{H_n}(y_1, y_2, \cdots, y_n).$$

现在对于 $0 \leqslant t_1 < t_2 < \cdots < t_n$, 应用上面的联合分布密度计算 $N_{t_1}, N_{t_2} - N_{t_1}, \cdots, N_{t_n} - N_{t_{n-1}}$ 的联合分布. 取正整数组 $k_1, k_2, \cdots, k_n$. 特别地, 对于 $n = 2$ 的情况, 有

$$
\begin{aligned}
&\mathbf{P}\big(N_{t_1} = k_1, N_{t_2} - N_{t_1} = k_2\big) \\
&= \mathbf{P}\big(N_{t_1} = k_1, N_{t_2} = k_1 + k_2\big) \\
&= \mathbf{P}\big(S_{k_1} \leqslant t_1 < S_{k_1+1}, S_{k_1+k_2} \leqslant t_2 < S_{k_1+k_2+1}\big) \\
&= \alpha^{k_1+k_2+1} \int_0^{t_1} \frac{x_1^{k_1-1}}{(k_1-1)!} \mathrm{d}x_1 \int_{t_1}^{t_2} \mathrm{d}y_1 \int_{y_1}^{t_2} \frac{(x_2-y_1)^{k_2-2}}{(k_2-2)!} \mathrm{d}x_2 \int_{t_2}^{\infty} \mathrm{e}^{-\alpha y_2} \mathrm{d}y_2 \\
&= \alpha^{k_1+k_2} \int_0^{t_1} \frac{x_1^{k_1-1}}{(k_1-1)!} \mathrm{d}x_1 \int_{t_1}^{t_2} \frac{(t_2-y_1)^{k_2-1}}{(k_2-1)!} \mathrm{d}y_1 \cdot \mathrm{e}^{-\alpha t_2} \\
&= \frac{\alpha^{k_1} t_1^{k_1}}{k_1!} \mathrm{e}^{-\alpha t_1} \cdot \frac{\alpha^{k_2}(t_2-t_1)^{k_2}}{k_2!} \mathrm{e}^{-\alpha(t_2-t_1)}.
\end{aligned}
$$

对于一般情况, 写 $i_m = k_1 + k_2 + \cdots + k_m$, $m = 1, 2, \cdots, n$. 我们有

$$
\begin{aligned}
&\mathbf{P}\big(N_{t_1} = k_1, N_{t_2} - N_{t_1} = k_2, \cdots, N_{t_n} - N_{t_{n-1}} = k_n\big) \\
&= \mathbf{P}\big(N_{t_1} = i_1, N_{t_2} = i_2, \cdots, N_{t_n} = i_n\big) \\
&= \mathbf{P}\big(S_{i_1} \leqslant t_1 < S_{i_1+1}, S_{i_2} \leqslant t_2 < S_{i_2+1}, \cdots, S_{i_n} \leqslant t_n < S_{i_n+1}\big) \\
&= \cdots \\
&= \frac{\alpha^{k_1} t_1^{k_1}}{k_1!} \mathrm{e}^{-\alpha t_1} \cdot \frac{\alpha^{k_2}(t_2-t_1)^{k_2}}{k_2!} \mathrm{e}^{-\alpha(t_2-t_1)} \cdots \frac{\alpha^{k_n}(t_n-t_{n-1})^{k_n}}{k_n!} \mathrm{e}^{-\alpha(t_n-t_{n-1})}.
\end{aligned}
$$

这说明 $(N_t : t \geqslant 0)$ 是参数为 α 的泊松过程. $\square$

泊松过程在应用中经常出现. 例如, 泊松过程的取值 N_t 常被视为某个服务系统在 $t \geqslant 0$ 时刻前接到的服务请求的次数, 而过程的第 n 次跳跃发生的时间 S_n 可理解为第 n 次服务请求的时刻.

1.4.3　长时间极限行为

设 $(N_t : t \geqslant 0)$ 是以 $\alpha > 0$ 为参数的泊松过程. 本小节中我们讨论 $(N_t : t \geqslant 0)$ 的长时间极限行为. 下面的定理给出了 N_t 的强大数定律和中心极限定理.

定理 1.4.4（强大数定律）　　当 $t \to \infty$ 时几乎必然地有 $N_t/t \to \alpha$.

证明　　记 $\xi_k := N_k - N_{k-1}$, 则 $\{\xi_k\}$ 是独立同分布随机变量序列且服从参数为 α 的泊松分布. 注意 $N_n = \sum\limits_{k=1}^{n} \xi_k$ 且 $\mathbf{E}(\xi_k) = \mathbf{Var}(\xi_k) = \alpha$. 根据强大数定律, 当 $n \to \infty$

时几乎必然地有 $N_n/n \to \alpha$. 注意

$$\frac{\lfloor t \rfloor}{t}\frac{N_{\lfloor t \rfloor}}{\lfloor t \rfloor} \leqslant \frac{N_t}{t} \leqslant \frac{\lfloor t \rfloor + 1}{t}\frac{N_{\lfloor t \rfloor + 1}}{\lfloor t \rfloor + 1}.$$

显然

$$\lim_{t \to \infty}\frac{\lfloor t \rfloor}{t} = \lim_{t \to \infty}\frac{\lfloor t \rfloor + 1}{t} = 1.$$

故当 $t \to \infty$ 时几乎必然地有 $N_t/t \to \alpha$. $\square$

定理 1.4.5（中心极限定理）   对于任何 $x \in \mathbb{R}$, 当 $t \to \infty$ 时有

$$\mathbf{P}\Big(\frac{N_{\alpha t} - \alpha t}{\sqrt{\alpha t}} \leqslant x\Big) \to \Phi(x) := \frac{1}{\sqrt{2\pi}}\int_{-\infty}^{x}\mathrm{e}^{-y^2/2}\mathrm{d}y. \tag{1.4.3}$$

证明   令 $\{\xi_k\}$ 如定理 1.4.4 的证明中所定义. 根据中心极限定理, 当 $n \to \infty$ 时有

$$\mathbf{P}\Big(\frac{N_n - \alpha n}{\sqrt{\alpha n}} \leqslant x\Big) \to \Phi(x). \tag{1.4.4}$$

注意

$$\frac{N_t - \alpha t}{\sqrt{\alpha t}} = \frac{N_t - N_{t - \lfloor t \rfloor} - \alpha\lfloor t \rfloor}{\sqrt{\alpha t}} + \frac{N_{t - \lfloor t \rfloor} - \alpha(t - \lfloor t \rfloor)}{\sqrt{\alpha t}},$$

其中 $N_t - N_{t - \lfloor t \rfloor}$ 与 $N_{\lfloor t \rfloor}$ 同分布. 故由 (1.4.4) 式知当 $t \to \infty$ 时有

$$\mathbf{P}\Big(\frac{N_t - N_{t - \lfloor t \rfloor} - \alpha\lfloor t \rfloor}{\sqrt{\alpha\lfloor t \rfloor}} \leqslant x\Big) = \mathbf{P}\Big(\frac{N_{\lfloor t \rfloor} - \alpha\lfloor t \rfloor}{\sqrt{\alpha\lfloor t \rfloor}} \leqslant x\Big) \to \Phi(x),$$

进而

$$\mathbf{P}\Big(\frac{N_t - N_{t - \lfloor t \rfloor} - \alpha\lfloor t \rfloor}{\sqrt{\alpha t}} \leqslant x\Big) \to \Phi(x).$$

再注意

$$\Big|\frac{N_{t - \lfloor t \rfloor} - \alpha(t - \lfloor t \rfloor)}{\sqrt{\alpha t}}\Big| \leqslant \frac{N_1 + \alpha}{\sqrt{\alpha t}} \overset{\text{a.s.}}{\Rightarrow} 0, \quad t \to \infty.$$

所以 (1.4.3) 式成立. $\square$

推论 1.4.6   对于任何 $s, x > 0$, 当 $\lambda \to \infty$ 时有

$$\mathrm{e}^{-\lambda s}\sum_{k \leqslant \lambda x}\frac{(\lambda s)^k}{k!} \to 1_{\{0 < s < x\}} + \frac{1}{2}1_{\{s = x\}}.$$

证明   设 $(N_t : t \geqslant 0)$ 是以 1 为参数的泊松过程. 则欲证结果等价于, 当 $\lambda \to \infty$ 时有

$$\mathbf{P}(N_{\lambda s} \leqslant \lambda x) = \mathbf{P}\Big(\frac{N_{\lambda s} - \lambda s}{\sqrt{\lambda s}} \leqslant \frac{\sqrt{\lambda}(x - s)}{\sqrt{s}}\Big) \to 1_{\{0 \leqslant s < x\}} + \frac{1}{2}1_{\{s = x\}}.$$

由定理 1.4.5 知上式成立. $\square$

定理 1.4.7   设非负随机变量 ξ 有拉普拉斯变换 L, 则对任何 $x > 0$ 有

$$\lim_{\lambda \to \infty} \sum_{k \leqslant \lambda x} \frac{(-\lambda)^k}{k!} \frac{\mathrm{d}^k}{\mathrm{d}\lambda^k} L(\lambda) = \mathbf{P}(\xi < x) + \frac{1}{2}\mathbf{P}(\xi = x). \tag{1.4.5}$$

证明   用 F 表示 ξ 的分布函数, 则对 $\lambda > 0$ 有

$$\sum_{k \leqslant \lambda x} \frac{(-\lambda)^k}{k!} \frac{\mathrm{d}^k}{\mathrm{d}\lambda^k} L(\lambda) = \sum_{k \leqslant \lambda x} \frac{(-\lambda)^k}{k!} \int_0^\infty (-y)^k \mathrm{e}^{-\lambda y} \mathrm{d}F(y)$$

$$= \int_0^\infty \Big[\mathrm{e}^{-\lambda y} \sum_{k \leqslant \lambda x} \frac{(\lambda y)^k}{k!} \Big] \mathrm{d}F(y).$$

根据推论 1.4.6, 并应用有界收敛定理即得欲证结果.   □

我们称 (1.4.5) 式为非负随机变量的拉普拉斯变换的反演公式. 不难看出, 根据此公式可以由拉普拉斯变换唯一地确定其相应的概率分布函数.

1.4.4   复合泊松过程

令 μ 是 $\mathbb{R}$ 上的概率测度且 $\mu(\{0\}) = 0$. 设 $(N_t : t \geqslant 0)$ 是以 $\alpha \geqslant 0$ 为参数的零初值泊松过程, 而 $\{\xi_n : n \geqslant 1\}$ 是与之独立的随机变量序列且有相同的分布 μ. 再设 X_0 是与 (N_t) 和 $\{\xi_n\}$ 独立的随机变量. 令

$$X_t = X_0 + \sum_{n=1}^{N_t} \xi_n, \quad t \geqslant 0. \tag{1.4.6}$$

我们称 $(X_t : t \geqslant 0)$ 是以 α 为跳跃速率以 μ 为跳跃分布的复合泊松过程.

形象地说, 复合泊松过程是泊松过程与具有一般步长的随机游动的复合, 它的跳跃时间由某个泊松过程给出, 而跳跃幅度是独立同分布的随机变量.

定理 1.4.8   设 $(X_t : t \geqslant 0)$ 是由 (1.4.6) 式定义的以 α 为跳跃速率以 μ 为跳跃分布的复合泊松过程. 则下面的性质成立:

(1) 对任意的 $s, t \geqslant 0$ 和 $\theta \in \mathbb{R}$ 有

$$\mathbf{E}\mathrm{e}^{\mathrm{i}\theta(X_{s+t} - X_s)} = \exp\Big\{ t \int_{\mathbb{R}} (\mathrm{e}^{\mathrm{i}\theta x} - 1)\mu(\mathrm{d}x) \Big\}; \tag{1.4.7}$$

(2) 对任何 $0 \leqslant t_0 < t_1 < \cdots < t_n$, 随机变量 $X_{t_0}, X_{t_1} - X_{t_0}, \cdots, X_{t_n} - X_{t_{n-1}}$ 相互独立.

证明   根据全期望公式, 并利用 $(N_t : t \geqslant 0)$ 与 $\{\xi_n : n \geqslant 1\}$ 的独立性, 对于任意的 $s \geqslant 0$ 和 $\theta_1, \theta_2, \cdots, \theta_n \in \mathbb{R}$ 有

$$\mathbf{E}\exp\Big\{ \mathrm{i}\sum_{j=1}^n \theta_j \xi_{N_s+j} \Big\} = \sum_{k=0}^\infty \mathbf{P}(N_s = k)\mathbf{E}\Big(\exp\Big\{ \mathrm{i}\sum_{j=1}^n \theta_j \xi_{k+j} \Big\} \Big| N_s = k \Big)$$

$$= \sum_{k=0}^{\infty} \mathbf{P}(N_s = k) \mathbf{E}\Big(\exp\Big\{ \mathrm{i} \sum_{j=1}^{n} \theta_j \xi_{k+j} \Big\} \Big)$$

$$= \sum_{k=0}^{\infty} \mathbf{P}(N_s = k) \prod_{j=1}^{n} \int_{\mathbb{R}} \mathrm{e}^{\mathrm{i}\theta_j x} \mu(\mathrm{d}x)$$

$$= \prod_{j=1}^{n} \int_{\mathbb{R}} \mathrm{e}^{\mathrm{i}\theta_j x} \mu(\mathrm{d}x),$$

所以 $\{\xi_{N_s+n} : n \geqslant 1\}$ 是独立同分布随机变量序列且有分布 μ. 再由 (1.4.6) 式有

$$X_{s+t} - X_s = \sum_{n=1}^{N_{s+t} - N_s} \xi_{N_s+n}. \tag{1.4.8}$$

易知 $(N_{s+t} - N_s : t \geqslant 0)$ 是以 $\alpha \geqslant 0$ 为参数的零初值泊松过程, 且与 $\{\xi_{N_s+n} : n \geqslant 1\}$ 独立. 因此, 在 $N_{s+t} - N_s = k$ 条件下, 上式右边为 k 个以 μ 为分布的独立同分布随机变量之和. 再根据全期望公式有

$$\mathbf{E}\mathrm{e}^{\mathrm{i}\theta(X_{s+t} - X_s)} = \mathbf{E} \exp\Big\{ \mathrm{i}\theta \sum_{n=1}^{N_{s+t} - N_s} \xi_{N_s+n} \Big\}$$

$$= \mathrm{e}^{-\alpha t} \sum_{k=0}^{\infty} \frac{(\alpha t)^k}{k!} \Big[\int_{\mathbb{R}} \mathrm{e}^{\mathrm{i}\theta x} \mu(\mathrm{d}x) \Big]^k$$

$$= \exp\Big\{ t \int_{\mathbb{R}} (\mathrm{e}^{\mathrm{i}\theta x} - 1) \mu(\mathrm{d}x) \Big\}.$$

即 (1.4.7) 式成立. 对任何 $0 \leqslant t_0 < t_1 < t_2 < \cdots < t_n$ 及实数 $\theta_1, \theta_2, \cdots, \theta_n$, 利用形如 (1.4.8) 式的表达可以得到

$$\mathbf{E} \exp\Big\{ \mathrm{i} \sum_{k=1}^{n} \theta_k (X_{t_k} - X_{t_{k-1}}) \Big\} = \prod_{k=1}^{n} \mathbf{E} \exp\big\{ \mathrm{i}\theta_k (X_{t_k} - X_{t_{k-1}}) \big\}.$$

由随机向量的特征函数的性质知 $X_{t_1} - X_{t_0}, X_{t_2} - X_{t_1}, \cdots, X_{t_n} - X_{t_{n-1}}$ 相互独立. 显然这些随机变量与 $X_{t_0} = X_0 = \xi_0$ 独立. □

例 1.4.2 在某保险公司的理赔业务中, 申请赔偿的顾客按照参数为 $\alpha > 0$ 的零初值泊松过程 $(N_t : t \geqslant 0)$ 到达, 而顾客申请赔偿的金额由独立同分布的非负随机变量序列 $\{\xi_n : n \geqslant 0\}$ 给出. 这样, 在时间段 $(0, t]$ 到来的顾客申请赔偿金额的总和 X_t 就由 (1.4.6) 式给出, 而 $(X_t : t \geqslant 0)$ 是一个复合泊松过程. 则对任何 $x \geqslant 0$ 有

$$\mathbf{P}(X_t \geqslant x) = \mathrm{e}^{-\alpha t} \sum_{k=0}^{\infty} \frac{(\alpha t)^k}{k!} \mu^{*k}[x, \infty),$$

其中 μ^{*k} 表示 μ 的 k 重卷积. 对于足够小的概率值 p $(0 < p < 1)$, 由上式可确定出最小的 $x = x_t(p) \geqslant 0$ 使得 $\mathbf{P}(X_t \geqslant x) \leqslant p$. 这样只要准备额度为 $x_t(p)$ 的预备金, 在时间段 $(0, t]$ 出现赔偿金不足的概率就不会超过 p.

例 1.4.3   考虑某个服务站的工作情况. 设其顾客按照参数为 $\alpha > 0$ 的零初值泊松过程 $(N_t : t \geqslant 0)$ 到达, 而顾客所需服务的工作量由独立同分布的非负随机变量序列 $\{\xi_n : n \geqslant 0\}$ 给出. 令 $(X_t : t \geqslant 0)$ 是由 (1.4.6) 式定义的复合泊松过程, 则 X_t 表示在时间段 $(0, t]$ 到来的顾客所需服务工作量的总和. 设服务站的工作效率为 $\beta > 0$, 则其在时间段 $(0, t]$ 能够提供的最大服务量为 βt. 记 $Y_t = X_t - \beta t$. 考虑到在等待顾客数量清零时服务器不提供服务, 可以发现 t 时刻等待的顾客所需服务的工作总量应为 $Z_t = Y_t - \inf\limits_{0 \leqslant s \leqslant t} Y_s$.

练习题

1. 设 $(N(t) : t \geqslant 0)$ 是参数为 $\lambda > 0$ 的泊松过程. 对 $t > s > 0$ 求条件概率 $\mathbf{P}(N(s) = k | N(t) = n)$.

2. 设 $(N_t : t \geqslant 0)$ 是从零出发参数为 $\alpha > 0$ 的泊松过程. 对 $n \geqslant 1$ 令 $S_n = \inf\{t \geqslant 0 : N_t \geqslant n\}$ 是 $(N_t : t \geqslant 0)$ 的第 n 次跳跃的等待时间. 证明对于 $t > 0$ 在给定 $\{N(t) = n\}$ 之下 $(S_1, S_2, \cdots, S_n)$ 的联合条件概率分布密度为

$$f(x_1, x_2, \cdots, x_n) = \begin{cases} n!/t^n, & 0 < x_1 < x_2 < \cdots < x_n, \\ 0, & \text{其他.} \end{cases}$$

3. 对 $t > 0$ 令 $(X_1, X_2, \cdots, X_n)$ 是服从均匀分布 $U(0, t)$ 的独立随机变量序列. 再令 $(Z_1, Z_2, \cdots, Z_n)$ 是 $(X_1, X_2, \cdots, X_n)$ 的由小到大排列的顺序统计量. 证明 $(Z_1, Z_2, \cdots, Z_n)$ 具有上题中给出的概率分布密度.

4. 设 $(X_t : t \geqslant 0)$ 和 $(Y_t : t \geqslant 0)$ 分别是以 $\alpha > 0$ 和 $\beta > 0$ 为参数的泊松过程且二者相互独立. 证明 $(X_t + Y_t : t \geqslant 0)$ 是以 $\alpha + \beta$ 为参数的泊松过程.

5. 设 $(X_n : n \geqslant 0)$ 是离散时间一维随机游动, 而 $(X_{N_t} : t \geqslant 0)$ 是例 1.4.1 中定义的连续时间随机游动. 分别讨论二者的长时间极限行为.

1.5　泊松随机测度

1.5.1　定义和存在性

考虑可测空间 $(E, \mathscr{E})$. 为具体起见, 我们假定 $(E, \mathscr{E})$ 是某个有限维欧氏空间的博雷尔可测子空间, 即 $E \in \mathscr{B}^d$ $(d \geqslant 1)$ 且 $\mathscr{E} = E \cap \mathscr{B}^d$. 设 μ 为 $(E, \mathscr{E})$ 上的 σ 有限测度.

定义 1.5.1 称取值于 $\{0, 1, 2, \cdots, \infty\}$ 的随机变量族 $X = \{X(B) : B \in \mathscr{E}\}$ 是以 μ 为强度的整数值随机测度, 是指它满足下列条件:

(1) 若 $B \in \mathscr{E}$ 满足 $\mu(B) < \infty$, 则 $\mathbf{E}[X(B)] = \mu(B)$;

(2) 若 $B_1, B_2, \cdots \in \mathscr{E}$ 两两不相交, 则

$$X\Big(\bigcup_{k=1}^{\infty} B_k \Big) = \sum_{k=1}^{\infty} X(B_k). \tag{1.5.1}$$

定义 1.5.2 称 $(E, \mathscr{E})$ 上的以 μ 为强度的整数值随机测度是泊松随机测度, 是指它满足下列条件:

(1) 若 $B \in \mathscr{E}$ 满足 $\mu(B) < \infty$, 则 $X(B)$ 服从参数为 $\mu(B)$ 的泊松分布, 即

$$\mathbf{P}(X(B) = k) = \frac{\mu(B)^k}{k!} \mathrm{e}^{-\mu(B)}, \quad k = 0, 1, 2, \cdots;$$

(2) 若 $B_1, B_2, \cdots, B_n \in \mathscr{E}$ 两两不相交, 则 $X(B_1), X(B_2), \cdots, X(B_n)$ 相互独立.

根据泊松分布的性质, 若 X 是以 μ 为强度的泊松随机测度且 $B \in \mathscr{E}$ 满足 $\mu(B) < \infty$, 则有

$$\mathbf{E}[X(B)] = \mu(B), \quad \mathbf{Var}[X(B)] = \mu(B). \tag{1.5.2}$$

例 1.5.1 设 $E = \{1, 2\}$, 而 μ 为 E 上的计数测度. 再设 ξ_1, ξ_2 和 ξ_3 是独立同分布随机变量, 且均服从参数为 1 的泊松分布. 令

$$X(\{1\}) = \xi_1, \ X(\{2\}) = \xi_2, \ X(\{1, 2\}) = \xi_1 + \xi_3,$$

则 X 满足定义 1.5.2 中的性质 (1) 和 (2). 但 (1.5.1) 式不成立, 故 X 不是整数值随机测度.

定理 1.5.1 设 X 为 $(E, \mathscr{E})$ 上的以 μ 为强度的整数值随机测度, 则 X 是泊松随机测度的充要条件是对任意的 $\theta_1, \theta_2, \cdots, \theta_n \in \mathbb{R}$ 和两两不相交的 $B_1, B_2, \cdots, B_n \in \mathscr{E}$ 当 $\mu(B_1) < \infty, \mu(B_2) < \infty, \cdots, \mu(B_n) < \infty$ 时有

$$\mathbf{E} \exp \Big\{ \mathrm{i} \sum_{k=1}^{n} \theta_k X(B_k) \Big\} = \exp \Big\{ \sum_{k=1}^{n} (\mathrm{e}^{\mathrm{i}\theta_k} - 1) \mu(B_k) \Big\}. \tag{1.5.3}$$

证明 只需注意 (1.5.3) 式成立当且仅当 $X(B_1), X(B_2), \cdots, X(B_n)$ 独立且分别服从参数为 $\mu(B_1), \mu(B_2), \cdots, \mu(B_n)$ 的泊松分布. $\square$

定理 1.5.2 设 μ 为非零有限测度. 令 η 是以 $\mu(E)$ 为参数的泊松随机变量, 而 $\xi_1, \xi_2, \cdots$ 是取值于 $(E, \mathscr{E})$ 的随机变量且有相同的分布 $\mu(E)^{-1}\mu$. 再设 $\eta, \xi_1, \xi_2, \cdots$ 相互独立, 则 $X := \displaystyle\sum_{j=1}^{\eta} \delta_{\xi_j}$ 是以 μ 为强度的泊松随机测度.

证明   显然 X 满足 (1.5.1)式. 根据关于 $\eta, \xi_1, \xi_2, \cdots$ 的分布和独立性的假定, 对于 $\theta_1, \theta_2, \cdots, \theta_n \in \mathbb{R}$ 和两两不交的 $B_1, B_2, \cdots, B_n \in \mathscr{E}$ 有

$$
\begin{aligned}
\mathbf{E}\exp\left\{\mathrm{i}\sum_{k=1}^n \theta_k X(B_k)\right\} &= \sum_{m=0}^\infty \mathbf{P}(\eta=m)\mathbf{E}\exp\left\{\mathrm{i}\sum_{j=1}^m\sum_{k=1}^n \theta_k \delta_{\xi_j}(B_k)\right\} \\
&= \sum_{m=0}^\infty \mathrm{e}^{-\mu(E)}\frac{\mu(E)^m}{m!}\mathbf{E}\exp\left\{\mathrm{i}\sum_{j=1}^m\sum_{k=1}^n \theta_k 1_{B_k}(\xi_j)\right\} \\
&= \sum_{m=0}^\infty \mathrm{e}^{-\mu(E)}\frac{1}{m!}\left[\int_E \exp\left\{\mathrm{i}\sum_{k=1}^n \theta_k 1_{B_k}(x)\right\}\mu(\mathrm{d}x)\right]^m \\
&= \exp\left\{-\mu(E)+\int_E \exp\left\{\mathrm{i}\sum_{k=1}^n \theta_k 1_{B_k}(x)\right\}\mu(\mathrm{d}x)\right\} \\
&= \exp\left\{\int_E \left(\exp\left\{\mathrm{i}\sum_{k=1}^n \theta_k 1_{B_k}(x)\right\}-1\right)\mu(\mathrm{d}x)\right\} \\
&= \exp\left\{\int_E \sum_{k=1}^n (\mathrm{e}^{\mathrm{i}\theta_k}-1)1_{B_k}(x)\mu(\mathrm{d}x)\right\} \\
&= \exp\left\{\sum_{k=1}^n (\mathrm{e}^{\mathrm{i}\theta_k}-1)\mu(B_k)\right\}.
\end{aligned}
$$

由定理 1.5.1 知 X 是以 μ 为强度的泊松随机测度. □

基于定理 1.5.1 和定理 1.5.2, 显然有下面的:

定理 1.5.3   设 μ 是无限的 σ 有限测度, 而 $\{E_k\} \subseteq \mathscr{E}$ 是两两不相交集合列, 满足 $\bigcup_{k=1}^\infty E_k = E$ 且对每个 $k \geqslant 1$ 有 $0 < \mu(E_k) < \infty$ 且. 令 μ_k 为 μ 在 E_k 上的限制, 即对任何 $B \in \mathscr{E}$ 有 $\mu_k(B) = \mu(B \cap E_k)$. 令 $\{X_k\}$ 为 E 上的独立泊松随机测度列, 其中 X_k 有强度 μ_k. 对 $B \in \mathscr{E}$ 令 $X(B) = \sum_{k=1}^\infty X_k(B)$. 则 $X = \{X(B): B \in \mathscr{E}\}$ 是以 μ 为强度的泊松随机测度.

1.5.2   积分和补偿的测度

设 X 为定义在某个概率空间 $(\Omega, \mathscr{F}, \mathbf{P})$ 上以 $(E, \mathscr{E})$ 上的 σ 有限测度 μ 为强度的整数值随机测度. 由 (1.5.1) 式知映射 $B \mapsto X(B)$ 的确是 $(E, \mathscr{E})$ 上的 σ 有限测度. 因此可以考虑 E 上的可测函数 f 相对于 X 的积分

$$
\int_E f(x)X(\mathrm{d}x) = \int_E f^+(x)X(\mathrm{d}x) - \int_E f^-(x)X(\mathrm{d}x),
$$

其中 $f^\pm$ 分别表示 f 的正负部. 这里当然需要假定上式右端的两个积分中至少有一个有限. 为简化记号, 我们将上面的积分记为 $X(f)$. 特别地, 当 f 为 μ 可积函数时, 通过

简单函数逼近的方法易证

$$\mathbf{E}[X(f)] = \mu(f).\tag{1.5.4}$$

定理 1.5.2 给出了有限强度泊松随机测度 X 的具体构造或表示. 在这种情况下, 显然有

$$X(f) = \sum_{i=1}^{\eta} f(\xi_i).$$

更一般地, 若 X 由定理 1.5.3 给出, 则 f 相对于 X 的积分可以表示为

$$X(f) = \sum_{k=1}^{\infty} X_k(f) = \sum_{k=1}^{\infty} X_k(f^+) - \sum_{k=1}^{\infty} X_k(f^-).$$

这里要求上式右端的级数中至少有一个有限.

定理 1.5.4 设 X 为 $(E, \mathscr{E})$ 上的以 σ 有限测度 μ 为强度的整数值随机测度, 则 X 是泊松随机测度当且仅当对 $(E, \mathscr{E})$ 上的任何 μ 可积函数 f 有

$$\mathbf{E}\mathrm{e}^{\mathrm{i}X(f)} = \exp\left\{ \int_E (\mathrm{e}^{\mathrm{i}f(x)} - 1)\mu(\mathrm{d}x) \right\}.\tag{1.5.5}$$

证明 注意 $|\mathrm{e}^{\mathrm{i}f} - 1| \leqslant |f|$. 所以当 f 为 μ 可积函数时 (1.5.5) 式右边关于 μ 的积分有限. 设 X 为以 μ 为强度的泊松随机测度. 若 $B_1, B_2, \cdots, B_n \in \mathscr{E}$ 两两不相交且 $\mu(B_1) < \infty, \mu(B_2) < \infty, \cdots, \mu(B_n) < \infty$, 则 $X(B_1), X(B_2), \cdots, X(B_n)$ 相互独立且分别服从参数为 $\mu(B_1), \mu(B_2), \cdots, \mu(B_n)$ 的泊松分布. 因此对任何实数 $\theta_1, \theta_2, \cdots, \theta_n$ (1.5.3) 式成立. 这说明 (1.5.5) 式对于 μ 可积的简单函数 $f = \sum_{k=1}^{n} \theta_k 1_{B_k}$ 成立. 利用简单函数列的逼近和控制收敛定理, 易证 (1.5.5) 式对于任何 μ 可积函数 f 成立. 反之, 假设 (1.5.5) 式对任意的 μ 可积函数 $f \in \mathscr{E}$ 成立. 取 $B_1, B_2, \cdots, B_n \in \mathscr{E}$ 两两不相交且满足 $\mu(B_1) < \infty, \mu(B_2) < \infty, \cdots, \mu(B_n) < \infty$. 对于 μ 可积的简单函数 $f = \sum_{k=1}^{n} \theta_k 1_{B_k}$ 应用 (1.5.5) 式得 (1.5.3) 式, 再由定理 1.5.1 即知 X 是以 μ 为强度的泊松随机测度. $\square$

定理 1.5.5 设 μ 是 $(E, \mathscr{E})$ 上的 σ 有限测度, 而 ϕ 是由 $(E, \mathscr{E})$ 到可测空间 $(F, \mathscr{F})$ 的可测映射, 且像测度 $\mu \circ \phi^{-1}$ 也是 σ 有限测度. 若 X 是以 μ 为强度的泊松随机测度, 则像测度 $X \circ \phi^{-1}$ 是以 $\mu \circ \phi^{-1}$ 为强度的泊松随机测度.

证明 注意对 $(F, \mathscr{F})$ 上的任何 $\mu \circ \phi^{-1}$ 可积函数 f 有 $\mu \circ \phi^{-1}(f) = \mu(\phi \circ f)$ 和 $X \circ \phi^{-1}(f) = X(\phi \circ f)$, 应用定理 1.5.4 即得结论. $\square$

给定以 σ 有限测度 μ 为强度的整数值随机测度 X, 其补偿的测度指的是随机的符号测度 $\tilde{X} := X - \mu$, 而 E 上的函数 f 关于该补偿的测度的积分自然定义为 $\tilde{X}(f) = X(f) - \mu(f)$, 该表达式对于任何 μ 可积函数 f 有意义.

对于泊松随机测度 X, 关于其补偿的测度的积分可以做进一步的扩展. 设 f 和 f^2 都关于 μ 可积. 通过简单函数逼近的方法易证

$$\mathbf{E}[X(f)^2] = \mu(f^2) + \mu(f)^2, \quad \mathbf{E}[\tilde{X}(f)^2] = \mu(f^2).$$

对于一般的 μ 平方可积函数 f, 可取函数列 $\{f_n\}$, 其中每个 f_n 关于 μ 可积且平方可积, 同时当 $n \to \infty$ 时有 $\mu(|f_n - f|^2) \to 0$. 这样 $\{f_n\}$ 就是 $L^2(\mu)$ 中的基本列, 即当 $m, n \to \infty$ 时有 $\mu(|f_m - f_n|^2) \to 0$. 注意

$$\mathbf{E}[|\tilde{X}(f_m) - \tilde{X}(f_n)|^2] = \mu(|f_m - f_n|^2).$$

因此随机变量序列 $\{\tilde{X}(f_n)\}$ 是 $L^2(\mathbf{P})$ 中的基本列. 于是存在几乎必然意义下唯一的平方可积随机变量 $\tilde{X}(f)$ 使当 $n \to \infty$ 时有 $\mathbf{E}[|\tilde{X}(f_n) - \tilde{X}(f)|^2] \to 0$. 我们称 $\tilde{X}(f)$ 为 f 关于 $\tilde{X}$ 的积分. 由上式易得

$$\mathbf{E}[\tilde{X}(f)^2] = \mu(f^2).$$

1.5.3   随机测度的应用

随机测度在随机过程的研究中有很多重要的应用. 作为泊松随机测度的应用, 下面给出复合泊松过程的另外一种构造. 设 ν 是 $\mathbb{R}$ 上的非零有限测度且有 $\nu(\{0\}) = 0$. 设 $N(\mathrm{d}s, \mathrm{d}z)$ 是 $(0, \infty) \times \mathbb{R}$ 上的以 $\mathrm{d}s\nu(\mathrm{d}z)$ 为强度的泊松随机测度, 其中 $\mathrm{d}s$ 表示勒贝格测度, 而 X_0 是与之独立的随机变量. 令

$$X_t = X_0 + \int_{(0,t]} \int_{\mathbb{R}} z N(\mathrm{d}s, \mathrm{d}z), \quad t \geqslant 0. \tag{1.5.6}$$

记 $N_t = N((0,t] \times \mathbb{R})$, 由定义 1.5.2 中的性质, 易知 (N_t) 是以 $\alpha := \nu(\mathbb{R})$ 为参数的泊松过程.

命题 1.5.6   令 $S = \inf\{t \geqslant 0 : N_t > 0\}$ 为 (N_t) 首次跳跃的时刻, 则 (X_t) 在此时刻的跳幅 $\Delta X_S := X_S - X_{S-}$ 服从分布 $\mu := \alpha^{-1}\nu$.

证明   注意 S 也是 (X_t) 首次跳跃的时刻. 对 $n \geqslant 1$ 令 $\tau_n = \inf\{k/2^n > 0 : X_{k/2^n} \neq i\}$. 显然 $\{\tau_n\}$ 为递降的停时列, 并且 $\tau_n \geqslant S$, 故 $\tau := \lim\limits_{n \to \infty} \tau_n \geqslant S$. 显然, 对任何 $k/2^n < \tau$ 有 $X_{k/2^n} = i$. 由轨道右连续性, 对任何 $t \in [0, \tau)$ 有 $X_t = i$. 这意味着 $S \geqslant \tau$, 故得 $S = \lim\limits_{n \to \infty} \tau_n$. 因为 $\mathbf{P}_i(S = t) = 0$, 利用控制收敛定理得

$$\mathbf{P}(S \leqslant t) = \mathbf{P}(S < t) = \lim_{n \to \infty} \mathbf{P}(\tau_n < t) \leqslant \lim_{n \to \infty} \mathbf{P}(\tau_n \leqslant t) \leqslant \mathbf{P}(S \leqslant t).$$

再由过程轨道的右连续性得

$$\mathbf{E}(\mathrm{e}^{\mathrm{i}\theta \Delta X_S}; S \leqslant t) = \lim_{n \to \infty} \mathbf{E}(\mathrm{e}^{\mathrm{i}\theta \Delta X_S}; \tau_n \leqslant t) = \lim_{n \to \infty} \sum_{k=1}^{\lfloor 2^n t \rfloor} \mathbf{E}(\mathrm{e}^{\mathrm{i}\theta Z_k}; \tau_n = k/2^n),$$

其中 $Z_k = X_{k/2^n} - X_{(k-1)/2^n}$. 根据泊松随机测度的独立增量性,

$$
\begin{aligned}
&\mathbf{E}(\mathrm{e}^{\mathrm{i}\theta Z_k}; \tau_n = k/2^n)\\
&= \mathbf{E}(\mathrm{e}^{\mathrm{i}\theta(X_{k/2^n} - X_{(k-1)/2^n})}; N_{(k-1)/2^n} = 0, N_{k/2^n} - N_{(k-1)/2^n} \geqslant 1)\\
&= \mathbf{P}(N_{(k-1)/2^n} = 0)\mathbf{E}(\mathrm{e}^{\mathrm{i}\theta(X_{k/2^n} - X_{(k-1)/2^n})}; N_{k/2^n} - N_{(k-1)/2^n} \geqslant 1)\\
&= \mathrm{e}^{-\alpha(k-1)/2^n}\mathbf{E}(\mathrm{e}^{\mathrm{i}\theta(X_{1/2^n} - X_0)}; N_{1/2^n} \geqslant 1)\\
&= \mathrm{e}^{-\alpha(k-1)/2^n}\mathbf{E}[\mathrm{e}^{\mathrm{i}\theta(X_{1/2^n} - X_0)}(1 - 1_{\{N_{1/2^n}=0\}})]\\
&= \mathrm{e}^{-\alpha(k-1)/2^n}\left[\exp\left\{\frac{1}{2^n}\int_{\mathbb{R}}(\mathrm{e}^{\mathrm{i}\theta z} - 1)\nu(\mathrm{d}z)\right\} - \mathrm{e}^{-\alpha/2^n}\right]\\
&= \mathrm{e}^{-\alpha k/2^n}\left[\exp\left\{\frac{\alpha}{2^n}\int_{\mathbb{R}}\mathrm{e}^{\mathrm{i}\theta z}\mu(\mathrm{d}z)\right\} - 1\right].
\end{aligned}
$$

回到上面的等式得

$$
\begin{aligned}
\mathbf{E}(\mathrm{e}^{\mathrm{i}\theta \Delta X_S}; S \leqslant t) &= \lim_{n\to\infty}\sum_{k=1}^{\lfloor 2^n t\rfloor}\mathrm{e}^{-\alpha k/2^n}\left[\exp\left\{\frac{\alpha}{2^n}\int_{\mathbb{R}}\mathrm{e}^{\mathrm{i}\theta z}\mu(\mathrm{d}z)\right\} - 1\right]\\
&= \lim_{n\to\infty}\frac{\mathrm{e}^{-\alpha/2^n}[1 - \mathrm{e}^{-\alpha\lfloor 2^n t\rfloor/2^n}]}{1 - \mathrm{e}^{-\alpha/2^n}}\left[\exp\left\{\frac{\alpha}{2^n}\int_{\mathbb{R}}\mathrm{e}^{\mathrm{i}\theta z}\mu(\mathrm{d}z)\right\} - 1\right]\\
&= (1 - \mathrm{e}^{-\alpha t})\int_{\mathbb{R}}\mathrm{e}^{\mathrm{i}\theta z}\mu(\mathrm{d}z).
\end{aligned}
$$

在上式中令 $t \to \infty$ 即知 ΔX_S 服从分布 μ. $\square$

定理 1.5.7 由 (1.5.6) 式定义的 $(X_t : t \geqslant 0)$ 是有跳跃速率 α 和跳跃分布 $\mu := \alpha^{-1}\nu$ 的复合泊松过程.

证明 令 S_k 为 (N_t) 的第 k 次跳跃发生的时刻. 我们需要证明跳幅 $\Delta X_{S_k} = X_{S_k} - X_{S_k-}$, $k = 1, 2, \cdots$ 独立且服从相同的分布 μ. 为简单起见, 下面只证明关于前两个跳幅的结论. 有兴趣的读者可以参考下面的论证方法自行完成一般情况的证明. 对 $n \geqslant 0$ 令 $D_n = \{i/2^n : i = 0, 1, 2, \cdots\}$. 再令 $\tau_{k,n} = \inf\{t \in D_n : t > S_k\}$ 为 S_k 的二分点离散化. 显然序列 $\{S_k\}$ 是严格增的. 对 $t \geqslant 0$ 和 $\theta_1, \theta_2 \in \mathbb{R}$, 与命题 1.5.6 的证明中类似地有

$$
\begin{aligned}
&\mathbf{E}\big(\mathrm{e}^{\mathrm{i}(\theta_1 \Delta X_{S_1} + \theta_2 \Delta X_{S_2})}; S_2 \leqslant t\big)\\
&= \lim_{n\to\infty}\mathbf{E}\big(\mathrm{e}^{\mathrm{i}(\theta_1 \Delta X_{S_1} + \theta_2 \Delta X_{S_2})}; \tau_{2,n} \leqslant t\big)\\
&= \lim_{n\to\infty}\sum_{k=1}^{\lfloor 2^n t\rfloor}\sum_{j=1}^{k}\mathbf{E}(\mathrm{e}^{\mathrm{i}(\theta_1 Z_j + \theta_2 Z_k)}; \tau_{1,n} = j/2^n, \tau_{2,n} = k/2^n),
\end{aligned}
\tag{1.5.7}
$$

其中 $Z_k = X_{k/2^n} - X_{(k-1)/2^n}$. 注意

$$
\sum_{k=1}^{\lfloor 2^n t\rfloor}\mathbf{P}\big(\tau_{1,n} = \tau_{2,n} = k/2^n\big)
$$

$$= \sum_{k=1}^{\lfloor 2^n t \rfloor} \mathbf{P}\big(N_{(k-1)/2^n} = 0, N_{k/2^n} - N_{(k-1)/2^n} \geqslant 2\big)$$

$$= \sum_{k=1}^{\lfloor 2^n t \rfloor} e^{-\alpha(k-1)/2^n}\Big(1 - e^{-\alpha/2^n} - \frac{\alpha}{2^n} e^{-\alpha/2^n}\Big)$$

$$\leqslant 2^n t \Big(1 - e^{-\alpha/2^n} - \frac{\alpha}{2^n} e^{-\alpha/2^n}\Big).$$

所以有

$$\lim_{n\to\infty} \sum_{k=1}^{\lfloor 2^n t \rfloor} \mathbf{P}\big(\tau_{1,n} = \tau_{2,n} = k/2^n\big) = 0.$$

另一方面, 当 $1 \leqslant j \leqslant k-1$ 时有

$$\mathbf{E}\big(e^{i(\theta_1 Z_j + \theta_2 Z_k)}; \tau_{1,n} = j/2^n, \tau_{2,n} = k/2^n\big)$$

$$= \mathbf{E}\big(e^{i(\theta_1 Z_j + \theta_2 Z_k)} 1_{\{N_{(j-1)/2^n}=0\}} 1_{\{N_{j/2^n} - N_{(j-1)/2^n} \geqslant 1\}} \cdot$$

$$1_{\{N_{(k-1)/2^n} - N_{j/2^n}=0\}} 1_{\{N_{k/2^n} - N_{(k-1)/2^n} \geqslant 1\}}\big)$$

$$= \mathbf{E}\big(N_{(j-1)/2^n} = 0\big) \mathbf{E}\big(e^{i\theta_1 Z_j} 1_{\{N_{j/2^n} - N_{(j-1)/2^n} \geqslant 1\}}\big) \cdot$$

$$\mathbf{E}\big(N_{(k-1)/2^n} - N_{j/2^n} = 0\big) \mathbf{E}\big(e^{i\theta_2 Z_k} 1_{\{N_{k/2^n} - N_{(k-1)/2^n} \geqslant 1\}}\big)$$

$$= e^{-\alpha(k-2)/2^n} \mathbf{E}\big(e^{i\theta_1 Z_1}; N_{1/2^n} \geqslant 1\big) \mathbf{E}\big(e^{i\theta_2 Z_1}; N_{1/2^n} \geqslant 1\big)$$

$$= e^{-\alpha(k-2)/2^n} \mathbf{E}\big[e^{i\theta_1 Z_1}\big(1 - 1_{\{N_{1/2^n}=0\}}\big)\big] \mathbf{E}\big[e^{i\theta_2 Z_1}\big(1 - 1_{\{N_{1/2^n}=0\}}\big)\big]$$

$$= e^{-\alpha(k-2)/2^n} \Big[\exp\Big\{\frac{1}{2^n} \int_{\mathbb{R}} (e^{i\theta_1 z} - 1)\nu(\mathrm{d}z)\Big\} - e^{-\alpha/2^n}\Big] \cdot$$

$$\Big[\exp\Big\{\frac{1}{2^n} \int_{\mathbb{R}} (e^{i\theta_2 z} - 1)\nu(\mathrm{d}z)\Big\} - e^{-\alpha/2^n}\Big]$$

$$= e^{-\alpha k/2^n} \Big[\exp\Big\{\frac{\alpha}{2^n} \int_{\mathbb{R}} e^{i\theta_1 z}\mu(\mathrm{d}z)\Big\} - 1\Big] \cdot$$

$$\Big[\exp\Big\{\frac{\alpha}{2^n} \int_{\mathbb{R}} e^{i\theta_2 z}\mu(\mathrm{d}z)\Big\} - 1\Big].$$

根据上面的计算, 回到 (1.5.7) 式有

$$\mathbf{E}\big(e^{i(\theta_1 \Delta X_{S_1} + \theta_2 \Delta X_{S_2})}; S_2 \leqslant t\big)$$

$$= \lim_{n\to\infty} \sum_{k=1}^{\lfloor 2^n t \rfloor} \sum_{j=1}^{k-1} e^{-\alpha k/2^n} \Big[\exp\Big\{\frac{\alpha}{2^n} \int_{\mathbb{R}} e^{i\theta_1 z}\mu(\mathrm{d}z)\Big\} - 1\Big] \cdot$$

$$\Big[\exp\Big\{\frac{\alpha}{2^n} \int_{\mathbb{R}} e^{i\theta_2 z}\mu(\mathrm{d}z)\Big\} - 1\Big]$$

$$= \lim_{n\to\infty} \alpha^2 \sum_{k=1}^{\lfloor 2^n t \rfloor} \sum_{j=1}^{k-1} e^{-\alpha k/2^n} \frac{1}{2^{2n}} \int_{\mathbb{R}} e^{i\theta_1 z}\mu(\mathrm{d}z) \int_{\mathbb{R}} e^{i\theta_2 z}\mu(\mathrm{d}z)$$

$$= \lim_{n\to\infty} \alpha^2 \sum_{k=1}^{\lfloor 2^n t \rfloor} (k-1) \mathrm{e}^{-\alpha k/2^n} \frac{1}{2^{2n}} \int_{\mathbb{R}} \mathrm{e}^{\mathrm{i}\theta_1 z}\mu(\mathrm{d}z) \int_{\mathbb{R}} \mathrm{e}^{\mathrm{i}\theta_2 z}\mu(\mathrm{d}z)$$

$$= \alpha^2 \int_0^t s\mathrm{e}^{-\alpha s}\mathrm{d}s \int_{\mathbb{R}} \mathrm{e}^{\mathrm{i}\theta_1 z}\mu(\mathrm{d}z) \int_{\mathbb{R}} \mathrm{e}^{\mathrm{i}\theta_2 z}\mu(\mathrm{d}z)$$

$$= \left(1 - \mathrm{e}^{-\alpha t} - \alpha t\mathrm{e}^{-\alpha t}\right) \int_{\mathbb{R}} \mathrm{e}^{\mathrm{i}\theta_1 z}\mu(\mathrm{d}z) \int_{\mathbb{R}} \mathrm{e}^{\mathrm{i}\theta_2 z}\mu(\mathrm{d}z).$$

在上式中令 $t \to \infty$ 时得

$$\mathbf{E}\big(\mathrm{e}^{\mathrm{i}(\theta_1 \Delta X_{S_1} + \theta_2 \Delta X_{S_2})}\big) = \int_{\mathbb{R}} \mathrm{e}^{\mathrm{i}\theta_1 z}\mu(\mathrm{d}z) \int_{\mathbb{R}} \mathrm{e}^{\mathrm{i}\theta_2 z}\mu(\mathrm{d}z).$$

所以跳幅 ΔX_{S_1} 和 ΔX_{S_2} 独立且服从相同的分布 μ. $\square$

设 q 为 $\mathbb{R}$ 上的非负博雷尔可测函数, 而 μ 是 $\mathbb{R}$ 上的 σ 有限测度. 再设 $\mu(\{0\}) = 0$ 且 $0 < \beta := \mu(q) < \infty$. 令 $N(\mathrm{d}s, \mathrm{d}z, \mathrm{d}u)$ 是 $(0, \infty) \times \mathbb{R} \times (0, \infty)$ 上的以 $\mathrm{d}s\mu(\mathrm{d}z)\mathrm{d}u$ 为强度的泊松随机测度, 而 Z_0 是与之独立的随机变量. 再令

$$Z_t = Z_0 + \int_0^t \int_{\mathbb{R}} \int_0^{q(z)} zN(\mathrm{d}s, \mathrm{d}z, \mathrm{d}u), \quad t \geq 0. \tag{1.5.8}$$

定理 1.5.8 由 (1.5.8) 式定义的 $(Z_t : t \geq 0)$ 是有跳跃速率 β 和跳跃分布 $\beta^{-1}q(z)\mu(\mathrm{d}z)$ 的复合泊松过程.

证明 令 $N_q(\mathrm{d}s, \mathrm{d}z)$ 为 $1_{\{u \leq q(z)\}} N(\mathrm{d}s, \mathrm{d}z, \mathrm{d}u)$ 在映射 $(s, z, u) \mapsto (s, z)$ 之下的像测度. 应用定理 1.5.5 不难证明 $N_q(\mathrm{d}s, \mathrm{d}z)$ 是 $(0, \infty) \times \mathbb{R}$ 上的以 $q(z)\mathrm{d}s\mu(\mathrm{d}z)$ 为强度的泊松随机测度, 而且与 Z_0 独立. 由 (1.5.8) 式有

$$Z_t = Z_0 + \int_0^t \int_{\mathbb{R}} zN_q(\mathrm{d}s, \mathrm{d}z), \quad t \geq 0.$$

再根据定理 1.5.7 即得欲证结论. $\square$

练习题

1. 在定理 1.4.8 的条件下, 证明:

(1) $(N_{s+t} - N_s : t \geq 0)$ 是以 $\alpha \geq 0$ 为参数的零初值泊松过程, 而 $\{\xi_{N_s+n} : n \geq 1\}$ 是与之独立的独立同分布随机变量序列且有分布 μ;

(2) 定理 1.4.8 中定义的过程 $(X_t : t \geq 0)$ 满足定理 1.4.8 中的性质 (2).

2. 设 μ 是可测空间 $(E, \mathscr{E})$ 上的 σ 有限测度. 证明 $(E, \mathscr{E})$ 上的以 μ 为强度的整数值随机测度 X 是泊松随机测度当且仅当对 $(E, \mathscr{E})$ 上的任何非负可测函数 f 有

$$\mathbf{E}\mathrm{e}^{-X(f)} = \exp\left\{ -\int_E (1 - \mathrm{e}^{-f(x)})\mu(\mathrm{d}x) \right\}.$$

3. 令 X 是 $(E, \mathscr{E})$ 上的以有限测度 μ 为强度的泊松随机测度. 证明对任意的 $f, g \in \mathrm{p}\mathscr{E}$, 有

(1) $\mathbf{E}[X(f)\mathrm{e}^{-X(g)}] = \mu(f\mathrm{e}^{-g})\mathbf{E}[\mathrm{e}^{-X(g)}]$;

(2) $\mathbf{E}[X(f)^2\mathrm{e}^{-X(g)}] = [\mu(f^2\mathrm{e}^{-g}) + \mu(f\mathrm{e}^{-g})^2]\mathbf{E}[\mathrm{e}^{-X(g)}]$;

(3) $\mathbf{E}[\tilde{X}(f)^4] = \mu(f^4) + 3\mu(f^2)^2$.

第二章

鞅论基础

　　鞅是一类非常重要的随机过程. 从条件期望的观点看, 鞅具有相对平稳性. 鞅方法是现代随机过程理论中最重要的工具之一. 本章介绍鞅论的基本结果, 包括鞅 (上、下鞅) 的概念、离散时间下鞅的不等式、有界停止定理、收敛定理、连续时间鞅论等. 作为预备知识, 回顾了期望和条件期望的基本性质, 并对流和停时进行了简单的讨论.

2.1　预备知识

2.1.1　数学期望

　　考虑概率空间 $(\Omega, \mathscr{F}, \mathbf{P})$. 设 ξ 为此概率空间上的随机变量. 令 μ_ξ 和 F_ξ 分别为 ξ 在 $\mathbb{R}^d$ 上的概率分布和分布函数. 若 f 为 $\mathbb{R}^d$ 上的博雷尔可测函数, 则随机变量 $f(\xi)$ 的数学期望可表示为斯蒂尔切斯积分

$$\mathbf{E}f(\xi) = \int_{\mathbb{R}^d} f(x) \mathrm{d}F_\xi(x), \tag{2.1.1}$$

或者用测度积分表示为

$$\mathbf{E}f(\xi) = \int_{\Omega} f(\xi(\omega)) \mathbf{P}(\mathrm{d}\omega) = \int_{\mathbb{R}^d} f(x) \mu_\xi(\mathrm{d}x). \tag{2.1.2}$$

若 $\mathbf{E}|f(\xi)| < \infty$, 则称随机变量 $f(\xi)$ 是可积的.

　　值得指出的是, 上面借助斯蒂尔切斯积分定义数学期望的方法有一定的局限性. 例如, 即使 f 为 $\mathbb{R}^d$ 上的有界博雷尔可测函数, (2.1.1) 式右边的积分也可能没有意义. 利用测度积分的表示 (2.1.2) 式则没有这样的问题. 不过对于本书中所遇到的函数, 上面两种积分都是有意义的. 想了解关于测度的严格积分理论的读者, 可以参考高等概率论的著作. 根据本书上册中的讨论, 关于数学期望有如下的定理:

　　定理 2.1.1　　设可积随机变量 ξ 和 η 关于子 σ 代数 $\mathscr{G} \subseteq \mathscr{F}$ 可测, 则 $\mathbf{P}(\xi \leqslant \eta) = 1$ 当且仅当对任何 $A \in \mathscr{G}$ 都有 $\mathbf{E}(\xi 1_A) \leqslant \mathbf{E}(\eta 1_A)$.

　　推论 2.1.2　　设可积随机变量 ξ 和 η 关于子 σ 代数 $\mathscr{G} \subseteq \mathscr{F}$ 可测, 则 $\mathbf{P}(\xi = \eta) = 1$ 当且仅当对任何 $A \in \mathscr{G}$ 都有 $\mathbf{E}(\xi 1_A) = \mathbf{E}(\eta 1_A)$.

　　定理 2.1.3（单调收敛定理）　　设 $\xi, \xi_n, n = 1, 2, \cdots$ 为非负随机变量且单调不降地有 $\lim\limits_{n \to \infty} \xi_n \overset{\text{a.s.}}{=} \xi$, 则有 $\lim\limits_{n \to \infty} \mathbf{E}\xi_n = \mathbf{E}\xi$.

　　定理 2.1.4（法图 (Fatou) 定理）　　对于任何非负随机变量 $\xi_n, n = 1, 2, \cdots$, 有

$$\liminf_{n \to \infty} \mathbf{E}\xi_n \geqslant \mathbf{E}\big(\liminf_{n \to \infty} \xi_n\big). \tag{2.1.3}$$

定理 2.1.5 （控制收敛定理）　设随机变量 $\xi, \xi_n, n = 1, 2, \cdots$ 满足 $\lim\limits_{n \to \infty} \xi_n \overset{\text{a.s.}}{=} \xi$. 若有非负可积随机变量 η 使得 $|\xi_n| \leqslant \eta$ (a.s.), $n = 1, 2, \cdots$, 则有 $\lim\limits_{n \to \infty} \mathbf{E} \xi_n = \mathbf{E} \xi$.

上面的控制收敛定理的条件可以弱化. 称 $(\Omega, \mathscr{F}, \mathbf{P})$ 上的一列随机变量 $\{\xi_n\}$ 是一致可积的, 是指当 $c \to \infty$ 时有

$$\sup_{n \geqslant 1} \mathbf{E}\big(|\xi_n| 1_{\{|\xi_n| \geqslant c\}}\big) \to 0.$$

特别地, 不难看出对任何 $\alpha > 1$ 有

$$\mathbf{E}\big(|\xi_n| 1_{\{|\xi_n| \geqslant c\}}\big) \leqslant c^{1-\alpha} \mathbf{E}\big(|\xi_n|^{\alpha} 1_{\{|\xi_n| \geqslant c\}}\big) \leqslant c^{1-\alpha} \mathbf{E}\big(|\xi_n|^{\alpha}\big).$$

因此, 若 $\sup\limits_{n \geqslant 1} \mathbf{E}(|\xi_n|^{\alpha}) < \infty$, 则 $\{\xi_n\}$ 是一致可积的.

定理 2.1.6　设随机变量 $\xi, \xi_1, \xi_2, \cdots$ 满足 $\lim\limits_{n \to \infty} \xi_n \overset{\text{a.s.}}{=} \xi$. 若序列 $\{\xi_n\}$ 一致可积, 则有 $\lim\limits_{n \to \infty} \mathbf{E} \xi_n = \mathbf{E} \xi$.

证明　由一致可积性, 对任何 $\varepsilon > 0$, 当 $c(c > 0)$ 充分大时有

$$\sup_{n \geqslant 1} \mathbf{E}\big(\xi_n 1_{\{\xi_n < -c\}}\big) \geqslant -\sup_{n \geqslant 1} \mathbf{E}\big(|\xi_n| 1_{\{|\xi_n| > c\}}\big) \geqslant -\varepsilon.$$

因此有

$$\mathbf{E} \xi_n = \mathbf{E}\big(\xi_n 1_{\{\xi_n \geqslant -c\}}\big) + \mathbf{E}\big(\xi_n 1_{\{\xi_n < -c\}}\big) \geqslant \mathbf{E}\big(\xi_n 1_{\{\xi_n \geqslant -c\}}\big) - \varepsilon.$$

对 $(\xi_n - c) 1_{\{\xi_n \geqslant -c\}}$ 应用法图定理可得

$$\liminf_{n \to \infty} \mathbf{E}\big(\xi_n 1_{\{\xi_n \geqslant -c\}}\big) \geqslant \mathbf{E}\big(\liminf_{n \to \infty} \xi_n 1_{\{\xi_n \geqslant -c\}}\big) \geqslant \mathbf{E}\big(\liminf_{n \to \infty} \xi_n\big).$$

因此有

$$\liminf_{n \to \infty} \mathbf{E} \xi_n \geqslant \mathbf{E}\big(\liminf_{n \to \infty} \xi_n\big) - \varepsilon.$$

再由 $\varepsilon > 0$ 的任意性得

$$\liminf_{n \to \infty} \mathbf{E} \xi_n \geqslant \mathbf{E}\big(\liminf_{n \to \infty} \xi_n\big).$$

类似地, 可得

$$\limsup_{n \to \infty} \mathbf{E} \xi_n \leqslant \mathbf{E}\big(\limsup_{n \to \infty} \xi_n\big).$$

因为 $\lim\limits_{n \to \infty} \xi_n \overset{\text{a.s.}}{=} \xi$, 以上二式右边的积分都等于 $\mathbf{E} \xi$, 故欲证结果成立. $\square$

值域为有限集合的可测函数称为简单函数. 根据上面的关于数学期望的收敛定理, 经常可以利用结构较为简单的随机变量的期望逼近一般随机变量的期望. 典型的做法如下: 对于整数 $n \geqslant 1$ 令

$$\phi_n(x) = n1_{\{x \geqslant n\}} + \sum_{k=1}^{n2^n} 2^{-n}(k-1)1_{[(k-1)/2^n, k/2^n)}(x), \quad x \geqslant 0. \tag{2.1.4}$$

显然, 对任意的 $x \geqslant 0$ 有 $\phi_n(x) \uparrow x$. 对于非负随机变量 ξ, 当 $n \to \infty$ 时有 $\phi_n(\xi) \uparrow \xi$. 再由积分单调收敛定理有 $\mathbf{E}[\phi_n(\xi)] \uparrow \mathbf{E}\xi$.

2.1.2   条件数学期望

定义 2.1.1   设 X 为概率空间 $(\Omega, \mathscr{F}, \mathbf{P})$ 上的可积随机变量. 考虑子 σ 代数 $\mathscr{G} \subseteq \mathscr{F}$. 如果对于一切事件 $A \in \mathscr{G}$ 有

$$\mathbf{E}(1_A \xi) = \mathbf{E}(1_A X), \tag{2.1.5}$$

则称关于 $\mathscr{G}$ 可测的随机变量 ξ 为 X 的给定 $\mathscr{G}$ 的条件数学期望或条件期望, 并记之为 $\mathbf{E}(X|\mathscr{G})$. 对于 $B \in \mathscr{F}$, 称条件期望 $\mathbf{E}(1_B|\mathscr{G})$ 为 B 的给定 $\mathscr{G}$ 的条件概率, 并记之为 $\mathbf{P}(B|\mathscr{G})$.

根据高等概率论中的结果, 满足定义 2.1.1 中要求的随机变量 ξ 存在; 如可参见 [37]. 由推论 2.1.2 知, 该随机变量在几乎必然相等的意义下唯一. 若 Z 是另一随机变量, 我们写 $\mathbf{E}(X|Z) = \mathbf{E}[X|\sigma(Z)]$. 注意, 这个记号与上册中定义的条件期望相吻合.

定理 2.1.7   设 X 和 Y 是概率空间 $(\Omega, \mathscr{F}, \mathbf{P})$ 上的可积随机变量, 则有如下性质:
(1) $\mathbf{E}[\mathbf{E}(X|\mathscr{G})] = \mathbf{E}(X)$;
(2) 若 X 与 $\mathscr{G}$ 独立, 则 $\mathbf{E}(X|\mathscr{G}) = \mathbf{E}(X)$;
(3) 对任何 $a \in \mathbb{R}$ 有 $\mathbf{E}(aX|\mathscr{G}) = a\mathbf{E}(X|\mathscr{G})$;
(4) $\mathbf{E}(X+Y|\mathscr{G}) = \mathbf{E}(X|\mathscr{G}) + \mathbf{E}(Y|\mathscr{G})$;
(5) 若 $X \leqslant Y$, 则有 $\mathbf{E}(X|\mathscr{G}) \leqslant \mathbf{E}(Y|\mathscr{G})$.

证明   在 (2.1.5) 式中取 $A = \Omega$ 即可得性质 (1). 若 X 与 $\mathscr{G}$ 独立, 则对任何 $A \in \mathscr{G}$ 随机变量 1_A 与 X 独立, 故有

$$\mathbf{E}(1_A X) = \mathbf{E}(1_A)\mathbf{E}X = \mathbf{E}(1_A \mathbf{E}X),$$

再由推论 2.1.2 知性质 (2) 成立. 对任何 $A \in \mathscr{G}$ 有

$$\mathbf{E}(1_A aX) = a\mathbf{E}(1_A X) = a\mathbf{E}[1_A \mathbf{E}(X|\mathscr{G})] = \mathbf{E}[1_A a\mathbf{E}(X|\mathscr{G})],$$

因而性质 (3) 成立. 类似地可以证明性质 (4) 和 (5) 成立. □

定理 2.1.8 设 X 为概率空间 $(\Omega, \mathscr{F}, \mathbf{P})$ 上的随机变量且数学期望 $\mathbf{E}X$ 存在, 再设 ξ 为关于子 σ 代数 $\mathscr{G} \subseteq \mathscr{F}$ 可测的随机变量, 则 $\xi = \mathbf{E}(X|\mathscr{G})$ 当且仅当对任何 $\mathscr{G}$ 可测随机变量 Y, 只要 $Y\xi$ 或 YX 可积, 就有

$$\mathbf{E}(Y\xi) = \mathbf{E}(YX). \tag{2.1.6}$$

证明 若 (2.1.6) 式成立, 则对 $A \in \mathscr{G}$ 取 $Y = 1_A$ 即知 $\xi = \mathbf{E}(X|\mathscr{G})$. 反之, 假设 $\xi = \mathbf{E}(X|\mathscr{G})$, 下证 (2.1.6) 式成立. 根据数学期望的线性性, 只需考虑 X, ξ 和 Y 都是非负随机变量的情况. 此时, 显然 (2.1.5) 式对于任意的 $A \in \mathscr{G}$ 成立. 因此, 当 Y 是 $\mathscr{G}$ 中有限个集合的示性函数的线性组合时 (2.1.6) 式成立. 特别地, 若 ϕ_n 由 (2.1.4) 式给出, 则有 $\mathbf{E}[\phi_n(Y)X] = \mathbf{E}[\phi_n(Y)\xi]$. 令 $n \to \infty$ 并应用单调收敛定理即得 (2.1.6)式. □

推论 2.1.9 设 X, Y 是 $(\Omega, \mathscr{F}, \mathbf{P})$ 上的随机变量且 Y 关于 $\mathscr{G}$ 可测. 若 X 和 YX 都可积, 则

$$\mathbf{E}(YX|\mathscr{G}) = Y\mathbf{E}(X|\mathscr{G}). \tag{2.1.7}$$

证明 对任何 $A \in \mathscr{G}$, 因 $1_A Y$ 和 1_A 都关于 $\mathscr{G}$ 可测, 应用 (2.1.6) 式得

$$\mathbf{E}\big[1_A Y\mathbf{E}(X|\mathscr{G})\big] = \mathbf{E}(1_A YX) = \mathbf{E}\big[1_A\mathbf{E}(YX|\mathscr{G})\big].$$

又因 $Y\mathbf{E}(X|\mathscr{G})$ 关于 $\mathscr{G}$ 可测, 故 (2.1.7) 式成立. □

推论 2.1.10 设 X 为可积随机变量, 而 $\mathscr{G}_1 \subseteq \mathscr{G}_2$ 都是 $\mathscr{F}$ 的子 σ 代数, 则

$$\mathbf{E}\big[\mathbf{E}(X|\mathscr{G}_2)|\mathscr{G}_1\big] = \mathbf{E}(X|\mathscr{G}_1).$$

证明 对任何 $A \in \mathscr{G}_1 \subseteq \mathscr{G}_2$, 应用 (2.1.7) 式得

$$\mathbf{E}\big\{1_A\mathbf{E}\big[\mathbf{E}(X|\mathscr{G}_2)|\mathscr{G}_1\big]\big\} = \mathbf{E}\big\{\mathbf{E}\big[\mathbf{E}(1_A X|\mathscr{G}_2)|\mathscr{G}_1\big]\big\} = \mathbf{E}(1_A X).$$

因 $\mathbf{E}[\mathbf{E}(1_A X|\mathscr{G}_2)|\mathscr{G}_1]$ 关于 $\mathscr{G}_1$ 可测, 故知欲证结论成立. □

2.1.3 流和停时

考虑概率空间 $(\Omega, \mathscr{F}, \mathbf{P})$. 令 $I = \mathbb{Z}_+$ 或 $\mathbb{R}_+$. 如果 $\mathscr{F}$ 的子 σ 代数族 $(\mathscr{F}_t : t \in I)$ 满足对任何 $s < t \in I$ 都有 $\mathscr{F}_s \subseteq \mathscr{F}_t$, 就称它是 σ 代数流或简称流. 对应于 $I = \mathbb{Z}_+$ 或 $\mathbb{R}_+$, 我们也经常将 $(\mathscr{F}_t : t \in I)$ 写为 $(\mathscr{F}_t : t \geqslant 0)$ 或 $(\mathscr{F}_n : n \geqslant 0)$. 直观上, 可以将 σ 代数 $\mathscr{F}_t$ 解释为观测某些随机现象到 $t \in I$ 时刻所积累的知识或信息.

称状态空间 $(E, \mathscr{E})$ 上的随机过程 $X = (X_t : t \in I)$ 关于某个流 $(\mathscr{F}_t : t \in I)$ 是适应的, 是指对任何 $t \in I$, 随机变量 X_t 都是 $\mathscr{F}_t$ 可测的. 直观上, 过程 X 关于流 $(\mathscr{F}_t)$ 适应

可以解释为 X 的运动情况在我们的观测范围内, 或者说我们到任何时刻 t 积累的知识都包含了 X 在此时刻前的运动情况的所有信息. 给定过程 X, 定义

$$\mathscr{F}^X = \sigma(\{X_s : s \in I\}), \quad \mathscr{F}_t^X = \sigma(\{X_s : s \in I, s \leqslant t\}), \tag{2.1.8}$$

则 $(\mathscr{F}_t^X : t \in I)$ 构成一个流, 称为 X 的自然流, 称 $(\mathscr{F}^X, \mathscr{F}_t^X : t \in I)$ 为 X 的自然 σ 代数. 显然 X 关于其自然流 $(\mathscr{F}_t^X : t \in I)$ 适应, 且它在 X 所适应的流中是最小的.

定义 2.1.2　称映射 $T : \Omega \to I \cup \{\infty\}$ 为关于流 $(\mathscr{F}_t : t \in I)$ 的停时或可选时, 是指对任何 $t \in I$ 都有

$$\{T \leqslant t\} = \{\omega \in \Omega : T(\omega) \leqslant t\} \in \mathscr{F}_t. \tag{2.1.9}$$

对于给定的 $(\mathscr{F}_t)$ 停时 T, 定义

$$\mathscr{F}_T = \{A \in \mathscr{F}_\infty : \text{对任意 } t \in I \text{ 有 } A \cap \{T \leqslant t\} \in \mathscr{F}_t\},$$

其中 $\mathscr{F}_\infty = \sigma\left(\bigcup_{t \in I} \mathscr{F}_t\right)$. 易证 $\mathscr{F}_T$ 是一个 σ 代数, 称为 T 前 σ 代数.

停时 T 是相对于某个流而言的. 当流 $(\mathscr{F}_t)$ 明确时, 我们简单地称 T 为停时. 直观上, 性质 $\{T \leqslant t\} \in \mathscr{F}_t$ 表示根据时刻 t 我们掌握的信息 $\mathscr{F}_t$ 可以判断 T 是否已经在 t 时刻或更早地到来. 停时 σ 代数 $\mathscr{F}_T$ 可以解释为到随机时刻 T 我们掌握的所有知识或信息的总和. 不难证明, 停时 T 关于 σ 代数 $\mathscr{F}_T$ 可测. 另外, 若 S 和 T 都是停时且 $S \leqslant T$, 则 $\mathscr{G}_S \subseteq \mathscr{G}_T$.

命题 2.1.11　若 S 和 T 是 $(\mathscr{F}_t)$ 的停时, 则 $S \vee T$, $S \wedge T$ 和 $S + T$ 也是 $(\mathscr{F}_t)$ 的停时.

证明　由 $\{S \vee T \leqslant t\} = \{S \leqslant t\} \cap \{T \leqslant t\}$ 和 $\{S \wedge T \leqslant t\} = \{S \leqslant t\} \cup \{T \leqslant t\}$ 知 $S \vee T$ 和 $S \wedge T$ 是 $(\mathscr{F}_t)$ 的停时. 若 $I = \mathbb{Z}_+$, 则对 $t \in I$ 有

$$\{S + T = t\} = \bigcup_{k=0}^{t} \{S = k, T = t - k\} \in \mathscr{F}_t,$$

因而 $S + T$ 是 $(\mathscr{F}_t)$ 的停时. 下面考虑 $I = \mathbb{R}_+$ 的情况. 此时, 对任何 $t \geqslant 0$ 有 $\{S > t\} \cup \{T > t\} \in \mathscr{F}_t$. 而且

$$\begin{aligned}
\{S + T > t\} &= \{S > t\} \cup \{S + T > t, S \leqslant t\} \\
&= \{S > t\} \cup \{t - T < S \leqslant t\},
\end{aligned} \tag{2.1.10}$$

其中 $\{S > t\} \in \mathscr{F}_t$. 令 $\mathbb{Q}$ 表示有理数集, 则有

$$\{t - T < S \leqslant t\} = \bigcup_{r \in [0,t) \cap \mathbb{Q}} \{t - T < r \leqslant S \leqslant t\}$$

$$= \bigcup_{r \in [0,t) \cap \mathbb{Q}} \{T > t - r\} \cap \{S \geqslant r\} \cap \{S \leqslant t\},$$

其中 $\{T > t - r\} \in \mathscr{F}_{t-r} \subseteq \mathscr{F}_t$, $\{S \geqslant r\} \in \mathscr{F}_r \subseteq \mathscr{F}_t$ 而 $\{S \leqslant t\} \in \mathscr{F}_t$. 所以 $\{t - T < S \leqslant t\} \in \mathscr{F}_t$. 由 (2.1.10) 式知 $\{S + T > t\} \in \mathscr{F}_t$, 故 $T + S$ 是 $(\mathscr{F}_t)$ 的停时. □

例 2.1.1　映射 $T : \Omega \to \{0, 1, \cdots\} \cup \{\infty\}$ 是关于离散时间流 $(\mathscr{F}_n)$ 的停时当且仅当对任何 $n \geqslant 0$ 都有 $\{T = n\} \in \mathscr{F}_n$. 此时 $A \in \mathscr{F}_T$ 当且仅当对任何 $n \geqslant 0$ 都有 $A \cap \{T = n\} \in \mathscr{F}_n$.

例 2.1.2　设离散时间随机过程 (X_n) 关于流 $(\mathscr{F}_n)$ 适应. 再设 T 为 $(\mathscr{F}_n)$ 的停时, 则对任意的 $n \geqslant 0$ 和 $i \in E$ 有

$$\{T < \infty\} \cap \{X_T = i\} \cap \{T = n\} = \{X_n = i\} \cap \{T = n\} \in \mathscr{G}_n,$$

故有 $\{T < \infty\} \cap \{X_T = i\} \in \mathscr{G}_T$. 这说明映射 $\omega \mapsto X_{T(\omega)}(\omega)$ 限制在 $\{T < \infty\}$ 上关于 $\{T < \infty\} \cap \mathscr{G}_T$ 可测.

设 $X = (X_t : t \in I)$ 是以 E 为状态空间的随机过程. 分别称 $\tau_A := \inf\{t \in I : X_t \in A\}$ 和 $T_A := \inf\{t \in I : t > 0, X_t \in A\}$ 为 X 对于集合 $A \subseteq E$ 的首达时与击中时. 直观上 τ_A 和 T_A 分别是在考虑和不考虑初始位置的情况下, 随机过程 X 首次进入集合 A 的时刻.

例 2.1.3　设状态空间 $(E, \mathscr{E})$ 上的离散时间随机过程 (X_n) 关于流 $(\mathscr{F}_n)$ 适应, 则 X 对于集合 $A \in \mathscr{E}$ 的首达时 τ_A 和击中时 T_A 都是停时. 例如, 我们有 $\{\tau_A \leqslant n\} = \bigcup_{k=0}^{n} \{X_k \in A\} \in \mathscr{F}_n$.

设 $\{\xi_n : n \geqslant 1\}$ 是独立同分布随机变量序列. 令 $(\mathscr{F}_n)$ 是 (ξ_n) 的自然 σ 代数流. 再定义从原点出发的随机游动

$$X_n = \sum_{i=1}^{n} \xi_i, \quad n \geqslant 0. \tag{2.1.11}$$

注意 $(\mathscr{F}_n)$ 也是 (X_n) 的自然流. 下面命题的结论称为沃尔德 (Wald) 恒等式.

命题 2.1.12 (沃尔德恒等式)　设 $\mathbf{E}(\xi_1)$ 存在而 T 是关于 $(\mathscr{F}_n)$ 的停时, 则

$$\mathbf{E}(X_T) = \mathbf{E}(T) \mathbf{E}(\xi_1).$$

证明　因 T 是 $(\mathscr{F}_n)$ 的停时, 事件 $\{T \geqslant n\} = \{T \leqslant n - 1\}^c \in \mathscr{F}_{n-1}$ 独立于 ξ_n. 从而

$$\mathbf{E}(X_T) = \mathbf{E}\Big(\sum_{n=1}^{\infty} \xi_n 1_{\{n \leqslant T\}}\Big) = \sum_{n=1}^{\infty} \mathbf{E}\big(\xi_n 1_{\{n \leqslant T\}}\big)$$

$$= \sum_{n=1}^{\infty} \mathbf{E}(\xi_n) \mathbf{E}(1_{\{n \leqslant T\}}) = \mathbf{E}(\xi_1) \sum_{n=1}^{\infty} \mathbf{P}(n \leqslant T).$$

再由非负整数值随机变量 T 的期望的计算公式即得欲证等式. $\square$

2.1.4　完备化和加强化

给定概率空间 $(\Omega, \mathscr{F}, \mathbf{P})$, 我们称 $N \subseteq \Omega$ 为 $\mathbf{P}$ 零集, 如果存在 $A \in \mathscr{F}$ 满足 $N \subseteq A$ 且 $\mathbf{P}(A) = 0$. 用 $\mathscr{N}$ 表示所有 $\mathbf{P}$ 零集构成的集类. 记 $\mathscr{F}^* = \sigma(\mathscr{F} \cup \mathscr{N})$.

命题 2.1.13　我们有 $\mathscr{F}^* = \{F \cup N : F \in \mathscr{F}, N \in \mathscr{N}\}$.

证明　记 $\bar{\mathscr{F}} = \{F \cup N : F \in \mathscr{F}, N \in \mathscr{N}\}$. 显然 $\bar{\mathscr{F}} \subseteq \sigma(\mathscr{F} \cup \mathscr{N}) = \mathscr{F}^*$. 另一方面, 易见 $\Omega \in \bar{\mathscr{F}}$ 且 $\bar{\mathscr{F}}$ 对可数并运算封闭. 现设 $B = F \cup N \in \bar{\mathscr{F}}$, 其中 $F \in \mathscr{F}$ 且 $N \in \mathscr{N}$, 则存在 $A \in \mathscr{F}$ 满足 $N \subseteq A$ 且 $\mathbf{P}(A) = 0$. 注意

$$B^c = F^c \cap N^c = (F^c \cap A^c) \cup (F^c \cap N^c \cap A),$$

其中 $(F^c \cap A^c) \in \mathscr{F}$ 且 $(F^c \cap N^c \cap A) \in \mathscr{N}$, 故 $B^c \in \bar{\mathscr{F}}$. 所以 $\bar{\mathscr{F}}$ 是 σ 代数. 又因为 $\bar{\mathscr{F}} \supseteq \mathscr{F} \cup \mathscr{N}$, 故有 $\bar{\mathscr{F}} \supseteq \sigma(\mathscr{F} \cup \mathscr{N}) = \mathscr{F}^*$. $\square$

若 $A \in \mathscr{F}^*$ 可表示为 $A = F \cup N$, 其中 $F \in \mathscr{F}$ 而 $N \in \mathscr{N}$, 我们记 $\mathbf{P}^*(A) = \mathbf{P}(F)$. 易证该记号无歧义, 且 $\mathbf{P}^*$ 为 $\mathscr{F}^*$ 上的概率测度. 分别称 $\mathscr{F}^*$ 和 $\mathbf{P}^*$ 为 $\mathscr{F}$ 和 $\mathbf{P}$ 的完备化. 当 $\mathscr{F} = \mathscr{F}^*$ 时, 称 $\mathscr{F}$ 或 $\mathbf{P}$ 是完备的, 此时也称 $(\Omega, \mathscr{F}, \mathbf{P})$ 是完备概率空间.

对于 $\mathscr{F}$ 的子 σ 代数 $\mathscr{G}$, 称 $\mathscr{G}^* := \sigma(\mathscr{G} \cup \mathscr{N})$ 为 $\mathscr{G}$ 的加强化. 若 $\mathscr{G} = \mathscr{G}^*$, 则称 $\mathscr{G}$ 是加强的. 如果一个流 $(\mathscr{G}_t : t \in I)$ 中的每个 $\mathscr{G}_t$ 都是加强的 σ 代数, 就称该流是加强的.

我们称 $A \triangle B := (A \setminus B) \cup (B \setminus A)$ 为集合 $A, B \subseteq \Omega$ 的对称差. 易知, 对于 $A, B, C \subseteq \Omega$ 有

$$A = B \triangle C \Leftrightarrow B = C \triangle A \Leftrightarrow C = A \triangle B.$$

若有 $A \triangle B \in \mathscr{N}$, 则写成 $A \sim B$. 不难看出 "$\sim$" 是 Ω 的子集间的等价关系.

命题 2.1.14　令 $\mathscr{G}^*$ 为 $\mathscr{F}$ 的子 σ 代数 $\mathscr{G}$ 的完备化, 则有

$$\mathscr{G}^* = \{B \triangle C : B \in \mathscr{G}, C \in \mathscr{N}\} = \{A \subseteq \Omega : \text{有 } B \in \mathscr{G} \text{ 使 } A \triangle B \in \mathscr{N}\}.$$

证明　记 $\bar{\mathscr{G}} = \{A := B \triangle C : B \in \mathscr{G}, C \in \mathscr{N}\}$. 易知欲证等式中的第二个等号成立, 只需证明 $\mathscr{G}^* = \bar{\mathscr{G}}$. 显然 $\bar{\mathscr{G}} \subseteq \sigma(\mathscr{G} \cup \mathscr{N}) = \mathscr{G}^*$. 下面证明 $\bar{\mathscr{G}} \supseteq \mathscr{G}^*$, 而因 $\bar{\mathscr{G}} \supseteq \mathscr{G} \cup \mathscr{N}$, 只需证 $\bar{\mathscr{G}}$ 是 σ 代数. 显然 $\Omega \in \bar{\mathscr{G}}$. 设 $A \in \bar{\mathscr{G}}$. 则存在 $B \in \mathscr{G}$ 使 $A \triangle B \in \mathscr{N}$. 易见 $A^c \triangle B^c = A \triangle B \in \mathscr{N}$. 再因 $B^c \in \mathscr{G}$, 有 $A^c \in \bar{\mathscr{G}}$. 所以 $\bar{\mathscr{G}}$ 对取余运算封闭. 对于集合列 $\{A_n\} \subseteq \bar{\mathscr{G}}$, 存在 $\{B_n\} \subseteq \mathscr{G}$ 使对每个 $n \geqslant 0$ 有 $A_n \triangle B_n \in \mathscr{N}$. 注意 $\bigcup_n B_n \in \mathscr{G}$ 且

$$\left(\bigcup_n A_n\right) \triangle \left(\bigcup_n B_n\right) \subseteq \bigcup_n (A_n \triangle B_n) \in \mathscr{N},$$

故 $\bigcup\limits_{n} A_n \in \mathscr{G}$. 因此 $\mathscr{G}$ 是一个 σ 代数. $\square$

例 2.1.4 设 $\Omega = \Omega_0 \cup \Omega_1$, 其中 Ω_0, Ω_1 为不交的非空集合. 令 $\mathscr{F} = \{\varnothing, \Omega_0, \Omega_1, \Omega\}$. 再设 $\mathbf{P}$ 为 $(\Omega, \mathscr{F})$ 上的概率测度, 且满足 $\mathbf{P}(\Omega_0) = 0$ 和 $\mathbf{P}(\Omega_1) > 0$, 则每个 $A \in \mathscr{F}^*$ 都可表示为 $A = A_0 \cup B$ 的形式, 其中 $A_0 \subseteq \Omega_0$ 而 $B \in \mathscr{F}$. 此时有 $\mathbf{P}^*(A) = \mathbf{P}(B)$.

2.1.5 连续时间流

考虑概率空间 $(\Omega, \mathscr{G}, \mathbf{P})$ 上的连续时间 σ 代数流 $(\mathscr{G}_t : t \geqslant 0)$. 对 $t \geqslant 0$ 令 $\mathscr{G}_{t+} = \bigcap\limits_{s > t} \mathscr{G}_s$, 则 $\mathscr{G}_{t+} \supseteq \mathscr{G}_t$ 且 $(\mathscr{G}_{t+})$ 也是 σ 代数流. 如果对一切 $t \geqslant 0$ 有 $\mathscr{G}_{t+} = \mathscr{G}_t$, 就称流 $(\mathscr{G}_t)$ 右连续. 对于 $(\mathscr{G}_{t+})$ 的停时 T, 将相应的 T 前 σ 代数记为 $\mathscr{G}_{T+}$.

命题 2.1.15 非负随机变量 T 是 $(\mathscr{G}_{t+})$ 的停时当且仅当对任何 $t \geqslant 0$ 都有 $\{T < t\} \in \mathscr{G}_t$.

证明 若 T 是 $(\mathscr{G}_{t+})$ 的停时, 则对任何 $t \geqslant 0$ 有 $\{T < t\} = \bigcup\limits_{n} \{T \leqslant t - 1/n\} \in \mathscr{G}_t$. 反之, 假设对任何 $t \geqslant 0$ 都有 $\{T < t\} \in \mathscr{G}_t$. 对于 $k \geqslant 1$, 有

$$\{T \leqslant t\} = \bigcap_{n=k}^{\infty} \{T < t + 1/n\} \in \mathscr{G}_{t+1/k},$$

故 $\{T \leqslant t\} \in \bigcap\limits_{k \geqslant 1} \mathscr{G}_{t+1/k} = \mathscr{G}_{t+}$. 故 T 是 $(\mathscr{G}_{t+})$ 的停时. $\square$

命题 2.1.16 令 T 是 $(\mathscr{G}_{t+})$ 的停时. 再设 $A \in \mathscr{G}_{\infty}$, 则 $A \in \mathscr{G}_{T+}$ 当且仅当对任何 $t \geqslant 0$ 都有 $A \cap \{T < t\} \in \mathscr{G}_t$.

证明 若 $A \in \mathscr{F}_{T+}$, 则对任何 $n \geqslant 1$ 有 $A \cap \{T \leqslant t - 1/n\} \in \mathscr{F}_{(T \leqslant t-1/n)+} \subseteq \mathscr{F}_t$, 进而

$$A \cap \{T < t\} = \bigcup_{n=1}^{\infty} (A \cap \{T \leqslant t - 1/n\}) \in \mathscr{F}_t.$$

反之, 若对任何 $t \in I$ 都有 $A \cap \{T < t\} \in \mathscr{F}_t$, 则对任何 $k \geqslant 1$ 有

$$A \cap \{T \leqslant t\} = \bigcap_{n=k}^{\infty} (A \cap \{T < t + 1/n\}) \in \mathscr{F}_{t+1/k}.$$

故知 $A \cap \{T \leqslant t\} \in \bigcap\limits_{k=1}^{\infty} \mathscr{F}_{t+1/k} = \mathscr{F}_{t+}$, 因而 $A \in \mathscr{F}_{T+}$. $\square$

命题 2.1.17 设每个 T_n 是 $(\mathscr{G}_t : t \geqslant 0)$ 的停时且序列 $\{T_n\}$ 单调不增, 则 $T := \lim\limits_{n} T_n$ 是 $(\mathscr{G}_{t+})$ 的停时.

证明　因 $\{T_n\}$ 单调不增, 有 $\{T < t\} = \bigcup\limits_n \{T_n < t\} \in \mathscr{G}_t$. 由命题 2.1.15 知 T 是 $(\mathscr{G}_{t+})$ 的停时. □

对于 $n \geqslant 0$ 记 $D_n = \{i/2^n : i = 0, 1, 2, \cdots\}$. 给定 $(\mathscr{G}_{t+})$ 的停时 T, 令 $T_n = \inf\{t \in D_n : t > T\}$. 注意

$$T_n = \frac{1}{2^n}(\lfloor 2^n T \rfloor + 1) = \sum_{k=1}^{\infty} \frac{k}{2^n} 1_{\{(k-1)/2^n \leqslant T < k/2^n\}} + \infty 1_{\{T=\infty\}}. \tag{2.1.12}$$

显然当 $n \to \infty$ 时, 递降地 $T_n \to T$. 称 T_n 为 T 的二分点离散化.

命题 2.1.18　由 (2.1.12) 式定义的 T_n 是关于离散时间流 $(\mathscr{G}_{k/2^n} : k \geqslant 0)$ 的停时且有 $\mathscr{G}_{T+} \subseteq \mathscr{G}_{T_n}$.

证明　对于 $k \geqslant 0$, 根据命题 2.1.15 有

$$\{T_n = k/2^n\} = \{T < k/2^n\} \cap \{T < (k-1)/2^n\}^c \in \mathscr{G}_{k/2^n}.$$

所以 T_n 是关于流 $(\mathscr{G}_{k/2^n} : k \geqslant 0)$ 的停时. 对于 $G \in \mathscr{G}_{T+}$, 由命题 2.1.15 和命题 2.1.16 有

$$G \cap \{T_n = k/2^n\} = G \cap \{T < k/2^n\} \cap \{T < (k-1)/2^n\}^c \in \mathscr{G}_{k/2^n},$$

故 $G \in \mathscr{G}_{T_n}$. 因此 $\mathscr{G}_{T+} \subseteq \mathscr{G}_{T_n}$. □

定义 2.1.3　称完备概率空间 $(\Omega, \mathscr{G}, \mathbf{P})$ 上的连续时间流 $(\mathscr{G}_t : t \geqslant 0)$ 满足通常条件, 是指它是右连续的且每个 $\mathscr{G}_t$ 都是加强的.

2.1.6　循序可测过程

设 $(\mathscr{G}_t : t \geqslant 0)$ 为概率空间 $(\Omega, \mathscr{G}, \mathbf{P})$ 上的连续时间 σ 代数流. 称空间 $\mathbb{R}^d$ 上的连续时间过程 $(X_t : t \geqslant 0)$ 关于该流循序可测, 是指对任意的 $t \geqslant 0$ 映射 $(s, \omega) \mapsto X_s(\omega)$ 限定在 $[0, t] \times \Omega$ 上关于 σ 代数 $\mathscr{B}[0, t] \times \mathscr{G}_t$ 可测, 其中 $\mathscr{B}[0, t]$ 表示 $[0, t]$ 上的 σ 代数. 显然, 若 (X_t) 关于 $(\mathscr{G}_t)$ 循序可测, 则它关于该流是适应的.

命题 2.1.19　若连续时间随机过程 (X_t) 关于流 $(\mathscr{G}_t)$ 适应且右连续或左连续, 则 (X_t) 关于 $(\mathscr{G}_t)$ 循序可测.

证明　我们只考虑 (X_t) 为右连续适应过程的情况, 左连续的情况类似. 对于 $n \geqslant 1$, 定义 $X_n(0) = X_0$ 和

$$X_n(s) = X_{kt/2^n}, \quad (k-1)t/2^n < s \leqslant kt/2^n, k = 1, 2, 3, \cdots, 2^n,$$

则对任何 $B \in \mathscr{B}^d$ 有

$$\{(s, \omega) \in [0, t] \times \Omega : X_n(s, \omega) \in B\}$$

$$= \{0\} \times X_0^{-1}(B) \cup \bigcup_{k=1}^{2^n}((k-1)t/2^n, kt/2^n) \times X_{kt/2^n}^{-1}(B),$$

其中 $X_{kt/2^n}^{-1}(B) \in \mathscr{G}_{kt/2^n} \subseteq \mathscr{G}_t$. 显然, 上面的集合属于 $\mathscr{B}[0,t] \times \mathscr{G}_t$. 所以映射 $(s, \omega) \mapsto X_n(s, \omega)$ 关于 $\mathscr{B}[0,t] \times \mathscr{G}_t$ 可测. 因 X 是右连续的, 故 $X_s(\omega) = \lim_n X_n(s, \omega)$. 因此 $(s, \omega) \mapsto X_s(\omega)$ 关于 $\mathscr{B}[0,t] \times \mathscr{G}_t$ 可测. $\square$

命题 2.1.20 设连续时间随机过程 (X_t) 关于流 $(\mathscr{G}_t)$ 循序可测, 则对任何 $(\mathscr{G}_t)$ 停时的 T, 映射 $\omega \mapsto X_{T(\omega)}(\omega)$ 限制在 $\Omega_T := \{T < \infty\}$ 上关于 $\Omega_T \cap \mathscr{G}_T$ 可测.

证明 易证 $\omega \mapsto T(\omega) \wedge t$ 是 $(\Omega, \mathscr{G}_t)$ 到 $([0,t], \mathscr{B}[0,t])$ 的可测映射, 故 $\omega \mapsto (T(\omega) \wedge t, \omega)$ 是 $(\Omega, \mathscr{G}_t)$ 到 $([0,t] \times \Omega, \mathscr{B}[0,t] \times \mathscr{G}_t)$ 的可测映射. 根据命题 2.1.19, 对任何 $t \geqslant 0$ 映射 $(s, \omega) \to X_s(\omega)$ 限定在 $[0,t] \times \Omega$ 上关于 σ 代数 $\mathscr{B}[0,t] \times \mathscr{G}_t$ 和 $\mathscr{B}^d$ 可测. 因此复合 $\omega \mapsto (T(\omega) \wedge t, \omega) \mapsto X_{T(\omega) \wedge t}(\omega)$ 是 $(\Omega, \mathscr{G}_t)$ 到 $(\mathbb{R}^d, \mathscr{B}^d)$ 的可测映射. 这样对任意的 $B \in \mathscr{B}^d$ 有

$$\{X_T \in B\} \cap \Omega_T \cap \{T \leqslant t\} = \{X_{T \wedge t} \in B\} \cap \{T \leqslant t\} \in \mathscr{G}_t,$$

故 $\{X_T \in B\} \cap \Omega_T \in \mathscr{G}_T$, 即映射 $\omega \mapsto X_{T(\omega)}(\omega)$ 限制在 Ω_T 上关于 $\Omega_T \cap \mathscr{G}_T$ 可测. $\square$

命题 2.1.21 设 (X_t) 是关于流 $(\mathscr{G}_t)$ 适应的右连续过程, 则 X 到任何开集 $A \subseteq E$ 的首达时 $\tau_A := \inf\{t \geqslant 0 : X_t \in A\}$ 和击中时 $\tau_A := \inf\{t > 0 : X_t \in A\}$ 重合且是 $(\mathscr{G}_{t+})$ 的停时.

证明 因 A 是开集, 显然有 $\tau_A = T_A$. $\mathbb{Q}$ 表示有理数集. 由于 (X_t) 右连续且关于流 $(\mathscr{G}_t)$ 适应, 对任何 $t > 0$ 有

$$\{\tau_A < t\} = \bigcup_{s \in [0,t) \cap \mathbb{Q}} \{X_s \in A\}.$$

事实上, 假定 $\tau_A < t$, 必有某个 $s \in [\tau_A, t)$ 使得 $X_s \in A$. 而因 (X_t) 右连续, 有某个有理数 $r \in [s, t) \subseteq [0, t)$ 使 $X_r \in A$, 故上式左端是右端的子集. 相反的包含关系显然, 故上式成立. 显然上式右端属于 $\mathscr{G}_t$, 故得 $\{\tau_A < t\} \in \mathscr{G}_t$. 由命题 2.1.15 知 τ_A 是 $(\mathscr{G}_{t+})$ 的停时. $\square$

可以证明, 若流 $(\mathscr{G}_t)$ 满足通常条件, 则 $(\mathscr{G}_t)$ 循序可测过程 (X_t) 对于任何集合 $A \in \mathscr{B}^d$ 的首达时 τ_A 和击中时 T_A 都是 $(\mathscr{G}_t)$ 的停时; 如可见 [38, p.186, 定理 3.2.13].

练习题

1. 设 $\{B_n\} \subseteq \mathscr{F}$ 是 Ω 的可数划分, 且对每个 $n \geqslant 1$ 有 $\mathbf{P}(B_n) > 0$. 令 ξ 为可积随机变量. 证明 $\mathscr{G} := \sigma(\{B_n\})$ 由 $\{B_n\}$ 中的集合的所有可能的并构成 (规定零个集合的

并为空集) 且

$$\mathbf{E}(\xi|\mathscr{G}) = \sum_{n=1}^{\infty} 1_{B_n} \mathbf{E}(\xi|B_n).$$

2. 证明对任何 $(\mathscr{F}_t)$ 的停时 T 有 $\{T = \infty\} \in \mathscr{F}_\infty$.

3. 证明常数值随机变量 $T \equiv t$ 是停时, 且此时有 $\mathscr{F}_T = \mathscr{F}_t$.

4. 证明泊松过程 (N_t) 的第 n 次跳跃时间 S_n 是关于其自然流 $(\mathscr{F}_t^N)$ 的停时.

5. 直接证明左连续适应过程是循序可测的.

2.2 鞅、上鞅和下鞅

在本节中, 我们取 $I = \mathbb{Z}_+$ 或 $\mathbb{R}_+$. 考虑完备概率空间 $(\Omega, \mathscr{F}, \mathbf{P})$ 上给定的 σ 代数流 $(\mathscr{F}_t : t \in I)$.

2.2.1 定义和基本性质

定义 2.2.1 设实数值过程 $(X_t : t \in I)$ 可积且关于流 $(\mathscr{F}_t : t \in I)$ 适应. 若对任何 $t \geqslant s \in I$ 都有 $\mathbf{E}(X_t|\mathscr{F}_s) = X_s$, 则称 (X_t) 为关于 $(\mathscr{F}_t)$ 的鞅. 若这里的 "=" 替换为 "$\leqslant$" 或 "$\geqslant$", 则对应地称 (X_t) 为关于 $(\mathscr{F}_t)$ 的上鞅或下鞅. 在流 $(\mathscr{F}_t)$ 明确的情况下, 简称 (X_t) 为鞅、上鞅或下鞅.

当 $I = \mathbb{Z}_+$ 时, 对应的鞅称为离散时间鞅或者鞅序列; 当 $I = \mathbb{R}_+$ 时, 对应的鞅称为连续时间鞅. 显然 $(X_n : n \geqslant 0)$ 是离散时间鞅当且仅当对任何 $n \geqslant 0$ 都有 $\mathbf{E}(X_{n+1}|\mathscr{F}_n) = X_n$. 由定义, 立刻得到下列简单性质:

命题 2.2.1 (1) 令 $\mathscr{M}$ 和 $\mathscr{M}^+$ 分别表示关于某个给定 σ 代数流的鞅和下鞅的全体, 那么 $\mathscr{M}$ 是一个线性空间, 而 $\mathscr{M}^+$ 是凸锥且对取大运算 $\vee$ 封闭.

(2) 若 (X_t) 是 $(\mathscr{F}_t)$ 下鞅, 则 $t \mapsto \mathbf{E}(X_t)$ 递增. 另外, 下鞅 (X_t) 是鞅当且仅当 $t \mapsto \mathbf{E}(X_t)$ 是常数.

(3) 若 (X_t) 是鞅, ϕ 是凸函数且每个 $\phi(X_t)$ 可积, 则 $(\phi(X_t))$ 是下鞅. 因此 $(|X_t|)$ 是下鞅, 而若每个 X_t 平方可积, 则 (X_t^2) 是下鞅.

(4) 若 (X_t) 是下鞅, ϕ 是递增凸函数且每个 $\phi(X_t)$ 可积, 则 $(\phi(X_t))$ 也是下鞅. 因此 (X_t^+) 是下鞅.

例 2.2.1 设 $\{\xi_n : n \geqslant 1\}$ 为独立同分布的随机变量序列, 且有 $\mathbf{P}(\xi_n = 1) = p$ 和 $\mathbf{P}(\xi_n = -1) = q$, 其中 $p, q \geqslant 0$ 且 $p + q = 1$. 任取整数值 $X_0 = k$ 并令 $X_n = X_0 + \sum_{i=1}^{n} \xi_i$

$(n \geqslant 1)$, 则 (X_n) 为简单随机游动. 再令 $(\mathscr{F}_n)$ 为 (X_n) 的自然流. 我们有

$$
\begin{aligned}
\mathbf{E}(X_{n+1}|\mathscr{F}_n) &= \mathbf{E}(X_{n+1} - X_n|\mathscr{F}_n) + \mathbf{E}(X_n|\mathscr{F}_n) \\
&= \mathbf{E}(\xi_{n+1}|\mathscr{F}_n) + X_n = \mathbf{E}(\xi_{n+1}) + X_n \\
&= (p - q) + X_n.
\end{aligned}
$$

当 $p = q$ 时, (X_n) 是对称的简单随机游动, 此时它是鞅. 当 $p \geqslant q$ 时, (X_n) 是下鞅; 当 $p \leqslant q$ 时, (X_n) 是上鞅. 简单随机游动可用来描述赌博中某个赌徒的赌资. 从概率平均的角度看, 鞅的情况对应于对双方公平的博弈.

例 2.2.2 设 $\sigma^2 \geqslant 0$ 和 $b \in \mathbb{R}$ 为常数, 而 $(B_t : t \geqslant 0)$ 是以 σ^2 为参数的布朗运动. 称 $(B_t + bt : t \geqslant 0)$ 为带漂移的布朗运动. 设 $\mathbf{E}|B_0| < \infty$, 则当 $b = 0 \ (\geqslant 0, \leqslant 0)$ 时 $(B_t + bt : t \geqslant 0)$ 是关于 $(B_t : t \geqslant 0)$ 的自然流的鞅 (下鞅, 上鞅).

鞅、上鞅或下鞅的概念与流有关. 若 X 关于大的适应流是鞅, 它关于小的适应流也是鞅. 显然, X 是上鞅当且仅当 $-X$ 是下鞅, 而 X 是鞅当且仅当它既是上鞅也是下鞅. 因此, 后面的结果只对上鞅或下鞅叙述.

命题 2.2.2 设可积过程 (X_t) 关于 $(\mathscr{F}_t)$ 适应. 那么 (X_t) 是关于流 $(\mathscr{F}_t)$ 的下鞅当且仅当对于 $s \leqslant t \in I$ 和 $A \in \mathscr{F}_s$ 有 $\mathbf{E}(X_s; A) \leqslant \mathbf{E}(X_t; A)$.

证明 由定理 2.1.1 知 (X_t) 关于流 $(\mathscr{F}_t)$ 是下鞅当且仅当对于任意 $s \leqslant t \in I$ 和 $A \in \mathscr{F}_s$ 有 $\mathbf{E}(X_s; A) \leqslant \mathbf{E}[\mathbf{E}(X_t|\mathscr{F}_s); A] = \mathbf{E}(X_t; A)$. $\square$

命题 2.2.3 如果 (X_t) 是关于流 $(\mathscr{F}_t)$ 的下鞅, 它也是关于加强的流 $(\mathscr{F}_t^*)$ 的下鞅.

证明 因为 (X_t) 关于 $(\mathscr{F}_t)$ 适应, 它也关于 $(\mathscr{F}_t^*)$ 适应. 考虑 $s \leqslant t \in I$ 和 $B \in \mathscr{F}_s^*$. 根据命题 2.1.14, 存在 $A \in \mathscr{F}_s$ 使得 $\mathbf{P}(A \triangle B) = 0$. 而由命题 2.2.2 有

$$
\mathbf{E}(X_s; B) = \mathbf{E}(X_s; A) \leqslant \mathbf{E}(X_t; A) = \mathbf{E}(X_t; B).
$$

再由命题 2.2.2 知 (X_t) 是 $(\mathscr{F}_t^*)$ 下鞅. $\square$

定理 2.2.4 (杜布分解) 若 (X_n) 相对流 $(\mathscr{F}_n)$ 为下鞅, 则存在相对该流的鞅 (Z_n) 和从原点出发的可料单增过程 (A_n), 使得 $X_n = Z_n + A_n$, $n \geqslant 0$. 此外, 这样的分解是唯一的且

$$
A_n = \sum_{i=1}^{n} \big[\mathbf{E}(X_i|\mathscr{F}_{i-1}) - X_{i-1} \big].
$$

证明 假设有 $(\mathscr{F}_n)$ 适应过程 (Z_n) 和从原点出发的可料过程 (A_n) 使得 $X_n = Z_n + A_n$. 对于 $n \geqslant 1$, 定义 $\mathscr{F}_{n-1}$ 可测随机变量 $\xi_n = A_n - A_{n-1}$. 注意 $A_n = \sum_{i=1}^{n} \xi_i$. 另

外

$$\xi_n = \mathbf{E}(X_n - Z_n - X_{n-1} + Z_{n-1}|\mathscr{F}_{n-1})$$
$$= \mathbf{E}(X_n|\mathscr{F}_{n-1}) - \mathbf{E}(Z_n|\mathscr{F}_{n-1}) - X_{n-1} + Z_{n-1}.$$

所以 (Z_n) 是鞅当且仅当 $\xi_n = \mathbf{E}(X_n|\mathscr{F}_{n-1}) - X_{n-1}$ $(n \geqslant 1)$, 而此时 (X_n) 为 $(\mathscr{F}_n)$ 的下鞅当且仅当 (ξ_n) 为非负可料过程, 即 (A_n) 为从原点出发的单增可料过程. 这就证明了定理结论成立. $\square$

例 2.2.3 设 $(S_n : n \geqslant 1)$ 是从原点出发的一维对称简单随机游动. 根据定理 2.2.4 有下鞅分解 $|S_n| = M_n + A_n$, 其中 (A_n) 为从原点出发的可料单增过程且

$$A_n = \sum_{i=1}^{n} \big[\mathbf{E}(|S_i||\mathscr{F}_{i-1}) - |S_{i-1}| \big].$$

易知, 对 $i \geqslant 1$ 有

$$|S_i| = \begin{cases} |S_{i-1}| + \xi_i, & S_{i-1} > 0, \\ |S_{i-1}| - \xi_i, & S_{i-1} < 0, \\ 1, & S_{i-1} = 0. \end{cases}$$

因此

$$\mathbf{E}(|S_i||\mathscr{F}_{i-1}) = \begin{cases} |S_{i-1}|, & S_{i-1} \neq 0, \\ 1, & S_{i-1} = 0. \end{cases}$$

故有 $A_n = \mathrm{Card}\{i : 1 \leqslant i \leqslant n : S_{i-1} = 0\}$. 由于

$$\mathbf{P}(S_{2k-1} = 0) = 0, \quad \mathbf{P}(S_{2k} = 0) = \binom{2k}{k} \frac{1}{4^k},$$

不难计算出

$$\mathbf{E}(|S_n|) = \sum_{i=0}^{n-1} \mathbf{P}(S_i = 0) = \sum_{i=0}^{\lfloor (n-1)/2 \rfloor} \binom{2k}{k} \frac{1}{4^k}.$$

中文的 "鞅" 为形声字. 这里 "央" 为聚拢之意, 而 "革" 指皮带, 联合起来本义是一头套在牛马颈部, 另一头掌握在驾驭者手里的皮带. 主要指双马双牛或多马多牛齐驱并驾时抓在驾驭者手里的牛马颈带. 英文词 martingale 原意是一种用来控制马头的皮带, 也指一类于 18 世纪流行于法国的投注策略, 其中最简单的一种为博弈而设计. 在此博弈中, 赌徒每局投掷一枚硬币, 若硬币正面朝上, 则赌徒赢得赌本; 若硬币反面朝上, 则赌徒输掉赌本. 概率论中的鞅的概念由莱维 (Paul Pierre Lévy) 提出, 而其基础理论则是杜布 (Joseph Leo Doob) 建立的.

2.2.2 杜布鞅

定义 2.2.2 设 Y 为实可积随机变量. 对于 $t \in I$ 令 $X_t = \mathbf{E}(Y|\mathscr{F}_t)$, 则 $X = (X_t : t \in I)$ 是一个关于 $(\mathscr{F}_t)$ 的鞅, 称为右闭鞅或杜布鞅.

命题 2.2.5 杜布鞅 $X = (X_t : t \in I)$ 是一致可积的.

证明 设 $X_t = \mathbf{E}(Y|\mathscr{F}_t)$ 由上面定义给出, 其中 Y 为可积随机变量. 由延森 (Jensen) 不等式得 $|X_t| \leqslant \mathbf{E}(|Y||\mathscr{F}_t)$. 根据定理 2.1.1, 对任意的 $\lambda > 0$ 有

$$\mathbf{E}(|X_t|; |X_t| > \lambda) \leqslant \mathbf{E}[\mathbf{E}(|Y||\mathscr{F}_t); |X_t| > \lambda] = \mathbf{E}(|Y|; |X_t| > \lambda).$$

再取 $n \geqslant 1$ 得

$$\mathbf{E}(|Y|; |X_t| > \lambda) \leqslant \mathbf{E}(|Y|; |X_t| > \lambda, |Y| > n) + n\mathbf{P}(|X_t| > \lambda, |Y| \leqslant n)$$
$$\leqslant \mathbf{E}(|Y|; |Y| > n) + n\mathbf{P}(|X_t| > \lambda),$$

其中

$$\mathbf{P}(|X_t| > \lambda) \leqslant \frac{1}{\lambda}\mathbf{E}|X_t| = \frac{1}{\lambda}\mathbf{E}[|\mathbf{E}(Y|\mathscr{F}_t)|] \leqslant \frac{1}{\lambda}\mathbf{E}|Y|.$$

所以

$$\limsup_{\lambda \to \infty} \sup_{t \in I} \mathbf{E}(|X_t|; |X_t| > \lambda) \leqslant \mathbf{E}(|Y|; |Y| > n).$$

由 $n \geqslant 1$ 的任意性知上式左边为零, 即 $X = (X_t : t \in I)$ 是一致可积的. □

2.2.3 局部鞅

定义 2.2.3 关于流 $(\mathscr{F}_t : t \in I)$ 适应的实值过程 $M = (M_t : t \in I)$ 称为局部鞅, 是指存在单增的停时列 $\{\tau_k\}$ 满足 $\lim\limits_{k \to \infty} \tau_k \overset{\text{a.s.}}{=} \infty$, 且对任何 $k \geqslant 1$, 停止过程 $M^{\tau_k} = (M_{t \wedge \tau_k} : t \in I)$ 关于流 $(\mathscr{F}_t : t \in I)$ 是鞅. 此时 $\{\tau_k\}$ 称为 M 的局部化序列.

显然, 鞅是局部鞅.

命题 2.2.6 可积的非负局部鞅是上鞅.

证明 设 $X = (X_t : t \in I)$ 是非负局部鞅, 而 $\{\tau_k\}$ 为相应的局部化序列. 对于任意 $t \geqslant r \in I$, 由条件数学期望的法图定理有

$$\mathbf{E}(X_t|\mathscr{F}_r) \leqslant \liminf_{k \to \infty} \mathbf{E}(X_{t \wedge \tau_k}|\mathscr{F}_r) = \liminf_{k \to \infty} X_{r \wedge \tau_k} = X_r.$$

所以 X 是上鞅. □

练习题

1. 设 $\alpha \geqslant 0$ 和 $\beta \in \mathbb{R}$ 为常数, 而 $(N_t : t \geqslant 0)$ 是以 α 为参数的泊松过程. 设 $\mathbf{E}(N_0) < \infty$. 证明当 $\beta = \alpha \ (\geqslant \alpha, \leqslant \alpha)$ 时 $(N_t - \beta t : t \geqslant 0)$ 是关于 $(N_t : t \geqslant 0)$ 的自然流的鞅 (上鞅, 下鞅).

2. 设 $\{\xi_n : n \geqslant 0\}$ 是独立随机变量序列且 $\mathbf{E}(\xi_n) = 1 \ (n \geqslant 0)$. 令 $(\mathscr{F}_n)$ 为 (ξ_n) 的自然流, 再对 $n \geqslant 0$ 令 $X_n = \prod_{i=0}^{n} \xi_i$. 证明 (X_n) 是关于 $(\mathscr{F}_n)$ 的鞅.

3. 设流 $(\mathscr{F}_t : t \in I)$ 和 $(\mathscr{G}_t : t \in I)$ 满足 $\mathscr{F}_t \subseteq \mathscr{G}_t \ (t \in I)$ 而实值过程 $(X_t : t \in I)$ 关于流 $(\mathscr{F}_t : t \in I)$ 适应. 证明: 若 (X_t) 关于流 $(\mathscr{G}_t)$ 是下鞅, 则它关于流 $(\mathscr{F}_t)$ 是下鞅.

4. 设 $(X_t : t \geqslant 0)$ 和 $(Y_t : t \geqslant 0)$ 都是关于流 $(\mathscr{F}_t)_{t \geqslant 0}$ 的下鞅. 证明 $(X_t \vee Y_t : t \geqslant 0)$ 是关于 $(\mathscr{F}_t)_{t \geqslant 0}$ 的下鞅.

5. 设 $(X_t : t \geqslant 0)$ 和 $(Y_t : t \geqslant 0)$ 都是关于流 $(\mathscr{F}_t)_{t \geqslant 0}$ 的上鞅. 证明 $(X_t \wedge Y_t : t \geqslant 0)$ 是关于 $(\mathscr{F}_t)_{t \geqslant 0}$ 的上鞅.

6. 设 $(X_t : t \geqslant 0)$ 是关于流 $(\mathscr{F}_t)_{t \geqslant 0}$ 的非负平方可积下鞅, 而 C 为常数. 证明 $(X_t^2 \vee C : t \geqslant 0)$ 是关于 $(\mathscr{F}_t)_{t \geqslant 0}$ 的下鞅.

2.3 杜布停止定理

本节主要讨论离散时间下鞅, 即 $I = \mathbb{Z}_+$ 的情况. 设 $(\Omega, \mathscr{F}, \mathbf{P})$ 是完备的概率空间, 而 $(\mathscr{F}_n : n \geqslant 0)$ 是其上的离散时间 σ 代数流. 随机过程 $(H_n : n \geqslant 0)$ 称为可料的, 是指 H_0 是 $\mathscr{F}_0$ 可测的且对任意的 $n \geqslant 1$, 随机变量 H_n 关于 $\mathscr{F}_{n-1}$ 可测.

2.3.1 下鞅的停止过程

设有实值适应过程 $X = (X_n : n \geqslant 0)$ 和可料过程 $H = (H_n : n \geqslant 0)$. 令 $(H \cdot X)_0 = H_0 X_0$. 对 $n \geqslant 1$ 令

$$(H \cdot X)_n = (H \cdot X)_{n-1} + H_n(X_n - X_{n-1}). \tag{2.3.1}$$

称 $\{(H \cdot X)_n : n \geqslant 0\}$ 为 H 关于 X 的离散积分. 由上面递推公式得

$$(H \cdot X)_n = H_0 X_0 + \sum_{i=1}^{n} H_i(X_i - X_{i-1}), \quad n \geqslant 1. \tag{2.3.2}$$

(为了在符号上区别乘积与随机积分, 我们写乘积时一般不用点.) 上式实际上是随机分析中的随机积分的离散时间形式.

命题 2.3.1　设 $H \cdot X$ 可积. 若 X 是鞅, 则 $H \cdot X$ 是鞅; 若 X 是下鞅且 H 非负, 则 $H \cdot X$ 是下鞅.

证明　显然 $H \cdot X$ 是适应的. 对 $n \geqslant 1$ 我们有

$$\mathbf{E}[(H \cdot X)_n - (H \cdot X)_{n-1} | \mathscr{F}_{n-1}] = \mathbf{E}(H_n(X_n - X_{n-1}) | \mathscr{F}_{n-1})$$
$$= H_n \mathbf{E}(X_n - X_{n-1} | \mathscr{F}_{n-1}).$$

因此 X 是鞅 (对应地, X 是下鞅且 H 非负) 蕴涵着 $H \cdot X$ 是鞅 (对应地, 下鞅). □

给定停时 τ, 令 $H_n = 1_{\{n \leqslant \tau\}} = 1 - 1_{\{\tau \leqslant n-1\}}$. 注意 $H_0 = 1$, 且 H_n 关于 $\mathscr{F}_{n-1}$ 可测. 再利用 (2.3.2) 式得

$$X_{\tau \wedge n} = X_0 + \sum_{i=1}^{n \wedge \tau}(X_i - X_{i-1}) = X_0 + \sum_{i=1}^{n} 1_{\{i \leqslant \tau\}}(X_i - X_{i-1}) = (H \cdot X)_n.$$

显然, 每个 $(H \cdot X)_n$ 可积. 根据命题 2.3.1, 我们有

命题 2.3.2　若 X 是下鞅而 τ 是停时, 则停止过程 $X^\tau = (X_{\tau \wedge n} : n \geqslant 0)$ 也是下鞅.

2.3.2　杜布有界停止定理

若对任意的 n, 随机变量 H_n 有界, 则称过程 $H = (H_n : n \geqslant 0)$ 是局部有界的. 不难证明, 如果 X 可积, 且 H 局部有界, 那么 $H \cdot X$ 是可积的. 下面的定理称为杜布有界停止定理, 是鞅论中非常本质的结果.

定理 2.3.3　设 X 为下鞅, σ 和 τ 是有界停时且 $\sigma \leqslant \tau$, 那么 X_σ 和 X_τ 是可积的且

$$\mathbf{E}(X_\tau | \mathscr{F}_\sigma) \geqslant X_\sigma.$$

证明　取 N 使得 $\tau \leqslant N$. 由命题 2.3.2 知 $X_\sigma = X_N^\sigma$ 和 $X_\tau = X_N^\tau$ 均可积. 根据定理 2.1.1, 只需证明对任意的 $B \in \mathscr{F}_\sigma$ 有

$$\mathbf{E}(X_\sigma; B) \leqslant \mathbf{E}[\mathbf{E}(X_\tau | \mathscr{F}_\sigma); B] = \mathbf{E}(X_\tau; B).$$

以下分两步进行讨论:

(1) 设 $0 \leqslant \tau - \sigma \leqslant 1$. 此时, 我们可以写

$$\mathbf{E}(X_\tau - X_\sigma; B) = \sum_{n=1}^{N} \mathbf{E}(X_\tau - X_\sigma; B \cap \{\sigma = n-1\} \cap \{\tau = n\})$$

$$= \sum_{n=1}^{N} \mathbf{E}(X_n - X_{n-1}; B \cap \{\sigma = n-1\} \cap \{\tau = n\}).$$

注意对任意的 $1 \leqslant n \leqslant N$ 有

$$B \cap \{\sigma = n-1\} \cap \{\tau = n\} = B \cap \{\sigma = n-1\} \cap \{\tau > n-1\} \in \mathscr{F}_{n-1}.$$

由下鞅性

$$\mathbf{E}(X_\tau - X_\sigma; B) = \sum_{n=1}^{N} \mathbf{E}\{\mathbf{E}[(X_n - X_{n-1})1_{B \cap \{\sigma=n-1\} \cap \{\tau=n\}} | \mathscr{F}_{n-1}]\}$$
$$= \sum_{n=1}^{N} \mathbf{E}[\mathbf{E}(X_n - X_{n-1} | \mathscr{F}_{n-1})1_{B \cap \{\sigma=n-1\} \cap \{\tau=n\}}] \geqslant 0.$$

(2) 在一般情形, 令 $\tau_n = \tau \wedge (\sigma + n)$, 其中 $0 \leqslant n \leqslant N$, 则每个 τ_n 为停时且 $0 \leqslant \tau_n - \tau_{n-1} \leqslant 1$. 由于 $B \in \mathscr{F}_\sigma \subseteq \mathscr{F}_{\tau_n}$, 由上面证明的结论

$$\mathbf{E}(X_\sigma; B) = \mathbf{E}(X_{\tau_0}; B) \leqslant \mathbf{E}(X_{\tau_1}; B) \leqslant \cdots \leqslant \mathbf{E}(X_{\tau_N}; B) = \mathbf{E}(X_\tau; B).$$

故得欲证结论. □

推论 2.3.4 设 X 为可积适应过程, 则 X 是鞅当且仅当对任何有界停时 $\sigma \leqslant \tau$ 有 $\mathbf{E}(X_\sigma) = \mathbf{E}(X_\tau)$, 或等价地对任何有界停时 τ 有 $\mathbf{E}(X_\tau) = \mathbf{E}(X_0)$.

证明 设 X 为鞅. 由定理 2.3.3, 对任何有界停时 $\sigma \leqslant \tau$ 有 $X_\sigma = \mathbf{E}(X_\tau | \mathscr{F}_\sigma)$, 两端取期望得 $\mathbf{E}(X_\sigma) = \mathbf{E}(X_\tau)$. 反之, 设对任何有界停时 $\sigma \leqslant \tau$ 有 $\mathbf{E}(X_\sigma) = \mathbf{E}(X_\tau)$. 取 N 使得 $\tau \leqslant N$. 对任何 $B \in \mathscr{F}_\sigma \subseteq \mathscr{F}_\tau$ 令

$$\sigma_B = \sigma 1_B + N 1_{B^c}, \quad \tau_B = \tau 1_B + N 1_{B^c}.$$

下面验证 σ_B 和 τ_B 是停时. 事实上, 若 $n < N$, 则

$$\{\sigma_B \leqslant n\} = \{\sigma \leqslant n\} \cap B \in \mathscr{F}_n, \quad \{\tau_B \leqslant n\} = \{\tau \leqslant n\} \cap B \in \mathscr{F}_n;$$

而若 $n \geqslant N$, 则 $\{\sigma_B \leqslant n\} = \{\tau_B \leqslant n\} = \Omega \in \mathscr{F}_n$. 因此, 由假定有 $\mathbf{E}(X_{\sigma_B}) = \mathbf{E}(X_{\tau_B})$, 或写为

$$\mathbf{E}(X_\sigma; B) + \mathbf{E}(X_N; B^c) = \mathbf{E}(X_\tau; B) + \mathbf{E}(X_N; B^c).$$

这推出

$$\mathbf{E}(X_\sigma; B) = \mathbf{E}(X_\tau; B) = \mathbf{E}[\mathbf{E}(X_\tau 1_B | \mathscr{F}_\sigma)] = \mathbf{E}[\mathbf{E}(X_\tau | \mathscr{F}_\sigma); B].$$

再由推论 2.1.2 得 $X_\sigma = \mathbf{E}(X_\tau | \mathscr{F}_\sigma)$. 因而 X 是鞅. □

若 $\{X_n : n \geq 0\}$ 是鞅且 τ 是有界停时, 则由推论 2.3.4 有 $\mathbf{E}(X_\tau) = \mathbf{E}(X_0)$. 下面的定理说明这个等式对于某些无界停时也是正确的.

定理 2.3.5 设 $(X_n : n \geq 0)$ 是鞅, τ 是停时. 如果 (1) $\mathbf{P}(\tau < \infty) = 1$; (2) $\mathbf{P}|X_\tau| < \infty$; (3) $\lim\limits_{n \to \infty} \mathbf{E}(X_n; \tau > n) = 0$, 那么 $\mathbf{E}(X_\tau) = \mathbf{E}(X_0)$.

证明 利用有界停止定理, 有

$$\mathbf{E}(X_0) = \mathbf{E}(X_{\tau \wedge n}) = \mathbf{E}(X_\tau; \tau \leq n) + \mathbf{E}(X_n; \tau > n) \to \mathbf{E}(X_\tau) \quad (n \to \infty).$$

这里最后的极限关系成立是由于条件 (1), (2), (3) 及控制收敛定理. □

例 2.3.1 我们在例 2.2.1 中提到过, 在赌博对局中, 鞅表达了一种公平性原则. 然而, 它只说明赌博的每一局是公平的, 其最后的结果仍然可能是不公平的. 考虑由从 0 出发的对称简单随机游动描述的赌博游戏. 赌徒开局时持有赌资为零. 如果他可以决定赌博的停止时间, 那么他可以规定自己在钱数达到 $a > 0$ 后离开. 根据游动的常返性, 他总可实现该目标. 之所以会出现这种不公平的结果, 是因为赌徒可以无利息无限制地借款, 而且可以随意决定停止的时刻. 所以同一个具有无限赌资的赌徒进行赌博是不公平的. 此例还说明杜布停止定理对于一般的 (有限但无界) 停时未必成立.

2.3.3 非负上鞅的吸收性

定理 2.3.6 设 X 为非负上鞅. 令 $\sigma = \min\{k \geq 0 : X_k = 0\}$, 那么对任意的 $n \geq 0$ 有 $\mathbf{P}\{\sigma \leq n, X_n > 0\} = 0$.

证明 固定 $a > 0$, 并令 $\tau = \min\{k \geq \sigma : X_k \geq a\}$. 易证 σ 和 τ 是停时, 而且 $\sigma \leq \tau$. 另外, 显然有 $X_\sigma = 0$ 和 $X_\tau \geq a$. 由定理 2.3.3, 对任意的 $n \geq 0$ 有

$$
\begin{aligned}
0 &\geq \mathbf{E}(X_{\tau \wedge n} - X_{\sigma \wedge n}) \\
&= \mathbf{E}(X_\tau - X_\sigma; \tau \leq n) + \mathbf{E}(X_n - X_\sigma; \sigma < n < \tau) + \mathbf{E}(X_n - X_n; \sigma \geq n) \\
&\geq a\mathbf{P}(\tau \leq n) + \mathbf{E}(X_n; \sigma < n < \tau) \\
&\geq a\mathbf{P}(\tau \leq n).
\end{aligned}
$$

因此 $\mathbf{P}(\tau \leq n) = 0$. 显然 $\{\sigma \leq n, X_n \geq a\} \subseteq \{\tau \leq n\}$, 故 $\mathbf{P}(\sigma \leq n, X_n \geq a) = 0$. 令 $a \to 0$ 即得所需结论. □

上述定理说明非负上鞅在某时刻到达零点后会被该点吸收.

练习题

1. 设实值过程 $(X_n : n \geq 0)$ 关于流 $(\mathscr{F}_n : n \geq 0)$ 是可料的鞅. 证明对任何 $n \geq 1$ 有 $X_n \overset{\text{a.s.}}{=} X_0$.

2. 设 $(X_n : n \geqslant 0)$ 是关于流 $(\mathscr{F}_n : n \geqslant 0)$ 的下鞅. 令 $X_n^* = \max\limits_{0 \leqslant k \leqslant n} X_k$. 证明 $(X_n^* : n \geqslant 0)$ 是关于 $(\mathscr{F}_n)$ 的下鞅.

3. 设 $(X_n : n \geqslant 0)$ 是关于流 $(\mathscr{F}_n : n \geqslant 0)$ 的下鞅, 而 $\{\tau_n : n \geqslant 0\}$ 是单增的有界停时序列. 证明 (X_{τ_n}) 是关于 $(\mathscr{F}_{\tau_n})$ 的下鞅.

4. 设 $(X_n : n \geqslant 0)$ 是鞅, 且对有限停时 τ 满足 $\mathbf{E}(\sup\limits_{k \geqslant 0} |X_{\tau \wedge k}|) < \infty$. 证明 $\mathbf{E}[X_\tau] = \mathbf{E}[X_0]$.

5. 设 $(S_n : n \geqslant 0)$ 是从 $x \in \mathbb{Z}$ 出发的对称简单随机游动. 对 $y \in \mathbb{Z}$ 令 $\tau_y = \inf\{n \geqslant 0 : S_n = y\}$. 利用 $(S_n : n \geqslant 0)$ 的鞅性质证明: 若 $a, b \in \mathbb{Z}$ 满足 $a < x < b$, 则有

$$\mathbf{P}(\tau_b > \tau_a) = \frac{b-x}{b-a}, \quad \mathbf{P}(\tau_a > \tau_b) = \frac{x-a}{b-a}.$$

6. 设 $(S_n : n \geqslant 0)$ 是从原点出发的对称简单随机游动. 设 $a, b \in \mathbb{Z}$ 满足 $a < 0 < b$. 采用上题的记号, 求 $\tau = \tau_a \wedge \tau_b$ 的数学期望, 并证明 $\mathbf{E}(\tau_a) = \mathbf{E}(\tau_b) = \infty$.

提示: 易证 $(S_n^2 - n : n \geqslant 0)$ 是鞅. 因 $\sup\limits_{k \geqslant 0} S_{\tau \wedge k}^2 \leqslant a^2 \vee b^2$, 根据有界停止定理和上题的结论,

$$\mathbf{E}(\tau) = \mathbf{E}(S_\tau^2) = \frac{a^2 b - ab^2}{b-a} = -ab.$$

2.4 不等式和收敛定理

鞅、上鞅和下鞅的基本理论是美国数学家杜布建立的. 关于它们的很多不等式在随机过程理论中起着重要的作用. 本节就离散时间情况讨论这些不等式, 并在此基础上证明下鞅的若干收敛定理. 这里我们假定所讨论的过程和流定义在概率空间 $(\Omega, \mathscr{F}, \mathbf{P})$ 上.

2.4.1 基本不等式

定理 2.4.1 设 $(X_n : n \geqslant 0)$ 是下鞅. 则对任何 $\lambda > 0$ 及整数 $n \geqslant 0$ 有

$$\lambda \mathbf{P}\Big(\max\limits_{0 \leqslant k \leqslant n} X_k \geqslant \lambda\Big) \leqslant \mathbf{E}\Big(X_n; \max\limits_{0 \leqslant k \leqslant n} X_k \geqslant \lambda\Big) \leqslant \mathbf{E}(X_n^+) \tag{2.4.1}$$

和

$$\lambda \mathbf{P}\Big(\max\limits_{0 \leqslant k \leqslant n} |X_k| \geqslant \lambda\Big) \leqslant 2\mathbf{E}(X_n^+) - \mathbf{E}(X_0). \tag{2.4.2}$$

证明 令 $\tau = \inf\{k \geqslant 0 : X_k \geqslant \lambda\}$, 则 τ 是停时, 所以

$$\mathbf{E}(X_n) \geqslant \mathbf{E}(X_{\tau \wedge n}) = \mathbf{E}\Big(X_\tau; \max_{0 \leqslant k \leqslant n} X_k \geqslant \lambda\Big) + \mathbf{E}\Big(X_n; \max_{0 \leqslant k \leqslant n} X_k < \lambda\Big)$$

$$\geqslant \lambda \mathbf{E}\Big(\max_{0 \leqslant k \leqslant n} X_k \geqslant \lambda\Big) + \mathbf{E}\Big(X_n; \max_{0 \leqslant k \leqslant n} X_k < \lambda\Big).$$

因此

$$\lambda \mathbf{P}\Big(\max_{0 \leqslant k \leqslant n} X_k \geqslant \lambda\Big) \leqslant \mathbf{E}(X_n) - \mathbf{E}\Big(X_n; \max_{0 \leqslant k \leqslant n} X_k < \lambda\Big),$$

故得 (2.4.1) 式. 再令 $\sigma = \inf\{k \geqslant 0 : X_k \leqslant -\lambda\}$. 与上面类似地, 有

$$\mathbf{E}(X_0) \leqslant \mathbf{E}(X_{\sigma \wedge n}) = \mathbf{E}\Big(X_\sigma; \min_{0 \leqslant k \leqslant n} X_k \leqslant -\lambda\Big) + \mathbf{E}\Big(X_n; \min_{0 \leqslant k \leqslant n} X_k > -\lambda\Big)$$

$$\leqslant -\lambda \mathbf{P}\Big(\min_{0 \leqslant k \leqslant n} X_k \leqslant -\lambda\Big) + \mathbf{E}\Big(X_n; \min_{0 \leqslant k \leqslant n} X_k > -\lambda\Big).$$

因此

$$\lambda \mathbf{P}\Big(\min_{0 \leqslant k \leqslant n} X_k \leqslant -\lambda\Big) \leqslant \mathbf{E}\Big(X_n; \min_{0 \leqslant k \leqslant n} X_k > -\lambda\Big) - \mathbf{E}(X_0)$$

$$\leqslant \mathbf{E}(X_n^+) - \mathbf{E}(X_0).$$

结合上式与 (2.4.1) 式即得 (2.4.2) 式. $\square$

推论 2.4.2 设 $(X_n : n \geqslant 0)$ 是非负上鞅, 则对任何 $\lambda > 0$ 及整数 $n \geqslant 0$ 有

$$\lambda \mathbf{P}\Big(\max_{0 \leqslant k \leqslant n} X_k \geqslant \lambda\Big) = \lambda \mathbf{P}\Big(\max_{0 \leqslant k \leqslant n} |-X_k| \geqslant \lambda\Big) \leqslant \mathbf{E}(X_0).$$

定理 2.4.3 设 $(X_n : n \geqslant 0)$ 是鞅或非负下鞅, 则对任何 $\lambda > 0, p \geqslant 1$ 及整数 $n \geqslant 0$ 有

$$\lambda^p \mathbf{P}\Big(\max_{0 \leqslant k \leqslant n} |X_k| \geqslant \lambda\Big) \leqslant \mathbf{E}(|X_n|^p); \tag{2.4.3}$$

而对任何 $p > 1$ 及整数 $n \geqslant 0$ 有

$$\mathbf{E}\Big(\max_{0 \leqslant k \leqslant n} |X_k|^p\Big) \leqslant \Big(\frac{p}{p-1}\Big)^p \mathbf{E}(|X_n|^p). \tag{2.4.4}$$

证明 不妨设 $\mathbf{E}[|X_n|^p] < \infty$. 此时, 由延森不等式易知 $(|X_k|^p : 0 \leqslant k \leqslant n)$ 为下鞅. 再由 (2.4.1) 式得 (2.4.3) 式. 令 $M_n = \max_{0 \leqslant k \leqslant n} |X_k|$. 对下鞅 $(|X_n| : n \geqslant 0)$ 应用 (2.4.1) 式有

$$t\mathbf{E}(1_{\{M_n \geqslant t\}}) = t\mathbf{P}(M_n \geqslant t) \leqslant \mathbf{E}(|X_n|; M_n \geqslant t) = \mathbf{E}(|X_n|1_{\{M_n \geqslant t\}}).$$

令 $q = p/(p-1)$. 由上式及赫尔德 (Hölder) 不等式得到

$$
\begin{aligned}
\mathbf{E}(M_n^p) &= \mathbf{E}\left(\int_0^\infty pt^{p-1} 1_{\{t \leqslant M_n\}} \mathrm{d}t \right) = p \int_0^\infty t^{p-1} \mathbf{E}(1_{\{t \leqslant M_n\}}) \mathrm{d}t \\
&\leqslant p \int_0^\infty t^{p-2} \mathbf{E}(|X_n| 1_{\{t \leqslant M_n\}}) \mathrm{d}t = p \mathbf{E}\left(|X_n| \int_0^{M_n} t^{p-2} \mathrm{d}t \right) \\
&= \frac{p}{p-1} \mathbf{E}(|X_n| M_n^{p-1}) \leqslant q [\mathbf{E}(|X_n|^p)]^{\frac{1}{p}} [\mathbf{E}(M_n^{(p-1)q})]^{\frac{1}{q}} \\
&= q [\mathbf{E}(|X_n|^p)]^{\frac{1}{p}} [\mathbf{E}(M_n^p)]^{\frac{1}{q}},
\end{aligned}
$$

两边同除以 $[\mathbf{E}(M_n^p)]^{\frac{1}{q}}$ 即得 (2.4.4) 式. □

2.4.2　上穿不等式

下面证明另外一个非常重要的不等式. 考虑实值随机过程 $(X_n : n \geqslant 0)$. 对于给定的常数 $-\infty < a < b < \infty$, 我们定义 $\tau_0 = 0$ 和

$$
\begin{aligned}
\tau_1 &= \inf\{n \geqslant 0 : X_n \leqslant a\}, \\
\tau_2 &= \inf\{n \geqslant \tau_1 : X_n \geqslant b\}, \\
&\quad \cdots \\
\tau_{2k+1} &= \inf\{n \geqslant \tau_{2k} : X_n \leqslant a\}, \\
\tau_{2k+2} &= \inf\{n \geqslant \tau_{2k+1} : X_n \geqslant b\}, \\
&\quad \cdots
\end{aligned}
$$

则 $\{\tau_n : n \geqslant 1\}$ 是一个严格单调上升的停时序列. 对 $N \geqslant 1$ 令

$$
U_N^X[a,b] = \max\{k : \tau_{2k} \leqslant N\}.
$$

随机变量 $U_N^X[a,b]$ 记录了过程 X 在时刻 0 到 N 之间上穿区间 $[a,b]$ 的次数. 下面是著名的杜布上穿不等式.

定理 2.4.4　设 $(X_n : n \geqslant 0)$ 是一个下鞅, 则对任何常数 $a < b$ 和非负整数 N, 有

$$
\mathbf{E}\{U_N^X[a,b]\} \leqslant \frac{1}{b-a} \mathbf{E}\left[(X_N - a)^+ - (X_0 - a)^+ \right] \leqslant \frac{1}{b-a} \mathbf{E}|X_N - a|.
$$

证明　令 $Y_n = (X_n - a)^+$, 显然 (Y_n) 也是一个下鞅. 自然地有 $U_N^X[a,b] = U_N^Y[0, b-a]$. 取 k 使 $2k - 1 \geqslant N$, 那么 $\tau_{2k} \geqslant 2k - 1 \geqslant N$, 因此

$$
Y_N - Y_0 = \sum_{n=1}^{2k} (Y_{\tau_n \wedge N} - Y_{\tau_{n-1} \wedge N})
$$

$$= \sum_{n=1}^{k} (Y_{\tau_{2n} \wedge N} - Y_{\tau_{2n-1} \wedge N}) + \sum_{n=0}^{k-1} (Y_{\tau_{2n+1} \wedge N} - Y_{\tau_{2n} \wedge N})$$

$$\geqslant (b-a) U_N^Y [0, b-a] + \sum_{n=0}^{k-1} (Y_{\tau_{2n+1} \wedge N} - Y_{\tau_{2n} \wedge N}).$$

因为 $\tau_{2n+1} \geqslant \tau_{2n}$, 由定理 2.3.3 得

$$\mathbf{E}(Y_N - Y_0) \geqslant (b-a) \mathbf{E}\{U_N^X[a,b]\} + \sum_{n=0}^{k-1} \left[\mathbf{P}(Y_{\tau_{2n+1} \wedge N}) - \mathbf{P}(Y_{\tau_{2n} \wedge N}) \right]$$

$$\geqslant (b-a) \mathbf{E}\{U_N^X[a,b]\}.$$

此即为欲证不等式. □

2.4.3　向前收敛定理

利用上穿不等式, 可以证明下面的下鞅收敛定理.

定理 2.4.5　设 $(X_n : n \geqslant 0)$ 是下鞅且 $K := \sup_{n \geqslant 0} \mathbf{P}|X_n| < \infty$, 则当 $n \to \infty$ 时有 $X_n \xrightarrow{\text{a.s.}} X$, 其中 X 是一个可积随机变量. 另外, 若 (X_n) 是一致可积下鞅, 则 $X_n \xrightarrow{L^1} X$; 若 (X_n) 是一致可积鞅, 则还有 $X_n = \mathbf{E}(X|\mathscr{F}_n)$.

证明　令 $X_* = \liminf_{n \to \infty} X_n$ 和 $X^* = \limsup_{n \to \infty} X_n$. $\mathbb{Q}$ 表示有理数集. 显然

$$\{X_* < X^*\} = \bigcup_{a < b \in \mathbb{Q}} \{X_* < a < b < X^*\}.$$

由上穿不等式

$$\mathbf{E}\{U_N^X[a,b]\} \leqslant \frac{1}{b-a} \mathbf{E}|X_N - a| \leqslant \frac{K + |a|}{b-a}.$$

由单调收敛定理 $\mathbf{E}\{\lim_{N \to \infty} U_N^X[a,b]\} < \infty$. 因此几乎必然 $\lim_{N \to \infty} U_N^X[a,b] < \infty$. 但是

$$\{X_* < a < b < X^*\} \subseteq \left\{ \lim_{N \to \infty} U_N^X[a,b] = \infty \right\},$$

故 $\mathbf{P}\{X_* < a < b < X^*\} = 0$, 推出几乎必然 $X^* = X_*$. 所以几乎必然存在有限或无限的极限 $X := \lim_{n \to \infty} X_n$. 由法图定理有

$$\mathbf{E}|X| = \mathbf{E}\left(\liminf_{n \to \infty} |X_n| \right) \leqslant \liminf_{n \to \infty} \mathbf{E}|X_n| \leqslant K < \infty,$$

故 X 可积, 因而几乎必然有限. 如果 $\{X_n\}$ 是一致可积下鞅, 则由控制收敛定理有 $X_n \xrightarrow{L^1} X$. 若 $\{X_n\}$ 是一致可积鞅, 则有 $X_n \xrightarrow{L^1} X$ 且对 $k \geqslant n$ 和 $A \in \mathscr{F}_n$ 有

$$\mathbf{E}(X_n 1_A) = \mathbf{E}[\mathbf{E}(X_k|\mathscr{F}_n) 1_A] = \mathbf{E}(X_k 1_A),$$

令 $k \to \infty$ 得 $\mathbf{E}(X_n 1_A) = \mathbf{E}(X 1_A)$. 因而 $\mathbf{E}(X|\mathscr{F}_n) = X_n$. $\square$

推论 2.4.6 设 (X_n) 为非负上鞅, 则当 $n \to \infty$ 时有 $X_n \overset{\text{a.s.}}{\to} X$, 其中 X 是一个可积随机变量.

证明 因为 (X_n) 是非负上鞅, 序列 $\mathbf{E}|X_n| = \mathbf{E}(X_n)$ 不增, 从而有界. 应用定理 2.4.5 于下鞅 $(-X_n)$ 即可. $\square$

推论 2.4.7 对任何可积随机变量 Y 和 σ 代数流 $(\mathscr{F}_n)_{n \geqslant 0}$, 当 $n \to \infty$ 时 $X_n := \mathbf{E}(Y|\mathscr{F}_n)$ 几乎必然且 L^1 收敛于 $X_\infty := \mathbf{E}(Y|\mathscr{F}_\infty)$, 其中 $\mathscr{F}_\infty = \sigma\left(\bigcup_n \mathscr{F}_n\right)$.

证明 由命题 2.2.5 知杜布鞅 (X_n) 一致可积. 根据定理 2.4.5, 在几乎必然和 L^1 意义下, 极限 $X = \lim_{n \to \infty} X_n \in \mathscr{F}_\infty$ 存在且 $X_n = \mathbf{E}(X|\mathscr{F}_n)$. 这样

$$\mathbf{E}(X_\infty|\mathscr{F}_n) = \mathbf{E}[\mathbf{E}(Y|\mathscr{F}_\infty)|\mathscr{F}_n] = \mathbf{E}(Y|\mathscr{F}_n) = X_n = \mathbf{E}(X|\mathscr{F}_n). \tag{2.4.5}$$

令 $\mathscr{M}$ 是使等式 $\mathbf{E}(X_\infty; A) = \mathbf{E}(X; A)$ 成立的所有事件 $A \in \mathscr{F}_\infty$ 构成的集类. 应用单调收敛定理可以证明 $\mathscr{M}$ 是一个单调类. 由 (2.4.5) 式对任何 $A \in \mathscr{F}_n$ 有

$$\mathbf{E}(X_\infty; A) = \mathbf{E}(X_n; A) = \mathbf{E}(X; A).$$

所以 $\mathscr{M} \supseteq \bigcup_n \mathscr{F}_n$. 注意 $\bigcup_n \mathscr{F}_n$ 是一个集代数. 根据单调类定理有 $\mathscr{M} \supseteq m\left(\bigcup_n \mathscr{F}_n\right) = \sigma\left(\bigcup_n \mathscr{F}_n\right) = \mathscr{F}_\infty$, 即上式对任何 $A \in \mathscr{F}_\infty$ 也成立. 所以几乎必然地 $X = X_\infty$. $\square$

推论 2.4.8 设有随机变量序列 $(Y_n)_{n \geqslant 0}$ 和 σ 代数流 $(\mathscr{F}_n)_{n \geqslant 0}$. 如果几乎必然地 $\lim_{n \to \infty} Y_n = Y$ 且有可积随机变量 Z 使得 $|Y_n| \leqslant Z$, 那么 $X_n := \mathbf{E}(Y_n|\mathscr{F}_n)$ 几乎必然且 L^1 收敛于 $X_\infty := \mathbf{E}(Y|\mathscr{F}_\infty)$, 其中 $\mathscr{F}_\infty = \sigma\left(\bigcup_n \mathscr{F}_n\right)$.

证明 令 $W_n = \sup_{k \geqslant n} |Y_k - Y|$, 则 $|W_n| \leqslant 2Z$ 且几乎必然地 $W_n \to 0$. 再由推论 2.4.7 有 $X_\infty = \lim_{n \to \infty} \mathbf{E}(Y|\mathscr{F}_n)$, 故对于任何 $m \geqslant 0$ 有

$$\begin{aligned} \limsup_{n \to \infty} |X_n - X_\infty| &= \limsup_{n \to \infty} |X_n - \mathbf{E}(Y|\mathscr{F}_n)| = \limsup_{n \to \infty} |\mathbf{E}(Y_n - Y|\mathscr{F}_n)| \\ &\leqslant \limsup_{n \to \infty} \mathbf{E}(|Y_n - Y||\mathscr{F}_n) = \limsup_{n \to \infty} \mathbf{E}(W_n|\mathscr{F}_n) \\ &\leqslant \lim_{n \to \infty} \mathbf{E}(W_m|\mathscr{F}_n) = \mathbf{E}(W_m|\mathscr{F}_\infty), \end{aligned}$$

其中最后一个等号成立再次用到了推论 2.4.7. 根据条件期望的控制收敛定理, 上式右端当 $m \to \infty$ 时趋于零. 所以结论中的几乎必然收敛成立. 另一方面, 由于

$$|X_n| \leqslant \mathbf{E}(|Y_n||\mathscr{F}_n) \leqslant \mathbf{E}(Z|\mathscr{F}_n),$$

且右边的随机变量序列一致可积, 显然 (X_n) 一致可积, 故结论中的 L^1 收敛也成立. $\square$

2.4.4 向后收敛定理

前面考虑的离散时间鞅的参数集为 $\{0, 1, 2, \cdots\}$. 形象地说, 定理 2.4.5 中的下鞅收敛是向前收敛. 接下来我们讨论下鞅的向左收敛定理, 也就是考虑时间集为 $\{\cdots, -2, -1, 0\}$ 的情况.

定理 2.4.9 设 $(X_n : n \leqslant 0)$ 是关于流 $(\mathscr{F}_n)_{n \leqslant 0}$ 的下鞅且 $\inf_n \mathbf{E}(X_n) > -\infty$, 则 (X_n) 是一致可积的. 而且当 $n \to -\infty$ 时, X_n 几乎必然且 L^1 收敛于一个可积随机变量 $X_{-\infty}$, 且对任何 n 有 $\mathbf{E}(X_n | \mathscr{F}_{-\infty}) \geqslant X_{-\infty}$, 其中 $\mathscr{F}_{-\infty} = \bigcap_{n=0}^{-\infty} \mathscr{F}_n$.

证明 对任何 $n \leqslant 0$ 有 $\mathbf{E}(X_{n-1}) \leqslant \mathbf{E}(X_n)$. 所以 $\inf_n \mathbf{E}(X_n) > -\infty$ 蕴涵极限 $x := \lim_{n \to -\infty} \mathbf{E}(X_n)$ 单调递减地存在且有限. 对于 $\varepsilon > 0$ 取 $k \leqslant 0$ 使 $\mathbf{E}(X_k) < x + \varepsilon$. 注意, 对 $n \leqslant k$ 有 $\mathbf{E}(X_n) \geqslant x > \mathbf{E}(X_k) - \varepsilon$, 所以

$$
\begin{aligned}
\mathbf{E}(|X_n|; |X_n| > \lambda) &= \mathbf{E}(X_n; X_n > \lambda) - \mathbf{E}(X_n; X_n < -\lambda) \\
&= \mathbf{E}(X_n; X_n > \lambda) - \mathbf{E}(X_n) + \mathbf{E}(X_n; X_n \geqslant -\lambda) \\
&\leqslant \mathbf{E}[\mathbf{E}(X_k | \mathscr{F}_n); X_n > \lambda] - \mathbf{E}(X_n) + \\
&\quad \mathbf{E}[\mathbf{E}(X_k | \mathscr{F}_n); X_n \geqslant -\lambda] \\
&\leqslant \mathbf{E}(X_k; X_n > \lambda) - \mathbf{E}(X_k) + \varepsilon + \mathbf{E}(X_k; X_n \geqslant -\lambda) \\
&= \mathbf{E}(X_k; X_n > \lambda) - \mathbf{E}(X_k; X_n < -\lambda) + \varepsilon \\
&\leqslant \mathbf{E}(|X_k|; |X_n| > \lambda) + \varepsilon.
\end{aligned}
$$

取 $L := L_k \geqslant 1$ 充分大使得 $\mathbf{E}(|X_k|; |X_k| > L) < \varepsilon$. 由上式

$$
\begin{aligned}
\mathbf{E}(|X_n|; |X_n| > \lambda) &\leqslant \mathbf{E}(|X_k|; |X_k| \leqslant L, |X_n| > \lambda) + 2\varepsilon \\
&\leqslant L\mathbf{E}(|X_n| > \lambda) + 2\varepsilon.
\end{aligned}
$$

另外, 由马尔可夫不等式,

$$
\mathbf{P}(|X_n| > \lambda) \leqslant \frac{1}{\lambda} \mathbf{E}|X_n| = \frac{1}{\lambda}\left[2\mathbf{E}(X_n^+) - \mathbf{E}(X_n)\right] \leqslant \frac{1}{\lambda}\left[2\mathbf{E}(X_0^+) - x\right],
$$

其中最后的不等号是由于 $x \leqslant \mathbf{E}(X_n)$ 而 $X = (X_n^+)_{n \leqslant 0}$ 也是下鞅. 由上述两个不等式得

$$
\sup_{n \leqslant k} \mathbf{E}(|X_n|; |X_n| > \lambda) \leqslant \frac{1}{\lambda} L\left[2\mathbf{E}(X_0^+) - x\right] + 2\varepsilon,
$$

从而

$$
\limsup_{\lambda \to \infty} \sup_{n \leqslant k} \mathbf{E}(|X_n|; |X_n| > \lambda) \leqslant 2\varepsilon.
$$

另外, 不难取常数 $N \geqslant 1$ 使当 $\lambda \geqslant N$ 时

$$\sup_{k \leqslant n \leqslant 0} \mathbf{E}(|X_n|; |X_n| > \lambda) \leqslant 2\varepsilon.$$

综合以上二式得

$$\limsup_{\lambda \to \infty} \sup_{n \leqslant 0} \mathbf{E}(|X_n|; |X_n| > \lambda) \leqslant 2\varepsilon.$$

由 $\varepsilon > 0$ 的任意性即知 $(X_n)_{n \leqslant 0}$ 一致可积, 故第一个断言得证. 类似于定理 2.4.5 的证明. 令 $X_* = \liminf\limits_{n \to -\infty} X_n$ 和 $X^* = \limsup\limits_{n \to -\infty} X_n$. 对非负整数 N, 用 $V_N^X[a, b]$ 表示下鞅 $\{X_{-N}, X_{-N+1}, \cdots, X_0\}$ 对区间 $[a, b]$ 的上穿次数, 则

$$\mathbf{E}\{V_N^X[a, b]\} \leqslant \frac{1}{b-a} \mathbf{E}|X_0 - a| < \infty.$$

由此可以推出几乎必然地 $X_* = X^*$. 所以几乎必然存在有限或无限的极限 $X_{-\infty} := \lim\limits_{n \to -\infty} X_n$. 显然 $X_{-\infty}$ 关于 $\mathscr{F}_{-\infty}$ 可测. 再由 $(X_n : n \leqslant 0)$ 的一致可积性知 $X_{-\infty}$ 为有限可积随机变量且 $X_n \xrightarrow{L^1} X_{-\infty}$. 另外对任何 $k < n \leqslant 0$ 和 $A \in \mathscr{F}_{-\infty} \subseteq \mathscr{F}_k$ 有

$$\mathbf{E}[\mathbf{E}(X_n|\mathscr{F}_{-\infty})1_A] = \mathbf{E}(X_n 1_A) = \mathbf{E}[\mathbf{E}(X_n|\mathscr{F}_k)1_A] \geqslant \mathbf{E}(X_k 1_A).$$

令 $k \to -\infty$ 得 $\mathbf{E}[\mathbf{E}(X_n|\mathscr{F}_{-\infty})1_A] \geqslant \mathbf{E}(X_{-\infty}1_A)$, 故 $\mathbf{E}(X_n|\mathscr{F}_{-\infty}) \geqslant X_{-\infty}$. □

推论 2.4.10 对可积随机变量 Y 和 σ 代数流 $(\mathscr{F}_n)_{n \leqslant 0}$, 几乎必然地

$$\mathbf{E}(Y|\mathscr{F}_{-\infty}) = \lim_{n \to -\infty} \mathbf{E}(Y|\mathscr{F}_n),$$

其中 $\mathscr{F}_{-\infty} = \bigcap_n \mathscr{F}_n$.

推论 2.4.11 设有随机变量序列 $(Y_n)_{n \leqslant 0}$ 和 σ 代数流 $(\mathscr{F}_n)_{n \leqslant 0}$. 若几乎必然地 $\lim\limits_{n \to -\infty} Y_n = Y$ 且有可积随机变量 Z 使得 $|Y_n| \leqslant Z$, 则 $X_n := \mathbf{E}(Y_n|\mathscr{F}_n)$ 几乎必然且 L^1 收敛于 $X_{-\infty} := \mathbf{E}(Y|\mathscr{F}_{-\infty})$, 其中 $\mathscr{F}_{-\infty} = \bigcap_n \mathscr{F}_n$.

上面推论的证明与推论 2.4.7 和推论 2.4.8 的类似, 因此省略.

练习题

1. 证明推论 2.4.10 和推论 2.4.11.

2. 设 $\{\xi_n\}$ 为零均值平方可积独立随机变量序列. 令 $S_n = \sum\limits_{k=1}^{n} \xi_k$, 则对 $n \geqslant 1$ 和 $\lambda > 0$ 有 (柯尔莫哥洛夫不等式)

$$\mathbf{P}\left(\max_{1 \leqslant k \leqslant n} |S_k| \geqslant \lambda \right) \leqslant \frac{1}{\lambda^2} \mathbf{E}(S_n^2).$$

利用鞅不等式给出上式的证明.

3. 设 $(X_n : n \geqslant 0)$ 为离散时间鞅, 且对某个 $p > 1$ 有 $\sup\limits_{n \geqslant 0} \mathbf{E}[|X_n|^p] < \infty$. 证明存在可积随机变量 X 使得 $X_n \xrightarrow{L^1} X \ (n \to \infty)$.

4. 在上题的情况下, 证明 $X_n \xrightarrow{L^p} X \ (n \to \infty)$.

5. 设 $(X_n : n \geqslant 0)$ 为平方可积离散时间鞅. 根据杜布分解定理, 存在唯一的从原点出发的可料增过程 $(\langle X \rangle_n : n \geqslant 0)$ 使得 $(X_n - \langle X \rangle_n : n \geqslant 0)$ 是鞅. 证明下面 4 个性质等价: (1) $\sup\limits_{n \geqslant 0} \mathbf{E}[X_n^2] < \infty$; (2) $\sup\limits_{n \geqslant 0} \mathbf{E}[\langle X \rangle_n] < \infty$; (3) (X_n) 在 L^2 意义下收敛; (4) (X_n) 在 L^2 和几乎必然意义下收敛.

2.5 连续时间下鞅

本节讨论连续时间下鞅的轨道的正则性. 考虑完备概率空间 $(\Omega, \mathscr{F}, \mathbf{P})$ 及其上的加强流 $(\mathscr{F}_t)_{t \geqslant 0}$. 设 D 是 $[0, \infty)$ 的一个可数稠子集且包含所有正整数. 对于整数 $K \geqslant 1$, 令 $D_K = [0, K] \cap D$. 后面的很多结果都是在几乎必然意义下叙述的.

2.5.1 轨道的正则化

设 $X = (X_t : t \geqslant 0)$ 是一个 $(\mathscr{F}_t)$ 下鞅. 对给定的整数 $N \geqslant 1$, 取有限集 $F := \{0 = t_0 < t_1 < \cdots < t_N = K\} \subseteq D_K$. 对 $0 \leqslant n \leqslant N$, 令 $Y_n = X_{t_n}$ 和 $\mathscr{G}_n = \mathscr{F}_{t_n}$. 显然 $Y = (Y_n : 0 \leqslant n \leqslant N)$ 关于流 $(\mathscr{G}_n : 0 \leqslant n \leqslant N)$ 是一个下鞅. 由杜布上穿不等式得

$$\lambda \mathbf{P}\Big(\max_{0 \leqslant n \leqslant N} |Y_n| > \lambda\Big) \leqslant 2\mathbf{E}(Y_N^+) - \mathbf{E}(Y_0) = 2\mathbf{E}(X_K^+) - \mathbf{E}(X_0)$$

和

$$\mathbf{E}\{U_N^Y[a, b]\} \leqslant \frac{1}{b - a} \mathbf{E}[(Y_N - a)^+] = \frac{1}{b - a} \mathbf{E}[(X_K - a)^+],$$

其中 $\lambda > 0$, $a < b$. 显然 $U_N^Y[a, b]$ 也就是 X 限制在 F 上对 $[a, b]$ 的上穿次数. 因此, 我们也将其记为 $U_F^X[a, b]$. 再令

$$U_{D_K}^X[a, b] = \sup\{U_F^X[a, b] : F \subseteq D_K \text{为有限集合}\},$$

它是 X 限制在 D_K 上对区间 $[a, b]$ 的上穿次数. 因为 D_K 可数, 故其有限子集全体是可数的, 因此 $U_{D_K}^X[a, b]$ 是一个正随机变量. 由上面的不等式和法图定理容易推出

$$\lambda \mathbf{P}\Big(\sup_{t \in D_K} |X_t| > \lambda\Big) \leqslant 2\mathbf{E}(X_K^+) - \mathbf{E}(X_0) \tag{2.5.1}$$

和

$$\mathbf{E}\{U_{D_K}^X[a,b]\} \leqslant \frac{1}{b-a}\mathbf{E}[(X_K-a)^+]. \tag{2.5.2}$$

为了简化叙述, 我们用 $s \uparrow\uparrow t$ 表示 $s < t$ 且 $s \uparrow t$, 符号 $\downarrow\downarrow$ 的含义类似. 下面是连续时间下鞅正则化的第一个基本定理.

定理 2.5.1   设 $X = (X_t : t \geqslant 0)$ 是一个 $(\mathscr{F}_t)$ 下鞅, 而 D 是 $[0,\infty)$ 的一个可数稠子集. 那么

(1) 对几乎所有的 $\omega \in \Omega$, 映射 $t \mapsto X_t(\omega)$ 对任何 $K > 0$ 在 D_K 上有界且存在极限:

$$\begin{cases} X_{t+}^D(\omega) := \lim_{D \ni s \downarrow\downarrow t} X_s(\omega) & (t \geqslant 0), \\ X_{t-}^D(\omega) := \lim_{D \ni s \uparrow\uparrow t} X_s(\omega) & (t > 0). \end{cases} \tag{2.5.3}$$

这里 $X_+^D = (X_{t+}^D : t \geqslant 0)$ 左极右连, 而 $X_-^D = (X_{t-}^D : t > 0)$ 左连右极.

(2) 对每个 $t \geqslant 0$ 随机变量 X_{t+}^D 可积且 $X_t \leqslant \mathbf{E}(X_{t+}^D | \mathscr{F}_t)$. 特别地, 若均值函数 $t \mapsto \mathbf{E}(X_t)$ 右连续, 则 $X_t = \mathbf{E}(X_{t+}^D | \mathscr{F}_t)$.

(3) 过程 $X_+^D = (X_{t+}^D : t \geqslant 0)$ 是 $(\mathscr{F}_{t+})$ 下鞅; 且当 X 是 $(\mathscr{F}_t)$ 鞅时, X_+^D 是 $(\mathscr{F}_{t+})$ 鞅.

证明   (1) 记 N_0 为 Ω 中使轨道 $t \mapsto X_t(\omega)$ 在某个 D_K 上无界或在某个点 $t \geqslant 0$ 处 (2.5.3) 式中右或左极限不存在的 ω 全体. 只需证明 $N_0 \in \mathscr{F}$ 且 $\mathbf{P}(N_0) = 0$. $\mathbb{Q}$ 表示有理数集. 根据引理 1.1.3 有

$$N_0 = \bigcup_{K=1}^{\infty} \left(\left\{ \sup_{t \in D_K} |X_t| = \infty \right\} \cup N_K \right), \tag{2.5.4}$$

其中

$$N_K = \bigcup_{a,b \in \mathbb{Q}, a < b} \{U_{D_K}^X[a,b] = \infty\}.$$

对任何整数 $K \geqslant 1$ 及 $a < b$, 由 (2.5.1) 式有

$$\begin{aligned} \mathbf{P}\left\{ \sup_{t \in D_K} |X_t| = \infty \right\} &= \lim_{\lambda \to \infty} \mathbf{P}\left\{ \sup_{t \in D_K} |X_t| > \lambda \right\} \\ &\leqslant \lim_{\lambda \to \infty} \frac{1}{\lambda} \left[2\mathbf{E}(X_K^+) - \mathbf{E}(X_0) \right] = 0, \end{aligned}$$

而由 (2.5.2) 式有

$$\mathbf{P}\{U_{D_K}^X[a,b] = \infty\} = \lim_{N \to \infty} \mathbf{P}\{U_{D_K}^X[a,b] \geqslant N\}$$

$$\leqslant \lim_{N\to\infty} \frac{1}{N} \mathbf{E}\{U^X_{D_K}[a,b]\}$$

$$\leqslant \lim_{N\to\infty} \frac{1}{N(b-a)} \mathbf{E}[(X_K-a)^+] = 0.$$

再由 (2.5.4) 式得 $\mathbf{P}(N_0) = 0$.

(2) 对任何 $t \geqslant 0$, 取序列 $\{s_k : k \geqslant 0\} \subseteq D$ 满足 $s_k \downdownarrows t$. 对整数 $n \leqslant 0$ 令 $Y_n = X_{s_{-n}}$ 和 $\mathscr{G}_n = \mathscr{F}_{s_{-n}}$, 则 $Y = (Y_n : n \leqslant 0)$ 是关于 $(\mathscr{G}_n : n \leqslant 0)$ 的下鞅, 且

$$\mathbf{E}(Y_n) = \mathbf{E}(X_{s_{-n}}) \geqslant \mathbf{E}(X_t).$$

由定理 2.4.9 知 Y 一致可积, 而且当 $n \to -\infty$ 时 $Y_n = X_{s_{-n}}$ 几乎必然且 L^1 收敛于某个随机变量 $Y_{-\infty}$, 显然 $Y_{-\infty} = X^D_{t+}$. 特别地, X^D_{t+} 可积. 又因为 $X_t \leqslant \mathbf{E}(X_{s_{-n}}|\mathscr{F}_t)$, 对于任何 $A \in \mathscr{F}_t$ 有 $\mathbf{E}(X_t;A) \leqslant \mathbf{E}(X_{s_{-n}};A)$. 由 L^1 收敛性推出

$$\mathbf{E}(X_t;A) \leqslant \mathbf{E}(X^D_{t+};A) = \mathbf{E}[\mathbf{E}(X^D_{t+}1_A|\mathscr{F}_t)] = \mathbf{E}[\mathbf{E}(X^D_{t+}|\mathscr{F}_t);A],$$

所以 $X_t \leqslant \mathbf{E}(X^D_{t+}|\mathscr{F}_t)$. 若 $t \mapsto \mathbf{E}(X_t)$ 右连续, 则

$$\mathbf{E}(X_t) = \lim_{k\to\infty} \mathbf{E}(X_{s_k}) = \mathbf{E}(X^D_{t+}) = \mathbf{E}[\mathbf{E}(X^D_{t+}|\mathscr{F}_t)].$$

从而 $X_t = \mathbf{E}(X^D_{t+}|\mathscr{F}_t)$.

(3) 首先由于 $(\mathscr{F}_{t+})$ 是加强流, 易知 X^D_+ 是 $(\mathscr{F}_{t+})$ 适应的可积过程. 另外对 $t > s \geqslant 0$, 令 $s_0 = t$ 并取 $\{s_n : n \geqslant 1\} \subseteq D$ 使 $s_0 \geqslant s_n \downdownarrows s$. 根据推论 2.4.10 得到

$$X^D_{s+} = \lim_{n\to\infty} X_{s_n} \leqslant \lim_{n\to\infty} \mathbf{E}(X_{s_0}|\mathscr{F}_{s_n}) = \mathbf{E}\left(X_{s_0}|\bigcap_{n\geqslant 0}\mathscr{F}_{s_n}\right) = \mathbf{E}(X_t|\mathscr{F}_{s+}).$$

再取 $\{t_n : n \geqslant 0\} \subseteq D$ 满足 $t_n \downdownarrows t$. 令 $A \in \mathscr{F}_{s+}$. 对 t_n 应用上式得

$$\mathbf{E}(X^D_{s+};A) \leqslant \mathbf{E}[\mathbf{E}(X_{t_n}|\mathscr{F}_{s+});A] = \mathbf{E}[\mathbf{E}(X_{t_n}1_A|\mathscr{F}_{s+})] = \mathbf{E}(X_{t_n};A).$$

再令 $n \to \infty$, 由 L^1 收敛得

$$\mathbf{E}(X^D_{s+};A) \leqslant \mathbf{E}(X^D_{t+};A) = \mathbf{E}[\mathbf{E}(X^D_{t+}1_A|\mathscr{F}_{s+})] = \mathbf{E}[\mathbf{E}(X^D_{t+}|\mathscr{F}_{s+});A],$$

从而 $X^D_{s+} \leqslant \mathbf{E}(X^D_{t+}|\mathscr{F}_{s+})$, 即 X^D_+ 是关于 $(\mathscr{F}_{t+})$ 的下鞅. 若 X 是鞅, 则 $\mathbf{E}(X_t)$ 是常数, 那么 $\mathbf{E}(X^D_{t+})$ 也是常数, 故 $X^D_{s+} = \mathbf{E}(X^D_{t+}|\mathscr{F}_{s+})$, 因而 X^D_+ 是鞅. $\square$

注意, 上面右极限过程 X^D_+ 的定义与可数稠集 D 有关, 但显然由两个不同可数稠集所定义的右极限过程是无区别的.

定理 2.5.2 (1) 若 X 是随机右连续的 $(\mathscr{F}_t)$ 下鞅, 则它有左极右连的 $(\mathscr{F}_{t+})$ 下鞅修正; (2) 若 X 是右连续的 $(\mathscr{F}_t)$ 下鞅, 则它是几乎必然左极右连的 $(\mathscr{F}_{t+})$ 下鞅.

证明　由定理 2.5.1 知 X_+^D 为左极右连的 $(\mathscr{F}_{t+})$ 下鞅. 若 X 随机右连续, 由命题 1.1.2 知 X_+^D 是 X 的一个修正. 若假定 X 右连续, 由命题 1.1.1 知 X_+^D 与 X 无区别, 因而 X 是几乎必然左极右连的 $(\mathscr{F}_{t+})$ 下鞅. $\square$

定理 2.5.3　设流 $(\mathscr{F}_t)$ 满足通常条件. 若下鞅 X 的均值函数 $t \mapsto \mathbf{E}(X_t)$ 右连续, 则 X 有左极右连的 $(\mathscr{F}_t)$ 下鞅修正. 特别地, 在通常条件下, 鞅总有左极右连的修正.

证明　根据定理 2.5.1, 因 $(\mathscr{F}_t)$ 右连续, 知 X_+^D 为左极右连的 $(\mathscr{F}_t)$ 下鞅. 再因 $t \mapsto \mathbf{E}(X_t)$ 是右连续, 有

$$X_t = \mathbf{E}(X_{t+}^D|\mathscr{F}_t) = \mathbf{E}(X_{t+}^D|\mathscr{F}_{t+}) = X_{t+}^D.$$

故 X_+^D 是 X 的修正. $\square$

定义 2.5.1　称连续的实数值 $(\mathscr{F}_t)$ 适应随机过程 $(B_t : t \geqslant 0)$ 是关于流 $(\mathscr{F}_t)$ 的以 $\sigma^2 \geqslant 0$ 为参数的布朗运动, 是指对任意的 $t > s \geqslant 0$ 增量 $B_t - B_s$ 独立于 $\mathscr{F}_s$ 且服从高斯分布 $N(0, \sigma^2(t-s))$, 即对 $\theta \in \mathbb{R}$ 有

$$\mathbf{E}[e^{i\theta(B_t-B_s)}|\mathscr{F}_s] = \mathbf{E}[e^{i\theta(B_t-B_s)}] = e^{-\sigma^2(t-s)\theta^2/2}. \tag{2.5.5}$$

特别地, 当 $\sigma^2 = 1$ 时称 $(B_t : t \geqslant 0)$ 为关于流 $(\mathscr{F}_t)$ 的标准布朗运动.

显然, 当 $(\mathscr{F}_t)$ 为 (B_t) 的自然 σ 代数流时, 这里关于 $(\mathscr{F}_t)$ 的布朗运动的定义与定义 1.3.1 等价. 另外, 若 (B_t) 是关于 $(\mathscr{F}_t)$ 的布朗运动且 $\mathbf{E}|B_0| < \infty$, 则它是关于该流的鞅.

命题 2.5.4　若 $(B_t : t \geqslant 0)$ 关于流 $(\mathscr{F}_t)$ 是以 σ^2 为参数的布朗运动, 则它关于右连续加强流 $(\mathscr{F}_{t+}^*)$ 也是以 σ^2 为参数的布朗运动.

证明　在假定条件下, 显然 (2.5.5) 式对于加强流 $(\mathscr{F}_t^*)$ 也成立, 故对 $t > s \geqslant 0$ 和 $\theta \in \mathbb{R}$ 有

$$\mathbf{E}[e^{i\theta B_t}|\mathscr{F}_s^*] = \exp\left\{i\theta B_s - \frac{1}{2}\sigma^2(t-s)\theta^2\right\}.$$

根据推论 2.4.10, 并利用 $(B_t : t \geqslant 0)$ 的连续性得

$$\mathbf{E}[e^{i\theta B_t}|\mathscr{F}_{s+}^*] = \exp\left\{i\theta B_s - \frac{1}{2}\sigma^2(t-s)\theta^2\right\}.$$

所以 $(B_t : t \geqslant 0)$ 关于 $(\mathscr{F}_{t+}^*)$ 也是以 σ^2 为参数的布朗运动. $\square$

2.5.2　有界停止定理

下面的定理是杜布有界停止定理的连续时间版本.

定理 2.5.5　设 X 为右连续 $(\mathscr{F}_t)$ 下鞅, τ 和 σ 是有界停时且 $\sigma \leqslant \tau$, 则 X_σ 和 X_τ 是可积的且

$$X_\sigma \leqslant \mathbf{E}(X_\tau|\mathscr{F}_\sigma). \tag{2.5.6}$$

证明 对 $n \geqslant 0$ 令 $D_n = \{i/2^n : i = 0, 1, 2, \cdots\}$. 再令 $\sigma_n = \inf\{t \in D_n : t > \sigma\}$ 为 σ 的二分点离散化. 注意 $D_n \subseteq D_{n+1}$ 且 σ_n 和 σ_{n+1} 都是值域为 D_{n+1} 的关于流 $(\mathscr{F}_t : t \in D_{n+1})$ 的有界停时. 另外, 单调下降地 $\sigma_n \to \sigma$. 所以应用离散时间杜布有界停止定理于 $(\mathscr{F}_t : t \in D_{n+1})$ 下鞅 $(X_t : t \in D_{n+1})$ 知 X_{σ_n} 与 $X_{\sigma_{n+1}}$ 是可积的且

$$X_{\sigma_{n+1}} \leqslant \mathbf{E}(X_{\sigma_n} | \mathscr{F}_{\sigma_{n+1}}).$$

对 $k \leqslant 0$, 令 $Y_k = X_{\sigma_{-k}}$ 和 $\mathscr{G}_k = \mathscr{F}_{\sigma_{-k}}$. 上式说明 $(Y_k : k \leqslant 0)$ 是关于 $(\mathscr{G}_k : k \leqslant 0)$ 的下鞅. 对任何 $k \leqslant 0$ 我们有 $\mathbf{E}(Y_k) = \mathbf{E}(X_{\sigma_{-k}}) \geqslant \mathbf{E}(X_0)$. 由定理 2.4.9, 当 $k \to -\infty$ 时 Y_k 几乎必然且 L^1 收敛于某个随机变量 $Y_{-\infty}$. 因为 X 右连续, 当 $n \to \infty$ 时 $X_{\sigma_n} = Y_{-n}$ 几乎必然且 L^1 收敛于 $X_{\sigma+} = X_\sigma = Y_{-\infty}$. 再令 $\tau_n = \inf\{t \in D_n : t > \tau\}$ 为 τ 的二分点离散化. 与上面类似地可知, 当 $n \to \infty$ 时 X_{τ_n} 几乎必然且 L^1 收敛于 $X_\tau = X_{\tau+}$. 由于 $\tau_n \geqslant \sigma_n$, 应用离散时间杜布停止定理得 $X_{\sigma_n} \leqslant \mathbf{E}(X_{\tau_n} | \mathscr{F}_{\sigma_n})$. 所以, 对任何 $A \in \mathscr{F}_\sigma \subseteq \mathscr{F}_{\sigma_n}$ 有

$$\mathbf{E}(X_{\sigma_n}; A) \leqslant \mathbf{E}[\mathbf{E}(X_{\tau_n} | \mathscr{F}_{\sigma_n}); A] = \mathbf{E}[\mathbf{E}(X_{\tau_n} 1_A | \mathscr{F}_{\sigma_n})] = \mathbf{E}(X_{\tau_n}; A).$$

在上式两端令 $n \to \infty$, 并利用 L^1 收敛性得

$$\mathbf{E}(X_\sigma; A) \leqslant \mathbf{E}(X_\tau; A) = \mathbf{E}[\mathbf{E}(X_\tau 1_A | \mathscr{F}_\sigma)] = \mathbf{E}[\mathbf{E}(X_\tau | \mathscr{F}_\sigma); A].$$

此蕴涵欲证不等式 (2.5.6). □

推论 2.5.6 关于 $(\mathscr{F}_t)$ 适应的右连续可积过程 X 是鞅当且仅当对任何有界停时 $\sigma \leqslant \tau$ 有 $\mathbf{E}(X_\sigma) = \mathbf{E}(X_\tau)$, 或等价地对任何有界停时 τ 有 $\mathbf{E}(X_\tau) = \mathbf{E}(X_0)$.

下面定理的结论类似于定理 2.3.6, 说明一个右连续正上鞅在到达零点后, 会永远停留在零点.

定理 2.5.7 设 X 为非负右连续 $(\mathscr{F}_t)$ 上鞅. 令 $\tau = \inf\{t \geqslant 0 : X_t \text{ 或 } X_{t-} = 0\}$. 则对任何 $t \geqslant 0$ 有 $\mathbf{P}\{X_t > 0, \tau < t\} = 0$.

证明 根据定理 2.5.2 可以假定 $(\mathscr{F}_t)$ 右连续. 再由命题 2.1.21 知 $\tau_n := \inf\{t \geqslant 0 : X_t < 1/n\}$ 为 $(\mathscr{F}_t)$ 停时. 当 $\tau_n < \infty$ 时, 显然 $X_{\tau_n} \leqslant 1/n$. 由定理 2.5.5 有 $\mathbf{E}(X_t | \mathscr{F}_{t \wedge \tau_n}) \leqslant X_{t \wedge \tau_n}$. 注意 $\tau_n \leqslant \tau$ 且 $\{\tau_n < t\} = \{t \wedge \tau_n < t\} \in \mathscr{F}_{t \wedge \tau_n}$. 利用 X 的正性和上鞅性,

$$\mathbf{E}(X_t; \tau < t) \leqslant \mathbf{E}(X_t; \tau_n < t) = \mathbf{E}[\mathbf{E}(X_t | \mathscr{F}_{t \wedge \tau_n}); \tau_n < t]$$
$$\leqslant \mathbf{E}(X_{t \wedge \tau_n}; \tau_n < t) = \mathbf{E}(X_{\tau_n}; \tau_n < t) \leqslant 1/n.$$

由 $n \geqslant 1$ 的任意性, 我们有 $\mathbf{E}(X_t; \tau < t) = 0$, 故得定理结论. □

2.5.3 下鞅不等式

通过对时间集进行可数稠子集逼近, 可以将关于离散时间下鞅的很多结果推广到连续时间情况. 为此, 取 $[0, \infty)$ 的可数稠子集 $D = \{r_1, r_2, \cdots\}$. 对 $t \geqslant 0$, 令 $D_n(t) = [0, t] \cap \{r_1, r_2, \cdots, r_n, t\}$. 注意, 对于任何右连续随机过程 $X = (X_t : t \geqslant 0)$ 有

$$\sup_{0 \leqslant s \leqslant t} X_s = \lim_{n \to \infty} \sup_{s \in D_n(t)} X_s.$$

应用离散时间情况的相应结果和法图定理, 可以推得关于右连续下鞅的不等式:

定理 2.5.8   设 (X_t) 是右连续的 $(\mathscr{F}_t)$ 下鞅, 则对任何 $\lambda > 0$ 及 $t \geqslant 0$ 有

$$\lambda \mathbf{P}\Big(\sup_{0 \leqslant s \leqslant t} X_s \geqslant \lambda \Big) \leqslant \mathbf{E}\Big(X_t; \sup_{0 \leqslant s \leqslant t} X_s \geqslant \lambda \Big) \leqslant \mathbf{E}(X_t^+)$$

和

$$\lambda \mathbf{P}\Big(\sup_{0 \leqslant s \leqslant t} |X_s| \geqslant \lambda \Big) \leqslant 2\mathbf{E}(X_t^+) - \mathbf{E}(X_0).$$

推论 2.5.9   设 (X_t) 是右连续的正 $(\mathscr{F}_t)$ 上鞅, 则对任何 $\lambda > 0$ 及 $t \geqslant 0$ 有

$$\lambda \mathbf{P}\Big(\sup_{s \geqslant 0} X_s \geqslant \lambda \Big) = \lambda \mathbf{P}\Big(\sup_{s \geqslant 0} |-X_s| \geqslant \lambda \Big) \leqslant \mathbf{E}(X_0).$$

定理 2.5.10   设 (X_t) 是右连续的 $(\mathscr{F}_t)$ 鞅或正下鞅, 则对任何 $\lambda > 0, p \geqslant 1$ 及 $t \geqslant 0$ 有

$$\lambda^p \mathbf{P}\Big(\sup_{0 \leqslant s \leqslant t} |X_s| \geqslant \lambda \Big) \leqslant \mathbf{E}(|X_t|^p);$$

而对任何 $p > 1$ 及 $t \geqslant 0$ 有

$$\mathbf{E}\Big(\sup_{0 \leqslant s \leqslant t} |X_s|^p \Big) \leqslant \Big(\frac{p}{p-1} \Big)^p \mathbf{E}(|X_t|^p).$$

另外, 与离散时间的情况和定理 2.5.1 的证明类似地, 可以将鞅序列的收敛定理推广到连续时间的情况. 例如, 我们有:

定理 2.5.11   设 $(\mathscr{F}_t)$ 满足通常条件, 而 (X_t) 是右连续下鞅且 $\sup\limits_{t \geqslant 0} \mathbf{P}|X_t| < \infty$, 则当 $t \to \infty$ 时有 $X_t \overset{\text{a.s.}}{\to} X$, 其中 X 是一个可积随机变量. 另外若 (X_t) 是一致可积下鞅, 则 $X_t \overset{L^1}{\to} X$; 若 (X_t) 是一致可积鞅, 则还有 $X_t = \mathbf{E}(X|\mathscr{F}_t)$.

连续时间下鞅的基本理论主要是法国数学家梅耶 (Paul-André Meyer) 建立的. 梅耶是著名的斯特拉斯堡概率论学派的领导者. 他最著名的工作之一是连续时间下鞅的杜布–梅耶分解定理, 即杜布的离散时间下鞅分解定理的连续时间版本.

练习题

1. 设 $\{(M_t, \mathscr{F}_t) : t \geqslant 0\}$ 和 $\{(N_t, \mathscr{G}_t) : t \geqslant 0\}$ 是连续时间鞅，且 $\mathscr{F}_\infty := \sigma\left(\bigcup_{t \geqslant 0} \mathscr{F}_t\right)$ 和 $\mathscr{G}_\infty := \sigma\left(\bigcup_{t \geqslant 0} \mathscr{G}_t\right)$ 独立. 令 $\mathscr{H}_t = \sigma\left(\mathscr{F}_t \bigcup \mathscr{G}_t\right)$. 证明 $\{(M_t N_t, \mathscr{H}_t) : t \geqslant 0\}$ 是鞅.

2. 设 $(M_t : t \geqslant 0)$ 为非负连续下鞅. 再设 $\{T_n\}$ 为有界单增停时列. 令 $T = \lim_{n \to \infty} T_n$. 证明 $\mathbf{E}(M_T) = \lim_{n \to \infty} \mathbf{E}(M_{T_n})$.

3. 设 $(M_t : t \geqslant 0)$ 是连续鞅且 $M_0 = 0$. 再设 $a < 0 < b$, 并令 $\tau = \inf\{t \geqslant 0 : M_t \notin [a, b]\}$. 已知 $\mathbf{P}(\tau < \infty) = 1$, 求概率 $\mathbf{P}(M_\tau = a)$ 和 $\mathbf{P}(M_\tau = b)$ 的值.

4. 通过对时间集进行可数稠子集逼近, 给出定理 2.5.10 的证明.

5. 设 $(M_t : t \geqslant 0)$ 是右连续平方可积鞅, 且对于有界停时 T 有 $\mathbf{E}(M_T^2) = 0$. 证明 $\mathbf{P}(M_{t \wedge T} = 0 : t \geqslant 0) = 1$.

6. 设 $(M_t : t \geqslant 0)$ 是连续局部鞅且 $M_0 = 0$. 证明: 存在局部化序列 $\{T_k\}$ 使得每个 $(M_{t \wedge T_k})$ 是有界连续鞅.

第三章

更新过程及其应用

在应用中经常需要考虑比泊松过程更广的一类计数过程, 它们的跳跃间隔时间由独立同分布随机变量给出, 但这些随机变量未必服从指数分布. 这样的计数过程就是 "更新过程". 本章讨论更新过程的若干基本性质, 包括更新方程、基本更新定理、大数定律、中心极限定理等, 并介绍该模型对于随机游动和若干实际问题的应用.

3.1　更新过程

3.1.1　定义和性质

考虑某概率空间 $(\Omega, \mathscr{F}, \mathbf{P})$ 上的独立同分布的非负随机变量序列 $\{\xi_n : n \geqslant 1\}$. 令 F 为其共同的分布函数. 假定 $F(0) = \mathbf{P}(\xi_n = 0) < 1$, 因而 $\mu := \mathbf{E}(\xi_n) > 0$. 这里我们不排除 $\mu = \infty$ 的情况. 记 $S_0 = 0$, 并令

$$S_n = \sum_{k=1}^{n} \xi_k, \quad n \geqslant 1, \tag{3.1.1}$$

则 $(S_n : n \geqslant 0)$ 是具有非负跳幅的随机游动.

命题 3.1.1　当 $n \to \infty$ 时几乎必然地 $S_n/n \to \mu$.

证明　当 $\mu < \infty$ 时, 由强大数定律知命题的结论成立. 下面考虑 $\mu = \infty$ 的情况. 对 $n, k \geqslant 1$ 记 $\xi_n^{(k)} = \xi_n \wedge k$. 则 $\{\xi_n^{(k)} : n \geqslant 1\}$ 是独立同分布非负随机变量序列, 且当 k 充分大时有 $0 < \mu^{(k)} := \mathbf{E}(\xi_1^{(k)}) < \infty$. 令 $(S_n^{(k)} : n \geqslant 0)$ 为由 $\{\xi_n^{(k)} : n \geqslant 1\}$ 定义的具有非负跳幅的随机游动. 显然有 $\xi_n^{(k)} \leqslant \xi_n$ 和 $S_n^{(k)} \leqslant S_n$. 根据强大数定律, 几乎必然有

$$\liminf_{n \to \infty} \frac{S_n}{n} \geqslant \lim_{n \to \infty} \frac{S_n^{(k)}}{n} = \mu^{(k)}.$$

因 $\lim_{k \to \infty} \mu^{(k)} = \mu = \infty$, 在上式两端取极限知几乎必然 $\lim_{n \to \infty} S_n/n = \infty$. $\square$

在实践中, 人们经常用 (3.1.1) 式定义的序列 $\{S_n : n \geqslant 1\}$ 表示一系列更新发生的时刻. 显然, 对 $t \geqslant 0$ 在时间区间 $(0, t]$ 更新发生的次数为

$$N(t) := \sum_{n=1}^{\infty} 1_{\{S_n \leqslant t\}} = \sup\{n \geqslant 0 : S_n \leqslant t\}. \tag{3.1.2}$$

根据命题 3.1.1 几乎必然地 $\lim_{n \to \infty} S_n = \infty$, 故对任何 $t \geqslant 0$ 至多只有有限个 n 使得 $S_n \leqslant t$, 进而 $N(t) < \infty$. 由 (3.1.2) 式不难看出, 对于 $n \geqslant 0$ 和 $t \geqslant 0$ 有

$$N(t) \geqslant n \Leftrightarrow S_n \leqslant t; \tag{3.1.3}$$

而对于 $t \geqslant 0$ 有

$$S_{N(t)} \leqslant t < S_{N(t)+1}. \tag{3.1.4}$$

定义 3.1.1　我们称由 (3.1.2) 式定义的零初值不降非负整数值过程 $(N(t) : t \geqslant 0)$ 为更新过程, 称 S_n 为其第 n 次更新时间, 而称每个 ξ_n 为其更新间隔时间.

例 3.1.1　设有一批同类型的电子元件, 其寿命是独立同分布的随机变量. 在某台机器上使用着一个此种元件, 当它损坏时立即用备件进行替换. 设 $\{\xi_n : n \geqslant 1\}$ 为依次使用的元件的寿命, 则 S_n 代表第 n 个备件安装的时刻, 而 $N(t)$ 代表到 t 时刻为止更换元件的次数.

下面的命题表明, 由更新过程 $(N(t) : t \geqslant 0)$ 描述的更新现象的总更新次数 $N(\infty) := \lim\limits_{t \to \infty} N(t)$ 几乎必然是无穷大.

命题 3.1.2　几乎必然有 $N(\infty) = \infty$.

证明　若 $N(\infty)$ 为有限数, 则它必为非负整数, 同时必有 $S_{N(\infty)} < \infty$ 且 $S_{N(\infty)+1} = \infty$, 而这意味着 $\xi_{N(\infty)+1} = \infty$, 故

$$\mathbf{P}(N(\infty) < \infty) \leqslant \mathbf{P}\Big(\bigcup_{n=1}^{\infty} \{\xi_n = \infty\} \Big) \leqslant \sum_{n=1}^{\infty} \mathbf{P}(\xi_n = \infty) = 0.$$

因此几乎必然有 $N(\infty) = \infty$. □

根据假设, 随机变量序列 $\{\xi_n\}$ 有共同的分布函数 F. 所以 S_n 的分布就是 F 的 n 重卷积 F^{*n}. 再由 (3.1.3) 式有

$$\begin{aligned} \mathbf{P}(N(t) = n) &= \mathbf{P}(N(t) \geqslant n) - \mathbf{P}(N(t) \geqslant n+1) \\ &= \mathbf{P}(S_n \leqslant t) - \mathbf{P}(S_{n+1} \leqslant t) \\ &= F^{*n}(t) - F^{*(n+1)}(t). \end{aligned} \tag{3.1.5}$$

例 3.1.2　设 $\{\xi_n\}$ 服从几何分布 $G(p)$, 其中 $0 \leqslant p \leqslant 1$, 即 $\mathbf{P}(\xi_n = k) = p(1-p)^{k-1}$, $k \geqslant 1$. 此时 S_n 代表伯努利试验中第 n 次成功出现的时间, 它服从帕斯卡分布, 即

$$\mathbf{P}(S_n = k) = \mathrm{C}_{k-1}^{n-1} p^n (1-p)^{k-n}, \quad k \geqslant n.$$

用 $\lfloor t \rfloor$ 表示不超过 t 的最大整数. 则 $\mathbf{P}(N(t) = n)$ 就是在前 $\lfloor t \rfloor$ 次试验中出现 n 次成功的概率, 故有

$$\mathbf{P}(N(t) = n) = \mathrm{C}_{\lfloor t \rfloor}^{n} p^n (1-p)^{\lfloor t \rfloor - n}, \quad 0 \leqslant n \leqslant \lfloor t \rfloor,$$

即 $N(t)$ 服从二项分布 $B(\lfloor t \rfloor, p)$.

例 3.1.3 设 $\{\xi_n\}$ 服从以 $\lambda > 0$ 为参数的指数分布, 即 $F(x) = 1 - \mathrm{e}^{-\lambda x}$, $x > 0$. 此时 S_n 的分布 F^{*n} 为伽马分布 $\Gamma(\lambda, n)$, 它有分布密度

$$p_n(x) = \frac{\lambda^n}{\Gamma(n)} x^{n-1} \mathrm{e}^{-\lambda x}, \quad x > 0.$$

所以

$$\begin{aligned}
1 - F^{*n}(t) &= \frac{\lambda^n}{\Gamma(n)} \int_t^\infty y^{n-1} \mathrm{e}^{-\lambda y} \mathrm{d}y \\
&= \frac{\lambda^n}{n\Gamma(n)} \left[y^n \mathrm{e}^{-\lambda y} \Big|_t^\infty + \lambda \int_t^\infty y^n \mathrm{e}^{-\lambda y} \mathrm{d}y \right] \\
&= -\frac{(\lambda t)^n}{n!} \mathrm{e}^{-\lambda t} + 1 - F^{*(n+1)}(t).
\end{aligned}$$

再由 (3.1.5) 式可得

$$\mathbf{P}(N(t) = n) = \frac{(\lambda t)^n}{n!} \mathrm{e}^{-\lambda t}, \quad n \geqslant 0.$$

事实上, 由定理 1.4.3 知 $(N(t) : t \geqslant 0)$ 就是以 λ 为参数的泊松过程.

3.1.2 更新方程

称 $m(t) := \mathbf{E}[N(t)]$, $t \geqslant 0$ 为更新过程 $(N(t) : t \geqslant 0)$ 的更新函数. 由 (3.1.3) 式和非负整数值随机变量的期望的计算公式可得

$$m(t) = \sum_{n=1}^\infty \mathbf{P}(N(t) \geqslant n) = \sum_{n=1}^\infty \mathbf{P}(S_n \leqslant t) = \sum_{n=1}^\infty F^{*n}(t), \quad t \geqslant 0, \qquad (3.1.6)$$

其中 F^{*n} 表示 F 的 n 重卷积.

命题 3.1.3 对任何 $t \geqslant 0$ 有 $m(t) < \infty$.

证明 显然 $F^{*n}(t)$ 关于 $n \geqslant 1$ 单调不增, 且当 n 充分大 $(n \geqslant 1)$ 时有

$$F^{*n}(t) = \mathbf{P}\Big(\sum_{k=1}^n \xi_k \leqslant t \Big) < 1.$$

再由 (3.1.6) 式得

$$m(t) = \sum_{k=0}^\infty \sum_{i=1}^n F^{*kn} * F^{*i}(t) \leqslant \sum_{k=0}^\infty \sum_{i=1}^n F^{*kn}(t) \leqslant n \Big[1 + \sum_{k=1}^\infty F^{*n}(t)^k \Big].$$

显然上式右端有限. □

由 (3.1.6) 式和命题 3.1.3 知更新函数 $m(t)$ 是 $[0, \infty)$ 上的非负不降有限函数. 再由 (3.1.6) 式可得如下的通过卷积表达的方程:

$$m(t) = F(t) + m*F(t), \quad t \geqslant 0. \qquad (3.1.7)$$

定义 3.1.2 设 H 为 $[0, \infty)$ 上的局部有界可测函数, 而 F 为 $[0, \infty)$ 上的概率分布函数. 称如下方程为更新方程

$$K(t) = H(t) + K * F(t), \quad t \geqslant 0, \tag{3.1.8}$$

其中 $K * F$ 表示 K 和 F 的卷积, 即

$$K * F(t) = \int_0^t K(t - x) \mathrm{d}F(x). \tag{3.1.9}$$

这里一般应将等式 (3.1.9) 右边理解为关于 F 决定的概率测度的积分. 利用测度论中的富比尼 (Fubini) 定理, 可以证明该式定义了一个局部有界可测函数 $K * F$. 显然方程 (3.1.8) 是更新函数的方程 (3.1.7) 的推广.

定理 3.1.4 方程 (3.1.8) 存在唯一的局部有界可测函数解 K, 且该解具有如下的卷积表达形式

$$K(t) = H(t) + H * m(t), \quad t \geqslant 0. \tag{3.1.10}$$

证明 由富比尼定理可知 (3.1.10) 式确实定义了一个局部有界可测函数 K. 再根据 (3.1.6) 式和 (3.1.10) 式有

$$
\begin{aligned}
K(t) &= H(t) + \left(H * \sum_{n=1}^{\infty} F^{*n} \right)(t) \\
&= H(t) + H * F(t) + H * \left(\sum_{n=2}^{\infty} F^{*(n-1)} * F \right)(t) \\
&= H(t) + (H + H * m) * F(t).
\end{aligned}
$$

所以 K 满足方程 (3.1.8), 即该方程有解. 反之, 设 K 为方程 (3.1.8) 的局部有界可测函数解. 反复应用该方程可得

$$
\begin{aligned}
K(t) &= H(t) + (H + K * F) * F(t) \\
&= H(t) + H * F(t) + K * F^{*2}(t) = \cdots \\
&= H(t) + H * \left(\sum_{k=1}^{n-1} F^{*k} \right)(t) + K * F^{*n}(t). \tag{3.1.11}
\end{aligned}
$$

对上式右边的最后一项可做如下估计:

$$|K * F^{*n}(t)| \leqslant \int_0^t |K(t - x)| \mathrm{d}F^n(x) \leqslant \sup_{0 \leqslant s \leqslant t} |K(s)| F^{*n}(t).$$

由 (3.1.6) 式和命题 3.1.3 知, 当 $n \to \infty$ 时有 $F^{*n}(t) \to 0$, 从而 $K * F^{*n}(t) \to 0$. 在 (3.1.11) 式两端令 $n \to \infty$ 即得 (3.1.10)式. 这就证明了该方程的解的唯一性. $\square$

定理 3.1.5　对任何 $0 \leqslant s \leqslant t$ 有

$$\mathbf{P}(S_{N(t)} \leqslant s) = 1 - F(t) + \int_0^s [1 - F(t-x)]\mathrm{d}m(x).$$

证明　对任何 $0 \leqslant s \leqslant t$ 可写

$$\mathbf{P}(S_{N(t)} \leqslant s) = \mathbf{P}(N(t) = 0) + \sum_{n=1}^{\infty} \mathbf{P}(S_{N(t)} \leqslant s, N(t) = n)$$

$$= \mathbf{P}(\xi_1 > t) + \sum_{n=1}^{\infty} \mathbf{P}(S_n \leqslant s, \xi_{n+1} > t - S_n)$$

$$= 1 - F(t) + \sum_{n=1}^{\infty} \mathbf{E}\big[1_{\{S_n \leqslant s\}} \mathbf{P}(\xi_{n+1} > t - S_n | S_n)\big].$$

因随机变量序列 $\{\xi_n\}$ 独立同分布, 利用 (3.1.6) 式可以推得

$$\mathbf{P}(S_{N(t)} \leqslant s) = 1 - F(t) + \sum_{n=1}^{\infty} \int_0^s \mathbf{P}(\xi_{n+1} > t - x | S_n = x)\mathrm{d}F^{*n}(x)$$

$$= 1 - F(t) + \sum_{n=1}^{\infty} \int_0^s [1 - F(t-x)]\mathrm{d}F^{*n}(x)$$

$$= 1 - F(t) + \int_0^s [1 - F(t-x)]\mathrm{d}m(x),$$

即欲证等式成立. (因为可能有 $\mathbf{P}(S_n = x) = 0$, 所以上式中第一个等号的严格论证需要更多工作, 这里从略.) □

由 (3.1.4) 式可知 $W(t) := S_{N(t)+1} - t$ 为严格正的随机变量, 它给出 t 时刻的待更新时间. 令 $(\mathscr{F}_n)$ 为 $(S_n : n \geqslant 0)$ 的自然流, 由 (3.1.3) 式有

$$\{N(t) + 1 = n\} = \{n - 1 \leqslant N(t) < n\} = \{S_{n-1} \leqslant t < S_n\} \in \mathscr{F}_n, \qquad (3.1.12)$$

故 $N(t) + 1$ 是 $(\mathscr{F}_n)$ 的停时. 应用沃尔德恒等式易得

$$\mathbf{E}[W(t)] = \mu[m(t) + 1] - t.$$

所以 $m(t)$ 和 $\mathbf{E}[W(t)]$ 相互唯一决定.

定理 3.1.6　对任何 $t, x \geqslant 0$ 有

$$\mathbf{P}(W(t) > x) = 1 - F(t+x) + \int_0^t [1 - F(t+x-y)]\mathrm{d}m(y).$$

证明　记 $K_x(t) = \mathbf{P}(W(t) > x)$, 则有

$$\mathbf{P}(W(t) > x | \xi_1 = y) = \begin{cases} 1, & y > t + x, \\ 0, & t < y \leqslant t + x, \\ K_x(t - y), & 0 < y \leqslant t. \end{cases}$$

所以

$$K_x(t) = \int_0^\infty \mathbf{P}(W(t) > x | \xi_1 = y) \mathrm{d}F(y)$$

$$= 1 - F(t + x) + \int_0^t K_x(t - y) \mathrm{d}F(y).$$

上式为 (3.1.8) 式的特例. 由定理 3.1.4 即得欲证等式. □

例 3.1.4 设更新间隔时间服从均匀分布 $U(0,1)$, 即 $F(t) = t$, $0 \leqslant t \leqslant 1$. 由定理 3.1.4 有

$$m(t) = F(t) + \int_0^t m(t - x) \mathrm{d}F(x) = t + \int_0^t m(x) \mathrm{d}x.$$

求导得 $m'(t) = 1 + m(t)$. 又因 $m(0) = 0$, 解微分方程得 $m(t) = \mathrm{e}^t - 1$.

练习题

1. 设 $(N(t) : t \geqslant 0)$ 为 (3.1.2) 式定义的更新过程, 求 $g(t) := \mathbf{E}[N(t)^2]$.

提示: 令 S_1 是第一次更新的时间, 则

$$g(t) = \mathbf{E}\{\mathbf{E}[N(t)^2 | S_1]\} = \int_0^t \mathbf{E}[N(t)^2 | S_1 = x] \mathrm{d}F(x).$$

证明

$$g(t) = F(t) + 2 \int_0^t m(t - x) \mathrm{d}F(x) + \int_0^t g(t - x) \mathrm{d}F(x).$$

由 (3.1.7) 式知 g 是如下方程的解:

$$g(t) = 2m(t) - F(t) + \int_0^t g(t - x) \mathrm{d}F(x),$$

根据定理 3.1.4 有

$$g(t) = 2m(t) - F(t) + [2m - F]*m(t).$$

再应用 (3.1.7) 式得 $g(t) = m(t) + 2m*m(t)$.

2. 在例 3.1.1 中, 设 $L(t) = S_{N(t)+1} - S_{N(t)}$, 则 $L(t)$ 代表时刻 t 在用元件的总寿命. 证明 $\mathbf{P}(L(t) > x) \geqslant \mathbf{P}(\xi_1 > x)$.

提示: 当 $t \leqslant x$ 时结论显然. 当 $t > x$ 时有

$$\mathbf{P}(L(t) > x) = \sum_{k=0}^\infty \mathbf{P}(\xi_{k+1} > x, S_k \leqslant t, \xi_{k+1} > t - S_k)$$

$$= \sum_{k=1}^{\infty} \mathbf{P}(\xi_{k+1} > x, t - x < S_k \leqslant t) + \sum_{k=0}^{\infty} \mathbf{P}(\xi_{k+1} > t - S_k, S_k \leqslant t - x)$$

$$= \mathbf{P}(\xi_1 > x)\mathbf{E}[(N(t) - N(t - x))] + \mathbf{P}\{N(t) = N(t - x)\}$$

$$= \mathbf{P}(\xi_1 > x) + \mathbf{P}(\xi_1 > x)\mathbf{E}\big[(N(t) - N(t - x) - 1)1_{\{N(t) > N(t-x)\}}\big] -$$

$$\mathbf{P}(\xi_1 > x)\mathbf{E}\big(1_{\{N(t) = N(t-x)\}}\big) + \mathbf{P}\{N(t) = N(t - x)\}$$

$$\geqslant \mathbf{P}(\xi_1 > x).$$

3. 设更新间隔时间服从均匀分布 $U(0,1)$. 对于 $0 < t < 1$ 求 $S_{N(t)}$ 的概率分布和 $\mathbf{E}[S_{N(t)}]$.

4. 投掷一枚均匀硬币, 直到连续出现两次正面, 称为一次更新. 连续不断地投掷该硬币, 到第 k 次投掷为止, 更新的次数记为 $N(k)$. 求更新的间隔时间 T 的分布和期望. 简答: 记 $p_n = \mathbf{P}(T = n)$. 显然有 $p_1 = 0$ 和 $p_2 = 1/4$. 令 A_i 表示第 i 次出现正面. 当 $n \geqslant 3$ 时, 根据全概率公式有

$$\mathbf{P}(T = n) = \mathbf{P}(A_1^c)\mathbf{P}(T = n|A_1^c) + \mathbf{P}(A_1 A_2^c)\mathbf{P}(T = n|A_1 A_2^c).$$

也即

$$p_n = \frac{1}{2}p_{n-1} + \frac{1}{4}p_{n-2}.$$

由上面递推关系得

$$p_n = \frac{1}{2\sqrt{5}}\Big[\Big(\frac{1 + \sqrt{5}}{4}\Big)^{n-1} - \Big(\frac{1 - \sqrt{5}}{4}\Big)^{n-1}\Big].$$

另一方面, 根据全期望公式有

$$\mathbf{E}(T) = \mathbf{P}(A_1^c)\mathbf{E}(T|A_1^c) + \mathbf{P}(A_1 A_2^c)\mathbf{E}(T|A_1 A_2^c) + \mathbf{P}(A_1 A_2)\mathbf{E}(T|A_1 A_2),$$

故有

$$\mathbf{E}(T) = \frac{1}{2}[1 + \mathbf{E}(T)] + \frac{1}{4}[2 + \mathbf{E}(T)] + \frac{1}{2} = \frac{3}{4}\mathbf{E}(T) + \frac{3}{2},$$

解出得 $\mathbf{E}(T) = 6$.

3.2   长程极限行为

设 $(N(t) : t \geqslant 0)$ 是由 (3.1.2) 式给出的更新过程. 我们已经看到, 对于此更新过程几乎必然有 $N(\infty) = \infty$. 本节中我们讨论 $N(t)$ 和 $m(t)$ 的长时间的增长速度和极限行为.

3.2.1 基本更新定理

定理 3.2.1 当 $t \to \infty$ 时几乎必然地 $N(t)/t \to 1/\mu$.

证明 根据命题 3.1.1, 可以取 $\Omega_1 \in \mathscr{F}$ 满足 $\mathbf{P}(\Omega_1) = 1$ 且当 $\omega \in \Omega_1$ 时有 $\lim_{n \to \infty} S_n(\omega)/n = \mu$. 再根据命题 3.1.2, 可以取 $\Omega_2 \in \mathscr{F}$ 满足 $\mathbf{P}(\Omega_2) = 1$ 且当 $\omega \in \Omega_2$ 时有 $\lim_{t \to \infty} N(t, \omega) = N(\infty, \omega) = \infty$. 显然 $\Omega_0 := \Omega_1 \cap \Omega_2 \in \mathscr{F}$ 满足 $\mathbf{P}(\Omega_0) = 1$ 且在 Ω_0 上有

$$\lim_{t \to \infty} \frac{S_{N(t)}}{N(t)} = \lim_{t \to \infty} \frac{S_{N(t)+1}}{N(t)+1} = \mu, \quad \lim_{t \to \infty} \frac{N(t)+1}{N(t)} = 1.$$

由 (3.1.4) 式有

$$\frac{S_{N(t)}}{N(t)} \leqslant \frac{t}{N(t)} < \frac{S_{N(t)+1}}{N(t)} = \frac{S_{N(t)+1}}{N(t)+1} \cdot \frac{N(t)+1}{N(t)},$$

所以在 Ω_0 上有 $N(t)/t \to 1/\mu$. $\square$

基于定理 3.2.1 的结论, 我们称 $1/\mu$ 为平均更新速率. 注意, 即便有 $\mu = \infty$, 定理 3.2.1 仍然成立, 此时我们将该结论理解为 $N(t)/t \to 0$.

定理 3.2.2 (基本更新定理) 当 $t \to \infty$ 时有 $m(t)/t \to 1/\mu$.

证明 令 $(\mathscr{F}_n)$ 为 $\{\xi_n : n \geqslant 0\}$ 的自然流, 由 (3.1.12) 式知 $N(t)+1$ 是 $(\mathscr{F}_n)$ 的停时. 再由 (3.1.4) 式有

$$S_{N(t)+1} = \sum_{n=1}^{N(t)+1} \xi_n > t.$$

应用沃尔德恒等式得

$$[m(t)+1]\mu = \mathbf{E}[N(t)+1]\mu = \mathbf{E}[S_{N(t)+1}] > t,$$

故有

$$\liminf_{t \to \infty} \frac{m(t)}{t} = \liminf_{t \to \infty} \frac{m(t)+1}{t} \geqslant \frac{1}{\mu}. \tag{3.2.1}$$

显然 (3.2.1) 式对于 $\mu = \infty$ 的情况仍然成立. 另一方面, 设 $\{\xi_n^{(k)} : n \geqslant 1\}$ 和 $(S_n^{(k)} : n \geqslant 0)$ 如命题 3.1.1 的证明中所定义. 令 $(N^{(k)}(t) : t \geqslant 0)$ 为相应的更新过程. 由 (3.1.4) 式有

$$S_{N^{(k)}(t)+1}^{(k)} = S_{N^{(k)}(t)}^{(k)} + \xi_{N^{(k)}(t)+1}^{(k)} \leqslant t + k,$$

记 $\mu^{(k)} = \mathbf{E}(\xi_1^{(k)})$ 和 $m^{(k)}(t) = \mathbf{E}[N^{(k)}(t)]$. 再次应用沃尔德恒等式得

$$[m^{(k)}(t)+1]\mu^{(k)} = \mathbf{E}[N^{(k)}(t)+1]\mu^{(k)} = \mathbf{E}[S_{N^{(k)}(t)+1}^{(k)}] \leqslant t + k,$$

故有

$$\limsup_{t\to\infty}\frac{m^{(k)}(t)}{t}\leqslant\frac{1}{\mu^{(k)}},$$

由于 $S_n^{(k)}\leqslant S_n$, 有 $N^{(k)}(t)\geqslant N(t)$ 和 $m^{(k)}(t)\geqslant m(t)$, 因而

$$\limsup_{t\to\infty}\frac{m(t)}{t}\leqslant\frac{1}{\mu^{(k)}}.$$

对上式取极限 $k\to\infty$ 即知

$$\limsup_{t\to\infty}\frac{m(t)}{t}\leqslant\frac{1}{\mu}. \tag{3.2.2}$$

综合 (3.2.1) 式和 (3.2.2) 式即得定理的结果. $\square$

3.2.2　中心极限定理

假定更新间隔时间序列 $\{\xi_n\}$ 平方可积, 并记 $\mu=\mathbf{E}(\xi_1)$ 和 $\sigma^2=\mathbf{Var}(\xi_1)$. 下面的定理说明当 t 充分大时 $N(t)$ 近似地服从均值为 t/μ, 方差为 $t\sigma^2/\mu^3$ 的正态分布.

> **定理 3.2.3（中心极限定理）**　对于任何 $x\in\mathbb{R}$, 当 $t\to\infty$ 时有
>
> $$\mathbf{P}\Big(\frac{N(t)-t/\mu}{\sqrt{t\sigma^2/\mu^3}}\leqslant x\Big)\to\varPhi(x):=\frac{1}{\sqrt{2\pi}}\int_{-\infty}^{x}\mathrm{e}^{-y^2/2}\mathrm{d}y.$$

证明　令 $r(t)=t/\mu+y\sigma\sqrt{t/\mu^3}$. 注意

$$\frac{N(t)-t/\mu}{\sqrt{t\sigma^2/\mu^3}}\geqslant y\Leftrightarrow N(t)\geqslant r(t)\Rightarrow N(t)\geqslant\lfloor r(t)\rfloor.$$

由 (3.1.3) 式知 $N(t)\geqslant\lfloor r(t)\rfloor$ 当且仅当 $S_{\lfloor r(t)\rfloor}\leqslant t$. 所以

$$\frac{N(t)-t/\mu}{\sqrt{t\sigma^2/\mu^3}}\geqslant y\Rightarrow S_{\lfloor r(t)\rfloor}\leqslant t\Leftrightarrow\frac{S_{\lfloor r(t)\rfloor}-\lfloor r(t)\rfloor\mu}{\sigma\sqrt{\lfloor r(t)\rfloor}}\leqslant\frac{t-\lfloor r(t)\rfloor\mu}{\sigma\sqrt{\lfloor r(t)\rfloor}}.$$

于是有

$$\mathbf{P}\Big(\frac{N(t)-t/\mu}{\sqrt{t\sigma^2/\mu^3}}\geqslant y\Big)\leqslant\mathbf{P}\Big(\frac{S_{\lfloor r(t)\rfloor}-\lfloor r(t)\rfloor\mu}{\sigma\sqrt{\lfloor r(t)\rfloor}}\leqslant\frac{t-\lfloor r(t)\rfloor\mu}{\sigma\sqrt{\lfloor r(t)\rfloor}}\Big). \tag{3.2.3}$$

注意当 $t\to\infty$ 时 $r(t)\to\infty$, 并且

$$\frac{t-r(t)\mu}{\sigma\sqrt{r(t)}}=\frac{-y\sqrt{t/\mu}}{(t/\mu+y\sigma\sqrt{t/\mu^3})^{1/2}}=-y\Big(1+\frac{y\sigma}{\sqrt{t\mu}}\Big)^{-\frac{1}{2}}\to-y.$$

另外, 注意当 $r(t) > 1$ 时有

$$\frac{t - r(t)\mu}{\sigma\sqrt{r(t)}} \leqslant \frac{t - \lfloor r(t)\rfloor\mu}{\sigma\sqrt{\lfloor r(t)\rfloor}} \leqslant \frac{t - (r(t) - 1)\mu}{\sigma\sqrt{r(t) - 1}}.$$

综合上面二式易知, 当 $t \to \infty$ 时,

$$\frac{t - \lfloor r(t)\rfloor\mu}{\sigma\sqrt{\lfloor r(t)\rfloor}} \to -y.$$

因此, 对 (3.2.3) 式中的 $S_{\lfloor r(t)\rfloor}$ 应用独立同分布随机变量和的中心极限定理可得

$$\limsup_{t\to\infty} \mathbf{P}\Big(\frac{N(t) - t/\mu}{\sqrt{t\sigma^2/\mu^3}} \geqslant y\Big) \leqslant \Phi(-y) = 1 - \Phi(y). \tag{3.2.4}$$

另一方面, 注意

$$\frac{N(t) - t/\mu}{\sqrt{t\sigma^2/\mu^3}} \geqslant y \Leftrightarrow N(t) \geqslant r(t) \Leftarrow N(t) \geqslant \lfloor r(t)\rfloor + 1.$$

基于上式, 与前面推导类似地可以得到

$$\liminf_{t\to\infty} \mathbf{P}\Big(\frac{N(t) - t/\mu}{\sqrt{t\sigma^2/\mu^3}} \geqslant y\Big) \geqslant \Phi(-y) = 1 - \Phi(y). \tag{3.2.5}$$

综合 (3.2.4) 式和 (3.2.5) 式即得定理的结论. □

练习题

1. 有一台使用单个电池的收音机, 电池的寿命 (单位: h) 服从参数为 $\lambda = 1/30$ 的指数分布. 问长远来看, 需要以什么样的频率更换电池?

2. 考虑平均更新间隔时间为 μ 的原更新过程. 假设每次更新以概率 p 被记录, 且各次的记录与各次更新都相互独立. 以 $N_r(t)$ 表示到时刻 t 为止被记录的更新次数. 问记录的过程 $(N_r(t) : t \geqslant 0)$ 是更新过程吗? 求记录过程的长程平均更新次数 $\lim_{t\to\infty} N_r(t)/t$.

提示: 可以证明记录的更新间隔时间仍然是独立同分布的随机变量, 所以记录的过程仍然是更新过程.

3. 容器里有无限多枚硬币, 其中每枚在投掷时正面朝上的概率都是服从 $(0, 1)$ 上的均匀分布的随机变量且相互独立. 现从容器中随机取一枚硬币并连续投掷, 直到出现正面朝上, 称为一次更新. 然后重新从容器中随机取一枚硬币, 并重复上述过程. 用 $N(n)$ 表示前 n 次投掷中正面朝上的次数. 求 $\lim_{n\to\infty} N(n)/n$.

提示: 设到第一次正面朝上为止的投掷次数为 ξ_1. 用 X 表示第一枚硬币正面朝上的概率. 根据假设 X 服从均匀分布 $U(0, 1)$, 且在给定 $X = x$ 条件下 ξ_1 服从几何分布, 即

$$\mathbf{P}(\xi_1 = n | X = x) = (1 - x)^{n-1}x.$$

于是 $\mathbf{E}(\xi_1|X=x)=1/x$. 所以

$$\mathbf{E}(\xi_1)=\int_0^1 \mathbf{E}(\xi_1|X=x)\mathrm{d}x=\int_0^1 \frac{\mathrm{d}x}{x}=\infty.$$

4. 设更新过程 $(N(t):t\geqslant 0)$ 的更新间隔时间序列 $\{\xi_n\}$ 取正整数值. 记 $A_n=\{$ 在时刻 n 发生更新 $\}$. 证明: 若极限 $a:=\lim\limits_{n\to\infty}\mathbf{P}(A_n)$ 存在, 则有 $a=1/\mathbf{E}(\xi_1)$.

提示: 注意到时刻 n 为止的更新次数为 $N(n)=\sum\limits_{k=1}^n 1_{A_k}$. 因此

$$m(n)=\mathbf{E}[N(n)]=\sum_{k=1}^n \mathbf{P}(A_k).$$

根据分析结果有 $m(n)/n\to a$. 再应用基本更新定理.

5. 两台机器各自独立地处理无穷个同种工序. 设 1 号机器处理一个工序的时间服从参数为 1 的指数分布, 而 2 号机器处理的时间服从均匀分布 $U(0,2)$. 求到时刻 100 两台机器共处理 190 个及以上工序的概率的近似值.

简答: 用 $N_i(t)$ 表示 i 号机器到时刻 t 共处理的工序数, 则 $(N_1(t):t\geqslant 0)$ 和 $(N_2(t):t\geqslant 0)$ 是两个独立的更新过程. 用 μ_i 和 σ_i^2 分别表示 i 号机器的更新间隔时间的期望和方差, 则有

$$\mu_1=1,\sigma_1^2=1,\mu_2=1,\sigma_2^2=1/3.$$

根据更新过程的中心极限定理, 独立随机变量

$$\frac{N_1(100)-100}{\sqrt{100}},\quad \frac{N_2(100)-100}{\sqrt{100/3}}$$

渐近服从标准正态分布. 因此

$$X_{100}:=\frac{N_1(100)+N_2(100)-200}{2\sqrt{100/3}}$$

渐近服从标准正态分布, 故

$$\mathbf{P}(N_1(100)+N_2(100)\geqslant 190)=\mathbf{P}\Big(X_{100}\geqslant -\frac{\sqrt{3}}{2}\Big).$$

3.3　更新过程的应用

本节介绍更新过程理论的应用, 包括在随机游动研究中的应用和对若干实际问题的应用.

3.3.1 随机游动的爬升时间

设 $\{\xi_n : n \geqslant 1\}$ 是独立同分布的可积随机变量序列且满足 $\mathbf{E}\xi_n > 0$. 令 $(W_n : n \geqslant 0)$ 是以 $\{\xi_n\}$ 为跳幅的随机游动, 其中 $W_0 = 0$. 根据强大数定律, 当 $n \to \infty$ 时几乎必然地 $W_n/n \to \mathbf{E}\xi_1 > 0$, 故 $W_n \to \infty$. 令 $(\mathscr{F}_n)$ 为 (W_n) 的自然流. 记 $S_0 = 0$ 并对 $n \geqslant 1$ 递推地定义整数值 $(\mathscr{F}_n)$ 停时

$$S_n = \min\{k \geqslant S_{n-1} : W_k > W_{S_{n-1}}\}.$$

称每个 S_n 为 (W_n) 的爬升时间.

定理 3.3.1   对于 $n \geqslant 1$ 令 $\eta_n = S_n - S_{n-1}$. 则 $\{\eta_n\}$ 是独立同分布的非负随机变量序列.

证明   对 $n \geqslant 1$ 和 $k_n > \cdots > k_2 > k_1 \geqslant 1$ 显然有 $\{S_1 = k_1, S_2 = k_2, \cdots, S_n = k_n\} \in \mathscr{F}_{k_n}$, 故该事件与 $\{\xi_{k_n+j} : j \geqslant 1\}$ 独立. 因此对 $\theta_1, \theta_2, \cdots, \theta_m \in \mathbb{R}$ 有

$$\mathbf{E}\left(\exp\left\{\mathrm{i}\sum_{j=1}^m \theta_j \xi_{S_n+j}\right\}\Big| S_1 = k_1, S_2 = k_2, \cdots, S_n = k_n\right)$$

$$= \mathbf{E}\left(\exp\left\{\mathrm{i}\sum_{j=1}^m \theta_j \xi_{k_n+j}\right\}\Big| S_1 = k_1, S_2 = k_2, \cdots, S_n = k_n\right)$$

$$= \mathbf{E}\left(\exp\left\{\mathrm{i}\sum_{j=1}^m \theta_j \xi_{k_n+j}\right\}\right) = \prod_{j=1}^m \mathbf{E}\left(\exp\{\mathrm{i}\theta_j \xi_j\}\right).$$

再应用全期望公式可得

$$\mathbf{E}\left(\exp\left\{\mathrm{i}\sum_{j=1}^m \theta_j \xi_{S_n+j}\right\}\right) = \prod_{j=1}^m \mathbf{E}\left(\exp\{\mathrm{i}\theta_j \xi_j\}\right).$$

这说明 $\{\xi_{S_n+k} : k \geqslant 1\}$ 为独立随机变量序列, 与 ξ_1 同分布且与 $(S_1, S_2, \cdots, S_n)$ 独立. 注意 $(W_{S_n+k} - W_{S_n} : k \geqslant 0)$ 是以 $(\xi_{S_n+k} : k \geqslant 1)$ 为跳幅的随机游动. 易见

$$\eta_{n+1} = \min\{k \geqslant 0 : W_{S_n+k} - W_{S_n} > 0\}.$$

所以 η_{n+1} 与 $\eta_1 = S_1$ 同分布且与 $(S_1, S_2, \cdots, S_n)$ 独立, 从而 η_{n+1} 与 $(\eta_1, \eta_2, \cdots, \eta_n)$ 独立. 由此易知 $\{\eta_n\}$ 独立同分布. $\square$

根据定理 3.3.1 知 $\{\eta_n\}$ 是非负整数值独立同分布随机变量. 因此爬升时间序列 (S_n) 是以 $\{\eta_n\}$ 为跳幅的随机游动. 借助基本更新定理, 可以给出随机游动 (W_n) 保持恒非负的概率的一个表达. 这就是下面的:

定理 3.3.2   我们有

$$\mathbf{P}(W_1 > 0, W_2 > 0, \cdots) = \frac{1}{\mathbf{E}(S_1)}. \tag{3.3.1}$$

证明   令 $(N(t) : t \geqslant 0)$ 是由 $\{\eta_n\}$ 和 (S_n) 决定的更新过程. 对 $n \geqslant 1$ 记

$$A_n = \{n \text{ 为爬升时间 }\} = \{ \text{ 存在某个 } k \geqslant 1 \text{ 使得 } S_k = n \}.$$

注意

$$
\begin{aligned}
\mathbf{P}(A_n) &= \mathbf{P}(W_n > W_{n-1}, \cdots, W_n > W_1, W_n > 0) \\
&= \mathbf{P}(W_n - W_{n-1} > 0, \cdots, W_n - W_1 > 0, W_n > 0) \\
&= \mathbf{P}(W_1 > 0, \cdots, W_{n-1} > 0, W_n > 0).
\end{aligned}
$$

所以有

$$\lim_{n \to \infty} \mathbf{P}(A_n) = \mathbf{P}(W_1 > 0, W_2 > 0, \cdots).$$

另一方面, 不难发现

$$m(n) = \mathbf{E}[N(n)] = \mathbf{E}\Big(\sum_{k=1}^{n} 1_{A_k} \Big) = \sum_{k=1}^{n} \mathbf{P}(A_k).$$

于是, 根据级数的极限性质有

$$\lim_{n \to \infty} \frac{m(n)}{n} = \mathbf{P}(W_1 > 0, W_2 > 0, \cdots).$$

再由基本更新定理即得 (3.3.1)式.   □

3.3.2   更新累积过程

设 $\{(\xi_n, \eta_n) : n \geqslant 1\}$ 为独立同分布的二维随机变量序列, 且其中的 $\{\xi_n : n \geqslant 1\}$ 均非负. 令 $(N(t) : t \geqslant 0)$ 是以 $\{\xi_n : n \geqslant 1\}$ 为更新间隔时间的更新过程. 此模型可以描述某种数量指标随时间的增加过程, 即在第 n 次更新发生时, 该指标相应地有一个增量 η_n. 这样, 我们可以定义下面的更新累积过程:

$$A(t) = \sum_{n=1}^{N(t)} \eta_n, \quad t \geqslant 0.$$

很多应用中的概率模型都可归结为此模型的特殊情况.

定理 3.3.3   设有 $0 < \mathbf{E}(\xi_1) < \infty$ 和 $\mathbf{E}(|\eta_1|) < \infty$, 则几乎必然地

$$\lim_{t \to \infty} \frac{A(t)}{t} = \frac{\mathbf{E}(\eta_1)}{\mathbf{E}(\xi_1)}.$$

证明   根据定理 3.2.1, 当 $t \to \infty$ 时几乎必然地 $N(t)/t \to 1/\mathbf{E}(\xi_1)$. 再由强大数定律, 此时几乎必然地有 $A(t)/N(t) \to \mathbf{E}(\eta_1)$. 综合二者即得结论.   □

定理 3.3.4 设有 $0 < \mathbf{E}(\xi_1) < \infty$ 和 $\mathbf{E}(|\eta_1|) < \infty$, 则

$$\lim_{t\to\infty} \frac{\mathbf{E}[A(t)]}{t} = \frac{\mathbf{E}(\eta_1)}{\mathbf{E}(\xi_1)}.$$

证明 令 $(\mathscr{F}_n)$ 为 $\{(\xi_n, \eta_n) : n \geqslant 1\}$ 的自然流. 由 (3.1.12) 式知 $N(t) + 1$ 是 $(\mathscr{F}_n)$ 的停时. 根据沃尔德恒等式有

$$\mathbf{E}[A(t)] = \mathbf{E}\Big(\sum_{n=1}^{N(t)+1} \eta_n \Big) - g(t) = [m(t) + 1]\mathbf{E}(\eta_1) - g(t),$$

其中 $g(t) = \mathbf{E}(\eta_{N(t)+1})$. 根据上式和基本更新定理, 只需要证明 $\lim\limits_{t\to\infty} g(t)/t = 0$. 记 $h(t) = \mathbf{E}(\eta_1; \xi_1 > t)$. 因 $\{(\xi_n, \eta_n) : n \geqslant 1\}$ 独立同分布, 利用 (3.1.6) 式有

$$\begin{aligned}
g(t) &= \sum_{k=0}^{\infty} \mathbf{E}(\eta_{N(t)+1}; N(t) = k) \\
&= \sum_{k=0}^{\infty} \mathbf{E}(\eta_{k+1}; S_k \leqslant t, S_k + \xi_{k+1} > t) \\
&= \sum_{k=0}^{\infty} \mathbf{E}[1_{\{S_k \leqslant t\}} \mathbf{E}(\eta_{k+1}; \xi_{k+1} > t - S_k | S_k)] \\
&= h(t) + \sum_{k=1}^{\infty} \mathbf{E}[h(t - S_k) 1_{\{S_k \leqslant t\}}] \\
&= h(t) + \sum_{k=1}^{\infty} \int_0^t h(t-s) \mathrm{d}F^{*k}(s) \\
&= h(t) + \int_0^t h(t-s) \mathrm{d}m(s).
\end{aligned}$$

由控制收敛定理有 $\lim\limits_{t\to\infty} h(t) = 0$. 故对任意的 $\varepsilon > 0$, 存在 $T > 0$ 使对 $t \geqslant T$ 有 $h(t) < \varepsilon$. 所以当 $t \geqslant T$ 时有

$$\begin{aligned}
\frac{g(t)}{t} &= \frac{h(t)}{t} + \int_0^{t-T} \frac{h(t-s)}{t} \mathrm{d}m(s) + \int_{t-T}^t \frac{h(t-s)}{t} \mathrm{d}m(s) \\
&\leqslant \frac{\varepsilon}{t}[1 + m(t-T)] + \frac{1}{t}\mathbf{E}(|\eta_1|)[m(t) - m(t-T)].
\end{aligned}$$

由上式和基本更新定理易得 $\lim\limits_{t\to\infty} g(t)/t = 0$. $\square$

在更新累积模型中, 每发生一次更新, 我们就说完成了一个循环. 这样, 定理 3.3.3 和定理 3.3.4 说明, 单位时间内的长程平均累积速率等于一个循环内得到的期望累积除以循环的期望长度.

例 3.3.1 某车间所用机器的寿命是具有分布函数 F 的随机变量. 当机器损坏或使用到达 T 年时, 将其报废并更换新机器. 证明: (1) 机器的长程平均替换速率为

$$\frac{1}{T[1 - F(T)] + \int_0^T x\mathrm{d}F(x)};$$

(2) 机器的长程平均失效速率为

$$\frac{F(T)}{T[1 - F(T)] + \int_0^T x \mathrm{d}F(x)}.$$

解 根据假设, 机器的寿命列为具有相同分布函数 F 的独立随机变量序列 $\{X_n\}$, 而更新间隔时间序列为 $\{\xi_n\}$, 其中 $\xi_n := X_n \wedge T$. 每更换一台机器就完成一个循环, 而一个循环的平均长度为

$$\mathbf{E}(\xi_1) = T\mathbf{P}(X_1 > T) + \mathbf{E}(X_1 1_{\{X \leqslant T\}}) = T[1 - F(T)] + \int_0^T x \mathrm{d}F(x).$$

注意, 第 n 个循环中失效的机器数可表示为 $\eta_n = 1_{\{X_n \leqslant T\}}$. 易知 $\mathbf{E}(\eta_1) = F(T)$. 故得欲证结果. □

例 3.3.2 设某零件的更换由更新过程 $\{N(t) : t \geqslant 0\}$ 刻画, 且更新间隔时间 $\{\xi_n\}$ 有有限的方差. 用 $U(t) = t - S_{N(t)}$ 表示零件的 "使用年龄". 证明零件的长程平均使用年龄的表达式

$$\lim_{T \to \infty} \frac{1}{T} \int_0^T U(t) \mathrm{d}t = \frac{\mathbf{E}(\xi_1^2)}{2\mathbf{E}(\xi_1)}.$$

证明 根据 (3.1.4) 式有 $S_{N(T)} \leqslant T$, 故

$$\int_0^T U(t)\mathrm{d}t \geqslant \sum_{i=1}^{N(T)} \int_{S_{i-1}}^{S_i} U(t)\mathrm{d}t = \sum_{i=1}^{N(T)} \int_{S_{i-1}}^{S_i} (t - S_{i-1})\mathrm{d}t$$
$$= \frac{1}{2} \sum_{i=1}^{N(T)} (S_i - S_{i-1})^2 = \frac{1}{2} \sum_{i=1}^{N(T)} \xi_i^2.$$

类似地有

$$\int_0^T U(t)\mathrm{d}t \leqslant \frac{1}{2} \sum_{i=1}^{N(T)+1} (S_i - S_{i-1})^2 = \frac{1}{2} \sum_{i=1}^{N(T)+1} \xi_i^2.$$

根据定理 3.2.1 和定理 3.3.3 易得

$$\lim_{T \to \infty} \frac{1}{2T} \sum_{i=1}^{N(T)} \xi_i^2 = \frac{\mathbf{E}(\xi_1^2)}{2\mathbf{E}(\xi_1)}.$$

同理

$$\lim_{T \to \infty} \frac{1}{2T} \sum_{i=1}^{N(T)+1} \xi_i^2 = \frac{\mathbf{E}(\xi_1^2)}{2\mathbf{E}(\xi_1)}.$$

所以长程平均使用年龄的表达式成立. □

例 3.3.3 某车站的乘客按照更新间隔时间均值为 μ 的更新过程到达. 车站当乘客数量达到 x 时发一班车. 当有 n 个乘客等候时, 候车室会产生每小时 cn 元的费用. 给出候车室的长程平均费用计算公式. 设每开出一班车, 车站会产生 a 元的费用. 给出车站的长程平均费用计算公式. 问 x 取何值车站的长程平均费用最低?

解 用 T_n 表示第 n 位与第 $n+1$ 位乘客到达的间隔时间. 根据假设有 $\mathbf{E}(T_n) = \mu$. 在此模型中, 每发出一班车就称完成了一次循环. 用 ξ_1 表示第一班车发车的时刻. 则每次循环的期望时间为 $\mathbf{E}(\xi_1) = x\mu$. 用 η_1 表示到第一班车发车时候车室的费用. 则 $\eta_1 = c[T_1 + 2T_2 + \cdots + (x-1)T_{x-1}]$, 故在每个循环中候车室的期望费用为

$$\mathbf{E}(\eta_1) = c\mu\big[1 + 2 + \cdots + (x-1)\big] = \frac{1}{2}c\mu x(x-1).$$

所以候车室的长程平均费用为

$$f(x) = \frac{\mathbf{E}(\eta_1)}{\mathbf{E}(\xi_1)} = \frac{c\mu x(x-1)}{2\mu x} = \frac{1}{2}c(x-1).$$

车站的长程平均费用为

$$g(x) = \frac{a + c\mu x(x-1)/2}{\mu x} = \frac{2a + c\mu x(x-1)}{2\mu x}.$$

对上式求导有

$$g'(x) = \frac{2c\mu^2 x(2x-1) - 4a\mu - 2c\mu^2 x(x-1)}{(2\mu x)^2} = \frac{2c\mu^2 x^2 - 4a\mu}{(2\mu x)^2}.$$

令 $g'(x) = 0$, 得 $c\mu x^2 - 2a = 0$. 该方程的解为

$$x = \sqrt{2a/c\mu}.$$

所以, 取 x 为离 $\sqrt{2a/c\mu}$ 最近的正整数, 车站的长程平均费用最低. □

练习题

1. 设某零件的更换由更新过程 $(N(t) : t \geqslant 0)$ 刻画, 且更新间隔时间随机变量 X 的方差有限. 用 $R(t) = S_{N(t)+1} - t$ 表示零件的 "剩余寿命". 求零件的长程平均剩余寿命

$$\lim_{T \to \infty} \frac{1}{T} \int_0^T R(t)\mathrm{d}t.$$

2. 到达电影院的观众人数是参数为 λ 的泊松流. 假设电影 $t\ (\geqslant 0)$ 时刻开演. 令 $A(t)$ 表示时间区间 $(0, t]$ 内到达的观众的总等待时间. 求 $\mathbf{E}[A(t)]$.

提示: 用 V_k 表示第 k 名观众的到达时刻. 设在时间区间 $(0, t]$ 内到达的观众数为 $N(t)$, 则有

$$A(t) = \sum_{k=1}^{N(t)} (t - V_k).$$

由泊松过程的构造知 $\sum_{k=1}^{\infty} \delta_{V_k}$ 是 $(0, \infty)$ 的以 λdt 为强度的泊松随机测度. 因此 $V_1, V_2, \cdots,$ V_n 与 $(0, t)$ 中的相互独立且均服从均匀分布随机变量 $U_1, U_2, \cdots, U_n$ 的次序统计量有相同的分布, 故

$$\mathbf{E}\Big[\sum_{k=1}^{n} V_k \Big| N(t) = n\Big] = \mathbf{E}\Big(\sum_{k=1}^{n} U_k\Big) = \frac{nt}{2}.$$

3. 某车间机器的寿命是绝对连续型随机变量, 其密度为 p. 当机器损坏或使用到达 T 年时, 将其报废并更换新机器. 设新机器价格为 C_1 万元, 且若因旧机器损坏而更换, 则需要额外花费 C_2 万元. (1) 给出车间的长程平均运行费用计算公式. (2) 若已知 $C_1 = 10$, $C_2 = 0.5$ 且机器寿命服从均匀分布, 问当 T 取何值时长程平均运行费用最低?

提示: 在此问题中, 每更换一台机器, 就完成一个循环. 若用 ξ 表示第一台机器的寿命, 则第一个循环的长度是 $\xi_1 := \xi \wedge T$. 显然

$$\mathbf{E}(\xi_1) = T\mathbf{P}(\xi > T) + \mathbf{E}(\xi 1_{\{\xi \leqslant T\}}) = T\int_T^{\infty} p(x)\mathrm{d}x + \int_0^T xp(x)\mathrm{d}x.$$

注意, 第一个循环完成时的费用为

$$\eta_1 := C_1 1_{\{\xi > T\}} + (C_1 + C_2)1_{\{\xi \leqslant T\}} = C_1 + C_2 1_{\{\xi \leqslant T\}}.$$

所以

$$\mathbf{E}(\eta_1) = C_1 + C_2 \mathbf{P}(\xi \leqslant T) = C_1 + C_2 \int_0^T p(x)\mathrm{d}x.$$

因此车间的长程平均运行费用计算公式为

$$g(T) = \frac{C_1 + C_2 \displaystyle\int_0^T p(x)\mathrm{d}x}{T \displaystyle\int_T^{\infty} p(x)\mathrm{d}x + \int_0^T xp(x)\mathrm{d}x}.$$

4. 生产线按顺序生产某种产品, 且每件产品合格的概率为 p $(0 < p < 1)$. 执行以下抽样质检方案: 开始时逐一检查每件产品, 直到连续出现 k 件合格品, 之后以概率 α $(0 < \alpha < 1)$ 检查每件产品, 直到查出不合格品, 此时一个循环结束. 接着重新开始逐一检查每件产品, 如此循环下去. 求长时间看被检查的产品所占的比例.

提示: 将此问题的流程看作更新累积过程. 为方便叙述, 不妨称在检查中连续出现的 k 件合格品为 k 件合格品串. 令 N_k 为第一个 k 件合格品串结束时的产品数. 下面推导关于 $M_k := \mathbf{E}(N_k)$ 的递推公式. 为此在第一个 $k-1$ 件合格品串结束后, 对下一件产品的情况分类考虑. 令 G_k 表示 "下一件产品合格". 若 G_k 发生, 则此前的 $k-1$ 件合格品串与此件合格品构成一个 k 件合格品串, 故 $\mathbf{E}(N_k - N_{k-1}|G_k) = 1$; 而若 G_k^c 发生, 则此前出现的 $k-1$ 件合格品串失效, 需要等待新的 k 件合格品串, 故 $\mathbf{E}(N_k - N_{k-1}|G_k^c) = \mathbf{E}(N_k + 1)$. 由于 $\mathbf{P}(G_k) = p$, 根据全期望公式有

$$\mathbf{E}(N_k - N_{k-1}) = p + (1-p)\mathbf{E}(N_k + 1),$$

亦即

$$M_k - M_{k-1} = p + (1-p)(1 + M_k).$$

由此可得

$$pM_k = M_{k-1} + 1, \quad pM_{k-1} = M_{k-2} + 1.$$

将上面二式相减得 $p(M_k - M_{k-1}) = M_{k-1} - M_{k-2}$. 故有

$$M_k = \frac{1}{p} + \frac{1}{p^2} + \cdots + \frac{1}{p^k} = \frac{1/p^k - 1}{1 - p}.$$

由于每件产品为不合格品的概率为 $q := 1 - p$, 根据几何分布的性质, 要发现一件不合格品需要检查的平均产品数为 $1/q$. 因此

$$\mathbf{E}(\text{一个循环中被检查的产品数}) = \mathbf{E}(N_k) + 1/q.$$

在产品随机检查阶段, 每件产品被发现是不合格品的概率为 αq, 故发现一件不合格品需要的平均产品数为 $1/\alpha q$. 因此

$$\mathbf{E}(\text{一个循环中的产品的个数}) = \mathbf{E}(N_k) + 1/\alpha q.$$

第四章

离散时间马氏链

马氏链是状态空间可数且满足马氏性的随机过程. 在本章里, 我们讨论离散时间马氏链的基本性质, 包括马氏性、强马氏性、常返性、暂留性、周期性、过份函数、常返链的游程等. 目的是帮助读者形成对于马氏过程的初步的直观认识, 为深入学习抽象马氏过程的理论打下基础.

4.1 马氏性及等价形式

设 E 是一个可数集, 默认装备了由其所有子集构成的 σ 代数 $\mathscr{E}$. 对任何整数 $n \geqslant 1$ 用 E^n 表示 E 的 n 重乘积空间. 定义于概率空间 $(\Omega, \mathscr{G}, \mathbf{P})$, 取值于 E 的随机变量族 $(X_n : n = 0, 1, 2, \cdots)$ 构成一个离散时间离散状态的随机过程. 为简单起见, 也写此过程为 (X_n) 或 $(X_n : n \geqslant 0)$.

4.1.1 简单马氏性

考虑概率空间 $(\Omega, \mathscr{G}, \mathbf{P})$ 上的 σ 代数流 $(\mathscr{G}_n : n \geqslant 0)$, 也就是递增的 σ 代数序列. 假定随机过程 $X = (X_n : n \geqslant 0)$ 关于此流是适应的, 即对于任意的 $n \geqslant 0$ 随机变量 X_n 关于 σ 代数 $\mathscr{G}_n$ 可测. 换言之, 对于任何 $B \subseteq E$ 有

$$X_n^{-1}(B) = \{X_n \in B\} := \{\omega \in \Omega : X_n(\omega) \in B\} \in \mathscr{G}_n. \tag{4.1.1}$$

对于 $n \geqslant 0$ 令 $\mathscr{F}_n = \sigma(X_0, X_1, \cdots, X_n)$ 是所有形如

$$(X_0, X_1, \cdots, X_n)^{-1}(A) = \{(X_0, X_1, \cdots, X_n) \in A\}, \tag{4.1.2}$$

的集合构成的 Ω 的 σ 代数, 其中 $A \subseteq E^{n+1}$. 则 $(\mathscr{F}_n : n \geqslant 0)$ 是 X 的自然 σ 代数流.

定义 4.1.1 称随机过程 X 关于其适应流 $(\mathscr{G}_n)$ 具有马氏性或称它是关于该流的马氏链, 是指对于任意的 $n \geqslant 0$, $i, j \in E$ 和 $G \in \mathscr{G}_n$, 当 $\mathbf{P}(G \cap \{X_n = i\}) > 0$ 时有

$$\mathbf{P}(X_{n+1} = j | G \cap \{X_n = i\}) = \mathbf{P}(X_{n+1} = j | X_n = i). \tag{4.1.3}$$

为便于理解, 我们以 (4.1.3) 式作为简单马氏性的定义, 它只用到初等条件概率. 本书后面的讨论大都基于这种表达形式. 马氏性也可用给定 σ 代数的条件期望和条件概率进行表达. 这就是下面的:

定理 4.1.1 过程 X 关于其适应流 $(\mathscr{G}_n)$ 具有马氏性 (4.1.3) 的充要条件是对任意的 $n \geqslant 0$ 和 $j \in E$ 有

$$\mathbf{P}(X_{n+1} = j | \mathscr{G}_n) = \mathbf{P}(X_{n+1} = j | X_n). \tag{4.1.4}$$

证明   首先, 根据给定 σ 代数的条件期望和条件概率的定义, 等式 (4.1.4) 等价于对于任何 $G \in \mathscr{G}_n$ 有

$$\mathbf{P}(\{X_{n+1} = j\} \cap G) = \mathbf{E}[\mathbf{P}(X_{n+1} = j | X_n) 1_G]. \tag{4.1.5}$$

假设 (4.1.5) 式成立. 在该式中用 $G \cap \{X_n = i\}$ 替代 G 得

$$
\begin{aligned}
\mathbf{P}(\{X_{n+1} = j\} \cap G \cap \{X_n = i\}) &= \mathbf{E}[\mathbf{P}(X_{n+1} = j | X_n) 1_{G \cap \{X_n = i\}}] \\
&= \mathbf{E}[\mathbf{P}(X_{n+1} = j | X_n = i) 1_{G \cap \{X_n = i\}}] \\
&= \mathbf{P}(G \cap \{X_n = i\}) \mathbf{P}(X_{n+1} = j | X_n = i).
\end{aligned}
$$

将上式两端同除以 $\mathbf{P}(G \cap \{X_n = i\})$ 即得 (4.1.3) 式. 反之, 假若 X 满足 (4.1.3) 式, 由可数可加性有

$$
\begin{aligned}
\mathbf{P}(\{X_{n+1} = j\} \cap G) &= \sum_{i \in E} \mathbf{P}(\{X_{n+1} = j\} \cap G \cap \{X_n = i\}) \\
&= \sum_{i \in E} \mathbf{P}(G \cap \{X_n = i\}) \mathbf{P}(X_{n+1} = j | G \cap \{X_n = i\}) \\
&= \sum_{i \in E} \mathbf{P}(G \cap \{X_n = i\}) \mathbf{P}(X_{n+1} = j | X_n = i) \\
&= \sum_{i \in E} \mathbf{E}[1_{G \cap \{X_n = i\}} \mathbf{P}(X_{n+1} = j | X_n = i)] \\
&= \sum_{i \in E} \mathbf{E}[1_{G \cap \{X_n = i\}} \mathbf{P}(X_{n+1} = j | X_n)] \\
&= \mathbf{E}[1_G \mathbf{P}(X_{n+1} = j | X_n)].
\end{aligned}
$$

因此 (4.1.5) 式成立. □

显然, 若 X 关于任何适应流 $(\mathscr{G}_n)$ 具有马氏性, 它关于自然流 $(\mathscr{F}_n)$ 具有马氏性. 后面若只是说 X 是马氏链或说它具有马氏性而不指出具体的流, 则通常意味着该性质对于其自然流成立.

定理 4.1.2   过程 X 相对其自然流具有马氏性的充要条件是对于任意 $n \geqslant 0$ 和 $\{i_0, i_1, \cdots, i_n = i, j\} \subseteq E$, 当 $\mathbf{P}(X_k = i_k : 0 \leqslant k \leqslant n) > 0$ 时有

$$\mathbf{P}(X_{n+1} = j | X_k = i_k : 0 \leqslant k \leqslant n) = \mathbf{P}(X_{n+1} = j | X_n = i). \tag{4.1.6}$$

证明   假若 X 具有马氏性, 对于任何 $G \in \mathscr{F}_n$, 当 $\mathbf{P}(G \cap \{X_n = i\}) > 0$ 时有 (4.1.3) 式成立, 从该式中取 $i = i_n$ 和 $G = \{X_k = i_k : 0 \leqslant k \leqslant n\}$ 即得 (4.1.6) 式. 反之, 假设对于任意的 $n \geqslant 0$ 和 $\{i_0, i_1, \cdots, i_n = i, j\} \subseteq E$, 当 $\mathbf{P}(X_k = i_k : 0 \leqslant k \leqslant n) > 0$ 时有 (4.1.6) 式成立. 对于 $G \in \mathscr{F}_n$, 可取 $A \subseteq E^{n+1}$ 使得

$$G = \{(X_0, X_1, \cdots, X_n) \in A\} = \bigcup_{(i_0, i_1, \cdots, i_n) \in A} \{X_k = i_k : 0 \leqslant k \leqslant n\}.$$

这样, 利用可数可加性和 (4.1.6) 式有

$$
\begin{aligned}
&\mathbf{P}(\{X_{n+1}=j\}\cap G\cap\{X_n=i\})\\
&=\sum_{(i_0,i_1,\cdots,i_n)\in A}\mathbf{P}(\{X_{n+1}=j\}\cap\{X_k=i_k:0\leqslant k\leqslant n\}\cap\{X_n=i\})\\
&=\sum_{(i_0,i_1,\cdots,i_n)\in A}1_{\{i_n=i\}}\mathbf{P}(\{X_{n+1}=j\}\cap\{X_k=i_k:0\leqslant k\leqslant n\})\\
&=\sum_{(i_0,i_1,\cdots,i_n)\in A}1_{\{i_n=i\}}\mathbf{P}(X_k=i_k:0\leqslant k\leqslant n)\mathbf{P}(X_{n+1}=j|X_n=i)\\
&=\sum_{(i_0,i_1,\cdots,i_n)\in A}\mathbf{P}(\{X_k=i_k:0\leqslant k\leqslant n\}\cap\{X_n=i\})\mathbf{P}(X_{n+1}=j|X_n=i)\\
&=\mathbf{P}(G\cap\{X_n=i\})\mathbf{P}(X_{n+1}=j|X_n=i).
\end{aligned}
$$

因此 (4.1.3) 式成立, 即 X 相对其自然流具有马氏性. □

(4.1.3) 式和 (4.1.6) 式用初等概率的方式分别给出了 X 关于一般适应流和自然流的马氏性的表达形式. 由此可以看出, 马氏性直观上意味着, 在已知过程的现在 (时刻 n) 和过去 (时刻 $0,1,\cdots,n-1$) 的状态的情况下, 将来的运动情况只和现在的状态 X_n 有关, 而和过去的状态无关.

定理 4.1.3　设 $(X_n:n\geqslant 0)$ 是关于流 $(\mathscr{G}_n:n\geqslant 0)$ 的马氏链. 再设对 $k\geqslant 0$ 和 $A\in\mathscr{G}_k$ 有 $\mathbf{P}(A)>0$, 则在条件概率 $\mathbf{P}_A:=\mathbf{P}(\cdot|A)$ 之下 $(X_{k+n}:n\geqslant 0)$ 具有关于流 $(\mathscr{G}_{k+n}:n\geqslant 0)$ 的马氏性.

证明　取 $n\geqslant 0$ 和 $G\in\mathscr{G}_{k+n}$. 注意 $A\cap G\in\mathscr{G}_{k+n}$. 根据 (X_n) 关于流 $(\mathscr{G}_n)$ 的马氏性, 对于 $i,j\in E$ 有

$$
\begin{aligned}
\mathbf{P}_A(X_{k+n+1}=j|G\cap\{X_{k+n}=i\})&=\mathbf{P}(X_{k+n+1}=j|A\cap G\cap\{X_{k+n}=i\})\\
&=\mathbf{P}(X_{k+n+1}=j|X_{k+n}=i)\\
&=\mathbf{P}(X_{k+n+1}=j|A\cap\{X_{k+n}=i\})\\
&=\mathbf{P}_A(X_{k+n+1}=j|X_{k+n}=i).
\end{aligned}
$$

因此, 在 $\mathbf{P}_A$ 之下 (X_{k+n}) 关于流 $(\mathscr{G}_{k+n})$ 具有马氏性. □

例 4.1.1　设 $\{\xi_n:n\geqslant 1\}$ 是取值于 $\mathbb{Z}^d$ 的独立随机变量序列. 令 X_0 为取值于 $\mathbb{Z}^d$ 且与 $\{\xi_n:n\geqslant 1\}$ 独立的随机变量. 令

$$
X_n=X_0+\sum_{i=1}^n\xi_i,\quad n\geqslant 1. \tag{4.1.7}
$$

显然, 对 $n\geqslant 0$ 及 $\{i_0,i_1,\cdots,i_n=i,j\}\subseteq\mathbb{Z}^d$ 有

$$
\mathbf{P}(X_{n+1}=j|X_n=i)=\mathbf{P}(X_{n+1}=j|X_k=i_k:0\leqslant k\leqslant n)
$$

$$= \mathbf{P}(\xi_{n+1} = j - i).$$

所以 $(X_n : n \geqslant 0)$ 是以 $\mathbb{Z}^d$ 为状态空间的马氏链. 特别地, 若随机变量序列 $\{\xi_n : n \geqslant 1\}$ 具有相同的分布, 则 $(X_n : n \geqslant 0)$ 就是前面讨论过的 d 维随机游动. 在一般情况下, 有些文献中也称 $(X_n : n \geqslant 0)$ 为 (非时齐) 随机游动.

例 4.1.2   设 $(\eta_n : n \geqslant 1)$ 是取值于 $\mathbb{Z}_+$ 的独立随机变量序列. 令 $Y_0 = 0$ 并对 $n \geqslant 1$ 依次定义 $Y_{n+1} = (Y_n - 1) \vee 0 + \eta_{n+1}$. 则 $(Y_n : n \geqslant 0)$ 是以 $\mathbb{Z}_+$ 为状态空间的马氏链. 对任何 $n \geqslant 0$ 及 $i, j \in \mathbb{Z}_+$ 有

$$\mathbf{P}(Y_{n+1} = j | Y_n = i) = \begin{cases} \mathbf{P}(\eta_{n+1} = j), & i = 0, \\ \mathbf{P}(\eta_{n+1} = j - i + 1), & i \geqslant 1. \end{cases}$$

该链描述了某个服务系统的排队人数随时间的变化情况.

例 4.1.3   某产品专营电商每日的销售量为取值于 $\mathbb{Z}_+$ 的独立随机变量. 该电商仓库进货规则是: 取定 $1 \leqslant m < M \in \mathbb{Z}_+$, 若营业结束时库存量未达到 m 件, 则当晚将货量补充到 M; 若库存量达到 m 件, 则无需补货. 分别用 ξ_n 和 Z_n 表示第 n 天的销售量和补货前的库存量. 设 $Z_0 = 0$. 注意

$$Z_{n+1} = \begin{cases} (M - \xi_{n+1})_+, & Z_n < m, \\ (Z_n - \xi_{n+1})_+, & Z_n \geqslant m. \end{cases}$$

易证 $(Z_n : n \geqslant 0)$ 是以 $\mathbb{Z}_+$ 为状态空间的马氏链.

4.1.2 条件独立性

本小节给出马氏性的另外几种等价形式. 我们将会看到, 由 (4.1.3) 式定义的马氏性实际上等价于某种条件独立性, 这从另外一个角度给出了马氏性的解释. 为了简化叙述, 我们约定: 在遇到古典条件概率时, 只需考虑作为条件的事件的概率非零的情况.

定理 4.1.4   过程 X 关于流 $(\mathcal{G}_n)$ 具有马氏性 (4.1.3) 的充要条件是对于任意的 $n \geqslant 0$, $k \geqslant 1$, $\{i, j_1, j_2, \cdots, j_k\} \subseteq E$ 和 $G \in \mathcal{G}_n$ 有

$$\mathbf{P}(X_{n+1} = j_1, X_{n+2} = j_2, \cdots, X_{n+k} = j_k | G \cap \{X_n = i\})$$
$$= \mathbf{P}(X_{n+1} = j_1, X_{n+2} = j_2, \cdots, X_{n+k} = j_k | X_n = i). \tag{4.1.8}$$

证明   若 (4.1.8) 式成立, 取 $k = 1$ 即知 (4.1.3) 式成立. 反之, 假设 (4.1.3) 式成立, 下面用数学归纳法证明 (4.1.8) 式成立. 显然该式对 $k = 1$ 和任意 $n \geqslant 0$ 成立. 现假设 (4.1.8) 式对某个 $k \geqslant 1$ 和任意 $n \geqslant 0$ 成立. 对于 $j_{k+1} \in E$, 记 $H = \{X_{n+2} = j_2, X_{n+3} = $

$j_3, \cdots, X_{n+k+1} = j_{k+1}\}$. 根据归纳假设, 有

$$\mathbf{P}(H|G \cap \{X_n = i\} \cap \{X_{n+1} = j_1\}) = \mathbf{P}(H|\{X_n = i\} \cap \{X_{n+1} = j_1\}).$$

事实上, 此式两端都等于 $\mathbf{P}(H|X_{n+1} = j_1)$. 根据乘法公式, 并利用 (4.1.3) 式和上式得

$$\mathbf{P}(\{X_{n+1} = j_1\} \cap H|G \cap \{X_n = i\})$$
$$= \mathbf{P}(X_{n+1} = j_1|G \cap \{X_n = i\})\mathbf{P}(H|G \cap \{X_n = i\} \cap \{X_{n+1} = j_1\})$$
$$= \mathbf{P}(X_{n+1} = j_1|X_n = i)\mathbf{P}(H|\{X_n = i\} \cap \{X_{n+1} = j_1\})$$
$$= \mathbf{P}(\{X_{n+1} = j_1\} \cap H|X_n = i),$$

即把 k 换作 $k+1$ 后 (4.1.8) 式仍然成立. 根据数学归纳法, 这就证明了 (4.1.8) 式对任意的 $n \geqslant 0$ 和 $k \geqslant 1$ 成立. □

定理 4.1.5   记 $\mathscr{F}^n = \sigma(X_n, X_{n+1}, \cdots)$, 则过程 X 关于流 $(\mathscr{G}_n)$ 具有马氏性 (4.1.3) 的充要条件是对于任意的 $n \geqslant 0, k \geqslant 1, i \in E, G \in \mathscr{G}_n$ 和 $F \in \mathscr{F}^n$ 有

$$\mathbf{P}(F|G \cap \{X_n = i\}) = \mathbf{P}(F|X_n = i). \tag{4.1.9}$$

证明   若 (4.1.9) 式成立, 取 $F = \{X_{n+1} = j\}$ 即知 (4.1.3) 式成立. 反之, 假设 X 具有马氏性 (4.1.3). 令 $\mathscr{M}$ 是使 (4.1.9) 式成立的所有事件 $F \in \mathscr{F}^n$ 构成的集类. 显然 $\mathscr{M}$ 是一个单调类. 由定理 4.1.4 知 X 满足性质 (4.1.8). 对整数 $k \geqslant 0$, 记 $\mathscr{F}_k^n = \sigma(X_n, X_{n+1}, \cdots, X_{n+k})$. 则对于形如 $F = \{X_n = j_0, X_{n+1} = j_1, \cdots, X_{n+k} = j_k\} \in \mathscr{F}_k^n$ 的事件, 当 $j_0 \neq i$ 时 (4.1.9) 式两端皆为零, 故该式成立; 而当 $j_0 = i$ 时由 (4.1.8) 式知 (4.1.9) 式成立. 对一般的 $F \in \mathscr{F}_k^n$, 存在 $A \subseteq E^{n+1}$ 使得 $F = \{(X_n, X_{n+1}, \cdots, X_{n+k}) \in A\}$. 利用条件概率的可数可加性有

$$\mathbf{P}(F|G \cap \{X_n = i\})$$
$$= \sum_{(j_0, j_1, \cdots, j_k) \in A} \mathbf{P}(X_n = j_0, X_{n+1} = j_1, \cdots, X_{n+k} = j_k|G \cap \{X_n = i\})$$
$$= \sum_{(j_0, j_1, \cdots, j_k) \in A} \mathbf{P}(X_n = j_0, X_{n+1} = j_1, \cdots, X_{n+k} = j_k|X_n = i)$$
$$= \mathbf{P}(F|X_n = i).$$

所以 (4.1.9) 式对任意的 $F \in \mathscr{F}_k^n$ 成立, 即有 $\mathscr{M} \supseteq \bigcup_k \mathscr{F}_k^n$. 注意 $\bigcup_k \mathscr{F}_k^n$ 是集代数. 根据单调类定理有 $\mathscr{M} \supseteq m\left(\bigcup_k \mathscr{F}_k^n\right) = \sigma\left(\bigcup_k \mathscr{F}_k^n\right) = \mathscr{F}^n$, 即 (4.1.9) 式对一切 $F \in \mathscr{F}^n$ 成立. □

定理 4.1.6 过程 X 满足关于流 $(\mathscr{G}_n)$ 的马氏性 (4.1.3) 的充要条件是对任意的 $n \geqslant 0$, $k \geqslant 1$, $i \in E$, $G \in \mathscr{G}_n$ 和 $F \in \mathscr{F}^n$ 有

$$\mathbf{P}(G \cap F | X_n = i) = \mathbf{P}(G | X_n = i)\mathbf{P}(F | X_n = i). \tag{4.1.10}$$

证明 假设 X 满足关于流 $(\mathscr{G}_n)$ 的马氏性 (4.1.3). 根据定理 4.1.5 它满足 (4.1.9) 式, 因而由乘法公式得

$$\mathbf{P}(G \cap F | X_n = i) = \mathbf{P}(G | X_n = i)\mathbf{P}(F | G \cap \{X_n = i\})$$
$$= \mathbf{P}(G | X_n = i)\mathbf{P}(F | X_n = i),$$

即 (4.1.10) 式成立. 反之, 假设 (4.1.10) 式成立. 在该式中用 $G \cap \{X_n = i\}$ 替代 G 得

$$\mathbf{P}(G \cap \{X_n = i\} \cap F | X_n = i) = \mathbf{P}(G \cap \{X_n = i\} | X_n = i)\mathbf{P}(F | X_n = i).$$

将上式两端同乘以 $\mathbf{P}(X_n = i)$ 得

$$\mathbf{P}(G \cap \{X_n = i\} \cap F) = \mathbf{P}(G \cap \{X_n = i\})\mathbf{P}(F | X_n = i).$$

两端同除以 $\mathbf{P}(G \cap \{X_n = i\})$ 即得 (4.1.9) 式. 根据定理 4.1.5 知马氏性 (4.1.3) 成立. □

推论 4.1.7 过程 X 相对其自然流具有马氏性的充要条件是对于任意的 $n \geqslant 0$ 和 $i \in E$, 在条件概率 $\mathbf{P}(\cdot | X_n = i)$ 之下 $\{X_0, X_1, \cdots, X_n\}$ 和 $\{X_n, X_{n+1}, \cdots\}$ 独立.

定理 4.1.6 和推论 4.1.7 说明, 过程 X 的马氏性 (4.1.6) 等价于给定当前的状态 X_n 其过去和将来的运动情况是彼此独立的.

练习题

1. 设概率空间 $(\Omega, \mathscr{F}, \mathbf{P})$ 上的事件 $C \in \mathscr{F}$ 满足 $\mathbf{P}(C) > 0$. 定义 $\mathscr{F}$ 上的条件概率 $\mathbf{P}_C = \mathbf{P}(\cdot | C)$. 证明: 若 $A, B \in \mathscr{F}$ 且 $\mathbf{P}(B \cap C) > 0$, 则 $\mathbf{P}_C(A | B) = \mathbf{P}(A | B \cap C)$.

2. 设 $(X_n : n \geqslant 0)$ 是一维对称简单随机游动, 即有 $\mathbf{P}(X_n - X_{n-1} = \pm 1) = 1/2$. 证明 $(|X_n| : n \geqslant 0)$ 是以 $\mathbb{Z}_+$ 为状态空间的马氏链.

3. 设 $(X_n : n \geqslant 0)$ 是以 E 为状态空间的马氏链, 而 $\phi : E \to F$ 是单射. 证明 $\{\phi(X_n) : n \geqslant 0\}$ 是以 $\phi(E) := \{\phi(x) : x \in E\} \subseteq F$ 为状态空间的马氏链.

4. 设 $(X_n : n \geqslant 0)$ 和 $(Y_n : n \geqslant 0)$ 分别是状态空间 E 和 F 上的马氏链, 且它们相互独立. 证明 $\{(X_n, Y_n) : n \geqslant 0\}$ 是 $E \times F$ 上的马氏链.

5. 在上题的条件下, 证明 $(X_n : n \geqslant 0)$ 是关于 $\{(X_n, Y_n) : n \geqslant 0\}$ 的自然流的马氏链.

6. 令 $\mu_0 = \{\mu_0(j) : j \geqslant 0\}$ 为 $\mathbb{Z}_+$ 上的概率分布. 对于 $n \geqslant 1$ 递推地定义

$$\mu_n(0) = \mu_{n-1}^{*2}(0) + \mu_{n-1}^{*2}(1), \quad \mu_n(j) = \mu_{n-1}^{*2}(j+1), \quad j \geqslant 1,$$

其中 μ_{n-1}^{*2} 表示 μ_{n-1} 的二重卷积. 用 F_{n-1} 表示 μ_{n-1} 的分布函数, 再记

$$F_{n-1}^{-1}(y) = \inf\{x \geqslant 0 : y \leqslant F_{n-1}(x)\}, \quad 0 \leqslant y \leqslant 1.$$

序列 $(\mu_n : n \geqslant 0)$ 称为德里达–勒托 (Derrida-Retaux) 模型. 设 X_0 是取值于 $\mathbb{Z}_+$ 的随机变量且有分布 μ_0, 而 $\{U_n : n \geqslant 1\}$ 是与之独立的独立同分布随机变量且服从 $(0,1)$ 上的均匀分布. 对于 $n \geqslant 1$ 递推地定义

$$X_n = 0 \vee [X_{n-1} + F_{n-1}^{-1}(U_n) - 1].$$

证明 $(X_n : n \geqslant 0)$ 是以 $\mathbb{Z}_+$ 为状态空间的马氏链, 且 X_n 服从分布 μ_n.

4.2   转移矩阵

利用转移矩阵可以定义一种马氏链, 它的马氏性比前面讨论的简单马氏性略强. 本节中我们讨论由转移矩阵定义的马氏性、强马氏性以及它们的若干基本性质.

4.2.1   有转移矩阵的马氏链

定义 4.2.1   称 E 上的矩阵 $P = (p(i,j) : i,j \in E)$ 为一个转移矩阵, 是指它有下面的性质:

(1) 对任何 $i,j \in E$, 有 $p(i,j) \geqslant 0$;

(2) 对任何 $i \in E$, 有 $\sum\limits_{j \in E} p(i,j) = 1$.

给定一个转移矩阵 P, 令 $P^0 = I$. 利用矩阵乘积, 对 $n \geqslant 1$ 可以归纳地定义 $P^n = PP^{n-1}$. 不难证明 $P^n := (p_n(i,j) : i,j \in E)$ 也是一个转移矩阵. 为了书写方便, 后面可能将 $p(i,j)$ 和 $p_n(i,j)$ 分别写为 p_{ij} 和 $p_{ij}(n)$.

定义 4.2.2   设 P 是可数状态空间 E 上的转移矩阵. 称 E 上的过程 $X = (X_n : n \geqslant 0)$ 是关于其适应流 $(\mathscr{G}_n)$ 有转移矩阵 P 的马氏链, 是指对任意的 $n \geqslant 0$, $i,j \in E$ 和 $G \in \mathscr{G}_n$ 有

$$\mathbf{P}(X_{n+1} = j | G \cap \{X_n = i\}) = p(i,j). \tag{4.2.1}$$

等式 (4.2.1) 表达的性质称为有转移矩阵 P 的马氏性.

如果 X 满足以 P 为转移矩阵的马氏性 (4.2.1), 显然它满足马氏性 (4.1.3). 所以由转移矩阵定义的马氏性 (4.2.1) 比普通马氏性 (4.1.3) 要强.

在定义 4.2.2 的情况下, 令 $\mu(i) = \mathbf{P}(X_0 = i)$, 称 $\mu = (\mu(i) : i \in E)$ 为 X 的初始分布. 特别地, 若 $\mathbf{P}(X_0 = i) = 1$, 则称 X 是从 i 出发的. 如果 (4.2.1) 式对于 X 的自然流 $(\mathscr{F}_n)$ 成立, 就简单地称 X 为以 P 为转移矩阵的马氏链.

与定理 4.1.1 和定理 4.1.2 的证明类似, 我们可以得到如下的:

定理 4.2.1 过程 X 关于流 $(\mathscr{G}_n)$ 是以 P 为转移矩阵的马氏链的充要条件是对任意的 $n \geqslant 0$ 和 $j \in E$ 有

$$\mathbf{P}(X_{n+1} = j | \mathscr{G}_n) = p(X_n, j). \tag{4.2.2}$$

定理 4.2.2 过程 X 相对其自然流是以 P 为转移矩阵的马氏链的充要条件是对于任意的 $n \geqslant 0$ 和 $\{i_0, i_1, \cdots, i_n = i, j\} \subseteq E$ 有

$$\mathbf{P}(X_{n+1} = j | X_k = i_k : 0 \leqslant k \leqslant n) = p(i, j). \tag{4.2.3}$$

例 4.2.1 设 $\{\xi_n : n \geqslant 1\}$ 为取值于 $\mathbb{Z}^d$ 的独立同分布随机变量. 令 $(X_n : n \geqslant 0)$ 是由 (4.1.7) 式定义的 d 维随机游动. 记 $p_k = \mathbf{P}(\xi_n = k)$, $k \in \mathbb{Z}^d$, 则对任意的 $n \geqslant 0$ 以及 $\{i_0, i_1, \cdots, i_n = i, j\} \subseteq \mathbb{Z}^d$ 有

$$\mathbf{P}(X_{n+1} = j | X_k = i_k : 0 \leqslant k \leqslant n) = \mathbf{P}(\xi_{n+1} = j - i) = p_{j-i}.$$

所以 $(X_n : n \geqslant 0)$ 是以 $\mathbb{Z}^d$ 为状态空间、以 $P := (p_{j-i} : i, j \in \mathbb{Z}^d)$ 为转移矩阵的马氏链. 任取 $k \in \mathbb{Z}^d$, 易知 $(X_n + k : n \geqslant 0)$ 也是有转移矩阵 P 的随机游动. 该性质称为随机游动的平移不变性.

例 4.2.2 在上例中假定 $\mathbf{P}(\xi_n = 1) = p$ 和 $\mathbf{P}(\xi_n = -1) = q$, 其中 $p, q \geqslant 0$ 且 $p + q = 1$. 则 $X = (X_n : n \geqslant 0)$ 是一维简单随机游动, 其转移矩阵 $P = (p(i, j) : i, j \in \mathbb{Z})$ 可表示为 $p(i, j) = p1_{\{j=i+1\}} + q1_{\{j=i-1\}}$.

例 4.2.3 依次做标号为 $1, 2, \cdots$ 的系列试验, 其中第 i 号试验成功的概率为 q_i $(0 \leqslant q_i \leqslant 1)$. 若第 i 号试验成功, 则接着进行第 $i+1$ 号试验; 否则下一步从第 1 号试验重新开始. 用 X_n 表示第 n 次试验的标号, 则 $X = (X_n : n \geqslant 0)$ 是状态空间 $E := \{1, 2, \cdots\}$ 上的马氏链且有转移矩阵 $P = (p_{ij} : i, j \in E)$, 其中 $p_{ij} = q_i 1_{\{j=i+1\}} + (1 - q_i) 1_{\{j=0\}}$.

4.2.2 有限维分布性质

定理 4.2.3 过程 X 满足关于流 $(\mathscr{G}_n)$ 以 P 为转移矩阵的马氏性 (4.2.1) 的充要条件是对于对任意的 $n \geqslant 0$, $G \in \mathscr{G}_n$ 和 $\{i, j_1, j_2, \cdots, j_k\} \subseteq E$ 有

$$\mathbf{P}(H | G \cap \{X_n = i\}) = p(i, j_1) p(j_1, j_2) \cdots p(j_{k-2}, j_{k-1}) p(j_{k-1}, j_k), \tag{4.2.4}$$

其中 $H = \{X_{n+1} = j_1, X_{n+2} = j_2, \cdots, X_{n+k} = j_k\}$.

证明　显然 (4.2.1) 式是 (4.2.4) 式的特殊形式, 故条件的充分性是显然的. 反之, 设 X 满足关于流 $(\mathscr{G}_n)$ 以 P 为转移矩阵的马氏性 (4.2.1), 则 (4.2.4) 式对 $k=1$ 成立. 假设该式对某个 $k \geqslant 1$ 成立, 并取 $j_{k+1} \in E$. 由 (4.2.1) 式有

$$\mathbf{P}(X_{n+k+1} = j_{k+1} | G \cap \{X_n = i\} \cap H)$$

$$= \mathbf{P}(X_{n+k+1} = j_{k+1} | G \cap \{X_n = i\} \cap \{X_{n+1} = j_1, X_{n+2} = j_2, \cdots, X_{n+k} = j_k\})$$

$$= \mathbf{P}(X_{n+k+1} = j_{k+1} | G \cap \{X_n = i, X_{n+2} = j_2, \cdots, X_{n+k-1} = j_{k-1}\} \cap \{X_{n+k} = j_k\})$$

$$= p(j_k, j_{k+1}).$$

根据乘法公式, 并利用上式和归纳假设有

$$\mathbf{P}(G \cap \{X_n = i\} \cap H \cap \{X_{n+k+1} = j_{k+1}\})$$

$$= \mathbf{P}(G \cap \{X_n = i\} \cap H)\mathbf{P}(X_{n+k+1} = j_{k+1} | G \cap \{X_n = i\} \cap H)$$

$$= \mathbf{P}(G \cap \{X_n = i\})\mathbf{P}(H | G \cap \{X_n = i\})p(j_k, j_{k+1})$$

$$= \mathbf{P}(G \cap \{X_n = i\})p(i, j_1)p(j_1, j_2) \cdots p(j_{k-1}, j_k)p(j_k, j_{k+1}).$$

所以

$$\mathbf{P}(H \cap \{X_{n+k+1} = j_{k+1}\} | G \cap \{X_n = i\})$$

$$= p(i, j_1)p(j_1, j_2) \cdots p(j_{k-1}, j_k)p(j_k, j_{k+1}).$$

即把 k 换为 $k+1$ 后 (4.2.4) 式仍然成立. 根据数学归纳法即得欲证结果. $\square$

推论 4.2.4　过程 X 满足关于流 $(\mathscr{G}_n)$ 以 P 为转移矩阵的马氏性 (4.2.1) 的充要条件是对任意的 $n \geqslant 0, k \geqslant 1, G \in \mathscr{G}_n$ 和 $i, j \in E$ 有

$$\mathbf{P}(X_{n+k} = j | G \cap \{X_n = i\}) = p_k(i, j). \tag{4.2.5}$$

证明　假设 X 具有马氏性 (4.2.1). 简记 $H_{j_1, j_2, \cdots, j_{k-1}} = \{X_{n+1} = j_1, X_{n+2} = j_2, \cdots, X_{n+k-1} = j_{k-1}\}$. 根据定理 4.2.3, 我们有

$$\mathbf{P}(X_{n+k} = j | G \cap \{X_n = i\})$$

$$= \sum_{j_1, j_2, \cdots, j_{k-1} \in E} \mathbf{P}(H_{j_1, j_2, \cdots, j_{k-1}} \cap \{X_{n+k} = j\} | G \cap \{X_n = i\})$$

$$= \sum_{j_1, j_2, \cdots, j_{k-1} \in E} p(i, j_1)p(j_1, j_2) \cdots p(j_{k-1}, j) = p_k(i, j).$$

所以 (4.2.5) 式成立. 反之, 若 (4.2.5) 式成立, 取 $k=1$ 即得 (4.2.1) 式, 故 X 具有马氏性. $\square$

对照 (4.2.1) 式和 (4.2.5) 式, 若 X 是关于流 $(\mathscr{G}_n)$ 以 P 为转移矩阵的马氏链, 我们自然地称 $P^k := (p_k(i, j) : i, j \in E)$ 为 X 的 k 步转移矩阵.

定理 4.2.5 过程 X 相对其自然流是以 P 为转移矩阵的马氏链且有初始分布 $\mu = (\mu(i) : i \in E)$ 的充要条件是对于任意的 $n \geqslant 0$ 和 $\{i_0, i_1, \cdots, i_n\} \subseteq E$ 有

$$\mathbf{P}(X_k = i_k : 0 \leqslant k \leqslant n) = \mu(i_0)p(i_0, i_1) \cdots p(i_{n-1}, i_n). \tag{4.2.6}$$

证明 假设 X 为以 P 为转移矩阵、以 $(\mu(i) : i \in E)$ 为初始分布的马氏链. 由定理 4.2.3 知 (4.2.4) 式成立. 特别地, 取 $n = 0$ 和 $G = \Omega$ 有

$$\mathbf{P}(X_k = i_k : 1 \leqslant k \leqslant n | X_0 = i_0) = p(i_0, i_1) \cdots p(i_{n-1}, i_n).$$

再由乘法公式即得 (4.2.6) 式. 反之, 假设性质 (4.2.6) 成立. 显然 X_0 有分布 $(\mu(i) : i \in E)$ 且

$$\mathbf{P}(\{X_k = i_k : 0 \leqslant k \leqslant n\} \cap \{X_{n+1} = j\}) = \mu(i_0)p(i_0, i_1) \cdots p(i_{n-1}, i_n)p(i_n, j).$$

将上式两端分别除以 (4.2.6) 式的两端即得 (4.2.3) 式. 再由定理 4.2.2 知 X 是以 P 为转移矩阵的马氏链. $\square$

推论 4.2.6 若以 P 为转移矩阵的马氏链 X 有初始分布 μ, 则对于任意的 $n \geqslant 0$ 随机变量 X_n 有分布 μP^n.

4.2.3　强马氏性

首先回忆关于停时的概念. 设 $(\mathscr{G}_n : n \geqslant 0)$ 为概率空间 $(\Omega, \mathscr{G}, \mathbf{P})$ 上的离散时间流. 称映射 $\tau : \Omega \to \{0, 1, 2, \cdots, \infty\}$ 为关于该流的停时, 是指对任何整数 $n \geqslant 0$ 都有 $\{\tau \leqslant n\} \in \mathscr{G}_n$. 注意 τ 是 $(\mathscr{G}_n)$ 的停时当且仅当对任意的 $n \geqslant 0$ 都有 $\{\tau = n\} \in \mathscr{G}_n$.

对于 $(\mathscr{G}_n)$ 的停时 τ, 我们将 $\mathscr{G}_\infty := \sigma\left(\bigcup_{n=0}^\infty \mathscr{G}_n\right)$ 中对所有 $n \geqslant 0$ 满足 $A \cap \{\tau \leqslant n\} \in \mathscr{G}_n$ 的集合 A 的全体记为 $\mathscr{G}_\tau$, 则 $\mathscr{G}_\tau$ 是一个 σ 代数, 而且 τ 关于 $\mathscr{G}_\tau$ 可测. 另外, 显然 $A \in \mathscr{G}_\tau$ 当且仅当对任意的 $n \geqslant 0$ 有 $A \cap \{\tau = n\} \in \mathscr{G}_n$.

若过程 $X = (X_n : n \geqslant 0)$ 关于流 $(\mathscr{G}_n)$ 适应, 而 τ 是 $(\mathscr{G}_n)$ 的停时, 则映射 $\omega \mapsto X_{\tau(\omega)}(\omega)$ 限制在 $\{\tau < \infty\}$ 上关于 $\{\tau < \infty\} \cap \mathscr{G}_\tau$ 可测. 事实上, 对任意的 $n \geqslant 0$ 和 $i \in E$ 有

$$\{\tau < \infty\} \cap \{X_\tau = i\} \cap \{\tau = n\} = \{X_n = i\} \cap \{\tau = n\} \in \mathscr{G}_n,$$

进而 $\{\tau < \infty\} \cap \{X_\tau = i\} \in \mathscr{G}_\tau$.

定理 4.2.7 设 (X_n) 为关于流 $(\mathscr{G}_n)$ 以 P 为转移矩阵的马氏链, 而 τ 是 $(\mathscr{G}_n)$ 的停时, 则对于任意的 $G \in \mathscr{G}_\tau$ 和 $\{i, j_1, j_2, \cdots, j_k\} \subseteq E$ 有

$$\mathbf{P}(H | G \cap \{\tau < \infty, X_\tau = i\}) = p(i, j_1)p(j_1, j_2) \cdots p(j_{k-1}, j_k), \tag{4.2.7}$$

其中 $H = \{X_{\tau+1} = j_1, X_{\tau+2} = j_2, \cdots, X_{\tau+k} = j_k\}$.

证明 记 $H_n = \{X_{n+1} = j_1, X_{n+2} = j_2, \cdots, X_{n+k} = j_k\}$. 根据 σ 可加性, 并对 $G \cap \{\tau = n\} \in \mathscr{G}_n$ 应用定理 4.2.3 得

$$\mathbf{P}(G \cap \{\tau < \infty, X_\tau = i\} \cap H)$$

$$= \sum_{n=0}^{\infty} \mathbf{P}(G \cap \{\tau = n, X_n = i\} \cap H_n)$$

$$= \sum_{n=0}^{\infty} \mathbf{P}(G \cap \{\tau = n, X_n = i\})\mathbf{P}(H_n | G \cap \{\tau = n\} \cap \{X_n = i\})$$

$$= \sum_{n=0}^{\infty} \mathbf{P}(G \cap \{\tau = n, X_\tau = i\})p(i, j_1)p(j_1, j_2) \cdots p(j_{k-1}, j_k)$$

$$= \mathbf{P}(G \cap \{\tau < \infty, X_\tau = i\})p(i, j_1)p(j_1, j_2) \cdots p(j_{k-1}, j_k).$$

将上式两端同除以 $\mathbf{P}(G \cap \{\tau < \infty, X_\tau = i\})$ 即知 (4.2.7) 式成立. $\square$

推论 4.2.8 设 (X_n) 为关于流 $(\mathscr{G}_n)$ 以 P 为转移矩阵的马氏链, 而 τ 是 $(\mathscr{G}_n)$ 的停时, 则对于任意的 $k \geqslant 1, G \in \mathscr{G}_\tau$ 和 $i, j \in E$ 有

$$\mathbf{P}(X_{\tau+k} = j | G \cap \{\tau < \infty, X_\tau = i\}) = p_k(i, j). \tag{4.2.8}$$

等式 (4.2.7) 和 (4.2.8) 都是 (4.2.1) 式的推论, 但在形式上它们又都是 (4.2.1) 式的加强. 我们称 (4.2.7) 式或 (4.2.8) 式为 X 关于流 $(\mathscr{G}_n)$ 以 P 为转移矩阵的强马氏性. 所以, 对于离散时间离散状态随机过程, 马氏性和强马氏性是等价的.

定理 4.2.9 设 (X_n) 为关于流 $(\mathscr{G}_n)$ 以 P 为转移矩阵的马氏链, 而 τ 是 $(\mathscr{G}_n)$ 的停时. 记 $\mathscr{F}^\tau = \sigma(X_\tau, X_{\tau+1}, \cdots)$, 则对于任意的 $i \in E, G \in \mathscr{G}_\tau$ 和 $F \in \mathscr{F}^\tau$ 有

$$\mathbf{P}(F | G \cap \{\tau < \infty, X_\tau = i\}) = \mathbf{P}(F | \tau < \infty, X_\tau = i). \tag{4.2.9}$$

证明 根据定理 4.2.7 易知 (4.2.9) 式对于 $F = \{X_{\tau+1} = j_1, X_{\tau+2} = j_2, \cdots, X_{\tau+k} = j_k\}$ 成立. 对于整数 $k \geqslant 0$, 记 $\mathscr{F}_k^\tau = \sigma(X_\tau, X_{\tau+1}, \cdots, X_{\tau+k})$. 分别考虑 $j_0 \neq i$ 和 $j_0 = i$ 两种情况, 知 (4.2.9) 式对形如 $F = \{X_\tau = j_0, X_{\tau+1} = j_1, \cdots, X_{\tau+k} = j_k\} \in \mathscr{F}_k^\tau$ 的事件也成立. 对于一般的 $F \in \mathscr{F}_k^\tau$, 存在 $A \subseteq E^{k+1}$ 使 $F = \{(X_\tau, X_{\tau+1}, \cdots, X_{\tau+k}) \in A\}$. 利用条件概率的可数可加性可知此时 (4.2.9) 式仍然成立. 这就证明了 (4.2.9) 式对一切 $F \in \bigcup_k \mathscr{F}_k^\tau$ 成立. 注意 $\bigcup_k \mathscr{F}_k^\tau$ 是集代数且 $\mathscr{F}^\tau = \sigma\left(\bigcup_k \mathscr{F}_k^\tau\right)$. 再应用单调类定理即知该式对一切 $F \in \mathscr{F}^\tau$ 成立. $\square$

基于上面的结论, 与定理 4.1.3 和定理 4.1.6 的证明类似, 我们有如下的:

定理 4.2.10 设 $(X_n : n \geqslant 0)$ 是关于流 $(\mathscr{G}_n : n \geqslant 0)$ 以 P 为转移矩阵的马氏链. 再设 τ 为 $(\mathscr{G}_n)$ 的停时并取 $A \in \mathscr{G}_\tau$. 则在条件概率 $\mathbf{P}_A := \mathbf{P}(\cdot | A \cap \{\tau < \infty\})$ 之下 $(X_{\tau+n} : n \geqslant 0)$ 具有关于流 $(\mathscr{G}_{\tau+n} : n \geqslant 0)$ 以 P 为转移矩阵的马氏性.

定理 4.2.11　设 (X_n) 为关于流 $(\mathscr{G}_n)$ 以 P 为转移矩阵的马氏链, 而 τ 是 $(\mathscr{G}_n)$ 的停时, 则对于任意的 $i \in E, G \in \mathscr{G}_\tau$ 和 $F \in \mathscr{F}^\tau$ 有

$$\mathbf{P}(G \cap F | \tau < \infty, X_\tau = i) = \mathbf{P}(G | \tau < \infty, X_\tau = i)\mathbf{P}(F | \tau < \infty, X_\tau = i).$$

推论 4.2.12　设 (X_n) 为关于流 $(\mathscr{G}_n)$ 以 P 为转移矩阵的马氏链, 而 τ 是 $(\mathscr{G}_n)$ 的停时, 则对任意的 $i \in E$, 在条件概率 $\mathbf{P}(\cdot | \tau < \infty, X_\tau = i)$ 之下 $(X_{n \wedge \tau} : n \geqslant 0)$ 和 $(X_{\tau + n} : n \geqslant 0)$ 是独立的.

根据推论 4.2.12, 在当前的状态 X_τ 给定的条件下 X 在过去和将来的运动情况是相互独立的, 注意这里所说的 "当前" 是由停时 τ 代表的随机时刻.

令 $\tau_a = \inf\{n \geqslant 0 : X_n = a\}$ 是以 P 为转移矩阵的马氏链 X 到 $a \in E$ 的首达时. 易证 $X^a = (X_{n \wedge \tau_a} : n \geqslant 0)$ 也是马氏链, 且有转移矩阵 $P^a = (p^a(i,j) : i,j \in E)$, 其中

$$p^a(i,j) = p(i,j)1_{\{a \neq i\}} + 1_{\{a = i = j\}}. \tag{4.2.10}$$

称 X^a 为在 a 被吸收的马氏链或在 a 停止的马氏链. 根据定理 4.2.10, 在条件概率 $\mathbf{P}(\cdot | \tau_a < \infty)$ 之下 $Y^a := (X_{\tau_a + n} : n \geqslant 0)$ 是从 a 出发以 P 为转移矩阵的马氏链. 特别地, 当 $\mathbf{P}(\tau_a < \infty) = 1$ 时 Y^a 在原概率之下是从 a 出发以 P 为转移矩阵的马氏链.

4.2.4　随机游动的反射原理

令 $X = (X_n : n \geqslant 0)$ 是由 (1.2.1) 式或 (4.1.7)式定义的 d 维随机游动, 其中 $\{\xi_n : n \geqslant 1\}$ 是取值于 $\mathbb{Z}^d$ 的独立同分布随机变量. 记 $p_k = \mathbf{P}(\xi_n = k)$, $k \in \mathbb{Z}^d$. 我们知道 X 是以 $\mathbb{Z}^d$ 为状态空间、以 $P := (p_{j-i} : i,j \in \mathbb{Z}^d)$ 为转移矩阵的马氏链. 易证 $-X = (-X_n : n \geqslant 0)$ 是以 $\mathbb{Z}^d$ 为状态空间、以 $Q := (p_{i-j} : i,j \in \mathbb{Z}^d)$ 为转移矩阵的马氏链. 特别地, 若 X 是对称的, 则有 $P = Q$.

定理 4.2.13 (反射原理)　设 $X = (X_n : n \geqslant 0)$ 是从原点 0 出发的一维对称简单随机游动. 则对任何整数 $x \in \mathbb{Z}_+$, 有

$$\mathbf{P}\Big(\max_{0 \leqslant k \leqslant n} X_k \geqslant x\Big) = \mathbf{P}(X_n \geqslant x) + \mathbf{P}(X_n > x), \tag{4.2.11}$$

进而有

$$2\mathbf{P}(X_n > x) \leqslant \mathbf{P}\Big(\max_{0 \leqslant k \leqslant n} X_k \geqslant x\Big) \leqslant 2\mathbf{P}(X_n \geqslant x). \tag{4.2.12}$$

证明　记 $M_n = \max_{0 \leqslant k \leqslant n} X_k$, 再令 $\tau = \inf\{n \geqslant 0 : X_n = x\}$, 则

$$\mathbf{P}(M_n \geqslant x) = \mathbf{P}(M_n \geqslant x, X_n \geqslant x) + \mathbf{P}(M_n \geqslant x, X_n < x)$$
$$= \mathbf{P}(X_n \geqslant x) + \mathbf{P}(\tau \leqslant n, X_n < x).$$

根据强马氏性, 在条件概率

$$\mathbf{P}(\cdot|\tau = k) = \mathbf{P}(\cdot|\tau = k, X_k = x) = \mathbf{P}(\cdot|\{\tau = k, X_k = x\} \cap \{\tau < \infty\})$$

之下 $(X_{k+n} : n \geqslant 0)$ 是从 x 出发的对称简单随机游动, 故

$$
\begin{aligned}
\mathbf{P}(\tau \leqslant n, X_n < x) &= \sum_{k=0}^{n} \mathbf{P}(\tau = k, X_k = x, X_n < x) \\
&= \sum_{k=0}^{n} \mathbf{P}(\tau = k, X_k = x)\mathbf{P}(X_n < x|\tau = k, X_k = x) \\
&= \sum_{k=0}^{n} \mathbf{P}(\tau = k, X_k = x)\mathbf{P}(X_n > x|\tau = k, X_k = x) \\
&= \sum_{k=0}^{n} \mathbf{P}(\tau = k, X_k = x, X_n > x) \\
&= \mathbf{P}(\tau \leqslant n, X_n > x) = \mathbf{P}(X_n > x),
\end{aligned}
$$

其中第 3 个等号成立是由于对称性. 所以 (4.2.11) 式成立. □

推论 4.2.14　设 $X = (X_n : n \geqslant 0)$ 是从 0 出发的一维对称简单随机游动, 则对任何整数 $x \in \mathbb{Z}_+$, 有

$$2\mathbf{P}(0 < X_n < x) \leqslant \mathbf{P}\left(\max_{0 \leqslant k \leqslant n} X_k < x\right) \leqslant 2\mathbf{P}(0 \leqslant X_n \leqslant x). \qquad (4.2.13)$$

证明　由于 $\mathbf{P}(X_n > 0) \leqslant 1/2$, 利用 (4.2.12) 式有

$$
\begin{aligned}
\mathbf{P}\left(\max_{0 \leqslant k \leqslant n} X_k < x\right) &= 1 - \mathbf{P}\left(\max_{0 \leqslant k \leqslant n} X_k \geqslant x\right) \\
&\geqslant 2\mathbf{P}(X_n > 0) - 2\mathbf{P}(X_n \geqslant x).
\end{aligned}
$$

故 (4.2.13) 式中的第一个不等号成立. 类似地, 由 $\mathbf{P}(X_n \geqslant 0) \geqslant 1/2$ 可证第二个不等号成立. □

练习题

1. 设 $(X_n : n \geqslant 0)$ 是转移矩阵为 P 的马氏链. 固定整数 $d \geqslant 1$, 并令 $Y_n = X_{nd}$. 证明: $(Y_n : n \geqslant 0)$ 是转移矩阵为 P^d 的马氏链.

2. 令 $(X_n : n \geqslant 0)$ 是状态空间 E 上的以 $P = (p_{ij})$ 为转移矩阵的马氏链. 证明 $\{(X_n, X_{n+1}) : n \geqslant 0\}$ 是 E^2 上的马氏链, 并给出其转移矩阵 $Q = (q_{(i,j),(k,l)})$.

简答: 欲求转移概率为

$$q_{(i,j),(k,l)} = \begin{cases} 0, & j \neq k, \\ p_{jl}, & j = k. \end{cases}$$

3. 设 $(X_n : n \geqslant 0)$ 和 $(Y_n : n \geqslant 0)$ 是空间 E 上的相互独立的马氏链, 且分别有转移矩阵 $(p_{ij} : i, j \in E)$ 和 $(q_{ij} : i, j \in E)$. 证明 $\{(X_n, Y_n) : n \geqslant 0\}$ 是乘积空间 $E^2 := E \times E$ 上的马氏链, 并给出其转移矩阵.

4. 在上题的情况下, 令 $(\mathscr{G}_n : n \geqslant 0)$ 是 $\{(X_n, Y_n) : n \geqslant 0\}$ 的自然流.

(1) 证明 $(X_n : n \geqslant 0)$ 是关于流 $(\mathscr{G}_n : n \geqslant 0)$ 以 $(p_{ij} : i, j \in E)$ 为转移矩阵的马氏链;

(2) 在什么条件下 $(\mathscr{G}_n : n \geqslant 0)$ 也是 $(X_n : n \geqslant 0)$ 的自然流?

5. 设 (X_n) 是一维对称简单随机游动. 令 $\tau_a = \inf\{n \geqslant 0 : X_n = a\}$ 为点 $a \in \mathbb{Z}$ 的首达时.

(1) 证明 $(X_{\tau_a + n} : n \geqslant 0)$ 也是一维对称简单随机游动;

(2) 证明 $(X_{n \wedge \tau_a} : n \geqslant 0)$ 是 $\mathbb{Z}$ 上的马氏链并给出其转移矩阵;

(3) 证明 $(X_{n \wedge \tau} : n \geqslant 0)$ 和 $(X_{\tau_a + n} : n \geqslant 0)$ 独立.

6. 设 (X_n) 为从原点出发的一维对称简单随机游动. 证明 $(|X_n| : n \geqslant 0)$ 是 $\mathbb{Z}_+$ 上的马氏链, 并给出其转移矩阵.

4.3 状态的分类

考虑一个以 E 为状态空间、以 $P = (p_{ij} : i, j \in E)$ 为转移矩阵的马氏链 $X = (X_n : n \geqslant 0)$. 令 $P^n = (p_{ij}(n) : i, j \in E)$ 为 X 的 n 步转移矩阵. 为方便起见, 我们写 $\mathbf{P}_i = \mathbf{P}(\cdot | X_0 = i)$, 并用 $\mathbf{E}_i$ 表示对应的数学期望. 对于 $i, j \in E$ 和 $n \geqslant 1$ 令

$$f_{ij}(n) = \mathbf{P}_i(X_n = j, X_k \neq j : 0 < k < n), \tag{4.3.1}$$

它是从 i 出发的链在时刻 n 首达 j 的概率. 容易看出, 对任何 $n \geqslant 1$ 有 $f_{ij}(n) \leqslant p_{ij}(n)$ 且

$$p_{ij}(n) = \mathbf{P}_i(X_n = j) = \sum_{k=1}^{n} f_{ij}(k) p_{jj}(n-k). \tag{4.3.2}$$

再令

$$f_{ij}^* = \sum_{n=1}^{\infty} f_{ij}(n), \quad p_{ij}^* = \sum_{n=0}^{\infty} p_{ij}(n), \tag{4.3.3}$$

其中后者可能为无穷. 定义 $j \in E$ 的击中时

$$T_j = \inf\{n \geqslant 1 : X_n = j\}.$$

显然有 $f_{ij}^* = \mathbf{P}_i(T_j < \infty)$.

4.3.1 常返态和暂留态

定义 4.3.1 称状态 $i \in E$ 为常返的, 是指 $f_{ii}^* = \mathbf{P}_i(T_i < \infty) = 1$; 称该状态为正常返的, 是指它是常返的且

$$\mathbf{E}_i(T_i) = \sum_{n=1}^{\infty} n f_{ii}(n) < \infty.$$

常返但非正常返的状态称为零常返的. 非常返的状态也称为暂留的.

定理 4.3.1 令 $S_0 = 0$, 并对 $k \geqslant 1$ 递归地定义 $S_k = \min\{n > S_{k-1} : X_n = i\}$, 则状态 $i \in E$ 常返 (或暂留) 当且仅当

$$\mathbf{P}_i(S_k < \infty \text{ 对所有 } k \geqslant 0 \text{ 成立}) = 1 \text{ (或 } 0\text{)}.$$

证明 注意 $\{S_0, S_1, S_2, \cdots\}$ 是递增的停时列. 对于 $k \geqslant 1$, 在集合 $\{S_k < \infty\}$ 上几乎必然有 $X_{S_k} = i$. 由定理 4.2.10, 在 $\mathbf{P}_i(\cdot | S_k < \infty) = \mathbf{P}_i(\cdot | S_k < \infty, X_{S_k} = i)$ 之下 $(X_{S_k+n} : n \geqslant 0)$ 是从 i 出发且以 P 为转移矩阵的马氏链, 从而

$$\mathbf{P}_i(S_{k+1} < \infty | S_k < \infty) = \mathbf{P}_i(S_1 < \infty) = \mathbf{P}_i(T_i < \infty) = f_{ii}^*.$$

由乘法公式和上式得

$$\begin{aligned}
\mathbf{P}_i(S_k < \infty) &= \mathbf{P}_i(S_{k-1} < \infty, S_k < \infty) \\
&= \mathbf{P}_i(S_{k-1} < \infty)\mathbf{P}_i(S_k < \infty | S_{k-1} < \infty) \\
&= \mathbf{P}_i(S_{k-1} < \infty)f_{ii}^* = \cdots = (f_{ii}^*)^k.
\end{aligned}$$

再利用概率测度的上连续性有

$$\mathbf{P}_i\Big(\bigcap_{k=1}^{\infty}\{S_k < \infty\}\Big) = \lim_{k \to \infty} \mathbf{P}_i(S_k < \infty) = \lim_{k \to \infty}(f_{ii}^*)^k.$$

故得欲证结论. □

推论 4.3.2 状态 $i \in E$ 常返 (或暂留) 当且仅当

$$\mathbf{P}_i\Big(\bigcap_{n=1}^{\infty}\bigcup_{k=n}^{\infty}\{X_k = i\}\Big) = 1 \text{ (或 } 0\text{)}. \tag{4.3.4}$$

定理 4.3.1 和推论 4.3.2 说明 $i \in E$ 常返意味着从该状态出发的链以概率 1 返回无限次, 而 $i \in E$ 暂留则意味着从该状态出发的链以概率 1 至多返回有限次.

定理 4.3.3 设 $i \in E$ 为常返态. 记 $\tau_k = S_k - S_{k-1}$, 则在 $\mathbf{P}_i$ 之下 $\{\tau_k : k = 1, 2, \cdots\}$ 为独立同分布随机变量序列.

证明　根据定理 4.2.10, 对任意 $k \geqslant 1$, 在 $\mathbf{P}_i(\cdot | S_k < \infty) = \mathbf{P}_i(\cdot | S_k < \infty, X_{S_k} = i)$ 之下 $(X_{S_k+n} : n \geqslant 0)$ 是从 i 出发以 P 为转移矩阵的马氏链, 且与 $(X_{n \wedge S_k} : n \geqslant 0)$ 独立. 由定理 4.3.1 有 $\mathbf{P}_i(S_k < \infty) = \mathbf{P}_i(S_k < \infty, X_{S_k} = i) = 1$, 故

$$\mathbf{P}_i = \mathbf{P}_i(\cdot | S_k < \infty) = \mathbf{P}_i(\cdot | S_k < \infty, X_{S_k} = i).$$

因此在 $\mathbf{P}_i$ 之下 $(X_{S_k+n} : n \geqslant 0)$ 是从 i 出发以 P 为转移矩阵的马氏链, 且与 $(X_{n \wedge S_k} : n \geqslant 0)$ 独立. 注意 τ_{k+1} 是 $(X_{S_k+n} : n \geqslant 0)$ 对 i 的击中时. 所以, 在 $\mathbf{P}_i$ 之下 τ_1, $\tau_2, \cdots$ 是同分布的随机变量. 因为 $\tau_1, \tau_2, \cdots, \tau_k$ 由 $(X_{n \wedge S_k} : n \geqslant 0)$ 决定, 而 τ_{k+1} 由 $(X_{S_k+n} : n \geqslant 0)$ 决定. 所以在 $\mathbf{P}_i$ 之下 $\{\tau_1, \tau_2, \cdots, \tau_k\}$ 与 τ_{k+1} 独立. 再由 $k \geqslant 1$ 的任意性, 易知在 $\mathbf{P}_i$ 之下 τ_1, $\tau_2, \cdots$ 是相互独立的. □

我们知道, 任何有界数列由其母函数唯一决定. 为方便后面的讨论, 对 $i, j \in E$ 定义数列 $\{f_{ij}(n) : n \geqslant 1\}$ 和 $\{p_{ij}(n) : n \geqslant 0\}$ 的母函数

$$F_{ij}^*(z) = \sum_{n=1}^{\infty} f_{ij}(n) z^n, \quad P_{ij}^*(z) = \sum_{n=0}^{\infty} p_{ij}(n) z^n. \tag{4.3.5}$$

这里不妨限定 $|z| < 1$. 由 (4.3.2) 式有

$$\begin{aligned}
P_{ij}^*(z) &= \delta_{ij} + \sum_{n=1}^{\infty} \sum_{k=1}^{n} f_{ij}(k) p_{jj}(n-k) z^n \\
&= \delta_{ij} + \sum_{k=1}^{\infty} \sum_{n=k}^{\infty} f_{ij}(k) z^k p_{jj}(n-k) z^{n-k} \\
&= \delta_{ij} + \sum_{k=1}^{\infty} \sum_{n=0}^{\infty} f_{ij}(k) z^k p_{jj}(n) z^n,
\end{aligned}$$

其中 $\delta_{ij} = 1_{\{i=j\}}$. 故得

$$P_{ij}^*(z) = \delta_{ij} + F_{ij}^*(z) P_{jj}^*(z), \quad |z| < 1. \tag{4.3.6}$$

定理 4.3.4　状态 $i \in E$ 是暂留的当且仅当

$$p_{ii}^* = \sum_{n=0}^{\infty} p_{ii}(n) < \infty.$$

而且, 此时有 $p_{ii}^* = (1 - f_{ii}^*)^{-1}$.

证明　注意 $p_{ii}^* = \lim_{z \uparrow 1} P_{ii}^*(z)$ 和 $f_{ii}^* = \lim_{z \uparrow 1} F_{ii}^*(z)$. 由 (4.3.6) 式得

$$[1 - F_{ii}^*(z)] P_{ii}^*(z) = 1, \quad |z| < 1. \tag{4.3.7}$$

在上式两边令 $z \uparrow 1$ 知 $f_{ii}^* < 1$ 当且仅当 $p_{ii}^* < \infty$, 且此时有 $p_{ii}^* = (1 - f_{ii}^*)^{-1}$. □

推论 4.3.5　状态 $i \in E$ 是暂留的当且仅当对每个 $k \in E$ 有

$$p_{ki}^* = \sum_{n=0}^{\infty} p_{ki}(n) < \infty.$$

证明　若 $i \in E$ 是暂留的, 由定理 4.3.4 有 $p_{ii}^* < \infty$. 因为 $f_{ki}^* \leqslant 1$, 由 (4.3.2) 式得

$$\sum_{n=1}^{\infty} p_{ki}(n) = \sum_{n=1}^{\infty} \sum_{m=1}^{n} f_{ki}(m) p_{ii}(n-m)$$

$$= \sum_{m=1}^{\infty} \sum_{n=m}^{\infty} f_{ki}(m) p_{ii}(n-m)$$

$$= \sum_{m=1}^{\infty} \sum_{n=0}^{\infty} f_{ki}(m) p_{ii}(n) = f_{ki}^* p_{ii}^* < \infty.$$

故得

$$p_{ki}^* = \delta_{ki} + \sum_{n=1}^{\infty} p_{ki}(n) = \delta_{ki} + f_{ki}^* p_{ii}^* < \infty.$$

反之, 若对每个 $k \in E$ 有 $p_{ki}^* < \infty$, 则 $p_{ii}^* < \infty$. 由定理 4.3.4 知 $i \in E$ 是暂留的. □

推论 4.3.6　若状态 $i \in E$ 是暂留的, 则对每个 $k \in E$ 有 $\lim\limits_{n \to \infty} p_{ki}(n) = 0$.

定义 4.3.2　若 E 中的所有状态都是常返的, 则称 X 或 P 是常返的. 若 E 中的所有状态都是暂留的, 则称 X 或 P 是暂留的.

4.3.2　随机游动的常返性

例 4.3.1　注意由原点出发的 d 维对称简单随机游动 X 只能在偶数步以严格正概率返回原点. 根据斯特林 (Stirling) 公式: 当 $n \to \infty$ 时,

$$n! \sim \sqrt{2\pi n}\left(\frac{n}{e}\right)^n.$$

由此得

$$\frac{(2n)!}{(n!)^2} \sim \frac{\sqrt{4\pi n}\left(\dfrac{2n}{e}\right)^{2n}}{2\pi n\left(\dfrac{n}{e}\right)^{2n}} = \frac{2^{2n}}{\sqrt{\pi n}}. \tag{4.3.8}$$

根据例 1.2.2 的结论, 当 $d = 1$ 时,

$$p_{00}(2n) = \frac{1}{2^{2n}} \frac{(2n)!}{(n!)^2} \sim \frac{1}{\sqrt{\pi n}};$$

当 $d = 2$ 时,

$$p_{00}(2n) = \frac{1}{4^{2n}}\left(\frac{(2n)!}{(n!)^2}\right)^2 \sim \frac{1}{\pi n}.$$

所以当 $d \leqslant 2$ 时 X 常返. 根据例 1.2.2, 当 $d = 3$ 时有

$$p_{00}(2n) = \frac{1}{2^{2n}}\frac{(2n)!}{(n!)^2}\sum_{i+j+k=n}\left(\frac{1}{3^n}\frac{n!}{i!j!k!}\right)^2.$$

这里最后括号里的量在 $i = j = k$ 或临近处达到其最大值, 且在 $i+j+k=n$ 条件下求和为 1. 根据斯特林公式有

$$\sum_{i+j+k=n}\left(\frac{1}{3^n}\frac{n!}{i!j!k!}\right)^2 \leqslant \max_{i+j+k=n}\left(\frac{1}{3^n}\frac{n!}{i!j!k!}\right)$$

$$\sim \frac{1}{3^n}\frac{\sqrt{2\pi n}\left(\frac{n}{e}\right)^n}{\left(\frac{2\pi n}{3}\right)^{3/2}\left(\frac{n}{3e}\right)^n} = O\left(\frac{1}{n}\right).$$

再利用 (4.3.8) 式得到

$$p_{00}(2n) \leqslant \frac{1}{2^{2n}}\frac{(2n)!}{(n!)^2}O\left(\frac{1}{n}\right) = \frac{1}{2^{2n}}\frac{2^{2n}}{\sqrt{\pi n}}O\left(\frac{1}{n}\right) = O\left(\frac{1}{n^{3/2}}\right).$$

所以 3 维对称简单随机游动是暂留的. 类似地可以证明, 当 $d \geqslant 4$ 时 d 维对称简单随机游动也是暂留的.

例 4.3.2　设 $p, q > 0$ 满足 $p + q = 1$. 考虑一维简单随机游动的转移矩阵 $P = (p_{ij} : i, j \in \mathbb{Z})$, 其中 $p_{ij} = p1_{\{j=i+1\}} + q1_{\{j=i-1\}}$. 注意从原点出发的游动在奇数步返回原点的概率是零, 而在其以严格正概率返回的 $2n$ 步中必定有 n 步向左而另外 n 步向右. 所以

$$p_{00}(2n) = \binom{2n}{n}p^n q^n, \quad n \geqslant 0.$$

根据泰勒展式, 当 $|x| < 1$ 时有

$$
\begin{aligned}
(1-x)^{-1/2} &= 1 + \sum_{n=1}^{\infty}\frac{\left(-\frac{1}{2}\right)\left(-\frac{3}{2}\right)\cdots\left(-\frac{2n-1}{2}\right)}{n!}(-x)^n \\
&= 1 + \sum_{n=1}^{\infty}\frac{(2n-1)!!}{2^n n!}x^n = 1 + \sum_{n=1}^{\infty}\frac{(2n)!!(2n-1)!!}{2^n n!(2n)!!}x^n \\
&= 1 + \sum_{n=1}^{\infty}\frac{(2n)!}{n!n!}\left(\frac{x}{4}\right)^n = 1 + \sum_{n=1}^{\infty}\binom{2n}{n}\left(\frac{x}{4}\right)^n.
\end{aligned}
$$

故当 $4pqz^2 < 1$ 时有

$$P_{00}^*(z) = \sum_{n=0}^{\infty} \binom{2n}{n} p^n q^n z^{2n} = \frac{1}{\sqrt{1 - 4pqz^2}}.$$

再利用 (4.3.6) 式得

$$F_{00}^*(z) = \sum_{n=1}^{\infty} f_{00}(n) z^n = 1 - P_{00}^*(z)^{-1} = 1 - \sqrt{1 - 4pqz^2},$$

从而

$$\mathbf{P}_0(T_0 < \infty) = \sum_{n=1}^{\infty} f_{00}(n) = F^*(1-) = 1 - \sqrt{1 - 4pq}.$$

由此易知, 一维简单随机游动常返当且仅当它是对称的, 即 $p = q = 1/2$. 在这种情况下, 不难看出

$$\mathbf{E}_0(T_0) = \sum_{n=0}^{\infty} n f_{00}(n) = \frac{\mathrm{d}}{\mathrm{d}z} F_{00}^*(1-) = \infty.$$

所以一维对称简单随机游动是零常返的.

4.3.3 闭集与状态分类

定义 4.3.3   称马氏链 X 或其转移矩阵 P 自 $i \in E$ 可达 $j \in E$, 是指存在 $n \geqslant 0$ 使得 $p_{ij}(n) > 0$, 此时写 $i \rightsquigarrow j$. 称 $K \subseteq E$ 为闭集, 是指对一切 $i \in K$ 和 $j \in K^c$ 自 i 都不可达 j. 称 $i \in E$ 与 $j \in E$ 互通, 是指 $i \rightsquigarrow j$ 且 $j \rightsquigarrow i$, 此时写 $i \longleftrightarrow j$. 若 E 中的任何两个状态都互通, 则称 X 或 P 是不可约的.

若 $K \subseteq E$ 为闭集, 则 $(p_{ij} : i, j \in K)$ 是 K 上的一个转移矩阵. 在这种情况下, 从 K 中出发的链永远在该闭集中运动, 且以 $(p_{ij} : i, j \in K)$ 为转移矩阵. 另外, 显然 X 是不可约的当且仅当没有 E 的真子集是它的闭集.

命题 4.3.7   设 $i, j \in E$ 且 $i \neq j$, 则马氏链 X 自 i 可达 j 当且仅当存在 E 中的路径 $i = i_0 \rightarrow i_1 \rightarrow \cdots \rightarrow i_n = j$ 满足 $p_{i_0 i_1} p_{i_1 i_2} \cdots p_{i_{n-1} i_n} > 0$.

证明   由可达性的定义可知, 链 X 自 i 可达 j 的充要条件是存在 $n \geqslant 1$ 使得

$$p_{ij}(n) = \sum_{i_1 \in E} \sum_{i_2 \in E} \cdots \sum_{i_{n-1} \in E} p_{ii_1} p_{i_1 i_2} \cdots p_{i_{n-1} j} > 0.$$

上式成立当且仅当存在路径 $i = i_0 \rightarrow i_1 \rightarrow \cdots \rightarrow i_n = j$ 满足 $p_{i_0 i_1} p_{i_1 i_2} \cdots p_{i_{n-1} i_n} > 0$. $\quad \square$

命题 4.3.8 互通关系是 E 中的一个等价关系.

证明 显然互通关系是自反的和对称的. 若 $i \rightsquigarrow j$ 且 $j \rightsquigarrow k$, 则存在 $m, n \geqslant 0$, 使得 $p_{ij}(m)p_{jk}(n) > 0$. 于是

$$p_{ik}(m+n) = \sum_{l \in E} p_{il}(m)p_{lk}(n) \geqslant p_{ij}(m)p_{jk}(n) > 0.$$

也就是说 $i \rightsquigarrow k$. 可见可达关系是传递的, 因而互通关系也是传递的. □

由命题 4.3.8 可见, 我们可以把 E 按互通关系分类, 使同类中的状态都互通, 而不同类中的状态不互通.

定理 4.3.9 每个互通类都是闭集且同一个互通类中的状态有相同的常返或暂留性.

证明 显然, 每个互通类都是闭集. 假定 $i, j \in E$ 互通. 于是存在 $m, n \geqslant 0$ 使 $p_{ij}(m)p_{ji}(n) > 0$. 再注意

$$p_{jj}^* \geqslant \sum_{k=0}^{\infty} p_{jj}(k+m+n) = \sum_{k=0}^{\infty} \sum_{p,q \in E} p_{jp}(n)p_{pq}(k)p_{qj}(m)$$

$$\geqslant \sum_{k=0}^{\infty} p_{ji}(n)p_{ii}(k)p_{ij}(m) = p_{ji}(n)p_{ij}(m)p_{ii}^*,$$

故 $p_{ii}^* = \infty$ 蕴涵 $p_{jj}^* = \infty$. 利用定理 4.3.4 知当 i 常返时 j 也常返. 再由对称性知当 j 常返时 i 也常返. □

定理 4.3.10 设 $i \in E$ 常返且 $i \rightsquigarrow j \in E$, 则 $i \longleftrightarrow j$ 且 $f_{ij}^* = f_{ji}^* = 1$.

证明 因为 $i \rightsquigarrow j$, 存在 $n_0 \geqslant 0$ 使得 $p_{ij}(n_0) > 0$. 因 i 常返, 利用定理 4.3.1 和马氏性有

$$\begin{aligned}
0 &= \mathbf{P}_i(X_{n_0+k} \neq i : k \geqslant 1) \\
&\geqslant \mathbf{P}_i(X_{n_0} = j, X_{n_0+k} \neq i : k \geqslant 1) \\
&= p_{ij}(n_0)\mathbf{P}_i(X_{n_0+k} \neq i : k \geqslant 1 | X_{n_0} = j) \\
&= p_{ij}(n_0)(1 - f_{ji}^*).
\end{aligned}$$

所以

$$f_{ji}^* = \sum_{k=1}^{\infty} f_{ji}(k) = 1,$$

故存在 $k \geqslant 1$ 使 $0 < f_{ji}(k) \leqslant p_{ji}(k)$, 即 $j \rightsquigarrow i$. 这就证明了 $i \longleftrightarrow j$. 由定理 4.3.9 知 j 也常返. 再由前面推导知 $f_{ij}^* = 1$. □

根据上面的结论, 不难对 E 中的状态和 X 的运动情况作出如下分析: 将全部暂留态构成的集合记为 U, 再将所有常返态分解为至多可数个互通类 $H_1, H_2, \cdots$. 这里每个

常返类互通类 H_n 都是闭集, 即若链从某个 H_n 中出发, 则它会永远留在该类中并跑遍 H_n 中的所有状态. 若链从暂留类 U 中出发, 则它可能永远在 U 中运动, 也可能会进入某个常返类并留在该类中.

为了表述方便, 不妨写 $E = \{i_1, i_2, \cdots\}$. 则将状态按互通等价关系进行排列后, 有分解 $E = U \cup H_1 \cup H_2 \cup \cdots$. 相应地, 可以将转移矩阵 P 写为如下形式:

$$P = \begin{array}{c} \\ U \\ H_1 \\ H_2 \\ \vdots \\ H_n \\ \vdots \end{array} \begin{array}{c} U\ H_1\ H_2\ \cdots\ H_n\ \cdots \\ \begin{pmatrix} Q & B_1 & B_2 & \cdots & B_n & \cdots \\ 0 & P_1 & 0 & \cdots & 0 & \cdots \\ 0 & 0 & P_2 & \cdots & 0 & \cdots \\ \vdots & \vdots & \vdots & & \vdots & \\ 0 & 0 & 0 & \cdots & P_n & \cdots \\ \vdots & \vdots & \vdots & & \vdots & \end{pmatrix} \end{array}. \tag{4.3.9}$$

这里 Q, B_n, P_n 和 0 代表子矩阵, 其中 0 的元素均为零, 而 Q 和 P_n 为方阵. 注意 P_n 也是转移矩阵, 它描述马氏链在常返互通类 H_n 中的运动情况.

特别地, 若 P 是不可约的, 则状态空间 E 只包含暂留互通类或一个常返互通类.

例 4.3.3   设 $X = (X_n : n \geqslant 0)$ 为 $\mathbb{Z}$ 上的简单随机游动, 且有 $\mathbf{P}(X_{n+1} - X_n = 1) = p$ 和 $\mathbf{P}(X_{n+1} - X_n = -1) = q$, 其中 $p, q > 0$ 满足 $p + q = 1$. 对于 $a \in \mathbb{Z}$ 定义 $\tau_a = \inf\{n \geqslant 0 : X_n = a\}$ 和 $X_n^a = X_{n \wedge \tau_a}$. 则 $X^a = (X_n^a : n \geqslant 0)$ 为在 a 被吸收的简单随机游动, 其转移矩阵 $P^a = (p_{ij}^a : i, j \in \mathbb{Z})$ 可表示为

$$p_{ij}^a = p1_{\{a \neq i = j-1\}} + q1_{\{a \neq i = j+1\}} + 1_{\{a = i = j\}}.$$

易知 X^a 有暂留类 $U = \mathbb{Z} \setminus \{a\}$ 和唯一的常返互通类 $H = \{a\}$. 显然 $(-\infty, a]$, $\{a\}$ 和 $[a, \infty)$ 都是 X^a 的闭集.

例 4.3.4   设 $X = (X_n : n \geqslant 0)$ 为例 4.3.3 中的简单随机游动. 对 $a < b \in \mathbb{Z}$ 记 $\tau = \inf\{n \geqslant 0 : X_n = a \text{ 或 } b\}$. 再令 $Y_n = X_{n \wedge \tau}$, 则 $Y = (Y_n : n \geqslant 0)$ 仍然是 $\mathbb{Z}$ 上的马氏链. 特别地, 若 $\mathbf{P}(a \leqslant X_0 \leqslant b) = 1$, 则 Y 是 $[a, b]$ 上的马氏链, 称为该区间上的吸收边界简单随机游动, 其转移矩阵 $P^{a,b} = (p_{ij}^{a,b} : i, j \in \mathbb{Z})$ 可表示为

$$p_{ij}^{a,b} = p1_{\{i > a, j = i+1 \leqslant b\}} + q1_{\{i < b, j = i-1 \geqslant a\}} + 1_{\{i = j = a\}} + 1_{\{i = j = b\}}.$$

此时 Y 的暂留类为整数开区间 $U = (a, b)$. 它有两个常返类, 即 $H_1 = \{a\}$ 和 $H_2 = \{b\}$.

4.3.4 周期性

<u>定义 4.3.4</u>   对于 $i \in E$, 若集合 $\{n \geqslant 1 : p_{ii}(n) > 0\}$ 非空, 就称它的最大公约数 d 为 i 的周期. 当 $d \geqslant 2$ 时称 i 是周期的; 当 $d = 1$ 时称 i 是非周期的. 若 E 中的所有

状态都是非周期的, 则称 X 或 P 是非周期的.

根据上面的定义, 若状态 $i \in E$ 有周期 $d \geqslant 1$, 则从此状态出发的链只能在时间集 $\{kd : k \geqslant 0\}$ 回访该状态, 而对于该集合之外的时刻 $n \geqslant 1$ 都有 $p_{ii}(n) = 0$.

定理 4.3.11　若 $i \in E$ 以 d 为周期, 则存在 $k_i \geqslant 1$, 使当 $k \geqslant k_i$ 时有 $p_{ii}(kd) > 0$.

证明　将非空集 $\{n \geqslant 1 : p_{ii}(n) > 0\}$ 记为 $\{n_1, n_2, \cdots\}$. 令 d_m 为 $\{n_1, n_2, \cdots, n_m\}$ 的最大公约数. 显然, 当 $m \to \infty$ 时递降地 $d_m \to d$. 故存在充分大的 $m \geqslant 1$ 使 $d_m = d$, 亦即 d 为 $\{n_1, n_2, \cdots, n_m\}$ 的最大公约数. 由数论中的结果, 存在 $k_i \geqslant 1$ 使当 $k \geqslant k_i$ 时有 $kd = t_1 n_1 + t_2 n_2 + \cdots + t_m n_m$, 其中 $t_1, t_2 \cdots, t_m \geqslant 0$ 为整数. 因而

$$p_{ii}(kd) \geqslant \prod_{r=1}^{m} p_{ii}(t_r n_r) \geqslant \prod_{r=1}^{m} p_{ii}(n_r)^{t_r}.$$

于是有 $p_{ii}(kd) > 0$. □

定理 4.3.12　同一互通类中的状态有相同的周期.

证明　设 $i, j \in E$ 互通, 并设 i 以 d 为周期, 而 j 以 t 为周期. 由定理 4.3.11, 存在 $k_j \geqslant 1$ 使当 $k \geqslant k_j$ 时, 有 $p_{jj}(kt) > 0$. 取 $m, n \geqslant 1$ 使 $p_{ij}(m) p_{ji}(n) > 0$. 这样, 当 $k \geqslant k_j$ 时有

$$p_{ii}(m + n + kt) \geqslant p_{ij}(m) p_{jj}(kt) p_{ji}(n) > 0.$$

因为 i 以 d 为周期, 所以必存在 $r_2 > r_1 \geqslant 1$ 使

$$m + n + k_j t = r_1 d, \quad m + n + (k_j + 1)t = r_2 d.$$

将两式相减得 $t = (r_2 - r_1)d$. 同理知存在 $l_2 > l_1 \geqslant 1$ 使 $d = (l_2 - l_1)t$. 因此必然有 $r_2 - r_1 = l_2 - l_1 = 1$, 即 $t = d$. □

定理 4.3.13　设 P 不可约且有周期 $d \geqslant 1$, 则对任何 $i, j \in E$ 存在唯一的 $0 \leqslant t_{ij} < d$ 使得 $p_{ij}(n) > 0$ 蕴涵 $n = kd + t_{ij}$, 其中 $k \geqslant 0$.

证明　设对 $n \geqslant 1$ 有 $p_{ij}(n) > 0$. 令 $t_{ij} = n \ (\mathrm{mod} \ d)$, 则 $0 \leqslant t_{ij} < d$ 且有 $k \geqslant 0$ 使 $n = kd + t_{ij}$. 假设还有 $m \geqslant 1$ 使得 $p_{ij}(m) > 0$. 因 P 不可约, 有 $l \geqslant 1$ 使得 $p_{ji}(l) > 0$, 从而

$$p_{ii}(n + l) \geqslant p_{ij}(n) p_{ji}(l) > 0, \quad p_{ii}(m + l) \geqslant p_{ij}(m) p_{ji}(l) > 0.$$

由周期的定义知 d 整除 $n + l$ 和 $m + l$. 因此 d 整除 $n - m$, 故定理结论成立. □

定理 4.3.14　设 P 不可约且有周期 $d \geqslant 1$. 令 $i, j \in E$ 而 $0 \leqslant t_{ij} < d$ 由定理 4.3.13 给出, 则存在 $k_{ij} \geqslant 1$ 使当 $k \geqslant k_{ij}$ 时有 $p_{ij}(kd + t_{ij}) > 0$.

证明 因 P 不可约, 有 $n_0 \geqslant 1$ 使 $p_{ij}(n_0) > 0$. 由定理 4.3.13 有 $k_0 \geqslant 0$ 使 $n_0 = k_0 d + t_{ij}$. 再由定理 4.3.11 有 $k_j \geqslant 1$, 使当 $k \geqslant k_j$ 时有 $p_{jj}(kd) > 0$. 令 $k_{ij} = k_0 + k_j$, 则对 $k \geqslant k_{ij}$ 有 $k - k_0 \geqslant k_j$, 故 $p_{ij}(kd + t_{ij}) \geqslant p_{ij}(n_0)p_{jj}((k - k_0)d) > 0$. □

考虑 E 上的以 $d \geqslant 1$ 为周期的不可约转移矩阵 P. 取定初始状态 $i \in E$. 对于 $0 \leqslant k < d$ 令

$$C_k = \{j \in E : 对充分大的 n 从 i 出发的链在时刻 nd + k 以正概率到 j\}.$$

由定理 4.3.13 和定理 4.3.14 可知 $\{C_0, C_1, \cdots, C_{d-1}\}$ 是 E 的一个有限分割, 而且链从 C_r 中的状态可以而且只可以经过 $s - r \pmod{d}$ 步到达 C_s 中的状态. 特别地, 从 C_0 中的状态出发的链会一直按照下面的顺序做循环运动:

$$C_0 \to C_1 \to \cdots \to C_{d-1} \to C_0 \to C_1 \to \cdots. \tag{4.3.10}$$

我们称 $E = C_0 \cup C_1 \cup \cdots \cup C_{d-1}$ 为转移矩阵 P 的周期环分解. 不难证明, 除分解集 $C_0, C_1, \cdots, C_{d-1}$ 的标号可能有变化外, 该分解并不依赖于初始状态 $i \in E$ 的选择. 而且, 选择 C_0 中的任何一点作为初始状态, 所得到分解集的标号完全相同.

*4.3.5 过份函数

在本小节中, 我们将利用过份函数给出常返性的一个充要条件. 考虑状态空间 E 上的马氏链 $X = (X_n : n \geqslant 0)$, 设其转移矩阵为 $P = (p_{ij} : i, j \in E)$.

定义 4.3.5 设 f 是定义在 E 上的非负函数, 可以取值 ∞. 如果

$$\sum_{j \in E} p_{ij} f(j) \leqslant f(i), \quad i \in E,$$

就称 f 是 X 或 P 的过份函数. 这里约定 $0 \cdot \infty = 0$. 若把 f 视为由它的值排成的列向量, 则上式可简写为矩阵形式 $Pf \leqslant f$. 特别地, 如果 $Pf = f$, 我们称 f 是一个调和函数.

定理 4.3.15 设 P 不可约, 则 P 是常返的当且仅当它的所有过份函数均为常数.

证明 假设 P 常返而 f 为它的过份函数. 假若存在 $j \in E$ 使得 $f(j) = \infty$, 由不可约性对于 $i \in E$ 存在 $n_0 \geqslant 0$ 使 $p_{ij}(n_0) > 0$, 故

$$f(i) \geqslant \sum_{k \in E} p_{ik}(n_0) f(k) = \infty,$$

即 $f \equiv \infty$. 因此, 只需考虑 f 有限的情况. 记 X 的自然流为 $(\mathscr{F}_n : n \geqslant 0)$. 对于 $x \in E$ 有

$$\mathbf{E}(f(X_{n+1})|X_n = x) = \sum_{k \in E} p(x,k)f(k) \leqslant f(x).$$

应用马氏性得

$$\mathbf{E}(f(X_{n+1})|\mathscr{F}_n) = \mathbf{E}(f(X_{n+1})|X_n) \leqslant f(X_n).$$

所以 $\{f(X_n) : n \geqslant 0\}$ 是非负上鞅, 故几乎必然存在极限 $\lim_{n\to\infty} f(X_n) = Z$. 另一方面, 由于 P 常返不可约, 对任何 $j, k \in E$ 有

$$\mathbf{P}(X_n = j \text{ 对无限个 } n \geqslant 1 \text{ 成立}) = \mathbf{P}(X_n = k \text{ 对无限个 } n \geqslant 1 \text{ 成立}) = 1.$$

因此

$$\mathbf{P}(f(X_n) = f(j) \text{ 对无限个 } n \geqslant 1 \text{ 成立})$$
$$= \mathbf{P}(f(X_n) = f(k) \text{ 对无限个 } n \geqslant 1 \text{ 成立}) = 1,$$

可见 $\mathbf{P}(f(k) = f(j) = Z) = 1$. 故必有 $f \equiv$ 常数. 反之, 假设 P 是暂留的, 下证它有非常数的过份函数. 固定 $j \in E$ 并定义首达时 $\tau = \inf\{n \geqslant 0 : X_n = j\}$ 和击中时 $T = \inf\{n \geqslant 1 : X_n = j\}$. 根据全概率公式有

$$\mathbf{P}_i(T < \infty) = \sum_{k \in E} p_{ik}\mathbf{P}_i(T < \infty | X_1 = k) = \sum_{k \in E} p_{ik}\mathbf{P}_k(\tau < \infty). \tag{4.3.11}$$

注意 $\mathbf{P}_i(T < \infty) \leqslant \mathbf{P}_i(\tau < \infty)$. 所以, 上式说明

$$f(i) := \mathbf{P}_i(\tau < \infty) = \begin{cases} 1, & i = j, \\ f_{ij}^*, & i \neq j \end{cases} \tag{4.3.12}$$

定义了 P 的一个有界过份函数 f. 此函数不是常数. 否则对任何 $k \in E$ 有 $f(k) = \mathbf{P}_k(\tau < \infty) = 1$. 再由 (4.3.11) 式知 $f_{jj}^* = \mathbf{P}_j(T < \infty) = 1$. 这与 P 是暂留的假设矛盾. □

推论 4.3.16 设 P 不可约, 并取 $j \in E$. 则 P 是暂留的当且仅当方程组

$$y_i = \sum_{k \in E} p_{ik} y_k, \quad i \in E \setminus \{j\} \tag{4.3.13}$$

有非常数的有界解 $\{y_i : i \in E\}$.

证明 沿用定理 4.3.15 的证明中的记号. 设 P 是暂留的. 注意对 $k \neq j$ 有 $\mathbf{P}_k(T < \infty) = \mathbf{P}_k(\tau < \infty)$. 所以由 (4.3.12) 式定义的函数 f 就给出 (4.3.13) 式的一个非常数的

有界解. 反之, 假若 (4.3.13) 式有非常数有界解 $\{y_i : i \in E\}$, 因常函数是该方程组的解, 我们可假定 $\{y_i : i \in E\}$ 由非负数构成. 令

$$a = y_j - \sum_{k \in E} p_{jk} y_k. \tag{4.3.14}$$

利用 (4.3.13) 式和 (4.3.14) 式有

$$\sum_{k \in E} p_{jk}(2) y_k = \sum_{k \in E} \sum_{i \neq j} p_{ji} p_{ik} y_k + \sum_{k \in E} p_{jj} p_{jk} y_k$$

$$= \sum_{i \neq j} p_{ji} y_i + p_{jj}(y_j - a)$$

$$= \sum_{i \in E} p_{ji} y_i - a p_{jj} = y_j - a - a p_{jj}.$$

比较此式和 (4.3.14) 式不难看出, 重复上面的运算可得

$$\sum_{k \in E} p_{jk}(n) y_k = y_j - a \sum_{m=0}^{n-1} p_{jj}(m).$$

因此有

$$c := \sup_{k \in E} y_k \geqslant y_j - a \sum_{m=0}^{n-1} p_{jj}(m).$$

假若 $a < 0$, 则由上式有 $\sum_{m=1}^{\infty} p_{jj}(m) < \infty$, 故 j 为暂留态, 再由不可约性知 P 是暂留的. 而若 $a \geqslant 0$, 由 (4.3.13) 式和 (4.3.14) 式知 $f(i) = y_i$ 定义了 P 的一个非常值的过份函数, 再由定理 4.3.15 知 P 是暂留的. □

练习题

1. 设 $(X_n : n \geqslant 0)$ 是状态空间 E 上的不可约马氏链. 证明该链是常返的 (或暂留的) 当且仅当对任意的 $i \in E$ 有

$$\mathbf{P}\left(\bigcap_{n=1}^{\infty} \bigcup_{k=n}^{\infty} \{X_k = i\}\right) = 1 \ (\text{或 } 0).$$

提示: 令 $\tau_i = \inf\{n \geqslant 0 : X_n = i\}$ 并应用推论 4.3.2 和强马氏性.

2. 证明: 状态空间 E 有限的马氏链至少有一个常返态.

提示: 对 $k \in E$ 有 $\sum_{i \in E} p_{ki}^* = \infty$. 因 E 是有限集, 必有 $i \in E$ 使 $p_{ki}^* = \infty$. 再应用推论 4.3.5.

3. 设状态空间 E 上的马氏链 X 有一个吸收态 $i \in E$, 且从任何其他状态都可达 i. 证明除点 i 外 E 中其他的点都是暂留的.

4. 设 $(X_n : n \geqslant 0)$ 是状态空间 $\mathbb{Z}$ 上的马氏链. 证明它是暂留的当且仅当对任何初始分布都有 $\lim\limits_{n\to\infty} |X_n| \stackrel{\text{a.s.}}{=} \infty$.

提示: 若对任何初始分布都有 $\lim\limits_{n\to\infty} |X_n| \stackrel{\text{a.s.}}{=} \infty$, 则对任何 $i \in E$ 等式 (4.3.4) 左边的概率为 0, 故 $(X_n : n \geqslant 0)$ 是暂留的. 反之, 设 $(X_n : n \geqslant 0)$ 是暂留的, 则对任何 $i \in E$ 等式 (4.3.4) 左边的概率为 0. 令 $\tau = \inf\{n \geqslant 0 : X_n = i\}$. 利用强马氏性和推论 4.3.2 得

$$\mathbf{P}\left(\bigcap_{n=1}^{\infty} \bigcup_{k=n}^{\infty} \{X_k = i\} \right) = \mathbf{P}\left(\{\tau < \infty, X_\tau = i\} \cap \left(\bigcap_{n=1}^{\infty} \bigcup_{k=n}^{\infty} \{X_{\tau+k} = i\} \right) \right)$$

$$= \mathbf{P}(\tau < \infty, X_\tau = i)\mathbf{P}_i\left(\bigcap_{n=1}^{\infty} \bigcup_{k=n}^{\infty} \{X_k = i\} \right) = 0.$$

5. 令 $\{a_k\}$ 为 $\mathbb{Z}_+ = \{0, 1, 2, \cdots\}$ 上的概率分布列, 满足 $a_0 > 0$ 和 $\mu := \sum_{k=1}^{\infty} ka_k > 1$. 定义 $\mathbb{Z}_+$ 上转移矩阵 P 如下:

$$p_{ij} = \begin{cases} a_j, & i = 0, \\ a_{j-i+1}, & i \geqslant 1 \text{ 且 } j \geqslant i - 1, \\ 0, & \text{其他}. \end{cases}$$

证明 P 是暂留的.

提示: 注意 P 是不可约的. 令 $f(z) = \sum_{k=0}^{\infty} a_k z^k$ 为 $\{a_k\}$ 的母函数. 由 f 的凸性, 存在唯一的 $c \in (0, 1)$ 使 $c = f(c)$, 故对 $i \geqslant 1$ 有

$$c^i = \sum_{k=0}^{\infty} a_k c^{k+i-1} = \sum_{j=i-1}^{\infty} a_{j-i+1} c^j = \sum_{j=0}^{\infty} p_{ij} c^j.$$

4.4 马氏链的游程

本节对马氏链的游程进行简单的讨论, 并给出反射游动的一个简单构造. 在此基础上, 讨论如何对常返简单游动进行拆解, 得到两个独立的反射游动.

4.4.1　游程的独立性

令 $X = \{X(n) : n \geqslant 0\}$ 是定义在某个概率空间 $(\Omega, \mathscr{F}, \mathbf{P})$ 上的以 E 为状态空间、以 $P = (p(i,j) : i, j \in E)$ 为转移矩阵的马氏链. 取定两个不同的状态 $a, b \in \mathbb{Z}$. 令 $\tau_0 = 0$ 并对 $k \geqslant 1$ 递推地定义

$$\sigma_k = \inf\{n \geqslant \tau_{k-1} : X(n) = b\}, \ \tau_k = \inf\{n > \sigma_k : X(n) = a\}. \tag{4.4.1}$$

则 σ_k 和 τ_k 都是停时. 令

$$e_k = \{X((\sigma_k + n) \wedge \tau_k) : n \geqslant 0\}, \ \varepsilon_k = \{X((\tau_k + n) \wedge \sigma_{k+1}) : n \geqslant 0\}. \tag{4.4.2}$$

再记 $\phi_0 = \{X(n \wedge \sigma_1) : n \geqslant 0\}$. 当 $\sigma_k < \infty$ 时, 称 e_k 为 X 的第 k 个由 b 到 a 的游程. 注意当 $\sigma_k = \infty$ 时 e_k 为空集. 显然, 若 $\tau_1 < \infty$, 则 ε_1 是过程 $\{X(\tau_1 + n) : n \geqslant 0\}$ 的第 1 个由 a 到 b 的游程, 但它未必是 X 的第 1 个由 a 到 b 的游程, 因为后者可能包含在 ϕ_0 中. 特别地, 若 X 是不可约常返链, 则 (4.4.1) 式和 (4.4.2) 式中定义的所有停时都是有限的.

根据强马氏性, 在条件概率 $\mathbf{P}(\cdot | \sigma_k < \infty)$ 之下 $\{X(\sigma_k + n) : n \geqslant 0\}$ 是从 b 出发以 P 为转移矩阵的马氏链. 因此, 在上述条件概率之下 e_k 是从 b 出发在 a 停止的马氏链, 其转移矩阵 $P^a = (p^a(i,j) : i, j \in E)$ 可表示为

$$p^a(i,j) = p(i,j)1_{\{i \neq a\}} + 1_{\{i = a = j\}}.$$

类似地, 在条件概率 $\mathbf{P}(\cdot | \tau_k < \infty)$ 之下 ε_k 是从 a 出发在 b 停止的马氏链, 其转移矩阵 $P^b = (p^b(i,j) : i, j \in E)$ 可表示为

$$p^b(i,j) = p(i,j)1_{\{i \neq b\}} + 1_{\{i = b = j\}}.$$

我们称 $k \ (\geqslant 2)$ 个随机过程 $\xi_1 = (\xi_1(n) : n \geqslant 0), \xi_2 = (\xi_2(n) : n \geqslant 0), \cdots, \xi_k = (\xi_k(n) : n \geqslant 0)$ 独立, 是指对任意的 $n \geqslant 0$, 随机向量 $(\xi_1(0), \xi_1(1), \cdots, \xi_1(n)), (\xi_2(0), \xi_2(1), \cdots, \xi_2(n)), \cdots, (\xi_k(0), \xi_k(1), \cdots, \xi_k(n))$ 独立. 称可数个随机过程 $\xi_1, \xi_2, \cdots$ 独立, 是指对任意的 $k \geqslant 2$, 有限随机过程组 $\xi_1, \xi_2, \cdots, \xi_k$ 独立.

定理 4.4.1　设 $X = \{X(n) : n \geqslant 0\})$ 是不可约常返马氏链. 则如上定义的 ϕ_0, $e_k, \varepsilon_k, k \geqslant 1$ 为独立的随机过程, 且其中 ϕ_0 是以 P^b 为转移矩阵的马氏链, $e_k, k \geqslant 1$ 是从 b 出发以 P^a 为转移矩阵的马氏链, 而 $\varepsilon_k, k \geqslant 1$ 是从 a 出发以 P^b 为转移矩阵的马氏链.

证明　显然 ϕ_0 是以 P^b 为转移矩阵的马氏链. 根据强马氏性, 在条件概率 $\mathbf{P}(\cdot | \sigma_k < \infty) = \mathbf{P}(\cdot | \sigma_k < \infty, X_{\sigma_k} = b)$ 之下 $\{X(\sigma_k + n) : n \geqslant 0\}$ 是从 b 出发以 P 为转移矩阵的马氏链且与 $\{X(n \wedge \sigma_k) : n \geqslant 0\}$ 独立. 类似地, 对 $k \geqslant 1$ 在条件概率 $\mathbf{P}(\cdot | \tau_k < \infty) = $

$\mathbf{P}(\cdot|\tau_k < \infty, X_{\tau_k} = a)$ 之下 $\{X(\tau_k + n) : n \geqslant 0\}$ 是从 a 出发以 P 为转移矩阵的马氏链且与 $\{X(n \wedge \tau_k) : n \geqslant 0\}$ 独立. 由 X 的不可约性和常返性, 有

$$\mathbf{P}(\sigma_k < \infty, X_{\sigma_k} = b) = \mathbf{P}(\tau_k < \infty, X_{\tau_k} = a) = 1.$$

所以, 对 $k \geqslant 1$ 在原概率 $\mathbf{P}$ 之下 $\{X(\sigma_k + n) : n \geqslant 0\}$ 是从 b 出发以 P 为转移矩阵的马氏链且与 $\{X(n \wedge \sigma_k) : n \geqslant 0\}$ 独立, 而 $\{X(\tau_k + n) : n \geqslant 0\}$ 是从 a 出发以 P 为转移矩阵的马氏链且与 $\{X(n \wedge \tau_k) : n \geqslant 0\}$ 独立. 由此可知 $e_k, k \geqslant 1$ 是从 b 出发以 P^a 为转移矩阵的马氏链, 而 $\varepsilon_k, k \geqslant 1$ 是从 a 出发以 P^b 为转移矩阵的马氏链. 再注意 $\{\phi_0, e_1, \varepsilon_1, \cdots, e_{k-1}, \varepsilon_{k-1}\}$ 由 $\{X(n \wedge \sigma_k) : n \geqslant 0\}$ 决定, 而 $\{e_k, \varepsilon_k, e_{k+1}, \varepsilon_{k+1}, \cdots\}$ 由 $\{X(\sigma_k + n) : n \geqslant 0\}$ 决定, 故 $\{\phi_0, e_1, \varepsilon_1, \cdots, e_{k-1}, \varepsilon_{k-1}\}$ 和 $\{e_k, \varepsilon_k, e_{k+1}, \varepsilon_{k+1}, \cdots\}$ 独立. 同理 $\{\phi_0, e_1, \varepsilon_1, \cdots, e_{k-1}, \varepsilon_{k-1}, e_k\}$ 和 $\{\varepsilon_k, e_{k+1}, \varepsilon_{k+1}, \cdots\}$ 独立. 由此易证 $\phi_0, e_1, \varepsilon_1, e_2, \varepsilon_2, \cdots$ 的独立性. $\square$

4.4.2　反射简单随机游动

设 $p, q \geqslant 0$ 满足 $p + q = 1$. 我们知道, 一维简单随机游动的转移矩阵 $P = (p(i,j) : i, j \in \mathbb{Z})$ 可以表示为

$$p(i,j) = p1_{\{j=i+1\}} + q1_{\{j=i-1\}}. \tag{4.4.3}$$

对于 $a \in \mathbb{Z}$, 称以 $\mathbb{Z}_{a+} := \mathbb{Z} \cap [a, \infty)$ 为状态空间的马氏链为反射简单随机游动, 是指它有转移矩阵 $Q_+^a = (q_+^a(i,j) : i, j \in \mathbb{Z}_{a+})$, 其中

$$q_+^a(i,j) = p1_{\{a < i = j-1\}} + q1_{\{a < i = j+1\}} + 1_{\{a=i=j-1\}}. \tag{4.4.4}$$

称以 $\mathbb{Z}_{a-} := \mathbb{Z} \cap (-\infty, a]$ 为状态空间的马氏链为反射简单随机游动, 是指它有转移矩阵 $Q_-^a = (q_-^a(i,j) : i, j \in \mathbb{Z}_{a+})$, 其中

$$q_-^a(i,j) = p1_{\{a > i = j-1\}} + q1_{\{a > i = j+1\}} + 1_{\{a=i=j+1\}}. \tag{4.4.5}$$

对于 $a < b \in \mathbb{Z}$, 称以 $\mathbb{Z}_{a,b} := \mathbb{Z} \cap [a, b]$ 为状态空间的马氏链是反射简单随机游动, 是指它有转移矩阵 $Q^{a,b} = (q^{a,b}(i,j) : i, j \in \mathbb{Z}_{a,b})$, 其中

$$q^{a,b}(i,j) = p1_{\{i>a,j=i+1\leqslant b\}} + q1_{\{i<b,j=i-1\geqslant a\}} + 1_{\{i=a,j=i+1\}} + 1_{\{i=b,j=b-1\}}. \tag{4.4.6}$$

例 4.4.1　令 $(X_n : n \geqslant 0)$ 是一维对称简单随机游动. 不难证明 $(|X_n| : n \geqslant 0)$ 是 $\mathbb{Z}_+$ 上的反射随机游动, 而 $(-|X_n| : n \geqslant 0)$ 是 $\mathbb{Z}_-$ 上的反射随机游动.

注意, 在 $a \in \mathbb{Z}$ 被吸收的简单游动的转移矩阵 $P^a = (p^a(i,j) : i, j \in \mathbb{Z})$ 可以表示为

$$p^a(i,j) = p1_{\{a \neq i = j-1\}} + q1_{\{a \neq i = j+1\}} + 1_{\{a=i=j\}}. \tag{4.4.7}$$

定理 4.4.2　设 $e_k, k \geqslant 1$ 是一列独立的从 $a+1$ 出发且在 a 被吸收的简单游动, 其转移矩阵 P^a 由 (4.4.7) 式给出. 记 $S_1 = 0$, 并对 $k \geqslant 2$ 记 $S_k = \sum\limits_{i=1}^{k-1}(\zeta_i + 1)$, 其中 $\zeta_i = \inf\{n \geqslant 0 : e_i(n) = a\}$. 再令

$$W_n = e_k(n - S_k), \quad S_k \leqslant n < S_{k+1}, \tag{4.4.8}$$

则 $W = (W_n : n \geqslant 0)$ 是 $\mathbb{Z}_{a+}$ 上的从 $a+1$ 出发的反射简单随机游动.

证明　令 $(\mathscr{F}_n)$ 是 W 是的自然流. 令 $T_1 = 0$, 并对 $k \geqslant 2$ 令 $T_k = S_k - 1$. 显然有 $S_k = \inf\{n \geqslant T_k : W_n = a+1\}$ 和 $T_k = \inf\{n \geqslant S_{k-1} : W_n = a\}$. 据此易证 S_k 和 T_k 都是 $(\mathscr{F}_n)$ 的停时. 注意 S_k 和 T_k 都只依赖于 $e_1, e_2, \cdots, e_{k-1}$. 给定 $i_0, i_1, \cdots, i_n \in \mathbb{Z}_{a+}$, 记 $G_n = \{W_r = i_k : 0 \leqslant r \leqslant n\}$. 再任取 $j \in \mathbb{Z}_{a+}$. 对于 $k \geqslant 1$ 和 $0 \leqslant r \leqslant n$, 利用 $e_1, e_2, \cdots, e_k$ 的独立性和马氏性有

$$\mathbf{P}(\{S_k = r, T_{k+1} > n\} \cap G_n \cap \{W_{n+1} = j\})$$
$$= \mathbf{P}(\{S_k = r\} \cap \{\zeta_k > n - r\} \cap G_{r-1} \cap \{e_k(0) = i_r, \cdots,$$
$$e_k(n-r) = i_n\} \cap \{e_k(n-r+1) = j\})$$
$$= \mathbf{P}(\{S_k = r\} \cap G_{r-1} \cap \{e_k(0) = i_r, \cdots, e_k(n-r) = i_n\} \cap$$
$$\{\zeta_k > n - r\} \cap \{e_k(n-r+1) = j\})$$
$$= \mathbf{P}(\{S_k = r\} \cap G_{r-1})\mathbf{P}(\{e_k(0) = i_r, \cdots, e_k(n-r) = i_n\} \cap$$
$$\{\zeta_k > n - r\} \cap \{e_k(n-r+1) = j\})$$
$$= \mathbf{P}(\{S_k = r\} \cap G_{r-1})\mathbf{P}(\{e_k(0) = i_r, \cdots, e_k(n-r) = i_n\} \cap$$
$$\{\zeta_k > n - r\})p^a(i_n, j)$$
$$= \mathbf{P}(\{S_k = r\} \cap G_{r-1} \cap \{e_k(0) = i_r, \cdots, e_k(n-r) = i_n\} \cap$$
$$\{\zeta_k > n - r\})q_+^a(i_n, j)$$
$$= \mathbf{P}(\{S_k = r, T_{k+1} > n\} \cap G_n)q_+^a(i_n, j).$$

类似地,

$$\mathbf{P}(\{S_k = r, T_{k+1} = n\} \cap G_n \cap \{W_{n+1} = j\})$$
$$= \mathbf{P}(\{S_k = r\} \cap \{\zeta_k = n - r\} \cap G_{r-1} \cap \{e_k(0) = i_r, \cdots,$$
$$e_k(n-r) = i_n\} \cap \{e_{k+1}(0) = j\})$$
$$= \mathbf{P}(\{S_k = r\} \cap G_{r-1} \cap \{e_k(0) = i_r, \cdots, e_k(n-r) = i_n\} \cap$$
$$\{\zeta_k = n - r\} \cap \{e_{k+1}(0) = j\})1_{\{i_n = a, j = a+1\}}$$
$$= \mathbf{P}(\{S_k = r\} \cap G_{r-1} \cap \{e_k(0) = i_r, \cdots, e_k(n-r) = i_n\} \cap$$

$$\{\zeta_k = n - r\})1_{\{i_n=a,j=a+1\}}q_+^a(i_n, j)$$
$$= \mathbf{P}(\{S_k = r, T_{k+1} = n\} \cap G_n)q_+^a(i_n, j).$$

将上面两式相加得

$$\mathbf{P}(\{S_k = r, n \leqslant T_{k+1}\} \cap G_n \cap \{W_{n+1} = j\})$$
$$= \mathbf{P}(\{S_k = r, n \leqslant T_{k+1}\} \cap G_n)q_+^a(i_n, j).$$

对 $0 \leqslant r \leqslant n$ 求和有

$$\mathbf{P}(\{S_k \leqslant n \leqslant T_{k+1}\} \cap G_n \cap \{W_{n+1} = j\})$$
$$= \mathbf{P}(\{S_k \leqslant n \leqslant T_{k+1}\} \cap G_n)q_+^a(i_n, j),$$

再对 $k \geqslant 1$ 求和得

$$\mathbf{P}(G_n \cap \{W_{n+1} = j\}) = \mathbf{P}(G_n)q_+^a(i_n, j),$$

故有

$$\mathbf{P}(W_{n+1} = j|G_n) = q_+^a(i_n, j).$$

所以 W 是 $\mathbb{Z}_{a+}$ 上的反射简单随机游动. $\square$

在定理 4.4.2 中, 当 $p > 1/2$ 时对 $k \geqslant 2$ 可能以严格正的概率有 $S_k = \infty$. 当 $p \leqslant 1/2$ 时, 对一切 $k \geqslant 1$ 有 $S_k < \infty$. 显然, 当 $S_k < \infty$ 时 e_k 就是 W 的第 k 个从 $a+1$ 到 a 的游程. 也就是说, 将可数个相互独立的从 $a+1$ 到 a 的游程首尾相接, 就得到一个 $\mathbb{Z}_{a+}$ 上的从 $a+1$ 出发的反射简单随机游动. 基于定理 4.4.2, 可以容易地构造出 $\mathbb{Z}_{a+}$ 上的从任何状态出发的反射游动. 对此我们有:

推论 4.4.3　设 $\phi_0 = \{\phi_0(n) : n \geqslant 0\}$ 是从 $\phi_0(0) \geqslant a+1$ 出发在 $a+1$ 被吸收的简单游动且与 (4.4.8) 式定义的游动 $W = (W_n : n \geqslant 0)$ 独立. 对 $k \geqslant 1$ 令 $\sigma_k = \zeta_0 + S_k$, 其中 $\zeta_0 = \inf\{n \geqslant 0 : \phi_0(n) = a+1\}$. 再令

$$X_n = \begin{cases} \phi_0(n), & 0 \leqslant n < \zeta_0, \\ W_{n-\sigma_k}, & \sigma_k \leqslant n < \sigma_{k+1}, \end{cases}$$

则 $X = (X_n : n \geqslant 0)$ 是 $\mathbb{Z}_{a+}$ 上的反射简单随机游动.

与定理 4.4.2 和推论 4.4.3 类似, 可以构造出 $\mathbb{Z}_{a-}$ 上的反射简单随机游动.

4.4.3   常返游动的拆解

取定 $a \in \mathbb{Z}$. 设 $W = \{W(n) : n \geqslant 0\}$ 为 $\mathbb{Z}$ 上的对称简单随机游动且满足 $W(0) \geqslant a$. 考虑非负不降过程 $H^+ = \{H_n^+ : n \geqslant 0\}$ 和 $H^+ = \{H_n^- : n \geqslant 0\}$, 其中

$$H_n^+ = \sum_{k=0}^n 1_{\{W(k) \geqslant a\}}, \quad H_n^- = \sum_{k=0}^n 1_{\{W(k) \leqslant a+1\}}. \tag{4.4.9}$$

由于 W 不可约且常返, 当 $n \to \infty$ 时有 $H_n^+ \to \infty$ 和 $H_n^- \to \infty$. 对于 $k \geqslant 0$ 令

$$\eta_k^+ = \inf\{n \geqslant 0 : H_n^+ > k\}, \quad \eta_k^- = \inf\{n \geqslant 0 : H_n^- > k\}, \tag{4.4.10}$$

则 $\eta^+ = (\eta_k^+ : k \geqslant 0)$ 和 $\eta^- = (\eta_k^- : k \geqslant 0)$ 也是非负不降过程. 下面的定理从 W 中拆解出了两个独立的反射游动.

定理 4.4.4   过程 $W^+ = \{W(\eta_k^+) : k \geqslant 0\}$ 和 $W^- = \{W(\eta_k^-) : k \geqslant 0\}$ 分别是 $\mathbb{Z}_{a+} = \mathbb{Z} \cap [a, \infty)$ 上和 $\mathbb{Z}_{(a+1)-} = \mathbb{Z} \cap (-\infty, a+1]$ 上的反射简单游动且二者相互独立.

证明   对于过程 $X = W$ 和水平 $a, b = a+1$ 可以像 (4.4.1) 式中那样定义停时 σ_k, τ_k, $k \geqslant 0$, 并像 (4.4.2) 式中那样定义游程 e_k, ε_k, $k \geqslant 0$. 再令 $\phi_0 = \{W(n \wedge \sigma_1) : n \geqslant 0\}$. 注意 W^+ 是将 ϕ_0, e_k, $k \geqslant 0$ 首尾相接得到的过程, 而 W^- 是将 ε_k, $k \geqslant 0$ 首尾相接得到的过程. 应用推论 4.4.3 易知 W^+ 是 $\mathbb{Z}_{a+}$ 上的反射简单游动, 同理 W^- 是 $\mathbb{Z}_{(a+1)-}$ 上的反射简单游动. 再由定理 4.4.1 知 ϕ_0, e_k, $k \geqslant 0$ 与 ε_k, $k \geqslant 0$ 独立. 所以 W^+ 和 W^- 独立. $\square$

对于非对称的简单游动, 也可以给出类似于定理 4.4.4 的拆解. 为了保证常返性, 下面考虑反射游动. 任取 $c < a \in \mathbb{Z}$. 设 $W = \{W(n) : n \geqslant 0\}$ 为 $\mathbb{Z}_{c+} = \mathbb{Z} \cap [c, \infty)$ 上的反射简单随机游动, 其转移矩阵由 (4.4.4) 式给出, 其中 $a = c$ 而 $0 < p \leqslant q < 1$. 此时, 仍可像 (4.4.9) 式和 (4.4.10) 式那样定义 $H^\pm$ 和 $\eta^\pm$. 与前面的证明类似地, 可以得到下面的:

定理 4.4.5   在上述情况下, 过程 $W^+ = \{W(\eta_k^+) : k \geqslant 0\}$ 和 $W^- = \{W(\eta_k^-) : k \geqslant 0\}$ 分别是 $\mathbb{Z}_{a+} = \mathbb{Z} \cap [a, \infty)$ 上和 $\mathbb{Z}_{c,a+1} = \mathbb{Z} \cap [c, a+1]$ 上的反射简单游动且二者相互独立.

练习题

1. 证明由 (4.4.1) 式定义的每个 σ_k 和 τ_k 是 $(\mathscr{F}_n)$ 的停时.

提示: 令 $(\mathscr{F}_n)$ 是 X 的自然流. 注意, 对于 $k \geqslant 1$ 和 $n \geqslant 0$, 有 $\sigma_k \leqslant n$ 当且仅当存在 $0 \leqslant i_1 < j_1 \leqslant i_2 < j_2 < \cdots \leqslant i_{k-1} < j_{k-1} \leqslant i_k \leqslant n$, 使得

$$X_{i_1} = X_{i_2} = \cdots = X_{i_{k-1}} = X_{i_k} = b, \quad X_{j_1} = X_{j_2} = \cdots = X_{j_{k-1}} = a.$$

所以 $\{\sigma_k \leqslant n\} \in \mathscr{F}_n$. 类似地有 $\{\tau_k \leqslant n\} \in \mathscr{F}_n$.

2. 求从 1 出发的一维简单随机游动的第一个由 1 到 0 的游程 $e = \{e(n) : n \geq 0\}$ 的高度 $\sup\limits_{n \geq 0} e(n)$ 的分布.

3. 证明: 当 $0 < p \leq q$ 时具有转移矩阵 Q_+^a 的反射随机游动是常返的; 当 $p \geq q > 0$ 时具有转移矩阵 Q_-^a 的反射随机游动是常返的.

4. 给出推论 4.4.3 的直接证明.

提示: 参考定理 4.4.2 的证明.

5. 给出 $\mathbb{Z}_+ \times \mathbb{Z}$ 上的以 $\{0\} \times \mathbb{Z}$ 为反射面的简单对称随机游动的定义, 并给出该游动的构造.

提示: 利用定理 4.4.2 和推论 4.4.3 的结论.

第五章

马氏链的遍历理论

本章讨论马氏链的遍历理论, 包括平稳链、不变测度、弱遍历定理、遍历定理和转移矩阵的遍历性. 在形式上, 马氏链的遍历定理通常是指它的转移概率或轨道按时间平均的极限定理, 前者称为弱遍历定理, 后者称为强遍历定理.

5.1   可逆性与对称性

马氏链的不变测度就是在它的转移矩阵作用下保持不变的测度. 以不变概率测度为初始分布的马氏链是一个平稳过程, 即其有限维分布具有时间上的推移不变性. 可逆性是指过程的分布性质在时间逆转下的不变性, 即将时间反转后过程的有限维分布保持不变. 对称性是可逆性的推广. 可逆过程和对称过程具有许多特殊性质, 非常便于处理.

5.1.1   平稳链和可逆链

考虑定义于概率空间 $(\Omega, \mathscr{F}, \mathbf{P})$ 上的具有可数状态空间 E 和转移矩阵 $P = (p_{ij} : i, j \in E)$ 的马氏链 $X = (X_n : n \geqslant 0)$.

定义 5.1.1   称 E 上的概率测度 $\pi = (\pi_i : i \in E)$ 为 X 或 P 的平稳分布, 是指

$$\sum_{i \in E} \pi_i p_{ij} = \pi_j, \quad j \in E. \tag{5.1.1}$$

称 π 为 X 或 P 的可逆分布, 是指

$$\pi_i p_{ij} = \pi_j p_{ji}, \quad i, j \in E. \tag{5.1.2}$$

显然, 若 π 是 X 的可逆分布, 则它一定是 X 的平稳分布.

定义 5.1.2   称马氏链 X 为平稳的, 是指 X_n 的概率分布不依赖于时间 $n \geqslant 0$. 根据 X 的马氏性, 这意味着对任意的 $n \geqslant 0$ 和 $k \geqslant 0$ 下面的随机向量具有相同的概率分布:

$$(X_0, X_1, \cdots, X_k), \quad (X_n, X_{n+1}, \cdots, X_{n+k}).$$

命题 5.1.1   以 $\pi = (\pi_i : i \in E)$ 为初始分布且有转移矩阵 P 的马氏链 X 是平稳的当且仅当 π 是 P 的平稳分布.

证明   设 X 是以 π 为初始分布的马氏链. 根据马氏性有

$$\mathbf{P}(X_1 = j) = \sum_{i \in E} \mathbf{P}(X_0 = i)\mathbf{P}(X_1 = j | X_0 = i) = \sum_{i \in E} \pi_i p_{ij},$$

所以 X_1 服从分布 π 当且仅当 (5.1.1) 式成立. 利用马氏性和数学归纳法可得命题结论. □

定义 5.1.3 称马氏链 X 是可逆的, 是指对任何 $n \geqslant 0$ 下面的随机向量具有相同的概率分布:

$$(X_0, X_1, \cdots, X_{n-1}, X_n), \quad (X_n, X_{n-1}, \cdots, X_1, X_0),$$

命题 5.1.2 以 $\pi = (\pi_i : i \in E)$ 为初始分布且有转移矩阵 P 的马氏链 X 是可逆的当且仅当 π 是 P 的可逆分布.

证明 如果 X 可逆, 那么对任意的 $i, j \in E$ 我们有

$$\pi_i p_{ij} = \mathbf{P}(X_0 = i, X_1 = j) = \mathbf{P}(X_1 = i, X_0 = j) = \pi_j p_{ji},$$

即 (5.1.2) 式成立. 反之, 假设 (5.1.2) 式成立. 则对 $n \geqslant 0$ 和 $\{i_0, i_1, \cdots, i_n\} \subseteq E$ 有

$$
\begin{aligned}
&\mathbf{P}(X_0 = i_0, X_1 = i_1, \cdots, X_{n-1} = i_{n-1}, X_n = i_n) \\
&= \pi_{i_0} p_{i_0 i_1} p_{i_1 i_2} \cdots p_{i_{n-2} i_{n-1}} p_{i_{n-1} i_n} \\
&= p_{i_1 i_0} \pi_{i_1} p_{i_1 i_2} \cdots p_{i_{n-2} i_{n-1}} p_{i_{n-1} i_n} \\
&= p_{i_1 i_0} p_{i_2 i_1} \pi_{i_2} \cdots p_{i_{n-2} i_{n-1}} p_{i_{n-1} i_n} \\
&= \cdots \\
&= p_{i_1 i_0} p_{i_2 i_1} \cdots p_{i_{n-1} i_{n-2}} p_{i_n i_{n-1}} \pi_{i_n} \\
&= \pi_{i_n} p_{i_n i_{n-1}} p_{i_{n-1} i_{n-2}} \cdots p_{i_2 i_1} p_{i_1 i_0} \\
&= \mathbf{P}(X_0 = i_n, X_1 = i_{n-1}, \cdots, X_{n-1} = i_1, X_n = i_0).
\end{aligned}
$$

这说明 X 是可逆的. □

可逆马氏链必然是平稳的. 物理学中称满足 (5.1.2) 式的过程 $(X_n : n \geqslant 0)$ 是细致平衡的, 意为对任意一对状态 $\{i, j\} \subseteq E$, 过程从 i 运动到 j 的概率与从 j 运动到 i 的概率相同. 此时, 对给定的 $n \geqslant 1$ 令 $Y_k = X_{n-k}$, 则 $(Y_k : 0 \leqslant k \leqslant n)$ 也是以 P 为转移矩阵的平稳马氏链.

定义 5.1.4 对 $n \geqslant 1$ 写 $P^n = (p_{ij}^n : i, j \in E)$. 称 P 是遍历的, 是指存在 E 上的概率分布 $\pi = (\pi_i : i \in E)$ 使得

$$\lim_{n \to \infty} p_{ij}^n = \pi_j, \quad i, j \in E. \tag{5.1.3}$$

命题 5.1.3 若 P 是遍历转移矩阵且 π 由 (5.1.3) 式确给出, 则 π 是 P 的唯一的平稳分布.

证明 根据 (5.1.3) 式和法图定理有

$$\pi_j = \lim_{n \to \infty} p_{ij}^n = \lim_{n \to \infty} \sum_{k \in E} p_{ik}^{n-1} p_{kj} \geqslant \sum_{k \in E} \pi_k p_{kj}.$$

将上式对 $j \in E$ 求和, 易见两端均为 1, 故这里只能成立等号. 所以 π 是 P 的平稳分布. 假设 $\mu = (\mu_i : i \in E)$ 也是 P 的平稳分布. 根据控制收敛定理有

$$\mu_j = \lim_{n \to \infty} \sum_{k \in E} \mu_k p_{kj}^n = \sum_{k \in E} \mu_k \pi_j = \pi_j.$$

这说明 π 是 P 的唯一的平稳分布. □

5.1.2 对称测度

作为平稳分布和可逆分布的推广, 我们引入不变测度和对称测度的概念如下:

定义 5.1.5 称 E 上的 σ 有限测度 $\mu = (\mu_i : i \in E)$ 是 X 或 P 的不变测度, 是指

$$\sum_{i \in E} \mu_i p_{ij} = \mu_j, \quad j \in E. \tag{5.1.4}$$

称 μ 是 X 或 P 的对称测度, 是指

$$\mu_i p_{ij} = \mu_j p_{ji}, \quad i, j \in E. \tag{5.1.5}$$

命题 5.1.4 转移矩阵 P 关于测度 μ 是对称的当且仅当有

$$\mu_i p_{ij}(n) = \mu_j p_{ji}(n), \quad n \geqslant 0, i, j \in E. \tag{5.1.6}$$

证明 若 (5.1.6) 式成立, 显然 P 关于测度 μ 对称. 反之, 若 P 关于 μ 是对称的, 则 (5.1.6) 式对于 $n = 1$ 成立. 假若 (5.1.6) 式对于某个 $n \geqslant 1$ 成立, 则有

$$\begin{aligned} \mu_i p_{ij}(n+1) &= \sum_{k \in E} \mu_i p_{ik}(n) p_{kj} = \sum_{k \in E} p_{ki}(n) \mu_k p_{kj} \\ &= \sum_{k \in E} p_{ki}(n) p_{jk} \mu_j = \mu_j p_{ji}(n+1). \end{aligned}$$

由数学归纳法知 (5.1.6) 式对于所有 $n \geqslant 1$ 成立. □

例 5.1.1 对于每个 $i \in \mathbb{Z}$ 取常数 $p_i, q_i > 0$ 满足 $p_i + q_i = 1$. 定义 $\mathbb{Z}$ 上的转移矩阵 $P = (p_{ij} : i, j \in \mathbb{Z})$ 如下:

$$p_{ij} = p_i 1_{\{j=i+1\}} + q_i 1_{\{j=i-1\}}, \quad i, j \in \mathbb{Z}.$$

以 P 为转移矩阵的马氏链也称为生灭过程. 令

$$\mu_0 = 1, \quad \mu_i = \prod_{k=0}^{i-1} \frac{p_k}{q_{k+1}} \ (i > 0), \quad \mu_i = \prod_{k=i+1}^{0} \frac{q_k}{p_{k-1}} \ (i < 0),$$

则当 $|i - j| \geqslant 2$ 时有 $\mu_i p_{ij} = \mu_j p_{ji} = 0$. 当 $|i - j| = 1$ 时, 利用上式易证 $\mu_i p_{ij} = \mu_j p_{ji}$. 所以 μ 是 P 的对称测度.

例5.1.2　设有 $m\ (\geqslant 1)$ 个粒子被放置到一个容器中, 容器被挡板分为左右两侧. 每过一个时间单位从 m 个粒子中等概率地随机选择一个, 将它移到容器的另外一侧. 用 X_n 表示第 n 次操作完成后容器左侧粒子的个数, 则 $X = (X_n : n \geqslant 0)$ 是整数区间 $E := [0, m]$ 上的马氏链, 其转移矩阵 $P = (p_{ij} : 0 \leqslant i, j \leqslant m)$ 可表示为

$$p_{ij} = \left(\frac{i}{m}\right)1_{\{j=i-1\}} + \left(1 - \frac{i}{m}\right)1_{\{j=i+1\}}.$$

易证 X 不可约, 以 2 为周期且有平稳分布 $\pi = (\pi_i : 0 \leqslant i \leqslant m)$, 其中 $\pi_j = 2^{-m}C_m^i$. 此外, 对任何 $1 \leqslant i \leqslant m$ 有 $\pi_i p_{i,i-1} = \pi_{i-1} p_{i-1,i}$. 由命题 5.1.2 知 π 是 X 的可逆分布. 该马氏链称为埃伦菲斯特 (Ehrenfest) 模型, 是为研究气体分子的扩散行为而设计的简化模型.

5.1.3　对称测度的判别法

马氏链的对称测度一定是不变测度, 且比不变测度更容易处理. 事实上, 对称测度总可以用转移矩阵的元素给出显式表示, 而不变测度通常很难做到这点. 下面的定理属于柯尔莫哥洛夫, 它提供了一个非常有用的对称性判别法, 同时给出了对称测度的表示.

定理 5.1.5　不可约转移矩阵 $P = (p_{ij} : i, j \in E)$ 有非零的对称测度当且仅当对状态空间中任意的环路 $i_1 \to i_2 \to \cdots \to i_r \to i_1$ 有等式

$$p_{i_1 i_2} p_{i_2 i_3} \cdots p_{i_{r-1} i_r} p_{i_r i_1} = p_{i_1 i_r} p_{i_r i_{r-1}} \cdots p_{i_3 i_2} p_{i_2 i_1}. \tag{5.1.7}$$

此时, 可以定义非零对称测度 $\mu = (\mu_i : i \in E)$ 如下: 取状态 $i_0 \in E$ 并令 $\mu_{i_0} = 1$; 对于 $i \neq i_0 \in E$ 取 $\{i_1, i_2, \cdots, i_n\} \subseteq E$ 满足 $p_{i_0 i_1} p_{i_1 i_2} \cdots p_{i_{n-1} i_n} p_{i_n i} > 0$, 再令

$$\mu_i = \frac{p_{i_0 i_1} p_{i_1 i_2} \cdots p_{i_{n-1} i_n} p_{i_n i}}{p_{i i_n} p_{i_n i_{n-1}} \cdots p_{i_2 i_1} p_{i_1 i_0}} = \prod_{k=0}^{n} \frac{p_{i_k i_{k+1}}}{p_{i_{k+1} i_k}}, \tag{5.1.8}$$

其中 $i_{n+1} = i$. 上式右边的值与 $\{i_1, i_2, \cdots, i_n\}$ 的选择无关, 且分子和分母均严格正.

证明　假设 μ 是 P 的非零的对称测度. 由命题 5.1.4, 对 $n \geqslant 0$ 和 $i, j \in E$ 有 $\mu_i p_{ij}(n) = \mu_j p_{ji}(n)$. 因 P 是不可约的, 若 $\mu_{i_0} > 0$, 对 $i_0 \neq j \in E$ 可取 $n \geqslant 1$ 使得 $p_{i_0 j}(n) > 0$, 从而 $\mu_j p_{j i_0}(n) = \mu_{i_0} p_{i_0 j}(n) > 0$. 由此可见 $\mu_j > 0$ 对所有 $j \in E$ 成立. 对任意的环路 $i_1 \to i_2 \to \cdots \to i_r \to i_1$ 有

$$\mu_{i_1} p_{i_1 i_2} p_{i_2 i_3} \cdots p_{i_{r-1} i_r} p_{i_r i_1} = p_{i_2 i_1} \mu_{i_2} p_{i_2 i_3} \cdots p_{i_{r-1} i_r} p_{i_r i_1}$$
$$= \cdots = p_{i_2 i_1} p_{i_3 i_2} \cdots p_{i_r i_{r-1}} p_{i_1 i_r} \mu_{i_1}$$
$$= \mu_{i_1} p_{i_1 i_r} p_{i_r i_{r-1}} \cdots p_{i_3 i_2} p_{i_2 i_1}.$$

由于 $\mu_{i_1} > 0$, 上式等价于 (5.1.7) 式. 反之, 假设 (5.1.7) 式对所有环路成立. 我们证明 (5.1.8) 式定义了非零对称测度 μ. 先证该式中分子和分母均不为零. 取 $\{l_1, l_2, \cdots, l_r\} \subseteq$

E 满足 $p_{il_1}p_{l_1l_2}\cdots p_{l_{r-1}l_r}p_{l_ri_0} > 0$, 则

$$p_{i_0i_1}p_{i_1i_2}\cdots p_{i_{n-1}i_n}p_{i_ni} \cdot p_{il_1}p_{l_1l_2}\cdots p_{l_{r-1}l_r}p_{l_ri_0} > 0.$$

由 (5.1.7) 式得

$$p_{i_0l_r}p_{l_rl_{r-1}}\cdots p_{l_2l_1}p_{l_1i} \cdot p_{ii_n}p_{i_ni_{n-1}}\cdots p_{i_2i_1}p_{i_1i_0} > 0.$$

所以 (5.1.8) 式中分子和分母均不为零. 再证该式的值与 $\{i_1, i_2, \cdots, i_n\} \subseteq E$ 的选择无关. 假定还有 $\{j_1, j_2, \cdots, j_r\} \subseteq E$ 使 $p_{i_0j_1}p_{j_1j_2}\cdots p_{j_{r-1}j_r}p_{j_ri} > 0$. 应用 (5.1.7) 式于环路

$$i_0 \to i_1 \to i_2 \to \cdots \to i_n \to i_{n+1} = i = j_{r+1}$$
$$\to j_r \to j_{r-1} \to \cdots \to j_2 \to j_1 \to j_0 = i_0,$$

得到

$$1 = \frac{p_{i_0i_1}p_{i_1i_2}\cdots p_{i_{n-1}i_n}p_{i_ni}p_{ij_r}p_{j_rj_{r-1}}\cdots p_{j_2j_1}p_{j_1i_0}}{p_{i_0j_1}p_{j_1j_2}\cdots p_{j_{r-1}j_r}p_{j_ri}p_{ii_n}p_{i_ni_{n-1}}\cdots p_{i_2i_1}p_{i_1i_0}}$$
$$= \prod_{k=0}^{n}\frac{p_{i_ki_{k+1}}}{p_{i_{k+1}i_k}}\prod_{k=0}^{r}\frac{p_{j_{k+1}j_k}}{p_{j_kj_{k+1}}} = \prod_{k=0}^{n}\frac{p_{i_ki_{k+1}}}{p_{i_{k+1}i_k}}\left(\prod_{k=0}^{r}\frac{p_{j_kj_{k+1}}}{p_{j_{k+1}j_k}}\right)^{-1}.$$

这就证明了 (5.1.8) 式的值与 $i_1, i_2, \cdots, i_n$ 的选取无关, 而且 $\mu_i > 0$. 最后, 我们来证明由 (5.1.8) 式定义的 μ 是对称测度. 对于 $i_0 \neq j \in E$, 由互通性必有 $\{j_1, j_2, \cdots, j_r\} \subseteq E$ 满足

$$p_{i_0j_1}p_{j_1j_2}\cdots p_{j_{r-1}j_r}p_{j_rj} > 0.$$

注意

$$\mu_ip_{ij} = \frac{p_{i_0i_1}p_{i_1i_2}\cdots p_{i_{n-1}i_n}p_{i_ni} \cdot p_{ij}}{p_{ii_n}p_{i_ni_{n-1}}\cdots p_{i_2i_1}p_{i_1i_0}}, \quad \mu_jp_{ji} = \frac{p_{i_0j_1}p_{j_1j_2}\cdots p_{j_{r-1}j_r}p_{j_rj} \cdot p_{ji}}{p_{jj_r}p_{j_rj_{r-1}}\cdots p_{j_2j_1}p_{j_1i_0}},$$

由 (5.1.7) 式有

$$p_{i_0i_1}p_{i_1i_2}\cdots p_{i_{n-1}i_n}p_{i_ni} \cdot p_{ij} \cdot p_{jj_r}p_{j_rj_{r-1}}\cdots p_{j_2j_1}p_{j_1i_0}$$
$$= p_{i_0j_1}p_{j_1j_2}\cdots p_{j_{r-1}j_r}p_{j_rj} \cdot p_{ji} \cdot p_{ii_n}p_{i_ni_{n-1}}\cdots p_{i_2i_1}p_{i_1i_0}.$$

所以 $\mu_ip_{ij} = \mu_jp_{ji}$, 即 μ 的确是 X 的对称测度. $\square$

推论 5.1.6   不可约转移矩阵 P 的非零对称测度点点严格正, 而且在相差一个常数因子的意义下唯一.

证明　前一结果由定理 5.1.5 给出. 假设 $\nu = (\nu_i : i \in E)$ 是非零对称测度且 $\nu_{i_0} > 0$. 令 $\mu = (\mu_i : i \in E)$ 是由 (5.1.8) 式给出的非零对称测度. 对于 $i_0 \neq i \in E$, 由互通性必有 $\{j_1, j_2, \cdots, j_n\} \subseteq E$ 满足 $p_{i_0 j_1} p_{j_1 j_2} \cdots p_{j_{n-1} j_n} p_{j_n i} > 0$. 由 ν 的对称性有 $\nu_i p_{ij} = \nu_j p_{ji}$. 反复应用此关系得到

$$\nu_{i_0} p_{i_0 j_1} p_{j_1 j_2} \cdots p_{j_{n-1} j_n} p_{j_n i} = \nu_i p_{i j_n} p_{j_n j_{n-1}} \cdots p_{j_2 j_1} p_{j_1 i_0}.$$

再由 (5.1.8) 式可见 $\nu_i / \nu_{i_0} = \mu_i / \mu_{i_0}$. 所以 ν 和 μ 至多只相差一个常数因子. □

命题 5.1.7　设转移矩阵 $P = (p_{ij} : i, j \in E)$ 以 $\mu = (\mu_i : i \in E)$ 为对称测度. 对于 $E_0 \subseteq E$ 令

$$\tilde{p}_{ij} = \begin{cases} p_{ij}, & i \neq j \in E_0, \\ p_{ii} + \sum_{k \notin E_0} p_{ik}, & i = j \in E_0, \end{cases}$$

则 $\tilde{P} = (\tilde{p}_{ij} : i, j \in E_0)$ 是一个转移矩阵, 并且以 $\tilde{\mu} = (\mu_i : i \in E_0)$ 为对称测度.

证明　对于 $i = j \in E_0$ 显然有 $\mu_i \tilde{p}_{ij} = \mu_j \tilde{p}_{ji}$. 对于不同的 $i, j \in E_0$ 有 $\mu_i \tilde{p}_{ij} = \mu_i p_{ij} = \mu_j p_{ji} = \mu_j \tilde{p}_{ji}$. 所以 $\tilde{\mu}$ 是 $\tilde{P}$ 的对称测度. □

上面的定理说明, 将一个马氏链 "限制在" 它的状态空间的某个子集 E_0 上, 新马氏链的对称测度就是原来马氏链的对称测度在 E_0 上的限制. 这个特点为对称马氏链的研究提供了很大的方便. 但是类似的性质对于不变测度一般并不成立.

练习题

1. 令 P 是有限状态空间 E 上的转移矩阵. 设对每个 $j \in E$ 极限 $\pi_j = \lim_{n \to \infty} p_{ij}(n)$ 存在且不依赖于 $i \in E$. 证明 $\pi = (\pi_j : j \in E)$ 是 P 的平稳分布.

2. 令 $(X_n : n \geq 0)$ 是状态空间 E 上的以 P 为转移矩阵的马氏链. 设对每个 $j \in E$ 极限 $\pi_j = \lim_{n \to \infty} p_{ij}(n)$ 存在且不依赖于 $i \in E$. 证明对任何 $j, k \in E$ 极限 $\lim_{n \to \infty} \mathbf{P}\{(X_n, X_{n+1}) = (j, k)\}$ 存在.

3. 令 $P = (p_{ij} : i, j \in \mathbb{Z})$ 是 $\mathbb{Z}$ 上的简单随机游动的转移矩阵, 即有

$$p_{ij} = p 1_{\{j = i+1\}} + q 1_{\{j = i-1\}}, \quad i, j \in \mathbb{Z}.$$

其中 $p, q > 0$ 满足 $p + q = 1$. 再令 π 为 $\mathbb{Z}$ 上的计数测度. 证明 π 是 P 的不变测度, 且它是对称测度当且仅当 $p = q = 1/2$.

4. 考虑状态空间 $E = \{1, 2, 3\}$ 上的概率分布 $\mu = (1/3, 1/3, 1/3)$. 定义 E 上的转

移矩阵 P 如下:

$$P = \begin{pmatrix} 0 & 1/2 & 1/2 \\ 1/2 & 0 & 1/2 \\ 1/2 & 1/2 & 0 \end{pmatrix},$$

证明 μ 是 P 唯一的可逆分布. 由命题 5.1.7 可得 P 在 $E_0 := \{1, 2\}$ 上的限制为

$$\tilde{P} = \begin{pmatrix} 1/2 & 1/2 \\ 1/2 & 1/2 \end{pmatrix}.$$

验证 μ 在 E_0 上的限制 $\tilde{\mu} := (1/3, 1/3)$ 是 $\tilde{P}$ 的可逆分布.

5. 考虑上题中的状态空间 E 和概率分布 μ. 这里定义 E 上的转移矩阵 P 如下:

$$P = \begin{pmatrix} 1/2 & 1/2 & 0 \\ 0 & 1/2 & 1/2 \\ 1/2 & 0 & 1/2 \end{pmatrix},$$

(1) 证明 μ 是 P 的唯一平稳分布. (2) 转移矩阵 P 是否有可逆分布?

5.2 弱遍历定理

弱遍历定理是指转移概率按时间平均的极限定理. 给定可数状态空间 E 上的转移矩阵 $P = (p_{ij})_{i,j \in E}$, 可以定义其关于时间的平均

$$L_n = \frac{1}{n} \sum_{k=0}^{n-1} P^k = \frac{1}{n} \sum_{k=1}^{n} P^{k-1}, \quad n \geqslant 1. \tag{5.2.1}$$

注意, 这里的每个 L_n 也都是 E 上的转移矩阵, 而 P 的弱遍历性是指该矩阵当 $n \to \infty$ 时的收敛性质.

5.2.1 弱遍历性

定理 5.2.1 (弱遍历定理)　*极限 $\lim\limits_{n \to \infty} L_n = L$ 存在且满足方程 $PL = LP = L = L^2$.*

证明　记 $P^n = (p_{ij}(n))_{i,j \in E}$ 和 $L_n = (L_{ij}(n))_{i,j \in E}$. 对于 $i, j \in E$ 序列 $\{L_{ij}(n) : n \geqslant 0\}$ 非负有界, 故存在非负整数列 $n_k(i, j) \to \infty$ 使极限 $\lim\limits_{k \to \infty} L_{ij}(n_k(i, j)) = L_{ij}$ 存

在. 利用对角线抽取法可得到不依赖于 (i,j) 的子列 $n_k \to \infty$ 使

$$\lim_{k\to\infty} L_{n_k} = \lim_{k\to\infty} (L_{ij}(n_k)) = (L_{ij}) = L. \tag{5.2.2}$$

另一方面, 由 (5.2.1) 式不难看出

$$L_nP = PL_n = \frac{1}{n}\sum_{k=1}^{n} P^k = L_n + \frac{1}{n}(P^n - I), \tag{5.2.3}$$

其中 I 是单位矩阵. 用 1 表示所有元素都为 1 的列向量. 我们有 $P1 = 1$. 根据 (5.2.2) 式和 (5.2.3) 式, 并利用有界收敛定理得

$$PL = \lim_{k\to\infty} (PL_{n_k}) = \lim_{k\to\infty} L_{n_k} + \lim_{k\to\infty} \frac{1}{n_k}(P^{n_k} - I) = L.$$

类似地, 利用法图定理得

$$LP \leqslant \lim_{k\to\infty} (L_{n_k}P) = \lim_{k\to\infty} L_{n_k} + \lim_{k\to\infty} \frac{1}{n_k}(P^{n_k} - I) = L.$$

假若上式中有严格不等号成立, 即存在 $i,j \in E$ 使

$$\sum_{k\in E} L_{ik}p_{kj} < L_{ij},$$

则导致矛盾的结论

$$\sum_{k\in E} L_{ik} = \sum_{l\in E}\sum_{k\in E} L_{ik}p_{kl} < \sum_{l\in E} L_{il}.$$

可见必然有 $PL = LP = L$. 由 (5.2.2) 式及法图定理有 $L1 \leqslant 1$, 进而利用有界收敛定理得

$$L = \lim_{k\to\infty} \frac{1}{n_k}\sum_{r=1}^{n_k} L = \lim_{k\to\infty} \frac{1}{n_k}\sum_{r=1}^{n_k} LP^{r-1} = \lim_{k\to\infty} LL_{n_k} = LL = L^2.$$

最后我们来证明 $\lim_{n\to\infty} L_n = L$. 假设有子列 $m_k \to \infty$ 使 $\lim_{k\to\infty} L_{m_k} = M$. 与上式类似地可得

$$L = \lim_{k\to\infty} \frac{1}{m_k}\sum_{r=1}^{m_k} L = \lim_{k\to\infty} \frac{1}{m_k}\sum_{r=1}^{m_k} LP^{r-1} = \lim_{k\to\infty} LL_{m_k} = LM.$$

同理可知 $M = ML$. 再由法图定理有

$$L = \lim_{k\to\infty} \frac{1}{m_k}\sum_{r=1}^{m_k} L = \lim_{k\to\infty} \frac{1}{m_k}\sum_{r=1}^{m_k} P^{r-1}L = \lim_{k\to\infty} (L_{m_k}L) \geqslant ML.$$

同理有 $LM \leqslant M$. 于是 $M = ML \leqslant L = LM \leqslant M$. 因而有 $M = ML = LM = L$. 这就证明了 $\lim_{n\to\infty} L_n = L$. $\square$

5.2.2　极限矩阵的表示

由定理 5.2.1 知 L 的每一行都构成转移矩阵 P 的不变测度. 下面的定理给出了极限矩阵 $L = \lim\limits_{n\to\infty} L_n$ 一种表示.

定理 5.2.2　　假定 $P = (p_{ij})_{i,j\in E}$ 不可约且常返. 将状态空间表示为 $E := \{i_k : k = 1, 2, \cdots\}$. 令 $\lim\limits_{n\to\infty} L_n = L$. 则有:

(1) 存在一个非负行向量 $\pi = (\pi_i : i \in E)$ 使得

$$L = \begin{pmatrix} \pi \\ \pi \\ \vdots \end{pmatrix} = \begin{pmatrix} \pi_1 & \pi_2 & \cdots \\ \pi_1 & \pi_2 & \cdots \\ \vdots & \vdots & \end{pmatrix}, \tag{5.2.4}$$

或简写为 $L = \mathbf{1}\pi$, 其中 $\mathbf{1}$ 表示所有元素都为 1 的列向量;

(2) π 的元素或者全为零, 或者全不为零;

(3) P 有平稳分布当且仅当 π 不为零, 这时 π 是 P 的唯一平稳分布.

证明　　(1) 由 $PL = L$ 知 L 的每一列都构成一个调和函数, 因而是过份函数. 再由于 P 不可约, 根据定理 4.3.15 知 L 的每一列都是常函数, 即 L 的每行都相同. 故只需令 $\pi_i = L_{ii}, i \in E$, 就得到 (5.2.4) 式.

(2) 设有 $i \in E$ 使 $\pi_i = L_{ii} = 0$. 由于任意 $j \in E$ 与 i 互通, 必存在 $m, n \geqslant 1$ 使得 $p_{ij}(m)p_{ji}(n) > 0$. 再注意 $p_{ii}(k + m + n) \geqslant p_{ij}(m)p_{jj}(k)p_{ji}(n)$, 就得到

$$\frac{1}{l}\sum_{k=0}^{l-1} p_{ii}(k + m + n) \geqslant p_{ij}(m)p_{ji}(n)\frac{1}{l}\sum_{k=0}^{l-1} p_{jj}(k).$$

令 $l \to \infty$, 就得到

$$0 = \pi_i = L_{ii} \geqslant p_{ij}(m)p_{ji}(n)L_{jj} \geqslant 0,$$

因而 $\pi_j = L_{jj} = 0$.

(3) 由关系 $LP = L$ 显然有 $\pi P = \pi$, 即 π 是 P 的不变测度. 设 π 不为 0. 再由

$$\mathbf{1}\pi = L = L^2 = (\mathbf{1}\pi)(\mathbf{1}\pi) = \mathbf{1}\Big(\sum_{j\in E}\pi_j\Big)\pi = \Big(\sum_{j\in E}\pi_j\Big)\mathbf{1}\pi,$$

可见 $\sum\limits_{j\in E}\pi_j = 1$, 于是 π 是 P 的平稳分布. 假设 ρ 也是 P 的平稳分布. 则有 $\rho = \rho P^n$, 进而 $\rho = \rho L_n$. 利用有界收敛定理得 $\rho = \rho L = \rho \mathbf{1}\pi = \pi$, 唯一性得证. 另一方面, 若 P 有平稳分布 ρ, 由上面推导有 $\rho = \pi$, 故 $\pi \neq 0$. □

对于一般的转移矩阵 P, 由其分解 (4.3.9) 式可以导出极限矩阵 L 的如下结构.

定理 5.2.3 对于 E 上的任意转移矩阵 P, 极限矩阵 $L = \lim\limits_{n\to\infty} L_n$ 具有以下形式:

$$
L = \begin{array}{c} \\ U \\ H_1 \\ H_2 \\ \vdots \\ H_n \\ \vdots \end{array}
\begin{array}{c} \begin{array}{cccccc} U & H_1 & H_2 & \cdots & H_n & \cdots \end{array} \\
\left(\begin{array}{cccccc}
0 & (f_{ij}^*(^1\pi)_j) & (f_{ij}^*(^2\pi)_j) & \cdots & (f_{ij}^*(^n\pi)_j) & \cdots \\
0 & 1(^1\pi) & 0 & \cdots & 0 & \cdots \\
0 & 0 & 1(^2\pi) & \cdots & 0 & \cdots \\
\vdots & \vdots & \vdots & \vdots & & \vdots \\
0 & 0 & 0 & \cdots & 1(^n\pi) & \cdots \\
\vdots & \vdots & \vdots & \vdots & & \vdots
\end{array}\right) \end{array}, \tag{5.2.5}
$$

其中 $f_{ij}^* = \sum\limits_{k=1}^\infty f_{ij}(k)$, 而 $(^k\pi)_j$ 表示行向量 $^k\pi$ 的第 j 个元素. 另外, 这里每个 $^k\pi$ 的元素或全为零或全不为零.

证明 (1) 考虑 $i \in E$ 和 $j \in U$. 注意 $f_{ij}^* = \sum\limits_{n=1}^\infty f_{ij}(n) \leqslant 1$. 根据推论 4.3.5, 我们有

$$p_{jj}^* = \sum_{n=0}^\infty p_{jj}(n) < \infty,$$

故 $\lim\limits_{n\to\infty} p_{jj}(n) = 0$. 再由 (4.3.2) 式并利用有界收敛定理得

$$\lim_{n\to\infty} p_{ij}(n) = \lim_{n\to\infty} \sum_{k=0}^\infty f_{ij}(k)1_{\{k\leqslant n\}}p_{jj}(n-k) = 0.$$

显然上式蕴涵

$$L_{ij} = \lim_{n\to\infty} \frac{1}{n}\sum_{m=0}^{n-1} p_{ij}(m) = 0.$$

(2) 考虑 $i,j \in H_k$. 我们可以将 P 限制在 H_k 上得到转移矩阵 ^kP. 对此应用定理 5.2.1 和定理 5.2.2 得到行向量 $^k\pi$ 使

$$L_{ij} = \lim_{n\to\infty} \frac{1}{n}\sum_{m=0}^{n-1} p_{ij}(m) = (^k\pi)_j.$$

(3) 考虑 $i \in H_k$ 及 $j \in H_l$, 其中 $k \neq l$. 此时, 对任何 $n \geqslant 1$ 有 $p_{ij}(n) = 0$, 故得 $L_{ij} = 0$.

(4) 考虑 $i \in U$ 和 $j \in H_k$. 回忆 (4.3.2) 式, 我们有

$$\frac{1}{n}\sum_{m=1}^{n-1} p_{ij}(m) = \frac{1}{n}\sum_{m=1}^{n-1}\sum_{r=1}^m f_{ij}(r)p_{jj}(m-r)$$

$$= \frac{1}{n} \sum_{r=1}^{n-1} f_{ij}(r) \sum_{m=r}^{n-1} p_{jj}(m-r)$$

$$= \sum_{r=1}^{\infty} f_{ij}(r) 1_{\{r \leqslant n-1\}} \frac{1}{n} \sum_{m=0}^{n-r-1} p_{jj}(m).$$

利用有界收敛定理得

$$L_{ij} = \lim_{n \to \infty} \frac{1}{n} \sum_{m=0}^{n-1} p_{ij}(m) = \sum_{r=1}^{\infty} f_{ij}(r)(^k\pi)_j = f_{ij}^*(^k\pi)_j.$$

故知预证结论成立. □

5.2.3 平均回访时间

考虑定义于概率空间 $(\Omega, \mathscr{F}, \mathbf{P})$ 上的以 $P = (p_{ij} : i, j \in E)$ 为转移矩阵马氏链 $X = (X_n : n \geqslant 0)$. 对于状态 $i \in E$ 记 $\mathbf{P}_i = \mathbf{P}(\cdot | X_0 = i)$. 再令 $T_i = \min\{n \geqslant 1 : X_n = i\}$, 并定义 X 对 i 的平均回访时间 $\mu_i = \mathbf{P}_i(T_i)$. 根据前面定义的概念, 当 $\mu_i < \infty$ 时, 状态 i 是正常返的. 对于 $n \geqslant 1$ 记

$$r_{ii}(n) = \sum_{k=n}^{\infty} f_{ii}(k), \quad \alpha_{ii}(n) = \sum_{k=1}^{n} r_{ii}(k) p_{ii}(n-k), \tag{5.2.6}$$

则有

$$\mu_i = \sum_{k=1}^{\infty} k f_{ii}(k) = \sum_{k=1}^{\infty} \sum_{n=1}^{k} f_{ii}(k) = \sum_{n=1}^{\infty} r_{ii}(n). \tag{5.2.7}$$

另外, 不难看出对 $k \geqslant 1$ 有

$$\pi_i = \lim_{n \to \infty} \frac{1}{n} \sum_{m=0}^{n-1} p_{ii}(m) = \lim_{n \to \infty} \frac{1}{n} \sum_{m=0}^{n-k} p_{ii}(m). \tag{5.2.8}$$

定理 5.2.4　状态 $i \in E$ 正常返当且仅当 $\pi_i > 0$. 而且, 此时有 $\mu_i = \mathbf{P}_i(T_i) = 1/\pi_i$.

证明　首先, 考虑一般常返态 $i \in E$. 此时 $f_{ii}^* = 1$. 由 (4.3.2) 式有

$$p_{ii}(n-1) = \sum_{k=1}^{n-1} f_{ii}(k) p_{ii}(n-1-k)$$

$$= \sum_{k=1}^{n-1} [r_{ii}(k) - r_{ii}(k+1)] p_{ii}(n-1-k)$$

$$= \alpha_{ii}(n-1) - \sum_{k=1}^{n-1} r_{ii}(k+1)p_{ii}(n-1-k)$$

$$= \alpha_{ii}(n-1) - \sum_{k=2}^{n} r_{ii}(k)p_{ii}(n-k).$$

注意 $r_{ii}(1) = f_{ii}^* = 1$, 故由上式有 $\alpha_{ii}(n) = \alpha_{ii}(n-1)$. 于是得

$$\alpha_{ii}(n) = \alpha_{ii}(n-1) = \cdots = \alpha_{ii}(1) = r_{ii}(1)p_{ii}(0) = 1.$$

这样, 我们有

$$1 = \frac{1}{n}\sum_{m=1}^{n} \alpha_{ii}(m) = \frac{1}{n}\sum_{m=1}^{n}\sum_{k=1}^{m} r_{ii}(k)p_{ii}(m-k)$$

$$= \frac{1}{n}\sum_{k=1}^{n} r_{ii}(k)\sum_{m=k}^{n} p_{ii}(m-k) = \sum_{k=1}^{\infty} r_{ii}(k)\frac{1}{n}\sum_{m=0}^{n-k} p_{ii}(m)1_{\{k\leqslant n\}}. \tag{5.2.9}$$

现假设 $i \in E$ 正常返, 即 $\mu_i < \infty$. 基于 (5.2.7) 式和 (5.2.8) 式, 在 (5.2.9) 式中令 $n \to \infty$, 并应用有界收敛定理得

$$1 = \sum_{k=1}^{\infty} r_{ii}(k)\pi_i = \mu_i\pi_i,$$

故 $\pi_i = 1/\mu_i > 0$. 反之, 若 $\pi_i > 0$, 由定理 5.2.3 知 i 是常返态, 故 (5.2.9) 式成立. 再由 (5.2.7) 式和 (5.2.8) 式, 令 $n \to \infty$ 并应用法图定理得

$$1 \geqslant \sum_{k=1}^{\infty} r_{ii}(k)\pi_i = \mu_i\pi_i.$$

因而 $\mu_i < \infty$, 即 i 正常返. 再由前面的推导知 $\pi_i = 1/\mu_i$. □

推论 5.2.5　若 $i \in E$ 相对于 P 是正常返的, 则它所在的常返互通类 H_k 中全部状态都是正常返的, 即正常返性是互通类的性质.

证明　根据定理 5.2.3, 每个行向量 $^k\pi$ 的元素全为零或全非零. 再由定理 5.2.4 立得结论. □

根据定理 5.2.4 和推论 5.2.5, 正常返互通类 H_k 在分解 (5.2.5) 中对应的 $^k\pi$ 的元素全非零. 再由定理 5.2.2 和定理 5.2.3 的证明知这样的 $^k\pi$ 是集中在 H_k 上的唯一平稳分布.

推论 5.2.6　转移矩阵 P 有平稳分布当且仅当在其分解 (4.3.9) 中至少有一个正常返类. 在这种情况下, 它的任一平稳分布必是所有这些正常返类在分解 (5.2.5) 中对应的平稳分布 $^k\pi$ $(k = 1, 2, \cdots)$ 的凸线性组合.

证明   假定 P 至少有一个正常返类 H_k. 则相应的 $^k\pi$ 就是 P 的平稳分布. 反之, 假定 P 有平稳分布 μ. 令 L 由定理 5.2.3 给出. 则有 $\mu P^n = \mu$ 和 $\mu L_n = \mu$. 利用控制收敛定理得 $\mu L = \mu$. 根据定理 5.2.4, 若 $j \in E$ 属于非常返类 U 或某个零常返类, 则 L 的第 j 列全为 0, 从而

$$\mu_j = \sum_{i \in E} \mu_i L_{ij} = 0.$$

可见若 P 无正常返状态, 则对任何 $j \in E$ 有 $\mu_j = 0$, 这与 μ 是概率测度矛盾. 因而 P 至少有一个正常返类. 如上所述, 当 $i \in U$ 时有 $\mu_i = 0$. 由 (5.2.5) 式可见 L 在 $H_1 \cup H_2 \cup \cdots$ 上具有块状对角线结构. 这样, 当 $j \in E$ 属于某个正常返类 H_k 时有

$$\mu_j = \sum_{i \in U} \mu_i L_{ij} + \sum_{i \in H_k} \mu_i L_{ij} + \sum_{l \neq k} \sum_{i \in H_l} \mu_i L_{ij}$$
$$= \sum_{i \in H_k} \mu_i L_{ij} = \Big(\sum_{i \in H_k} \mu_i \Big) (^k\pi)_j.$$

所以只需取 $\sum\limits_{i \in H_k} \mu_i$ 为 $^k\pi$ 的系数, 即知 μ 是 $^k\pi$ 的凸线性组合. □

推论 5.2.7   不可约的转移矩阵 P 是正常返的当且仅当它有唯一平稳分布 π. 而且, 此时对任何 $i \in E$ 有 $\pi_i = 1/\mu_i = 1/\mathbf{P}_i(T_i)$.

练习题

1. 证明: 若对 $i \in E$ 极限 $\lim\limits_{n \to \infty} p_{ii}(n)$ 存在, 则该极限为 $1/\mu_i = 1/\mathbf{P}_i(T_i)$.

提示: 应用定理 5.2.2 和定理 5.2.4.

2.   设 P 是 $\mathbb{Z}_+$ 上的转移矩阵, 首行为概率分布列 $\{0, a_1, a_2, \cdots\}$, 对 $i \geqslant 1$ 有 $p_{i,i-1} = 1$, 而对其他 $i, j \in \mathbb{Z}_+$ 有 $p_{i,j} = 0$. 讨论该转移矩阵的不可约性、点 0 的常返性和周期性.

提示: 注意 P 是不可约的当且仅当序列 $\{a_1, a_2, \cdots\}$ 中有无穷多个元素非零.

3. 假定上题的序列 $\{a_0, a_1, a_2, \cdots\}$ 中有无穷多个元素非零. 讨论转移矩阵 P 的正常返性和平稳分布的存在性.

提示: 此时 P 是不可约的. 注意 $\mathbf{P}_0(T_0) < \infty$ 当且仅当 $\sum\limits_{k=1}^{\infty} k a_k < \infty$. 在这种情况下 P 是正常返的. 再应用推论 5.2.7.

4. 对于上面两题中讨论的马氏链, 记 $m = \inf\{i \geqslant 1 : a_i > 0\}$ 和 $T_m = \inf\{n \geqslant 1 : X_n = m\}$. 给出 T_m 在 $\mathbf{P}_m$ 之下的分布并求期望 $\mathbf{E}_m(T_m) < \infty$.

5.3 强遍历定理

考虑定义于概率空间 $(\Omega, \mathscr{F}, \mathbf{P})$ 上的具有状态空间 E 的马氏链 $X = (X_n : n \geqslant 0)$, 其转移矩阵为 $P = (p_{ij})_{i,j \in E}$. 令 $\pi = (\pi_i : i \in E)$ 由定理 5.2.2 给出. 根据推论 5.2.7, 若 P 是不可约且正常返的, 则 π 是它的唯一平稳分布. 强遍历性指的是 X 的轨道的规范化经验测度收敛到 π 的性质.

5.3.1 强遍历性

取定 $i \in E$. 令 $S_0 = 0$, 并对 $k \geqslant 1$ 递归地定义 $S_k = \min\{n > S_{k-1} : X_n = i\}$. 则 $\{S_1, S_2, \cdots\}$ 是递增的有限停时列. 直观上 S_k 是 X 第 k 次到达状态 i 的时间. 再对 $k \geqslant 0$ 令 $\eta_k = S_{k+1} - S_k$, 则有

$$S_{n+1} = \sum_{k=0}^{n} \eta_k, \quad n \geqslant 0.$$

对 $n = 1, 2, \cdots$, 令 $\rho_i(n)$ 为 X 在时刻 $n-1$ 或之前访问状态 i 的次数, 即

$$\rho_i(n) = \sum_{k=0}^{n-1} 1_{\{X_k = i\}}. \tag{5.3.1}$$

称每个 $\rho(n) = (\rho_i(n) : i \in E)$ 为 X 的经验测度或占位时测度.

定理 5.3.1 (强遍历定理) 设 X 为不可约的正常返马氏链, 则对任何 $i \in E$ 当 $n \to \infty$ 时几乎必然有 $\rho_i(n)/n \to \pi_i$.

证明 根据强马氏性, 在条件概率 $\mathbf{P}(\cdot | S_1 < \infty) = \mathbf{P}(\cdot | S_1 < \infty, X_{S_1} = i)$ 之下 $(X_{n \wedge S_1} : n \geqslant 0)$ 和 $(X_{S_1+n} : n \geqslant 0)$ 独立, 且后者也是从 i 出发以 P 为转移矩阵的马氏链. 因为 $\mathbf{P}(S_1 < \infty) = \mathbf{P}(S_1 < \infty, X_{S_1} = i) = 1$, 所以在原概率 $\mathbf{P}$ 之下 $(X_{n \wedge S_1} : n \geqslant 0)$ 和 $(X_{S_1+n} : n \geqslant 0)$ 独立, 且后者是以 P 为转移矩阵的马氏链. 注意 $\eta_0 = S_1$ 是 $(X_{n \wedge S_1} : n \geqslant 0)$ 对 i 的首中时, 而当 $k \geqslant 2$ 时 $S_k - S_1$ 是 $(X_{S_1+n} : n \geqslant 0)$ 对 i 的第 k 次击中时. 因此 η_0 和 $\eta_1, \eta_2, \cdots$ 独立. 再由定理 4.3.3 知 $\eta_1, \eta_2, \cdots$ 独立同分布, 其共同分布就是 $\eta_0 = S_1$ 在 $\mathbf{P}_i = \mathbf{P}(\cdot | X_0 = i)$ 之下的分布. 所以 $\mu_i := \mathbf{E}(\eta_1) = \mathbf{E}_i(S_1)$ 就是 X 对 i 的平均回访时间. 因为 $\mathbf{P}(\eta_0 < \infty) = 1$, 由强大数律几乎必然有

$$\lim_{n \to \infty} \frac{1}{n} \sum_{k=0}^{n} \eta_k = \lim_{n \to \infty} \frac{1}{n} \sum_{k=1}^{n} \eta_k = \mu_i.$$

再由常返性知当 $n \to \infty$ 时有 $\rho_i(n) \to \infty$. 根据上式有

$$\lim_{n \to \infty} \frac{\rho_i(n)}{S_{\rho_i(n)+1}} = \lim_{n \to \infty} \frac{\rho_i(n)}{\sum_{k=0}^{\rho_i(n)} \eta_k} = \frac{1}{\mu_i} = \pi_i \tag{5.3.2}$$

和

$$\lim_{n \to \infty} \frac{\rho_i(n)}{S_{\rho_i(n)}} = \lim_{n \to \infty} \frac{\rho_i(n) - 1}{\sum_{k=0}^{\rho_i(n)-1} \eta_k} = \frac{1}{\mu_i} = \pi_i. \tag{5.3.3}$$

注意 $\rho_i(n)$ 是 X 在时刻 $n-1$ 或之前访问状态 i 的次数, 故 $S_{\rho_i(n)}$ 是 X 在时刻 $n-1$ 或之前最后一次访问状态 i 的时刻, 而 $S_{\rho_i(n)+1}$ 是 X 此后再次访问状态 i 的时刻. 所以有 $S_{\rho_i(n)} \leqslant n-1 < S_{\rho_i(n)+1}$. 因此

$$\frac{\rho_i(n)}{S_{\rho_i(n)+1}} < \frac{\rho_i(n)}{n-1} = \frac{1}{n-1} \sum_{k=0}^{n-1} 1_{\{X_k=i\}} \leqslant \frac{\rho_i(n)}{S_{\rho_i(n)}}.$$

由 (5.3.2) 式和 (5.3.3) 式即得欲证结论. $\square$

引理 5.3.2 设 $\mu = (\mu_i : i \in E)$ 和 $\mu(n) = (\mu_i(n) : i \in E)$, $n = 1, 2, \cdots$ 为 E 上的概率测度. 若对于每个 $i \in E$ 都有 $\lim_{n \to \infty} \mu_i(n) = \mu_i$, 则对 E 上的任何有界函数 g 有

$$\lim_{n \to \infty} \sum_{i \in E} g(i) \mu_i(n) = \sum_{i \in E} g(i) \mu_i. \tag{5.3.4}$$

证明 若 E 为有限集, 预证结论显然, 故只考虑 E 无限的情况. 记 $E = \{i_1, i_2, \cdots\}$. 对于任何 $\varepsilon > 0$ 取 $m \geqslant 1$ 充分大使 $\sum_{k=m+1}^{\infty} \mu_{i_k} < \varepsilon$, 故 $\sum_{k=1}^{m} \mu_{i_k} > 1 - \varepsilon$. 由假设存在 $N \geqslant 1$ 使当 $n \geqslant N$ 时有 $\sum_{k=1}^{m} \mu_{i_k}(n) > 1 - \varepsilon$, 故 $\sum_{k=m+1}^{\infty} \mu_{i_k}(n) < \varepsilon$. 这样, 我们有

$$\left| \sum_{i \in E} g(i) \mu_i(n) - \sum_{i \in E} g(i) \mu_i \right| \leqslant \left| \sum_{k=1}^{m} g(i_k) \mu_{i_k}(n) - \sum_{k=1}^{m} g(i_k) \mu_{i_k} \right| +$$

$$\left| \sum_{k=m+1}^{\infty} g(i_k) \mu_{i_k}(n) \right| + \left| \sum_{k=m+1}^{\infty} g(i_k) \mu_{i_k} \right|$$

$$\leqslant \|g\| \sum_{k=1}^{m} |\mu_{i_k}(n) - \mu_{i_k}| + 2\|g\|\varepsilon.$$

取极限得

$$\limsup_{n \to \infty} \left| \sum_{i \in E} g(i) \mu_i(n) - \sum_{i \in E} g(i) \mu_i \right| \leqslant 2\|g\|\varepsilon.$$

由 $\varepsilon > 0$ 的任意性即得 (5.3.4) 式. $\square$

定理 5.3.3（强遍历定理） 设 X 为不可约正常返马氏链, 则对 E 上的任何有界函数 g 几乎必然地有

$$\lim_{n\to\infty} \frac{1}{n}\sum_{k=0}^{n-1} g(X_k) = \sum_{i\in E} g(i)\pi_i. \tag{5.3.5}$$

证明 根据定理 5.3.1, 随机概率测度 $(\rho_i(n)/n : i\in E)$ 几乎必然地逐点收敛到概率测度 $(\pi_i : i\in E)$. 再注意

$$\frac{1}{n}\sum_{k=0}^{n-1} g(X_k) = \frac{1}{n}\sum_{k=0}^{n-1}\sum_{i\in E} g(i)1_{\{X_k=i\}} = \frac{1}{n}\sum_{i\in E} g(i)\rho_i(n).$$

应用引理 5.3.2 即得 (5.3.5) 式. □

推论 5.3.4 若 X 是不可约正常返的平稳马氏链, 则对 E 上的任何有界函数 g 几乎必然有

$$\lim_{n\to\infty} \frac{1}{n}\sum_{k=0}^{n-1} g(X_k) = \mathbf{E}[g(X_0)].$$

证明 由定理 5.2.2 和推论 5.2.7 知 $\pi = (\pi_i : i\in E)$ 是 P 的唯一平稳分布, 因而 X 必有初分布 π, 从而

$$\mathbf{E}[g(X_0)] = \sum_{i\in E} g(i)\pi_i.$$

再根据定理 5.3.3 即得结论. □

5.3.2 平稳链的遍历性

考虑定义于概率空间 $(\Omega, \mathscr{F}, \mathbf{P})$ 上, 具有状态空间 E, 以 P 为转移矩阵, 以其平稳分布 μ 为初分布的平稳马氏链 $X = (X_n : n\geqslant 0)$. 对于 $n\geqslant 0$ 记 $\mathscr{F}_n = \sigma(X_k : 0\leqslant k\leqslant n)$. 再记 $\mathscr{F}_\infty = \sigma(X_k : k\geqslant 0)$. 用 $\mathscr{E}$ 表示可数集 E 的所有子集构成的 σ 代数. 用 $\mathscr{E}^\infty$ 表示 E 的可数无穷乘积空间 E^∞ 上的乘积 σ 代数. 由高等概率论中的结果, 对任何 $F\in \mathrm{b}\mathscr{F}_\infty$, 存在 E^∞ 上的函数 $f\in \mathrm{b}\mathscr{E}^\infty$ 使 $F = f(X_0, X_1, \cdots)$. 令

$$\mathscr{F}_I = \sigma\{F\in \mathrm{b}\mathscr{F}_\infty : \text{存在} f\in \mathrm{b}\mathscr{E}^\infty, \text{使对任何 } n\geqslant 0, \text{几乎}$$
$$\text{必然地 } F = f(X_n, X_{n+1}, \cdots)\}.$$

定理 5.3.5 在上述情况下, 以下性质等价:

(1) μ 只在一个正常返互通类 H 上有负荷;

(2) 对 E 上的任何有界函数 g 几乎必然有

$$\lim_{n\to\infty}\frac{1}{n}\sum_{k=0}^{n-1}g(X_k)=\mathbf{E}[g(X_0)];\tag{5.3.6}$$

(3) $\mathscr{F}_I$ 中仅含概率为 0 或 1 的事件.

证明 "(1) $\Rightarrow$ (2)" 因为初分布 μ 只在一个正常返互通类 H 上有测度, 对任何 $n\geqslant 0$ 有 $\mathbf{P}(X_n\in H^c)=0$. 这样, 我们可以把 X 限制在 H 上, 视之为以 H 为状态空间的不可约正常返链, 再利用推论 5.3.4 就得到 (5.3.6) 式.

"(2) $\Rightarrow$ (3)" 设 $F\in \mathrm{b}\mathscr{F}_I\subseteq \mathrm{b}\mathscr{F}_\infty$. 用 $\mathbf{E}_i$ 表示相对于 $\mathbf{P}_i=\mathbf{P}(\cdot|X_0=i)$ 的期望. 令 $\phi(i)=\mathbf{E}_i(F)=\mathbf{E}(F|X_0=i)$. 不难发现

$$\mathbf{E}(F|\mathscr{F}_n)=\mathbf{E}[f(X_n,X_{n+1},\cdots)|\mathscr{F}_n]=\mathbf{E}[f(X_n,X_{n+1},\cdots)|X_n]=\phi(X_n).$$

可见 $\{\phi(X_n):n\geqslant 0\}$ 是杜布鞅. 于是几乎必然地有 $\lim\limits_{n\to\infty}\phi(X_n)=F$, 进而

$$\lim_{n\to\infty}\frac{1}{n}\sum_{k=0}^{n-1}\phi(X_k)=F.$$

但另一方面, 由 (5.3.6) 式几乎必然有

$$\frac{1}{n}\sum_{k=0}^{n-1}\phi(X_k)\to \mathbf{E}\phi(X_0)=\mathbf{E}[\mathbf{E}(F|X_0)]=\mathbf{E}(F).$$

所以 $F=\mathbf{E}(F)$ 几乎必然为常数. 特别地, 对任何 $A\in\mathscr{F}_I$ 示性函数 1_A 几乎必然是常数, 也就是 $\mathbf{P}(A)=0$ 或 1.

"(3) $\Rightarrow$ (1)" 用反证法. 假设 (3) 成立但 (1) 不成立. 因为平稳初分布不可能在非常返态和零常返态上有负荷, 所以 μ 至少在两个正常返互通类 H_1 和 H_2 上有负荷. 令 $\Omega_1=\{X_0\in H_1\}$ 和 $\Omega_2=\{X_0\in H_2\}$. 则有

$$\mathbf{P}(\Omega_1)=\mu(H_1)>0,\quad \mathbf{P}(\Omega_2)=\mu(H_2)>0.$$

由 X 的平稳性和常返互通类的性质, 在去掉 Ω 的一个零测子集后, 对任何 $n\geqslant 0$ 有 $\Omega_1=\{X_n\in H_1\}$ 和 $\Omega_2=\{X_n\in H_2\}$. 由此可知 $\Omega_1,\Omega_2\in\mathscr{F}_I$, 而这与 (3) 成立的假设矛盾. $\square$

定理 5.3.6 设 $X=\{X_n:n\geqslant 0\}$ 是平稳马氏链, 而 f 为 $(E^\infty,\mathscr{E}^\infty)$ 上的可测函数, 满足 $\mathbf{P}[|f(X_0,X_1,\cdots)|]<\infty$. 若在 L^1 意义下有

$$\lim_{n\to\infty}\frac{1}{n}\sum_{k=0}^{n-1}f(X_k,X_{k+1},\cdots)=G,\tag{5.3.7}$$

则 G 关于 $\mathscr{F}_I$ 可测且 $G=\mathbf{E}[f(X_0,X_1,\cdots)|\mathscr{F}_I]$.

证明 若极限 (5.3.7) 存在, 显然 G 关于 $\mathscr{F}_\infty$ 可测. 根据高等概率论中的结果, 有 $(E^\infty, \mathscr{E}^\infty)$ 上的可测函数 g 使 $G = g(X_0, X_1, \cdots)$. 由 (5.3.7) 式不难看出, 对任何 $m \geqslant 1$ 有

$$G = \lim_{n\to\infty} \frac{1}{n} \sum_{k=0}^{n-1} f(X_{k+m}, X_{k+m+1}, \cdots) = g(X_m, X_{m+1}, \cdots),$$

从而 G 关于 $\mathscr{F}_I$ 可测. 另外, 对 $A \in \mathscr{F}_I$, 有 $(E^\infty, \mathscr{E}^\infty)$ 上的可测函数 ψ 使对任何 $k \geqslant 0$ 有 $1_A = \psi(X_k, X_{k+1}, \cdots)$. 由 (5.3.7) 式有

$$\mathbf{E}(G1_A) = \lim_{n\to\infty} \frac{1}{n} \sum_{k=0}^{n-1} \mathbf{E}[f(X_k, X_{k+1}, \cdots)\psi(X_k, X_{k+1}, \cdots)].$$

由于 X 的平稳性, 上式变为

$$\mathbf{E}(G1_A) = \mathbf{E}[f(X_0, X_1, \cdots)\psi(X_0, X_1, \cdots)] = \mathbf{E}[f(X_0, X_1, \cdots)1_A].$$

故有 $G = \mathbf{E}[f(X_0, X_1, \cdots)|\mathscr{F}_I]$. $\square$

称离散时间随机过程 $X = (X_0, X_1, X_2, \cdots)$ 是平稳的, 是指对任意的 $n \geqslant 0$ 和 $k \geqslant 0$ 下面的随机向量具有相同的概率分布:

$$(X_0, X_1, \cdots, X_k), \quad (X_n, X_{n+1}, \cdots, X_{n+k}).$$

类似地, 可以定义连续时间平稳随机过程. 显然, 平稳马氏链是一种特殊的平稳过程. 平稳过程有丰富的理论和广泛的应用, 参见 [26, 33].

练习题

1. 在定理 5.3.1 中假定 $X_0 = i$. 利用关于更新过程的结果给出该定理的简单证明.

提示: 此时与定理的原证明中类似地可知 $\eta_0, \eta_1, \eta_2, \cdots$ 是独立同分布随机变量, 故 S_n 是 n 个独立同分布随机变量之和. 于是可以定义更新过程:

$$N_i(t) = \sum_{k=1}^\infty 1_{\{S_k \leqslant t\}}, \quad t \geqslant 0.$$

易知 $N_i(n) = \rho_i(n+1) - 1$. 再由更新过程的性质可得定理结论.

2. 在一般情况下, 应用关于更新过程的结果给出定理 5.3.1 的证明.

提示: 对 $n \geqslant 0$ 令 $S_n^* = S_{n+1} - S_1$. 则 $S_n^* = \sum_{k=1}^n \eta_k$. 由定理 5.3.1 的原证明知 $\eta_1, \eta_2, \cdots$ 是独立同分布随机变量. 于是可以定义更新过程:

$$N_i^*(t) = \sum_{k=1}^\infty 1_{\{S_k^* \leqslant t\}}, \quad t \geqslant 0.$$

易知 $N_i^*(n) = \rho_i(n + S_1 + 1) - 1$. 再由更新过程的性质可得定理结论.

3. 设平稳马氏链 X 的正常返互通类为 $H_1, H_2, \cdots$. 再记 $\Omega_k = \{X_0 \in H_k\}$. 证明 Ω 上的关于 $\mathscr{F}_I$ 可测的函数在各个 Ω_k 上几乎必然取常数值.

提示: 由 X 的平稳性, 在去掉 Ω 的一个零测子集后, 对任何 $n \geqslant 0$ 有 $\Omega_k = \{X_n \in H_k\}$, 故 $\Omega_k \in \mathscr{F}_I$. 另一方面, 将 X 限制在 Ω_k 应用定理 5.3.5 (3) 知对任何 $A \in \Omega_k \cap \mathscr{F}_I$ 有 $\mathbf{P}(A) = 0$ 或 $\mathbf{P}(\Omega_k)$.

4. 令 X 是例 5.1.2 中定义的埃伦菲斯特模型. 证明对 $E := \{0, 1, \cdots, m\}$ 上的任何有界函数 g 几乎必然有

$$\lim_{n \to \infty} \frac{1}{n} \sum_{k=1}^{n} g(X_k) = \sum_{i=0}^{m} \pi_i g(i).$$

5.4 转移矩阵的收敛性

本节里我们研究转移矩阵的遍历性和收敛性. 为此要用到一个重要的方法, 即耦合方法. 这里用到的只是非常特殊的情况. 关于耦合方法的系统理论和应用, 可参阅 [4,5].

5.4.1 马氏链的独立耦合

假定 $P = (p_{ij})_{i,j \in E}$ 是可数状态空间 E 上的转移矩阵. 考虑两个有相同转移矩阵 P 的独立马氏链 $X = (X_n : n \geqslant 0)$ 与 $Y = (Y_n : n \geqslant 0)$. 由独立性不难证明 $Z = \{(X_n, Y_n) : n \geqslant 0\}$ 是 E^2 上的以

$$(q_{(i,j)(k,l)} : (i,j), (k,l) \in E^2) = (p_{ik}p_{jl} : (i,j), (k,l) \in E^2) \tag{5.4.1}$$

为转移矩阵的马氏链. 我们称 Z 为 X 和 Y 的独立耦合. 令 $D = \{(i,i) : i \in E\}$ 和 $\tau_D = \min\{n \geqslant 0 : (X_n, Y_n) \in D\}$.

命题 5.4.1 对于 $n \geqslant 0$ 和 $j \in E$ 我们有

$$\left| \mathbf{P}(Y_n = j) - \mathbf{P}(X_n = j) \right| \leqslant \mathbf{P}(\tau_D > n).$$

证明 令 $C_{mk} = \{\tau_D = m, Z_m = (k,k)\} = \{Z_m = (k,k), Z_l \notin D; l < m\}$. 利用 Z 的强马氏性不难发现

$$\mathbf{P}(X_n = j, \tau_D \leqslant n) = \sum_{m=0}^{n} \sum_{i,k \in E} \mathbf{P}(Z_n = (j,i), \tau_D = m, Z_m = (k,k))$$

$$= \sum_{m=0}^{n} \sum_{i,k \in E} \mathbf{P}(C_{mk}) \mathbf{P}(Z_n = (j,i) | C_{mk})$$

$$= \sum_{m=0}^{n} \sum_{i,k \in E} \mathbf{P}(C_{mk}) \mathbf{P}(Z_n = (j,i) | Z_m = (k,k))$$

$$= \sum_{m=0}^{n} \sum_{i,k \in E} \mathbf{P}(C_{mk}) p_{kj}(n-m) p_{ki}(n-m)$$

$$= \sum_{m=0}^{n} \sum_{k \in E} \mathbf{P}(C_{mk}) p_{kj}(n-m).$$

类似地, 可证明 $\mathbf{P}(Y_n = j, \tau_D \leqslant n)$ 也具有上式最终的表达式, 从而

$$\mathbf{P}(X_n = j, \tau_D \leqslant n) = \mathbf{P}(Y_n = j, \tau_D \leqslant n).$$

这样, 我们有

$$\begin{aligned}
\mathbf{P}(X_n = j) &= \mathbf{P}(X_n = j, \tau_D \leqslant n) + \mathbf{P}(X_n = j, \tau_D > n) \\
&\leqslant \mathbf{P}(Y_n = j, \tau_D \leqslant n) + \mathbf{P}(\tau_D > n) \\
&\leqslant \mathbf{P}(Y_n = j) + \mathbf{P}(\tau_D > n).
\end{aligned}$$

同理可证

$$\mathbf{P}(Y_n = j) \leqslant \mathbf{P}(X_n = j) + \mathbf{P}(\tau_D > n).$$

综合上面两个不等式即得预证结论. □

5.4.2 非周期矩阵的收敛性

下面的定理说明, 不可约、正常返、非周期的转移矩阵是遍历的.

定理 5.4.2 若 P 是不可约、正常返、非周期的, 则有 $\lim\limits_{n \to \infty} P^n = L$, 其中 L 由定理 5.2.2 给出.

证明 由定理 5.2.2 知 P 有点点严格正的平稳分布 $\pi = (\pi_i : i \in E)$. 考虑前面定义的独立耦合 $Z = \{(X_n, Y_n) : n \geqslant 0\}$. 假定 $X_0 = i \in E$ 而 Y_0 服从分布 π, 所以 $(Y_n : n \geqslant 0)$ 是一个平稳链. 因为 P 是不可约非周期的, 由 (5.4.1) 式定义的转移矩阵 $(q_{(i,j)(k,l)})$ 显然也是不可约非周期的. 不难验证 $(\pi_i \pi_j : (i,j) \in E^2)$ 是 $(q_{(i,j)(k,l)})$ 的平稳分布, 且点点严格正. 再由推论 5.2.6 知 Z 也是正常返的, 从而 $\mathbf{P}(\tau_D < \infty) = 1$. 利用命题 5.4.1 对于 $j \in E$ 有 $\lim\limits_{n \to \infty} |\mathbf{P}(X_n = j) - \mathbf{P}(Y_n = j)| = 0$, 故得

$$\lim_{n \to \infty} p_{ij}(n) = \lim_{n \to \infty} \mathbf{P}(X_n = j) = \lim_{n \to \infty} \mathbf{P}(Y_n = j) = \pi_j.$$

这就是定理的结论. □

定理 5.4.3   若 P 是不可约、零常返、非周期的, 则有 $\lim\limits_{n\to\infty} P^n = 0$.

证明   类似于定理 5.4.2 的证明, 考虑独立耦合 $Z = \{(X_n, Y_n) : n \geqslant 0\}$. 这里假定 $X_0 = i \in E$ 而 $Y_0 = j \in E$. 分别考虑 Z 非常返和常返两种情况. 若 Z 非常返, 则对任何 $i \in E$ 有

$$\sum_{n=0}^{\infty} p_{ii}^2(n) < \infty \Rightarrow \lim_{n\to\infty} p_{ii}(n) = 0,$$

从而定理的结论成立. 若 Z 常返, 则 $\mathbf{P}(\tau_D < \infty) = 1$. 再由命题 5.4.1 有

$$\lim_{n\to\infty} |p_{ij}(n) - p_{jj}(n)| = \lim_{n\to\infty} |\mathbf{P}(X_n = j) - \mathbf{P}(Y_n = j)| = 0. \tag{5.4.2}$$

取子列 $n_k \to \infty$ 使得

$$\alpha_j := \limsup_{n\to\infty} p_{jj}(n) = \lim_{k\to\infty} p_{jj}(n_k).$$

由 (5.4.2) 式有 $\lim\limits_{k\to\infty} p_{ij}(n_k) = \alpha_j$. 利用法图定理得

$$\sum_{j\in E} \alpha_j \leqslant \lim_{k\to\infty} \sum_{j\in E} p_{ij}(n_k) = 1.$$

而由控制收敛定理, 我们有

$$\lim_{k\to\infty} p_{ij}(n_k + 1) = \lim_{k\to\infty} \sum_{l\in E} p_{il} p_{lj}(n_k) = \sum_{l\in E} p_{il}\alpha_j = \alpha_j.$$

再次应用法图定理得

$$\alpha_j = \lim_{k\to\infty} p_{ij}(n_k + 1) = \lim_{k\to\infty} \sum_{l\in E} p_{il}(n_k) p_{lj} \geqslant \sum_{l\in E} \alpha_l p_{lj}.$$

上式中只能成立等号, 否则对 $j \in E$ 求和得出矛盾的结论 $\sum\limits_{j\in E} \alpha_j > \sum\limits_{l\in E} \alpha_l$. 这说明 $(\alpha_j : j \in E)$ 是 P 的不变测度. 假若有某个 $j \in E$ 使 $\alpha_j > 0$, 则推出 P 有平稳分布. 再由定理 5.2.2 知 P 正常返, 这与假设矛盾. 因此对一切 $j \in E$ 有 $\alpha_j = 0$. □

定理 5.4.4   设 P 是 E 上的非周期转移矩阵, 且此状态空间有分解

$$E = U \cup H_1^0 \cup H_2^0 \cup \cdots \cup H_k^0 \cup \cdots \cup H_1 \cup H_2 \cup \cdots,$$

其中 U 为非常返类, H_k^0 为零常返类, 而 H_k 为正常返类 $(k = 1, 2, \cdots)$, 则有

$$\lim_{n\to\infty} P^n = L = (L_{ij}),$$

其中

$$
L_{ij} = \begin{cases} (^k\pi)_j, & i,j \in H_k, \\ f_{ij}^* (^k\pi)_j, & i \in U, j \in H_k, \\ 0, & \text{其他}, \end{cases}
$$

亦即

$$
L = \begin{array}{c} \\ U \\ H_1^0 \\ H_2^0 \\ \vdots \\ H_1 \\ H_2 \\ \vdots \end{array} \begin{array}{ccccccc} U\ H_1^0\ H_2^0 \cdots & H_1 & H_2 & \cdots \\ \begin{pmatrix} 0 & 0 & 0 & \cdots & (f_{ij}^*(^1\pi)_j) & (f_{ij}^*(^2\pi)_j) & \cdots \\ 0 & 0 & 0 & \cdots & 0 & 0 & \cdots \\ 0 & 0 & 0 & \cdots & 0 & 0 & \cdots \\ \vdots & \vdots & \vdots & & \vdots & \vdots & \\ 0 & 0 & 0 & \cdots & 1(^1\pi) & 0 & \cdots \\ 0 & 0 & 0 & \cdots & 0 & 1(^2\pi) & \cdots \\ \vdots & \vdots & \vdots & & \vdots & \vdots & \end{pmatrix} \end{array}.
$$

证明 当 $j \in H_k$ 时，考虑 P 在 H_k 上的限制，该限制为不可约、正常返、非周期的转移矩阵. 根据定理 5.4.2 有 $\lim\limits_{n\to\infty} p_{jj}(n) = \pi_j$. 类似地，当 $j \in H_k^0$ 时，利用定理 5.4.3 得 $\lim\limits_{n\to\infty} p_{jj}(n) = 0$. 当 $j \in U$ 时，由 $\sum\limits_{n=1}^{\infty} p_{jj}(n) < \infty$ 得 $\lim\limits_{n\to\infty} p_{jj}(n) = 0$. 一般地，对于 $i,j \in E$, 由 (4.3.2) 式有

$$
p_{ij}(n) = \sum_{k=1}^{\infty} f_{ij}(k) p_{jj}(n-k) 1_{\{k \leqslant n\}}.
$$

对上式应用控制收敛定理就得定理的结论. □

*5.4.3 周期矩阵的收敛性

定理 5.4.5 设 P 是 E 上的以 $d \geqslant 1$ 为周期的、不可约、正常返转移矩阵. 令 π 是 P 的唯一平稳分布, 而 $E = C_0 \cup C_1 \cup \cdots \cup C_{d-1}$ 是其周期环分解, 则对任意的 $i \in C_0$ 和 $0 \leqslant k < d$ 有

$$
\lim_{n\to\infty} p_{ij}(nd+k) = d\pi_j 1_{C_k}(j), \quad j \in E.
$$

证明 任意 $(p_{ij}(d) : i,j \in C_k)$ 是 C_k 上的不可约非周期转移矩阵. 根据定理 5.4.2, 对任何 $j \in C_k$ 极限 $\lim\limits_{n\to\infty} p_{jj}(nd)$ 存在. 再由 P 的周期性, 应用定理 5.2.2 和推论 5.2.7

有

$$\pi_j = \lim_{n\to\infty} \frac{1}{nd} \sum_{k=0}^{nd-1} p_{jj}(k) = \lim_{n\to\infty} \frac{1}{nd} \sum_{k=0}^{n-1} p_{jj}(kd) = \frac{1}{d} \lim_{n\to\infty} p_{jj}(nd).$$

现取 $i \in C_0$. 对于 $j \notin C_k$, 显然有 $p_{ij}(nd+k) = 0$. 对于 $j \in C_k$, 应用上式得

$$
\begin{aligned}
\lim_{n\to\infty} p_{ij}(nd+k) &= \lim_{n\to\infty} \sum_{s=0}^{nd+k} f_{ij}(s) p_{jj}(nd+k-s) \\
&= \lim_{n\to\infty} \sum_{r=0}^{nd} f_{ij}(k+r) p_{jj}(nd-r) \\
&= \lim_{n\to\infty} \sum_{k=0}^{n} f_{ij}(t_{ij}+kd) p_{jj}(nd-kd) = f_{ij}^* d\pi_j = d\pi_i,
\end{aligned}
$$

其中最后的等号成立还用到了 P 的常返性. $\square$

例 5.4.1   令 $P = (p_{ij} : 0 \leqslant i, j \leqslant m)$ 是例 5.1.2 中定义的埃伦菲斯特模型的转移矩阵. 分别用 C_0 和 C_1 表示 $[0, m]$ 中的全体偶数和全体奇数构成的集合. 根据定理 5.4.5, 对 $i \in C_0$ 和 $j \in E$ 当 $n \to \infty$ 时有

$$p_{ij}(2n) \to 2\pi_j 1_{C_0}(j), \quad p_{ij}(2n+1) \to 2\pi_j 1_{C_1}(j).$$

类似地, 对 $i \in C_1$ 和 $j \in E$ 当 $n \to \infty$ 时有

$$p_{ij}(2n) \to 2\pi_j 1_{C_1}(j), \quad p_{ij}(2n+1) \to 2\pi_j 1_{C_0}(j).$$

所以 $\lim\limits_{n\to\infty} p_n(i,\cdot) = \pi$ 不成立.

练习题

1. 假定 $(X_n : n \geqslant 0)$ 和 $(Y_n : n \geqslant 0)$ 是可数状态空间 E 上的具有转移矩阵 P 的独立马氏链. 记 $\tau = \min\{n \geqslant 0 : X_n = Y_n\}$. 再令

$$
\xi_n = \begin{cases} Y_n, & n \leqslant \tau, \\ X_n, & n > \tau. \end{cases}
$$

证明 $(\xi_n : n \geqslant 0)$ 和 $\{(X_n, \xi_n) : n \geqslant 0\}$ 都是马氏链, 并给出它们的转移矩阵.

2. 利用上题的结论给出命题 5.4.1 的证明.

3. 设 $X = (X_n : n \geqslant 0)$ 是例 4.3.4 中定义的离散区间 $[a, b] \subseteq \mathbb{Z}$ 上的吸收边界简单随机游动. 讨论 X 的平稳分布和转移矩阵的极限行为.

4. 设 $X = (X_n : n \geqslant 0)$ 是例 5.1.2 中定义的埃伦菲斯特模型且有 $\mathbf{P}(X_0 \in C_0) = \mathbf{P}(X_0 \in C_1) = 1/2$.

(1) 证明对任何 $j \in E$ 有 $\lim\limits_{n \to \infty} \mathbf{P}(X_n = j) = \pi_j$;

(2) 求极限期望 $\lim\limits_{n \to \infty} \mathbf{E}X_n$ 和极限方差 $\lim\limits_{n \to \infty} \mathbf{Var}X_n$ 并说明计算依据.

提示: 用 $\mu = (\mu_i : i \in E)$ 表示 X 的初始分布, 则有

$$\lim_{n \to \infty} \mathbf{P}(X_{2n} = j) = \lim_{n \to \infty} \left[\sum_{i \in C_0} \mu_i p_{ij}(2n) + \sum_{i \in C_1} \mu_i p_{ij}(2n) \right]$$

$$= 2 \sum_{i \in C_0} \mu_i 1_{C_0}(j)\pi_j + 2 \sum_{i \in C_1} \mu_i 1_{C_1}(j)\pi_j = \pi_j.$$

类似地有 $\lim\limits_{n \to \infty} \mathbf{P}(X_{2n+1} = j) = \pi_j$. 注意 π 是参数为 $1/2$ 的二项分布. 因此有 $\lim\limits_{n \to \infty} \mathbf{E}X_n = m/2$ 和 $\lim\limits_{n \to \infty} \mathbf{Var}X_n = m/4$.

第六章

分支过程及其应用

分支过程是复杂群体随机演化的数学模型, 其重要特性是由分支结构所导致的可加性. 概率母函数是分支过程研究的基本工具. 本章讨论不带移民和带移民的分支过程及其应用, 包括基本结构、矩的表达、爆炸概率、灭绝概率、指数增长速度、平稳分布等. 作为分支过程的应用, 还研究了一维简单随机游动对不同水平的穿越次数.

6.1   定义和基本构造

6.1.1   分支过程的定义

设 $\{\xi_{n,k} : n, k = 1, 2, \cdots\}$ 是取值于 $\mathbb{Z}_+$ 的独立同分布随机变量族, 且服从概率分布 $\{p(j) : j \in \mathbb{Z}_+\}$. 取定独立于 $\{\xi_{n,k}\}$ 的 $\mathbb{Z}_+$ 值随机变量 X_0, 再递推地定义

$$X_n = \sum_{k=1}^{X_{n-1}} \xi_{n,k}, \quad n \geqslant 1. \tag{6.1.1}$$

这里约定 $\sum_{k=1}^{0} \cdots = 0$. 令 $(p^{*i}(j) : j \in \mathbb{Z}_+)$ 为 $(p(j) : i, j \in \mathbb{Z}_+)$ 的 i 重卷积. 不难看出, 对任何 $n \geqslant 1$ 及 $\{i_0, i_1, \cdots, i_{n-1} = i, j\} \subseteq \mathbb{Z}_+$ 有

$$\mathbf{P}(X_n = j | X_0 = i_0, X_1 = i_1, \cdots, X_{n-1} = i_{n-1}) = \mathbf{P}(X_n = j | X_{n-1} = i) = p^{*i}(j).$$

所以 $X = (X_n : n \geqslant 0)$ 是以 $(p^{*i}(j) : i, j \in \mathbb{Z}_+)$ 为转移矩阵的马氏链.

定义 6.1.1   给定概率分布 $(p(j) : j \in \mathbb{Z}_+)$, 我们称任何具有转移矩阵 $P = (p^{*i}(j) : i, j \in \mathbb{Z}_+)$ 的马氏链为分支过程, 并称 $(p(j) : j \in \mathbb{Z}_+)$ 为其后代分布.

考虑具有后代分布 $(p(j) : j \in \mathbb{Z}_+)$ 的分支过程 X. 令 $P^n = (p_n(i, j) : i, j \in \mathbb{Z}_+)$ 为 X 的 n 步转移矩阵.

定理 6.1.1   令 g 为后代分布 $(p(j) : j \in \mathbb{Z}_+)$ 的母函数, 则对任何 $i, n \geqslant 1$ 有

$$\sum_{j=0}^{\infty} p_n(i, j) z^j = g_n(z)^i, \quad |z| \leqslant 1, \tag{6.1.2}$$

其中 $g_n(z) := g \circ g \circ \cdots \circ g(z)$ 表示 n 重复合.

证明   由前面的讨论, 我们有 $p_1(i, j) = p^{*i}(j)$, 所以

$$\sum_{j=0}^{\infty} p_1(i, j) z^j = \sum_{j=0}^{\infty} p^{*i}(j) z^j = g(z)^i.$$

即 (6.1.2) 式对 $n = 1$ 成立. 下设该式对某个 $n \geqslant 1$ 成立, 则

$$\sum_{j=0}^{\infty} p_{n+1}(i,j)z^j = \sum_{j=0}^{\infty}\sum_{k=0}^{\infty} p_1(i,k)p_n(k,j)z^j$$

$$= \sum_{k=0}^{\infty} p_1(i,k)g_n(z)^k = g_{n+1}(z)^i.$$

根据数学归纳法即得欲证结论. □

推论 6.1.2   分支过程的 n 步转移矩阵 $P^n = (p_n(i,j) : i,j \in \mathbb{Z}_+)$ 具有性质

$$p_n(i_1 + i_2, \cdot) = p_n(i_1, \cdot) * p_n(i_2, \cdot), \quad i_1, i_2 \in \mathbb{Z}_+. \tag{6.1.3}$$

推论 6.1.3   分支过程的 n 步转移矩阵 $P^n = (p_n(i,j) : i,j \in \mathbb{Z}_+)$ 具有性质

$$p_n(i,j) = \sum_{k_1 + k_2 + \cdots + k_i = j} p_n(1,k_1)p_n(1,k_2)\cdots p_n(1,k_i), \quad i,j \in \mathbb{Z}_+. \tag{6.1.4}$$

分支过程描述的是封闭环境下生物群体的演化过程, 最早由别奈梅 (Bienaymé) [2] 与高尔顿 (Galton) 和沃森 (Watson) [15] 独立地引入. 直观上, 群体中的个体均只生存一个单位时间, 且在死亡时产生一定数量的后代. 这里 $\xi_{n,i}$ 表示第 $n-1$ 代的第 i 号个体在死亡时产生的后代的个数. 性质 (6.1.3) 称为转移矩阵的分支性. 该性质导致了下面定理给出的可加性.

定理 6.1.4   设 $(X_n : n \geqslant 0)$ 和 $(Y_n : n \geqslant 0)$ 是独立的分支过程, 且有相同的后代概率分布 $(p(j) : j \in \mathbb{Z}_+)$, 则 $(X_n + Y_n : n \geqslant 0)$ 也是具有后代分布 $(p(j) : j \in \mathbb{Z}_+)$ 的分支过程.

证明   令 $Z_n = X_n + Y_n$. 再对 $\{i_0, i_1, \cdots, i_n = i\} \subseteq \mathbb{Z}_+$ 记 $G_n = \{Z_0 = i_0, Z_1 = i_1, \cdots, Z_n = i_n = i\}$. 因为 $(X_n : n \geqslant 0)$ 与 $(Y_n : n \geqslant 0)$ 独立, 根据推论 6.1.2 有

$$\mathbf{P}(G_n \cap \{Z_{n+1} = j\}) = \sum_{k_0=0}^{i_0} \cdots \sum_{k_n=0}^{i_n} \sum_{l=0}^{j} \mathbf{P}(X_0 = k_0, \cdots, X_n = k_n, X_{n+1} = l,$$
$$Y_0 = i_0 - k_0, \cdots, Y_n = i_n - k_n, Y_{n+1} = j - l)$$
$$= \sum_{k_0=0}^{i_0} \cdots \sum_{k_n=0}^{i_n} \sum_{l=0}^{j} \mathbf{P}(X_0 = k_0, \cdots, X_n = k_n, X_{n+1} = l) \cdot$$
$$\mathbf{P}(Y_0 = i_0 - k_0, \cdots, Y_n = i_n - k_n, Y_{n+1} = j - l)$$
$$= \sum_{k_0=0}^{i_0} \cdots \sum_{k_n=0}^{i_n} \sum_{l=0}^{j} \mathbf{P}(X_0 = k_0, \cdots, X_n = k_n)p(k_n, l) \cdot$$
$$\mathbf{P}(Y_0 = i_0 - k_0, \cdots, Y_n = i_n - k_n)p(i_n - k_n, j - l)$$
$$= \sum_{k_0=0}^{i_0} \cdots \sum_{k_n=0}^{i_n} \mathbf{P}(X_0 = k_0, \cdots, X_n = k_n) \cdot$$

$$\mathbf{P}(Y_0 = i_0 - k_0, \cdots, Y_n = i_n - k_n)p(i_n, j)$$

$$= \sum_{k_0=0}^{i_0} \cdots \sum_{k_n=0}^{i_n} \mathbf{P}(X_0 = k_0, \cdots, X_n = k_n,$$

$$Y_0 = i_0 - k_0, \cdots, Y_n = i_n - k_n)p(i, j)$$

$$= \mathbf{P}(G_n)p(i, j).$$

故得

$$\mathbf{P}(Z_{n+1} = j | G_n) = \mathbf{P}(G_n)^{-1}\mathbf{P}(G_n \cap \{Z_{n+1} = j\}) = p(i, j) = p^{*i}(j).$$

根据定理 4.2.2, 这就证明了 $(Z_n : n \geqslant 0)$ 是具有后代分布 $(p(j) : j \in \mathbb{Z}_+)$ 分支过程. $\square$

6.1.2 临界类和矩

考虑以 $(p(j) : j \in \mathbb{Z}_+)$ 为后代分布的分支过程 $X = (X_n : n \geqslant 0)$. 令 g 为 $(p(j) : j \in \mathbb{Z}_+)$ 的母函数. 记 $m = g'(1) \in [0, \infty]$. 若 $m = 1$, 则称 X 具有临界分支; 若 $m > 1$ 或 < 1, 相应地称 X 具有上临界的或下临界的. 为简化记号, 我们写 $\mathbf{P}_i = \mathbf{P}(\cdot | X_0 = i)$ 并分别用 $\mathbf{E}_i$ 和 $\mathbf{Var}_i$ 表示相应的数学期望和方差.

定理 6.1.5 假定 $m := g'(1) < \infty$, 则对任何 $i, n \geqslant 1$ 有

$$\mathbf{E}_i(X_n) = \sum_{j=1}^{\infty} jp_n(i, j) = im^n. \tag{6.1.5}$$

证明 由关系 $g_n(z) = g(g_{n-1}(z))$ 得 $g_n'(z) = g'(g_{n-1}(z))g_{n-1}'(z)$, 进而有

$$g_n'(1) = g'(1)g_{n-1}'(1) = mg_{n-1}'(1).$$

反复应用上式得 $g_n'(1) = m^n$. 再由 (6.1.2) 式即得结论. $\square$

定理 6.1.6 假定 $m_2 := g'(1) + g''(1) < \infty$, 则对任何 $n \geqslant 1$ 有

$$\mathbf{E}_1(X_n^2) = \sigma^2 m^{n-1}(m^{n-1} + m^{n-2} + \cdots + 1) + m^{2n} \tag{6.1.6}$$

和

$$\mathbf{Var}_1(X_n) = \sigma^2 m^{n-1}(m^{n-1} + m^{n-2} + \cdots + 1). \tag{6.1.7}$$

其中 $\sigma^2 = m_2 - m^2 = \mathbf{Var}_1(X_1)$.

证明 在定理 6.1.5 证明中计算的基础上不难得到

$$g_n''(z) = g''(g_{n-1}(z))g_{n-1}'(z)^2 + g'(g_{n-1}(z))g_{n-1}''(z).$$

由定理 6.1.5 知 $g'_n(1) = \mathbf{E}_1(X_n) = m^n$. 此外, 易知 $g''(1) = \sigma^2 + m^2 - m$. 所以有

$$
\begin{aligned}
g''_n(1) &= g''(1)g'_{n-1}(1)^2 + g'(1)g''_{n-1}(1) \\
&= g''(1)m^{2(n-1)} + mg''_{n-1}(1) \\
&= g''(1)m^{2(n-1)} + m\big[g''(1)m^{2(n-1)-2} + mg''_{n-2}(1)\big] \\
&= g''(1)m^{2(n-1)} + g''(1)m^{2(n-1)-1} + m^2 g''_{n-2}(1) \\
&= \cdots \\
&= g''(1)(m^{2(n-1)} + m^{2(n-1)-1} + \cdots + m^{n-1}) \\
&= (\sigma^2 + m^2 - m)m^{n-1}(m^{n-1} + m^{n-2} + \cdots + 1) \\
&= \sigma^2 m^{n-1}(m^{n-1} + m^{n-2} + \cdots + 1) + m^n(m^n - 1).
\end{aligned}
$$

再根据二阶矩的计算公式即得欲证等式. $\square$

6.1.3 带移民分支过程

设 $\{\xi_{n,k} : n, k = 1, 2, \cdots\}$ 和 $\{\eta_n : n = 1, 2, \cdots\}$ 是两个独立的 $\mathbb{Z}_+$ 值独立同分布随机变量族, 且分别服从概率分布 $(p(j) : j \in \mathbb{Z}_+)$ 和概率分布 $\{\gamma(j) : j \in \mathbb{Z}_+\}$. 令 Y_0 是独立于 $\{\xi_{n,k}\}$ 和 $\{\eta_n\}$ 的 $\mathbb{Z}_+$ 值随机变量. 递推地定义

$$
Y_n = \sum_{k=1}^{Y_{n-1}} \xi_{n,k} + \eta_n, \quad n \geqslant 1. \tag{6.1.8}
$$

不难证明, 对任何 $n \geqslant 0$ 及 $\{i_0, i_1, \cdots, i_{n-1} = i, j\} \subseteq \mathbb{Z}_+$ 有

$$
\mathbf{P}(Y_n = j \mid Y_0 = i_0, Y_1 = i_1, \cdots, Y_{n-1} = i_{n-1}) = p^{*i} * \gamma(j).
$$

所以 $Y = (Y_n : n \geqslant 0)$ 是以 $P^\gamma = (p^{*i} * \gamma(j) : i, j \in \mathbb{Z}_+)$ 为转移矩阵的马氏链. 该模型描述的是开放环境下生物群体的演化过程. 在分支过程模型的基础上, 这里在第 n 个时间段有 η_n 个新个体加入到群体中来.

定义 6.1.2 设 $(p(j) : j \in \mathbb{Z}_+)$ 和 $(\gamma(j) : j \in \mathbb{Z}_+)$ 为概率分布. 称 $\mathbb{Z}_+$ 上的离散时间马氏链 $Y = (Y_n : n \geqslant 0)$ 为带移民的分支过程, 是指其转移矩阵 $P^\gamma = (p^\gamma(i, j) : i, j \in \mathbb{Z}_+)$ 有分解

$$
p^\gamma(i, \cdot) = p^{*i} * \gamma(\cdot), \quad i \in \mathbb{Z}_+. \tag{6.1.9}
$$

此时称 $(p(j) : j \in \mathbb{Z}_+)$ 为 Y 的后代分布, 而称 $(\gamma(j) : j \in \mathbb{Z}_+)$ 为其移民分布.

下面几个结果的证明与无移民的情况类似, 故这里略去.

定理 6.1.7 假定 $\{Y_1(n) : n \geqslant 0\}$ 和 $\{Y_2(n) : n \geqslant 0\}$ 是独立且具有相同后代分布 $(p(j) : j \in \mathbb{Z}_+)$ 的带移民分支过程. 分别以 $(\gamma_1(j) : j \in \mathbb{Z}_+)$ 和 $(\gamma_2(j) : j \in \mathbb{Z}_+)$ 记它

们的移民概率分布, 那么 $\{Y_1(n) + Y_2(n) : n \geqslant 0\}$ 也是带移民分支过程, 且有后代分布 $(p(j) : j \in \mathbb{Z}_+)$ 和移民分布 $(\gamma_1 * \gamma_2(j) : j \in \mathbb{Z}_+)$.

定理 6.1.8　令 $P_n^\gamma = (p_n^\gamma(i,j) : i, j \in \mathbb{Z}_+)$ 是以 $(p(j) : j \in \mathbb{Z}_+)$ 为后代分布以 $(\gamma(j) : j \in \mathbb{Z}_+)$ 为移民分布的带移民分支过程的 n 步转移矩阵, 则对任何 $i, n \geqslant 1$ 有

$$\sum_{j=0}^\infty p_n^\gamma(i,j) z^j = g_n(z)^i \prod_{k=1}^n h(g_{k-1}(z)), \quad |z| \leqslant 1, \tag{6.1.10}$$

其中 h 为移民分布 $(\gamma(j) : j \in \mathbb{Z}_+)$ 的母函数.

定理 6.1.9　设 $m := g'(1-) < \infty$ 和 $\mu := h'(1-) < \infty$, 则对任何 $i, n \geqslant 1$ 有

$$\mathbf{P}(Y_n | Y_0 = i) = im^n + \mu \sum_{k=1}^n m^{k-1}. \tag{6.1.11}$$

练习题

1. 给出定理 6.1.7, 定理 6.1.8 和定理 6.1.9 的证明.

2. 给定常数 $b \in (0,1)$ 和 $p \in (0,1)$, 令 $\mu(0) = (1-b-p)/(1-p)$ 和 $\mu(j) = bp^{j-1}$ $(j \geqslant 1)$. 易见 $(\mu(j) : j \in \mathbb{Z}_+)$ 为概率分布且

$$g(z) := \sum_{j=0}^\infty \mu(j) z^j = \frac{1-b-p}{1-p} + \frac{bz}{1-pz}.$$

3. 在上题中, 若取 $b = (1-p)^2$, 则 $g'(1) = 1$ 且

$$g(z) = p + \frac{(1-p)^2 z}{1-pz} = \frac{p - (2p-1)z}{1-pz}.$$

证明对任何 $n \geqslant 1$ 有

$$g_n(z) = \frac{np - [(n+1)p - 1]z}{1 + (n-1)p - npz}.$$

提示: 对 $n \geqslant 1$ 用数学归纳法.

6.2　过程的长时间行为

假定 $X = (X_n : n \geqslant 0)$ 是以 $(p(j) : j \in \mathbb{Z}_+)$ 为后代分布的分支过程. 令 g 为 $(p(j) : j \in \mathbb{Z}_+)$ 的母函数. 本节研究 X 的长时间行为. 为了避免平凡的情况, 我们假定 $p(1) < 1$.

6.2.1 爆炸概率和灭绝概率

爆炸或灭绝的概率的计算是关于分支过程的基本问题, 也是最初引入该模型时的主要动机之一. 定义分支过程 X 的灭绝时间 $\tau_0 = \inf\{n \geqslant 0 : X_n = 0\}$. 我们分别称

$$A := \Big\{ \lim_{n \to \infty} X_n = \infty \Big\}, \quad B := \Big\{ \lim_{n \to \infty} X_n = 0 \Big\} = \{\tau_0 < \infty\}$$

为 X 的爆炸事件和灭绝事件. 显然 $B = \bigcup_{n=1}^{\infty} B_n$, 其中 $B_n = \{\tau_0 \leqslant n\}$. 以下简记 $\mathbf{P}_i = \mathbf{P}(\cdot | X_0 = i)$. 由 (6.1.1) 式和 (6.1.2) 式不难看出

$$\mathbf{P}_i(B_n) = \mathbf{P}_i(X_n = 0) = \mathbf{P}_i(X_n = X_{n+1} = \cdots = 0) = g_n(0)^i.$$

下面的命题显然成立.

命题 6.2.1 设 $m := g'(1) < 1$, 则对 $i, n \geqslant 1$ 有

$$\mathbf{P}_i(B_n^c) = \mathbf{P}_i(\tau_0 > n) = \mathbf{P}_i(X_n > 0) \leqslant \mathbf{E}_i(X_n) = im^n,$$

进而有 $\mathbf{P}_i(B) = \mathbf{P}_i(\tau_0 < \infty) = 1$.

根据命题 6.2.1, 下临界分支过程的存活概率 $\mathbf{P}_i(X_n > 0)$ 至少是以指数速度衰减的, 这是对此概率的一个非常有用的上界估计.

定理 6.2.2 所有状态 $i \geqslant 1$ 对于分支过程都是暂留态的.

证明 任取 $i \geqslant 1$. 当 $p(0) > 0$ 时, 我们有

$$\mathbf{P}_i(X_n \neq i \text{ 对所有 } n \geqslant 1 \text{ 成立})$$
$$\geqslant \mathbf{P}_i(X_1 = 0) = p_1(i, 0) = p(0)^i > 0.$$

当 $p(0) = 0$ 时, 在非平凡假定条件 $p(1) < 1$ 之下有

$$\mathbf{P}_i(X_n \neq i \text{ 对所有 } n \geqslant 1 \text{ 成立}) \geqslant \mathbf{P}_i(X_1 \geqslant i + 1)$$
$$= \mathbf{P}_i\Big(\sum_{k=1}^{i} \xi_{1,k} \geqslant i + 1 \Big)$$
$$\geqslant \mathbf{P}_i(\xi_{1,1} \geqslant 2) = \sum_{j=2}^{\infty} p(j) > 0.$$

因此所有状态 $i \geqslant 1$ 都是暂留态. $\square$

推论 6.2.3 对任何 $i \geqslant 0$ 有

$$\mathbf{P}_i(A \cup B) = \mathbf{P}_i\Big(\lim_{n \to \infty} X_n = \infty \text{ 或 } 0 \Big) = 1. \tag{6.2.1}$$

证明   由定理 6.2.2, 所有状态 $k \geqslant 1$ 都是暂留态. 因此, 任何有限集合 $\{1, 2, \cdots, k\}$ 以概率 1 至多只被访问有限次. 再考虑到零点的吸收性即得欲证结果. □

注意, 在非平凡假定 $p(1) < 1$ 之下, 母函数 g 在区间 $[0, 1]$ 上是凸增函数, 且有 $g(0) = p(0)$ 和 $g(1) = 1$. 令 q 是方程 $z = g(z)$ 在 $[0, 1]$ 上的最小解. 显然, 当 $m \leqslant 1$ 时有 $q = 1$; 而当 $m > 1$ 时有 $q < 1$.

引理 6.2.4   对于 $z \in [0, q]$, 当 $n \to \infty$ 时递增地 $g_n(z) \to q$; 而对于 $z \in [q, 1)$, 当 $n \to \infty$ 时递降地 $g_n(z) \to q$.

证明   不难看出, 对于任何 $z \in [0, q]$ 有 $z \leqslant g(z) \leqslant g(q)$. 由于 g 是增函数, 反复应用此关系得

$$z \leqslant g_1(z) \leqslant g_2(z) \leqslant \cdots \leqslant g_n(z) \leqslant g_n(q) = q.$$

所以极限 $r := \lim\limits_{n \to \infty} g_n(z)$ 存在. 在关系式 $g_n(z) = g(g_{n-1}(z))$ 中令 $n \to \infty$ 得 $r = g(r)$. 故必有 $r = q$. 类似地可证明 $z \in [q, 1]$ 的情况. □

下面的定理说明分支过程 X 的灭绝概率 $\mathbf{P}_i(B) = \mathbf{P}_1(B)^i$ 和爆炸概率 $\mathbf{P}_i(A) = 1 - \mathbf{P}_1(B)^i$ 可由后代分布的母函数简单决定.

定理 6.2.5   我们有 $\mathbf{P}_i(B) = \lim\limits_{n \to \infty} \mathbf{P}_i(B_n) = q^i$, 其中 q 是方程 $z = g(z)$ 在 $[0, 1]$ 上的最小解.

证明   由概率测度的下连续性有

$$\mathbf{P}_i(B) = \mathbf{P}_i\left(\bigcup_{n=1}^{\infty} B_n \right) = \lim_{n \to \infty} \mathbf{P}_i(B_n) = \lim_{n \to \infty} \mathbf{P}_i(X_n = 0) = \lim_{n \to \infty} g_n(0)^i.$$

再由引理 6.2.4 即得结论. □

如上面所指出的, 在非平凡假定条件 $p(1) < 1$ 之下, 只要 $m \leqslant 1$, 就有 $q = 1$, 进而 $\mathbf{P}_i(B) = 1$. 也就是说, 非平凡的临界或下临界分支过程几乎必然灭绝. 这个结论似乎与我们的感性经验相悖, 它说明了数学方法对于理性思维的重要意义.

6.2.2 几何增长率

下面定理的证明用到了上鞅收敛定理, 没有学习过鞅论的读者可以跳过证明.

定理 6.2.6   设 $m := g'(1) < \infty$, 则对任何 $i \geqslant 1$ 在概率 $\mathbf{P}_i$ 之下存在非负可积随机变量 W 使得 (a.s.)

$$\lim_{n \to \infty} m^{-n} X_n = W. \tag{6.2.2}$$

证明   令 $(\mathscr{F}_n)$ 为 (X_n) 的自然流. 由 (6.1.5) 式不难看出, 在 $\mathbf{P}_i$ 之下 $(m^{-n} X_n)$ 关于流 $(\mathscr{F}_n)$ 是非负鞅. 再由推论 2.4.6 知 (6.2.2) 式中的极限存在且可积. □

根据定理 6.2.6, 当 n 很大时 (X_n) 的演化趋势与随机序列 $(m^n W)$ 近似. 这给出了马尔萨斯 (Malthus) 的人口几何增长率的随机版本. 但是, 该定理并没有提供关于极限 W 除可积性之外的其他信息. 当然, 由 (6.2.2) 式和法图定理可以得到

$$\mathbf{E}_i(W) \leqslant \liminf_{n\to\infty} m^{-n}\mathbf{E}_i(X_n) = \mathbf{E}_i(X_0) = i.$$

但这并没有排除 $W = 0$ (a.s.) 的情况. 若 $W = 0$ (a.s.), 则 (6.2.2) 式只不过表明这里的规范化因子 m^{-n} 实在太大. 事实上, 根据前面的讨论, 只要 $p(1) < 1$ 且 $m \leqslant 1$, 就有 $\mathbf{P}_i(\tau_0 < \infty) = 1$, 故对于充分大的 n 有 $X_n = 0$, 从而 $W = 0$ (a.s.). 下面的定理表明, 当 $m > 1$ 时在二阶矩条件下 (6.2.2) 式中的规范化因子 m^{-n} 是合适的.

定理 6.2.7 设有 $1 < m := g'(1) < \infty$ 和 $m_2 := g'(1) + g''(1) < \infty$, 则

$$\mathbf{E}_1(W) = 1, \quad \mathbf{P}_1(W = 0) = q. \tag{6.2.3}$$

证明 根据定理 6.1.6 易知

$$\mathbf{E}_1[(m^{-n}X_n)^2] = \sigma^2 m^{-1}(m-1)^{-1}(1-m^{-n}) + 1$$

和

$$\sup_{n\geqslant 1} \mathbf{E}_1[(m^{-n}X_n)^2] = \sigma^2 m^{-1}(m-1)^{-1} + 1.$$

因此 $(m^{-n}X_n : n \geqslant 0)$ 是一致可积的非负鞅. 再由定理 2.4.5 有 $\mathbf{E}_1(|m^{-n}X_n - W|) \to 0$, 故 $\mathbf{E}_1(W) = 1$. 记 $r = \mathbf{P}_1(W = 0)$. 显然 $r < 1$. 根据全概率公式,

$$r = \sum_{j=0}^\infty \mathbf{P}_1(X_1 = j)\mathbf{P}_1(W = 0|X_1 = j) = \sum_{j=0}^\infty p(j)r^j = g(r),$$

故知 $r = q$. $\square$

6.2.3 带移民过程的极限定理

令 $P_n^\gamma = (p_n^\gamma(i,j) : i,j \in \mathbb{Z}_+)$ 是由 (6.1.10) 式定义的带移民分支过程的 n 步转移矩阵. 为避免退化的情况, 这里假定 $p(0) < 1$ 和 $p(1) < 1$. 下面的定理给出了当 $n \to \infty$ 时在 $\mathbf{P}(\cdot|Y_0 = i)$ 之下 Y_n 依分布收敛的充要条件.

定理 6.2.8 设 $m := g'(1) \leqslant 1$, 则存在离散概率分布 $(p^\gamma(j) : j \in \mathbb{Z}_+)$, 使对任何 $i,j \geqslant 0$ 有 $\lim_{n\to\infty} p_n^\gamma(i,j) = p^\gamma(j)$ 当且仅当

$$\int_0^1 \frac{1-h(z)}{g(z)-z}\mathrm{d}z < \infty, \tag{6.2.4}$$

且此时有

$$f^\gamma(z) := \sum_{j=0}^\infty p^\gamma(j) z^j = \prod_{k=1}^\infty h(g_{k-1}(z)), \quad |z| \leqslant 1. \tag{6.2.5}$$

证明   根据假定, 有 $p(0) < 1$, $p(1) < 1$ 和 $m := g'(1) \leqslant 1$, 故对任何 $0 < z < 1$ 当 $n \to \infty$ 时有 $g_n(z) \uparrow 1$, 因此 $\lim\limits_{n\to\infty} p_n(0) = 1$. 由 (6.1.10) 式有

$$f_n^\gamma(i, z) := \sum_{j=0}^\infty p_n^\gamma(i,j) z^j = g_n(z)^i \prod_{k=1}^n h(g_{k-1}(z)).$$

显然, 当 $|z| \leqslant 1$ 时有 $\lim\limits_{n\to\infty} f_n^\gamma(i,z) = f^\gamma(z)$. 由母函数连续性定理, 极限 $\lim\limits_{n\to\infty} p_n^\gamma(i,j) = p^\gamma(j)$ 存在且 (6.2.5) 式成立. 注意 (6.2.5) 式右端无穷乘积中的每个因子不超过 1, 故 $f^\gamma(z) > 0$ 当且仅当

$$\sum_{k=1}^\infty \ln h(g_{k-1}(z))^{-1} = \sum_{k=1}^\infty \ln\left[1 + \frac{1 - h(g_{k-1}(z))}{h(g_{k-1}(z))}\right] < \infty,$$

或等价地,

$$\sum_{k=1}^\infty [1 - h(g_{k-1}(z))] < \infty. \tag{6.2.6}$$

当 (6.2.6) 式对某个 $0 < z < 1$ 不成立时, 有 $f^\gamma(z) = 0$, 故对一切 $j \geqslant 0$ 有 $p^\gamma(j) = 0$; 而当 (6.2.6) 式对某个 $0 < z < 1$ 成立时, 有

$$\lim_{s \to 1-} f^\gamma(s) = \lim_{n\to\infty} f^\gamma(g_n(z)) = \lim_{n\to\infty} \prod_{k=n}^\infty h(g_{k-1}(0)) = 1,$$

从而 $(p^\gamma(j) : j \geqslant 0)$ 为概率分布. 由母函数的凸性可知

$$\frac{1 - h(z)}{1 - z}, \quad \frac{1 - z}{g(z) - z} = \left[1 - \frac{1 - g(z)}{1 - z}\right]^{-1}, \quad \frac{1 - h(z)}{g(z) - z}$$

都在区间 $(0,1)$ 内不降. 因此有

$$\begin{aligned}
\sum_{k=1}^\infty [1 - h(g_{k-1}(z))] &= \sum_{k=1}^\infty \frac{1 - h(g_{k-1}(z))}{g(g_{k-1}(z)) - g_{k-1}(z)} [g_k(z) - g_{k-1}(z)] \\
&\leqslant \int_z^1 \frac{1 - h(s)}{g(s) - s} \mathrm{d}s \\
&\leqslant \sum_{k=1}^\infty \frac{1 - h(g_k(z))}{g(g_k(z)) - g_k(z)} [g_k(z) - g_{k-1}(z)] \\
&= \sum_{k=1}^\infty [1 - h(g_k(z))] \frac{g_k(z) - g_{k-1}(z)}{g(g_k(z)) - g(g_{k-1}(z))},
\end{aligned}$$

其中

$$\frac{g_k(z) - g_{k-1}(z)}{g(g_k(z)) - g(g_{k-1}(z))} \to \frac{1}{g'(1)} \geqslant 1, \quad k \to \infty.$$

所以 (6.2.6) 式成立当且仅当 (6.2.4) 式成立. □

推论 6.2.9 设 $m := g'(1) < 1$. 则存在离散概率分布 $(p^\gamma(j) : j \in \mathbb{Z}_+)$ 使对任何 $i, j \geqslant 0$ 有 $\lim_{n \to \infty} p_n^\gamma(i, j) = p^\gamma(j)$ 当且仅当

$$\sum_{j=0}^{\infty} p(j) \ln(j+1) < \infty. \tag{6.2.7}$$

证明 因为 $m := g'(1) < 1$, 当 $z \to 1-$ 时有 $(g(z) - z)/(1 - z) = (1 - m) + o(1)$. 所以 (6.2.4) 式成立的充要条件是

$$\int_0^1 \frac{1 - h(z)}{1 - z} \mathrm{d}z < \infty. \tag{6.2.8}$$

记 $b(k) = \sum_{j=0}^{k} p(j)$. 则有

$$\frac{1 - h(z)}{1 - z} = \sum_{k=0}^{\infty} [1 - b(k)] z^k = \sum_{k=0}^{\infty} z^k \sum_{j=k+1}^{\infty} p(j).$$

所以 (6.2.8) 式成立当且仅当

$$\sum_{k=1}^{\infty} \frac{1}{1 + k} \sum_{j=k+1}^{\infty} p(j) = \sum_{j=1}^{\infty} p(j) \sum_{k=1}^{j-1} \frac{1}{1 + k} < \infty.$$

注意

$$\sum_{j=1}^{\infty} p(j) \sum_{k=1}^{j-1} \frac{1}{1 + k} \leqslant \sum_{j=1}^{\infty} p(j) \int_0^{j-1} \frac{1}{1 + s} \mathrm{d}s$$
$$= \sum_{j=1}^{\infty} p(j) \ln j$$

和

$$\sum_{j=1}^{\infty} p(j) \sum_{k=1}^{j-1} \frac{1}{1 + k} \geqslant \sum_{j=1}^{\infty} p(j) \int_1^j \frac{1}{1 + s} \mathrm{d}s$$
$$\geqslant \sum_{j=1}^{\infty} p(j) \ln(1 + j) - \ln 2.$$

因此 (6.2.8) 式成立当且仅当 (6.2.7) 式成立. □

练习题

1. 在定理 6.1.6 的假设条件下, 对于 $k \geqslant 1$ 记 $X_n^{(k)} = k^{-1}X_n$. 证明对 $\varepsilon > 0$ 和 $i, n \geqslant 1$ 有

$$\mathbf{P}\big(|X_n^{(k)} - im^n| \geqslant \varepsilon \big| X_0^{(k)} = i\big) \to 0 \qquad (k \to \infty).$$

在分支过程的应用中, 往往考虑规模庞大的群体, 因此在计算个体数量时通常会用很大的单位 k (千、万、亿等). 这样 $X_n^{(k)}$ 就代表第 n 代个体的总数. 本题的结论说明, 当 $X_0^{(k)} = i$ 时 $X_n^{(k)}$ 与 im^n 有较大偏差的概率很小.

提示: 利用定理 6.1.6, 并注意

$$\mathbf{E}(X_n^{(k)} | X_0^{(k)} = i) = k^{-1}\mathbf{P}(X_n | X_0 = ki) = im^n$$

和

$$\mathbf{E}\big(|X_n^{(k)} - im^n|^2 \big| X_0^{(k)} = i\big) = k^{-2}\mathbf{P}\big(|X_n - kim^n|^2 \big| X_0 = ki\big).$$

2. 在定理 6.2.7 的条件下, 记 $\sigma^2 = m_2 - m^2 = \mathbf{Var}_1(X_1)$. 证明

$$\lim_{n \to \infty} \mathbf{E}_1[(m^{-n}X_n - W)^2] = 0, \quad \mathbf{Var}_1(W) = \sigma^2 m^{-1}(m-1)^{-1}.$$

提示: 参考 [1, p.9, Theorem 2].

3. 在定理 6.2.8 的条件下, 利用母函数方法证明 $(p^\gamma(j) : j \in \mathbb{Z}_+)$ 是转移矩阵 P_n^γ 的平稳分布, 即有

$$\sum_{i=0}^{\infty} p^\gamma(i)p_n^\gamma(i,j) = p^\gamma(j), \quad j \geqslant 0.$$

4. 在定理 6.2.8 的条件下, 讨论 $\mathbf{E}(Y_n | Y_0 = i)$ 当 $n \to \infty$ 时的极限行为.

*6.3   随机游动中的分支过程

本节中我们利用分支过程的理论研究一维简单随机游动的轨道结构, 给出其对不同水平的穿越次数的分布的刻画.

6.3.1   随机游动的下穿

称取值于 $\mathbb{Z}$ 的随机过程 $X = (X_n : n \geqslant 0)$ 在时刻 $k \geqslant 1$ 下穿水平 $a \in \mathbb{Z}$ 是指 $X_{k-1} = a + 1$ 且 $X_k = a$, 称它在时刻 $k \geqslant 1$ 上穿水平 $a \in \mathbb{Z}$ 是指 $X_{k-1} = a - 1$ 且

$X_k = a$. 下穿和上穿统称为穿越.

定理 6.3.1　设 $e = \{e(n) : n \geqslant 0\}$ 是从 $a+1$ 出发在 a 停止的简单随机游动, 其转移矩阵 P^a 由 (4.4.7) 式给出, 其中 $0 \leqslant p \leqslant q \leqslant 1$. 令 ξ 是 e 下穿水平 $a+1$ 的次数, 则 ξ 有分布

$$\mathbf{P}(\xi = k) = qp^k, \quad k = 0, 1, \cdots. \tag{6.3.1}$$

证明　根据随机游动的平移不变性, 我们可以假定 $a = 0$. 这样就有 $e(0) = 1$, 故 $\sigma_1 := \inf\{n \geqslant 0 : e(n) = 1\} = 0$. 欲使 $\xi = 0$ 必须且只需: e 在 1 时刻下降到位置 0, 因而 $\tau_1 := \inf\{n \geqslant 1 : e(n) = 0\} = 1$, 此后 e 停止运动. 否则 e 在 1 时刻上升到位置 2, 因 $p \leqslant q$ 它必在之后某时刻回到位置 1, 从而导致 $\xi \geqslant 1$. 因 $\mathbf{P}(e(0) = 1) = 1$, 有

$$\mathbf{P}(\xi = 0) = \mathbf{P}(e(1) = 0) = \mathbf{P}(e(1) = 0 | e(0) = 1) = q.$$

欲使 $\xi = 1$ 必须且只需: e 在 1 时刻上升到位置 2, 因 $p \leqslant q$ 它必在之后的时刻 $\sigma_1' := \inf\{n \geqslant 1 : e(n) = 1\}$ 回到位置 1, 接着 e 在 $\sigma_1' + 1$ 时刻下降到 0, 因而 $\tau_1 := \inf\{n \geqslant \sigma_1' : e(n) = 0\} = \sigma_1' + 1$, 此后 e 停止运动. 由于 $\mathbf{P}(e(0) = e(\sigma_1') = 1) = 1$, 根据强马氏性有

$$
\begin{aligned}
\mathbf{P}(\xi = 1) &= \mathbf{P}(e(1) = 2, e(\sigma_1') = 1, e(\sigma_1' + 1) = 0) \\
&= \mathbf{P}(e(1) = 2, e(\sigma_1') = 1)\mathbf{P}(e(\sigma_1' + 1) = 0 | e(1) = 2, e(\sigma_1') = 1) \\
&= \mathbf{P}(e(1) = 2)\mathbf{P}(e(\sigma_1' + 1) = 0 | e(\sigma_1') = 1) = pq.
\end{aligned}
$$

与上面推导类似地可以证明 (6.3.1) 式对 $k \geqslant 2$ 成立. □

6.3.2　反射游动中的分支过程

考虑 $\mathbb{Z}_+$ 上的从 $c \geqslant 0$ 出发的反射简单随机游动 $W = (W_n : n \geqslant 0)$. 它的转移矩阵 Q_+^0 由 (4.4.4) 式给出, 其中 $a = 0$ 而 $0 < p \leqslant q < 1$. 对于 $b \geqslant 1$ 用 $\xi_i(b)$ 表示 (W_n) 的第 i 个由 b 到 $b-1$ 的游程 $e_i(b) = \{e_i(b, n) : n \geqslant 0\}$ 下穿水平 b 的次数.

定理 6.3.2　随机变量 $\xi_i(b)$, $i \geqslant 1$, $b \geqslant 1$ 独立且均服从 (6.3.1) 式给出的分布.

证明　根据定理 4.4.1, 游程 $e_i(b)$, $i \geqslant 1$ 相互独立且等价, 所以 $\xi_i(b)$, $i \geqslant 1$ 独立同分布. 由定理 6.3.1 知它们服从 (6.3.1) 式给出的分布. 下面考虑位置 $b > a \geqslant 1$. 根据定理 4.4.5, 利用 (W_n) 的由 $a+1$ 到 a 的游程可以构造一个 $\mathbb{Z}_{a+} := \mathbb{Z} \cap [a, \infty)$ 上的反射简单游动 (W_n^+), 利用 (W_n) 的由 a 到 $a+1$ 的游程可以构造一个 $\mathbb{Z}_{0,a+1} := \mathbb{Z} \cap [0, a+1]$ 上的反射简单游动 (W_n^-), 且二者相互独立. 显然 (W_n) 的由 b 到 $b-1$ 的第 i 个游程也是 (W_n^+) 的由 b 到 $b-1$ 的第 i 个游程, 而 (W_n) 的由 a 到 $a-1$ 的第 i 个游程也是 (W_n^-) 的由 a 到 $a-1$ 的第 i 个游程. 所以 $\{\xi_i(b) : i \geqslant 1, b \geqslant a+1\}$ 和 $\{\xi_i(a) : i \geqslant 1\}$ 独立. 由此易知 $\xi_i(b)$, $i \geqslant 1$, $b \geqslant 1$ 独立. □

由于 $W = (W_n : n \geqslant 0)$ 是不可约且常返的, 它无限次地下穿 $\mathbb{Z}_+$ 的每个水平. 取定整数 $x \geqslant 1$ 并令 τ 为 (W_n) 的第 x 次下穿水平 0 的时刻. 用 X_b 表示 $(W_{n \wedge \tau} : n \geqslant 0)$ 下穿水平 $b \in \mathbb{Z}_+$ 的次数. 注意 X_b 也是 $(W_{n \wedge \tau} : n \geqslant 0)$ 中包含的由 $b+1$ 到 b 的游程的个数.

定理 6.3.3　在上面的假定下有:

(1) $(X_b : b \geqslant c-1)$ 是分支过程, 其后代分布由 (6.3.1) 式给出;

(2) $(X_b : 0 \leqslant b \leqslant c-1)$ 是带移民的分支过程, 其后代分布由 (6.3.1) 式给出, 而移民分布为集中于 1 的退化分布.

证明　(1) 考虑水平 $b+1 > b > b-1 \geqslant c-1$. 此时轨道 $(W_{n \wedge \tau} : n \geqslant 0)$ 的每个由 $b+1$ 到 b 的游程都属于某个由 b 到 $b-1$ 的游程, 故不难发现

$$X_b = \sum_{i=1}^{X_{b-1}} \xi_i(b), \quad b > b-1 \geqslant c-1. \tag{6.3.2}$$

由定理 6.3.2 知 $(X_b : b \geqslant c-1)$ 是分支过程且有 (6.3.1) 式给出的后代分布.

(2) 考虑水平 $0 \leqslant b-1 < b < b+1 \leqslant c$. 此时轨道 $(W_{n \wedge \tau} : n \geqslant 0)$ 在首次到达位置 b 前刚好完成一个由 $b+1$ 到 b 的游程, 而它在其后的每个由 $b+1$ 到 b 的游程都属于某个由 b 到 $b-1$ 的游程, 故有

$$X_b = 1 + \sum_{i=1}^{X_{b-1}} \xi_i(b), \quad 0 \leqslant b-1 < b \leqslant c-1.$$

再由定理 6.3.2 知 $(X_b : 0 \leqslant b \leqslant c-1)$ 是带移民的分支过程, 其后代分布由 (6.3.1) 式给出, 而移民分布为集中于 1 的退化分布. $\square$

类似定理 6.3.3 的结果有多种不同的形式, 其连续时空版本通常称为雷伊–奈特 (Ray-Knight) 型定理; 参见 [9, 27]. 分支结构模型在随机复杂系统的研究中有很多重要的应用, 参见 [1, 3, 24, 32] 及其所引文献.

练习题

1. 设 $S = (S_n : n \geqslant 0)$ 是 $\mathbb{Z}$ 上的从 $S_0 = c \geqslant 0$ 出发的一维对称简单随机游动. 取 $k \geqslant 1$ 并用 τ 表示 (S_n) 的第 k 次下穿水平 0 的时刻. 令 X_b 为 $(S_{n \wedge \tau} : n \geqslant 0)$ 下穿水平 $b \in \mathbb{Z}$ 的次数. 证明:

(1) $(X_b : b \geqslant c-1)$ 是分支过程, 其后代分布由 (6.3.1) 式给出, 其中 $p = q = 1/2$;

(2) $(X_{-a} : a \geqslant 1)$ 是分支过程, 其后代分布由 (6.3.1) 式给出, 其中 $p = q = 1/2$;

(3) $\{X_b : 0 \leqslant b \leqslant c-1\}$ 为带移民的分支过程, 其后代分布由 (6.3.1) 式给出, 其中 $p = q = 1/2$, 而移民分布为集中于 1 的退化分布.

2. 固定 $c < b \in \mathbb{Z}_+$. 设 $W = (W_n : n \geqslant 0)$ 是 $\mathbb{Z}_{0,b}$ 上的从 $W_0 = c \geqslant 0$ 出发的一维反射简单随机游动, 其转移矩阵 $P^{0,b}$ 由 (4.4.6) 式给出, 其中 $a = 0$ 而 $p, q > 0$ 满足 $p + q = 1$ (不要求 $q \leqslant p$). 取 $k \geqslant 1$ 并用 τ 表示 (W_n) 的第 k 次下穿水平 0 的时刻. 对 $0 \leqslant a \leqslant b - 1$ 令 X_a 为 $(W_{n \wedge \tau} : n \geqslant 0)$ 下穿水平 a 的次数. 证明:

(1) $(X_b : c - 1 \leqslant a \leqslant b - 1)$ 是分支过程, 其后代分布由 (6.3.1) 式给出;

(2) $\{X_b : 0 \leqslant b \leqslant c - 1\}$ 为带移民的分支过程, 其后代分布由 (6.3.1) 式给出, 而移民分布为集中于 1 的退化分布.

3. 设 $W = (W_n : n \geqslant 0)$ 是 $\mathbb{Z}$ 上的从 $W_0 = 0$ 出发的一维简单随机游动, 其转移矩阵 P 由 (4.4.3) 式给出, 其中 $0 < p < q < 1$. 令 X_a 为 W 下穿水平 $a \in \mathbb{Z}$ 的次数. 记 $r = p/q$. 证明:

(1) $\mathbf{P}(X_0 = i) = r^i(1 - r)$, $i \geqslant 0$;

(2) 对 $a \geqslant 0$ 有 $\mathbf{P}(X_a = 0) = 1 - r^{a+1}$, $\mathbf{P}(X_a = i) = r^{a+i}(1 - r)$, $i \geqslant 1$.

4. 在上题假设条件下, 证明对 $a \leqslant -1$ 下穿次数 X_a 服从几何分布 $G(1 - r)$, 即有 $\mathbf{P}(X_a = i) = r^{i-1}(1 - r)$, $i \geqslant 1$.

第七章

连续时间马氏链

连续时间马氏链是指具有连续时间和可数状态的马氏过程, 其典型的例子包括泊松过程、连续时间随机游动等. 本章我们介绍连续时间马氏链的基本理论, 包括连续时间转移矩阵、马氏性与强马氏性、密度矩阵、向前和向后方程、最小链及其随机方程等.

7.1　连续时间转移矩阵

研究连续时间马氏链也需要使用转移矩阵的工具. 考虑到连续时间的结构, 这里实际上需要一族矩阵. 本节给出连续时间转移矩阵和马氏链的定义及若干基本性质. 特别地, 我们将证明右连续的马氏链一定具有强马氏性. 这里有些结论的证明与离散时间情况类似.

7.1.1　转移矩阵和马氏性

定义 7.1.1　我们称可数空间 E 上的矩阵族 $(P_t)_{t \geqslant 0} = \{(p_t(i,j) : i,j \in E) : t \geqslant 0\}$ 为转移矩阵或转移半群, 是指它有下面的性质:

(1) 对 $t \geqslant 0$ 和 $i,j \in E$ 有 $p_t(i,j) \geqslant 0$;

(2) 对 $t \geqslant 0$ 和 $i \in E$ 有 $\displaystyle\sum_{j \in E} p_t(i,j) \leqslant 1$;

(3) 对 $s,t \geqslant 0$ 和 $i,j \in E$ 有下面的查普曼–柯尔莫哥洛夫 (Chapman-Kolmogorov) 方程成立:

$$p_{s+t}(i,j) = \sum_{k \in E} p_s(i,k) p_t(k,j); \tag{7.1.1}$$

(4) 对 $i,j \in E$ 有 $\displaystyle\lim_{t \to 0+} p_t(i,j) = \delta_{ij}$.

查普曼–柯尔莫哥洛夫方程 (7.1.1) 也称为 $(P_t)_{t \geqslant 0}$ 的半群性质. 如果在性质 (2) 中对所有 $t \geqslant 0$ 和 $i \in E$ 等号成立, 则称转移矩阵 $(P_t)_{t \geqslant 0}$ 是马氏的. 有时为了对比, 在一般情况下也称 $(P_t)_{t \geqslant 0}$ 是准马氏的. 在很多文献中, 转移矩阵的定义只包含上面的性质 (1), (2) 和 (3), 而把满足性质 (4) 的转移矩阵称为标准的. 若 E 上的概率分布 $\mu = (\mu(i) : i \in E)$ 使得 $\mu P_t = \mu$ 对一切 $t \geqslant 0$ 成立, 则称其为 $(P_t)_{t \geqslant 0}$ 的平稳分布.

定义 7.1.2　令 $(P_t)_{t \geqslant 0}$ 为 E 上的马氏转移矩阵. 设 $(\Omega, \mathscr{G}, \mathbf{P})$ 是概率空间, 且带有 σ 代数流 $(\mathscr{G}_t : t \geqslant 0)$, 再设 $X = (X_t : t \geqslant 0)$ 为 E 上的关于流 $(\mathscr{G}_t : t \geqslant 0)$ 适应的连续时间随机过程. 我们称 X 为关于流 $(\mathscr{G}_t : t \geqslant 0)$ 以 $(P_t)_{t \geqslant 0}$ 为转移矩阵的马氏链, 是指对任意的 $s,t \geqslant 0$, $G \in \mathscr{G}_s$ 和 $i,j \in E$ 有

$$\mathbf{P}(X_{s+t} = j | G \cap \{X_s = i\}) = p_t(i,j). \tag{7.1.2}$$

上式表达的性质称为关于流 $(\mathscr{G}_t : t \geqslant 0)$ 以 $(P_t)_{t \geqslant 0}$ 为转移矩阵的马氏性.

显然, 若马氏性 (7.1.2) 关于 X 的任何适应流 $(\mathscr{G}_t)$ 成立, 则它关于 X 的自然流也成立. 在定义 7.1.2 的情况下, 令 $\mu(i) = \mathbf{P}(X_0 = i)$, 称 $(\mu(i) : i \in E)$ 为 X 的初始分布. 特别地, 若 $\mathbf{P}(X_0 = i) = 1$, 则称 X 是从 i 出发的.

定理 7.1.1 过程 X 是相对其自然流 $(\mathscr{F}_t)$ 以 (P_t) 为转移矩阵的马氏链当且仅当对任意的 $t \geqslant 0, 0 \leqslant s_1 \leqslant s_2 \leqslant \cdots \leqslant s_n = s$ 和 $\{i_1, i_2, \cdots, i_n = i, j\} \subseteq E$ 有

$$\mathbf{P}(X_{s+t} = j | X_{s_1} = i_1, X_{s_2} = i_2, \cdots, X_{s_n} = i_n) = p_t(i, j). \tag{7.1.3}$$

证明 若 X 是关于自然流 $(\mathscr{F})$ 以 $(P_t)_{t \geqslant 0}$ 为转移矩阵的马氏链, 则 (7.1.2) 式对任何 $G \in \mathscr{F}_s$ 成立, 故 (7.1.3) 式成立. 反之, 假设 (7.1.3) 式对任意的 $t \geqslant 0, 0 \leqslant s_1 \leqslant s_2 \leqslant \cdots \leqslant s_n = s$ 和 $\{i_1, i_2, \cdots, i_n = i, j\} \subseteq E$ 成立, 下证 (7.1.2) 式对于自然流 $(\mathscr{F}_t)$ 成立. 为此只需证明对任意的 $s, t \geqslant 0, G \in \mathscr{F}_s$ 和 $i, j \in E$ 有

$$\mathbf{P}(\{X_{s+t} = j\} \cap G \cap \{X_s = i\}) = p_t(i, j) \mathbf{P}(G \cap \{X_s = i\}). \tag{7.1.4}$$

令 $\mathscr{M}$ 为使 (7.1.4) 式成立的所有 $G \in \mathscr{F}_s$ 构成的事件类. 利用有界收敛定理易证 $\mathscr{M}$ 是一个单调类. 由 (7.1.3) 式易知对任意的 $t \geqslant 0, 0 \leqslant s_1 \leqslant s_2 \leqslant \cdots \leqslant s_n \leqslant s$ 和 $\{i_1, i_2, \cdots, i_n, i, j\} \subseteq E$ 有

$$\mathbf{P}(\{X_{s+t} = j\} \cap \{X_{s_1} = i_1, X_{s_2} = i_2, \cdots, X_{s_n} = i_n\} \cap \{X_{s_n} = i\})$$
$$= p_t(i, j) \mathbf{P}(\{X_{s_1} = i_1, X_{s_2} = i_2, \cdots, X_{s_n} = i_n\} \cap \{X_{s_n} = i\}).$$

令 $\mathscr{A}$ 为所有形如 $\{X_{s_1} = i_1, X_{s_2} = i_2, \cdots, X_{s_n} = i_n\}$ 的事件的有限并构成的类. 则 $\mathscr{A}$ 是一个集代数且 $\sigma(\mathscr{A}) = \mathscr{F}_s$. 上式说明 $\mathscr{M} \supseteq \mathscr{A}$. 根据单调类定理, 有 $\mathscr{M} \supseteq m(\mathscr{A}) = \sigma(\mathscr{A}) = \mathscr{F}_s$, 即 (7.1.4) 式对一切 $G \in \mathscr{F}_s$ 成立. $\square$

定理 7.1.2 过程 X 相对其自然流是以 $(P_t)_{t \geqslant 0}$ 为转移矩阵以 $(\mu(i) : i \in E)$ 为初始分布的马氏链当且仅当对于任意的 $0 = t_0 \leqslant t_1 \leqslant \cdots \leqslant t_n$ 和 $\{i_0, i_1, \cdots, i_n\} \subseteq E$ 有

$$\mathbf{P}(X_{t_k} = i_k : 0 \leqslant k \leqslant n) = \mu(i_0) p_{t_1 - t_0}(i_0, i_1) \cdots p_{t_n - t_{n-1}}(i_{n-1}, i_n). \tag{7.1.5}$$

证明 假设 X 是以 $(P_t)_{t \geqslant 0}$ 为转移矩阵, 以 $(\mu(i) : i \in E)$ 为初始分布的马氏链. 由定理 7.1.1 知 (7.1.3) 式成立. 下面用数学归纳法证明 (7.1.5) 式成立. 显然该式对 $n = 0$ 成立. 假若它对于某个 $n \geqslant 0$ 成立. 根据 (7.1.3) 式并应用乘法公式, 对于任意的 $0 = t_0 \leqslant t_1 \leqslant \cdots \leqslant t_n \leqslant t_{n+1}$ 和 $\{i_0, i_1, \cdots, i_n, i_{n+1}\} \subseteq E$ 有

$$\mathbf{P}(X_{t_0} = i_0, X_{t_1} = i_1, \cdots, X_{t_n} = i_n, X_{t_{n+1}} = i_{n+1})$$
$$= \mathbf{P}(X_{t_0} = i_0, X_{t_1} = i_1, \cdots, X_{t_n} = i_n) \cdot$$

$$\mathbf{P}(X_{t_{n+1}} = i_{n+1}|X_{t_0} = i_0, X_{t_1} = i_1, \cdots, X_{t_n} = i_n)$$
$$= \mu(i_0)p_{t_1-t_0}(i_0, i_1) \cdots p_{t_n-t_{n-1}}(i_{n-1}, i_n)p_{t_{n+1}-t_n}(i_n, i_{n+1}),$$

即在 (7.1.5) 式中将 n 替换为 $n+1$ 该式仍然成立. 这就证明了 (7.1.5) 式对所有 $n \geqslant 0$ 成立. 反之, 假设 X 具有性质 (7.1.5). 显然 X_0 有分布 $(\mu(i) : i \in E)$ 且对于任意的 $t \geqslant 0, 0 \leqslant s_1 \leqslant \cdots \leqslant s_n = s$ 和 $\{i_1, i_2, \cdots, i_n = i, j\} \subseteq E$ 有

$$\mathbf{P}(\{X_{s_k} = i_k : 0 \leqslant k \leqslant n\} \cap \{X_{s+t} = j\})$$
$$= \mu(i_0)p_{s_1-s_0}(i_0, i_1) \cdots p_{s_n-s_{n-1}}(i_{n-1}, i_n)p_t(i, j).$$

将上式两端分别除以 (7.1.5) 式的两端即得 (7.1.3)式. 再由定理 7.1.1 知 X 是以 P 为转移矩阵的马氏链. $\square$

例 7.1.1　设 $(X_t : t \geqslant 0)$ 是关于流 $(\mathscr{G}_t : t \geqslant 0)$ 以 $(P_t)_{t \geqslant 0}$ 为转移矩阵的马氏链. 对于 $h > 0$ 令 $P_h = (p_h(i, j) : i, j \in E)$. 则离散时间过程 $(X_{nh} : n \geqslant 0)$ 关于流 $(\mathscr{G}_{nh} : n \geqslant 0)$ 是以 P_h 为转移矩阵的离散时间马氏链.

例 7.1.2　设 (N_t) 是参数为 $\alpha \geqslant 0$ 的泊松过程且 $N_0 \in \mathbb{Z}_+$. 令 $(\mathscr{F}_t)$ 为其自然流. 对于 $s, t \geqslant 0, G \in \mathscr{F}_s$ 和 $i, j \in \mathbb{Z}_+$, 利用 $N_{s+t} - N_s$ 与 $G \cap \{N_s = i\}$ 的独立性易知

$$\mathbf{P}(N_{s+t} = j|G \cap \{N_s = i\}) = \mathbf{P}(N_{s+t} - N_s = j - i|G \cap \{N_s = i\}) = p_t(i, j),$$

其中

$$p_t(i, j) = \begin{cases} \dfrac{(\alpha t)^{j-i}}{(j-i)!}\mathrm{e}^{-\alpha t}, & j - i \geqslant 0, \\ 0, & \text{其他}, \end{cases}$$

所以 (N_t) 是以 $\mathbb{Z}_+$ 为状态空间的连续时间马氏链, 且其转移矩阵 $(P_t)_{t \geqslant 0}$ 由上式定义.

定理 7.1.3　设 $(\xi_n : n \geqslant 0)$ 是以 $(\pi(i, j), i, j \in E)$ 为转移矩阵的离散时间马氏链, 而 $(N_t : t \geqslant 0)$ 是与之独立, 从原点出发且以 $\alpha \geqslant 0$ 为参数的泊松过程. 令 $X_t = \xi_{N_t}$. 则连续时间过程 $(X_t : t \geqslant 0)$ 是相对其自然流的马氏链, 且其转移矩阵 $(p_t(i, j), i, j \in E, t \geqslant 0)$ 由下式给出:

$$p_t(i, j) = \mathrm{e}^{-\alpha t} \sum_{n=0}^{\infty} \frac{(\alpha t)^k}{k!}\pi_k(i, j), \tag{7.1.6}$$

其中 $(\pi_n(i, j), i, j \in E)$ 表示 $(\xi_n : n \geqslant 0)$ 的 n 步转移矩阵.

证明　不难验证 (7.1.6) 式确实定义了一个转移矩阵 $(p_t(i, j), i, j \in E, t \geqslant 0)$. 利用定理 4.2.3 以及 $(\xi_n : n \geqslant 0)$ 和 $(N_t : t \geqslant 0)$ 的独立性, 对于 $0 = s_0 \leqslant s_1 \leqslant \cdots \leqslant s_n$ 和 $\{i_1, i_2, \cdots, i_n\} \subseteq E$ 有

$$\mathbf{P}(X_{s_1} = i_1, X_{s_2} = i_2, \cdots, X_{s_n} = i_n) = \sum_{k_1, k_2, \cdots, k_n} \prod_{r=1}^{n} \mathbf{P}(N_{s_r} - N_{s_{r-1}} = k_r)\pi_{k_r}(i_{r-1}, i_r).$$

进而, 对于 $t \geqslant 0, 0 = s_0 \leqslant s_1 \leqslant \cdots \leqslant s_n = s$ 和 $\{i_1, i_2, \cdots, i_n = i, j\} \subseteq E$ 有

$$\mathbf{P}(X_{s_1} = i_1, X_{s_2} = i_2, \cdots, X_{s_n} = i_n, X_{s+t} = j)$$

$$= \sum_{k_1, k_2 \cdots, k_n} \prod_{r=1}^{n} \mathbf{P}(N_{s_r} - N_{s_{r-1}} = k_r) \pi_{k_r}(i_{r-1}, i_r) \cdot$$

$$\sum_k \mathbf{P}(N_{s+t} - N_s = k) \pi_k(i, j)$$

$$= \mathbf{P}(X_{s_1} = i_1, X_{s_2} = i_2, \cdots, X_{s_n} = i_n) p_t(i, j).$$

再由定理 7.1.1 知 $(X_t : t \geqslant 0)$ 是相对其自然流的马氏链, 且其转移矩阵由 (7.1.6) 式给出. □

7.1.2　右连续链的强马氏性

考虑可数状态空间 E, 并赋予其离散距离 r, 即对 $x, y \in E$ 有 $r(x, y) = 1_{\{x \neq y\}}$.

定理 7.1.4　设 (X_t) 是 E 上的关于流 $(\mathscr{G}_t)$ 以 (P_t) 为转移矩阵的右连续马氏链, 而 τ 为 $(\mathscr{G}_{t+})$ 的停时, 则对于任意的 $t \geqslant 0, i, j \in E$ 和 $G \in \mathscr{G}_{\tau+}$ 有

$$\mathbf{P}(X_{\tau+t} = j | G \cap \{X_\tau = i, \tau < \infty\}) = p_t(i, j). \tag{7.1.7}$$

证明　令 τ_n 是 τ 的由 (2.1.12) 式定义的二分点离散化. 根据命题 2.1.18 有 $G \in \mathscr{G}_{\tau_n}$, 故 $G \cap \{\tau_n = k/2^n\} \in \mathscr{G}_{k/2^n}$. 应用马氏性 (7.1.2) 得

$$\mathbf{P}(X_{\tau_n+t} = j | G \cap \{\tau_n = k/2^n, X_{\tau_n} = i\}) = p_t(i, j),$$

或写为

$$\mathbf{P}(G \cap \{\tau_n = k/2^n, X_{\tau_n} = i, X_{\tau_n+t} = j\}) = \mathbf{P}(G \cap \{\tau_n = k/2^n, X_{\tau_n} = i\}) p_t(i, j).$$

对 $k \geqslant 0$ 求和得

$$\mathbf{P}(G \cap \{\tau_n < \infty, X_{\tau_n} = i, X_{\tau_n+t} = j\}) = \mathbf{P}(G \cap \{\tau_n < \infty, X_{\tau_n} = i\}) p_t(i, j).$$

再注意到 $\{\tau < \infty\} = \{\tau_n < \infty\}$ 有

$$\mathbf{P}(G \cap \{\tau < \infty, X_{\tau_n} = i, X_{\tau_n+t} = j\}) = \mathbf{P}(G \cap \{\tau < \infty, X_{\tau_n} = i\}) p_t(i, j).$$

由 X 的右连续性, 当 $n \to \infty$ 时有 $1_{\{X_{\tau_n}=i\}} \to 1_{\{X_\tau=i\}}$ 和 $1_{\{X_{\tau_n+t}=j\}} \to 1_{\{X_{\tau+t}=j\}}$. 对上式应用控制收敛定理得

$$\mathbf{P}(G \cap \{\tau < \infty, X_\tau = i, X_{\tau+t} = j\}) = \mathbf{P}(G \cap \{\tau < \infty, X_\tau = i\}) p_t(i, j)$$

所以 (7.1.7) 式成立. □

等式 (7.1.7) 所表达的性质称为 (X_t) 关于流 $(\mathscr{G}_{t+})$ 以 $(P_t)_{t \geqslant 0}$ 为转移矩阵的强马氏性. 特别地, 它说明 (X_t) 是关于流 $(\mathscr{G}_{t+})$ 以 $(P_t)_{t \geqslant 0}$ 为转移矩阵的马氏链. 所以在谈到右连续马氏链的时候, 总可以假定相应的流是右连续的. 基于定理 7.1.4, 与离散时间情况类似, 可以证明如下的:

定理 7.1.5　设 $(X_t : t \geqslant 0)$ 是关于流 $(\mathscr{G}_t : t \geqslant 0)$ 以 $(P_t)_{t \geqslant 0}$ 为转移矩阵的右连续马氏链. 再设 τ 为 $(\mathscr{G}_{t+})$ 的停时, 而事件 $A \in \mathscr{G}_\tau$ 满足 $\mathbf{P}(A \cap \{\tau < \infty\}) > 0$, 则在条件概率 $\mathbf{P}_A := \mathbf{P}(\cdot | A \cap \{\tau < \infty\})$ 之下 $(X_{\tau + t} : t \geqslant 0)$ 具有关于流 $(\mathscr{G}_{\tau + t+} : t \geqslant 0)$ 以 $(P_t)_{t \geqslant 0}$ 为转移矩阵的强马氏性.

定理 7.1.6　设 X 为关于流 $(\mathscr{G}_t)$ 以 $(P_t)_{t \geqslant 0}$ 为转移矩阵的右连续马氏链, 而 τ 是 $(\mathscr{G}_t)$ 的停时. 记 $\mathscr{F}^\tau = \sigma(X_{\tau + t} : t \geqslant 0)$, 则对于任意的 $i \in E$, $G \in \mathscr{G}_\tau$ 和 $F \in \mathscr{F}^\tau$ 有

$$\mathbf{P}(F | G \cap \{\tau < \infty, X_\tau = i\}) = \mathbf{P}(F | \tau < \infty, X_\tau = i). \tag{7.1.8}$$

推论 7.1.7　设 X 为关于流 $(\mathscr{G}_t)$ 以 $(P_t)_{t \geqslant 0}$ 为转移矩阵的右连续马氏链, 而 τ 是 $(\mathscr{G}_t)$ 的停时, 则对于任意的 $i \in E$, 在条件概率 $\mathbf{P}(\cdot | \tau < \infty, X_\tau = i)$ 之下 $(X_{t \wedge \tau} : t \geqslant 0)$ 和 $(X_{\tau + t} : t \geqslant 0)$ 是独立的.

考虑可数状态空间 E 上的准马氏转移矩阵 $(P_t)_{t \geqslant 0} = \{(p_t(i,j) : i,j \in E) : t \geqslant 0\}$. 令 $\tilde{E} = E \cup \{\partial\}$, 其中 $\partial \notin E$ 为抽象点. 对于 $t \geqslant 0$ 我们令

$$\tilde{p}_t(i,j) = \begin{cases} p_t(i,j), & i,j \in E, \\ 1 - p_t(i,E), & i \in E, j = \partial, \\ \delta_{\partial j}, & i = \partial, j \in \tilde{E}, \end{cases} \tag{7.1.9}$$

其中 $p_t(i,E) = \displaystyle\sum_{i \in E} p_t(i,j) \leqslant 1$. 则 $(\tilde{P}_t)_{t \geqslant 0} = \{(\tilde{p}_t(i,j) : i,j \in \tilde{E}) : t \geqslant 0\}$ 是 $\tilde{E}$ 上的马氏转移矩阵. 对于任何取值于 $\tilde{E}$ 且以 $(\tilde{P}_t)_{t \geqslant 0}$ 为转移矩阵的右连续马氏链 $X = (X_t : t \geqslant 0)$, 令 $\zeta = \inf\{t \geqslant 0 : X_t = \partial\}$. 利用强马氏性可以看到, X 到达状态 ∂ 后不再运动. 我们也称 X 为 E 上以 $(P_t)_{t \geqslant 0}$ 为转移矩阵的马氏链或准马氏链, 而称 ζ 为其生命时.

7.1.3　转移矩阵的连续性

命题 7.1.8　设 $(P_t)_{t \geqslant 0} = \{(p_t(i,j) : i,j \in E) : t \geqslant 0\}$ 为可数状态空间 E 上的准马氏转移矩阵, 则有

(1) $\displaystyle\sum_{j \in E} p_t(i,j)$ 是 $t \geqslant 0$ 的减函数;

(2) 对任何 $t \geqslant 0$ 及 $i \in E$ 有 $p_t(i,i) > 0$;

(3) 若对某个 $s > 0$ 有 $p_s(i,i) = 1$, 则对一切 $t \geqslant 0$ 有 $p_t(i,i) = 1$;

(4) 若对某个 $s > 0$ 有 $p_s(i,j) > 0$, 则对一切 $t \geqslant s$ 有 $p_t(i,j) > 0$.

证明　(1) 根据定义 7.1.1 中的假定, 对 $t \geqslant s \geqslant 0$ 有

$$\sum_{j\in E} p_t(i,j) = \sum_{k\in E}\sum_{j\in E} p_s(i,k)p_{t-s}(k,j) \leqslant \sum_{k\in E} p_s(i,k).$$

(2) 根据定义 7.1.1, 可取 $\delta > 0$ 使当 $0 \leqslant t \leqslant \delta$ 时有 $p_t(i,i) > 0$. 对于 $t \geqslant 0$ 取正整数 $n \geqslant 0$ 使 $t = n\delta + s$, 其中 $0 \leqslant s < \delta$. 由 (7.1.1) 式易知

$$p_t(i,i) \geqslant p_\delta(i,i)^n p_s(i,i) > 0.$$

(3) 对任何整数 $n \geqslant 1$ 有 $p_{ns}(i,i) \geqslant p_s(i,i)^n$. 故在假设条件下 $p_{ns}(i,i) = 1$. 再由 (1) 的结论易知, 对一切 $t \geqslant 0$ 有 $\sum_{j\in E} p_t(i,j) = 1$. 假若对某个 $t \geqslant 0$ 有 $p_t(i,i) < 1$, 则存在 $j \neq i$ 使 $p_t(i,j) > 0$. 取 $n \geqslant 1$ 满足 $ns \geqslant t$. 利用 (2) 的结论有

$$p_{ns}(i,j) \geqslant p_t(i,j)p_{ns-t}(j,j) > 0.$$

这导致与上面矛盾的结论 $p_{ns}(i,i) < 1$.

(4) 只需注意 $p_t(i,j) \geqslant p_s(i,j)p_{t-s}(j,j)$, 并应用 (2) 的结论. □

定理 7.1.9　设 $(P_t)_{t\geqslant 0} = \{(p_t(i,j) : i,j \in E) : t \geqslant 0\}$ 为可数状态空间 E 上的准马氏转移矩阵, 则 $p_t(i,j)$ 关于 $t \geqslant 0$ 一致连续且有

$$|p_t(i,j) - p_s(i,j)| \leqslant 1 - p_{t-s}(i,i), \quad t \geqslant s \geqslant 0, \; i,j \in E.$$

证明　根据半群性质 (7.1.1) 有

$$\begin{aligned} p_t(i,j) - p_s(i,j) &= \sum_k p_{t-s}(i,k)p_s(k,j) - p_s(i,j) \\ &= \sum_{k\neq i} p_{t-s}(i,k)p_s(k,j) - [1 - p_{t-s}(i,i)]p_s(i,j). \end{aligned}$$

注意上式右端为两个正数之差, 且有

$$\sum_{k\neq i} p_{t-s}(i,k)p_s(k,j) \leqslant \sum_{k\neq i} p_{t-s}(i,k) \leqslant 1 - p_{t-s}(i,i)$$

和

$$[1 - p_{t-s}(i,i)]p_s(i,j) \leqslant 1 - p_{t-s}(i,i).$$

所以欲证估计成立. □

练习题

1. 设 $(P_t)_{t \geqslant 0}$ 为连续时间转移矩阵. 证明极限 $\lim\limits_{t \to \infty} p_t(i,j)$ 存在当且仅当对于一切 $h > 0$, 极限 $\lim\limits_{n \to \infty} p_{nh}(i,j)$ 存在.

提示: 应用定理 7.1.9 的结论.

2. 设 $(P_t)_{t \geqslant 0}$ 为连续时间马氏转移矩阵. 对 $h > 0$ 令 $P_h = (p_h(i,j) : i,j \in E)$. 证明 $i \in E$ 关于转移矩阵 P_h 是常返态当且仅当 $\int_0^\infty p_t(i,i)\mathrm{d}t = \infty$.

提示: 根据命题 7.1.8 有 $\delta(h) := \min\limits_{0 \leqslant t \leqslant h} p_t(i,i) > 0$. 注意

$$p_{(n-1)h}(i,i)\delta(h) \leqslant \inf_{(n-1)h \leqslant t \leqslant nh} p_t(i,i)$$

$$\leqslant \sup_{(n-1)h \leqslant t \leqslant nh} p_t(i,i) \leqslant p_{nh}(i,i)\delta(h)^{-1}.$$

3. 设 $(S_n : n \geqslant 0)$ 是离散时间对称简单随机游动, 而 $(N_t : t \geqslant 0)$ 与之独立, 从原点出发且以 $\alpha \geqslant 0$ 为参数的泊松过程. 令 $X_t = S_{N_t}$, 则 $(X_t : t \geqslant 0)$ 为连续时间马氏链, 称为连续时间对称简单随机游动, 并称 α 为其跳跃速率. 证明: 若 $(X_t : t \geqslant 0)$ 和 $(Y_t : t \geqslant 0)$ 分别是速度为 $\alpha \geqslant 0$ 和 $\beta \geqslant 0$ 的连续时间对称简单随机游动, 且二者独立, 则 $(X_t + Y_t : t \geqslant 0)$ 也是连续时间对称简单随机游动, 并求出其速度.

4. 令 $(X_t : t \geqslant 0)$ 是速度为 $\alpha > 0$ 的连续时间一维对称简单随机游动. 证明在依分布收敛的意义下有

$$\lim_{t \to \infty} \frac{X_t}{\sqrt{\alpha t}} = \lim_{t \to \infty} \frac{X_t}{\sqrt{N_t}} = \xi,$$

其中 ξ 是标准正态分布随机变量.

5. 设 $(X_t : t \geqslant 0)$ 是速度为 $\alpha > 0$ 的连续时间 d 维对称简单随机游动. 基于例 4.3.1 的结论, 证明对于任何非空有界集 $B \subseteq \mathbb{Z}^d$, 几乎必然有

$$\int_0^\infty 1_B(X_s)\mathrm{d}s \begin{cases} = \infty, & d = 1,2, \\ < \infty, & d \geqslant 3. \end{cases}$$

提示: 应用推论 4.3.2 的结论, 并注意泊松过程 $(N_t : t \geqslant 0)$ 在各个状态停留的时间独立且均服从以 $\alpha > 0$ 为参数的指数分布.

7.2　密度矩阵

马氏链的密度矩阵就是转移矩阵在时间零点的导数, 因此是连续时间情形所独有的. 密度矩阵的元素具有明确的概率含义. 在适当条件下, 密度矩阵唯一决定相应的转移矩阵. 这些特性使密度矩阵成为研究连续时间马氏链的重要工具. 为了表述上的方便, 本节及以后我们经常会记 $p_t(i,j)$ 为 $p_{ij}(t)$.

7.2.1　转移矩阵的可微性

定理 7.2.1 (柯尔莫哥洛夫)　设 $(P(t))_{t \geqslant 0} = \{(p_{ij}(t) : i,j \in E) : t \geqslant 0\}$ 为 E 上的准马氏转移矩阵, 则有:

(1) 对任何 $i \in E$ 存在极限

$$\lim_{t \to 0+} \frac{1}{t}(1 - p_{ii}(t)) = q_i := \sup_{t > 0} \frac{1}{t}(1 - p_{ii}(t)) \in [0, \infty]. \tag{7.2.1}$$

(2) 对任何 $i \neq j \in E$ 存在极限

$$\lim_{t \to 0+} \frac{1}{t} p_{ij}(t) = q_{ij} \in [0, \infty). \tag{7.2.2}$$

(3) 对任何 $i \in E$ 有

$$\sum_{j \neq i} q_{ij} \leqslant q_i. \tag{7.2.3}$$

证明　(1) 根据命题 7.1.8, 对 $t \geqslant 0$ 有 $p_{ii}(t) > 0$, 故可定义 $\phi_i(t) = -\ln p_{ii}(t)$. 注意

$$1 - p_{ii}(t) = 1 - \mathrm{e}^{-\phi_i(t)} \leqslant \phi_i(t). \tag{7.2.4}$$

对任何 $s, t > 0$, 由 $p_{ii}(s+t) \geqslant p_{ii}(s)p_{ii}(t)$ 有

$$\phi_i(s+t) \leqslant \phi_i(s) + \phi_i(t). \tag{7.2.5}$$

取整数 $n \geqslant 0$ 与 $0 \leqslant \delta < s$ 使 $t = ns + \delta$. 由 (7.2.5) 式得

$$\frac{\phi_i(t)}{t} \leqslant \frac{n\phi_i(s) + \phi_i(\delta)}{t} = \frac{ns\phi_i(s)}{st} + \frac{\phi_i(\delta)}{t}.$$

显然, 当 $s \to 0+$ 时有 $ns/t \to 1$ 和 $\delta \to 0$, 故 $\phi_i(\delta) \to 0$. 由上式得

$$\frac{\phi_i(t)}{t} \leqslant \liminf_{s \to 0+} \frac{\phi_i(s)}{s},$$

进而

$$\limsup_{s\to 0+}\frac{\phi_i(s)}{s}\leqslant \sup_{t>0}\frac{\phi_i(t)}{t}\leqslant \liminf_{s\to 0+}\frac{\phi_i(s)}{s}.$$

由此得

$$\lim_{t\to 0+}\frac{\phi_i(t)}{t}=q_i:=\sup_{t>0}\frac{\phi_i(t)}{t}. \tag{7.2.6}$$

再注意到 (7.2.4) 式即得

$$\lim_{t\to 0+}\frac{1}{t}(1-p_{ii}(t))=q_i=\sup_{t>0}\frac{1}{t}(1-p_{ii}(t)). \tag{7.2.7}$$

(2) 设 $i\neq j\in E$. 由定理 7.1.9 知函数 $t\mapsto p_{ij}(t)$ 在 $[0,\infty)$ 上一致连续. 因此, 对任给的 $\varepsilon>0$, 存在 $t_0>0$ 使得当 $t\in(0,t_0)$ 时有

$$p_{ji}(t)<\varepsilon,\quad p_{ii}(t)>1-\varepsilon,\quad p_{jj}(t)>1-\varepsilon.$$

设 $(X_t:t\geqslant 0)$ 是以 $(P(t))_{t\geqslant 0}$ 为转移矩阵的马氏链. 对 $h>0$ 令

$$_kp_{ij}^{(r)}(h)=\mathbf{P}_i(X_{rh}=j;X_{sh}\neq k,0\leqslant s\leqslant r-1).$$

于是由

$$p_{ii}(rh)={}_jp_{ii}^{(r)}(h)+\sum_{m=1}^{r-1}{}_jp_{ij}^{(m)}(h)p_{ji}((r-m)h)$$

易知当 $rh\leqslant nh<t_0$ 时,

$$\begin{aligned}
{}_jp_{ii}^{(r)}(h)&\geqslant p_{ii}(rh)-\max_{1\leqslant k\leqslant r}p_{ji}(kh)\sum_{m=1}^{r-1}{}_jp_{ij}^{(m)}\\
&\geqslant p_{ii}(rh)-\max_{1\leqslant k\leqslant r}p_{ji}(kh)>1-2\varepsilon,
\end{aligned}$$

进而有

$$\begin{aligned}
p_{ij}(nh)&=\sum_{r=1}^{n}{}_jp_{ij}^{(r)}(h)p_{jj}((n-r)h)\\
&\geqslant \sum_{r=1}^{n}{}_jp_{ii}^{(r-1)}(h)p_{ij}(h)p_{jj}((n-r)h)\\
&\geqslant (1-2\varepsilon)\sum_{r=1}^{n}p_{ij}(h)(1-\varepsilon)\geqslant n(1-3\varepsilon)p_{ij}(h).
\end{aligned}$$

所以当 $0<nh<t_0$ 时有

$$\frac{p_{ij}(nh)}{nh}\geqslant (1-3\varepsilon)\frac{p_{ij}(h)}{h}. \tag{7.2.8}$$

在上式中置 $h = t_0/2n$ 得到

$$q_{ij} := \liminf_{t \to 0+} \frac{p_{ij}(t)}{t} \leqslant \liminf_{n \to \infty} \frac{p_{ij}(t_0/2n)}{t_0/2n} \leqslant \frac{1}{1-3\varepsilon} \frac{p_{ij}(t_0/2)}{t_0/2} < \infty.$$

另一方面, 由上面 q_{ij} 的定义, 存在 $t_1 \in (0, t_0/2)$ 使 $p_{ij}(t_1)/t_1 < q_{ij} + \varepsilon$. 再由 $p_{ij}(t)/t$ 的右连续性, 可找到 $h_0 \in (0, t_0/2)$, 使当 $t_1 \leqslant t < t_1 + h_0$ 时有

$$\frac{p_{ij}(t)}{t} < q_{ij} + 2\varepsilon. \tag{7.2.9}$$

而对 $0 < h < h_0 \wedge t_1$, 存在整数 $n \geqslant 0$ 使 $t_1 \leqslant nh < t_1 + h_0 \leqslant t_0$. 于是由 (7.2.8) 式和 (7.2.9) 式得

$$\frac{p_{ij}(h)}{h} \leqslant \frac{1}{1-3\varepsilon} \frac{p_{ij}(nh)}{nh} < \frac{q_{ij} + 2\varepsilon}{1-3\varepsilon}.$$

再由 $\varepsilon > 0$ 的任意性可知 $\limsup\limits_{h \to 0+}(p_{ij}(h)/h) \leqslant q_{ij}$. 综上即得 (7.2.2) 式.

(3) 由转移矩阵的定义, 对 $t > 0$ 和 $i \in E$ 有

$$\frac{1}{t} \sum_{j \neq i} p_{ij}(t) \leqslant \frac{1}{t}(1 - p_{ii}(t)).$$

令 $t \to 0+$ 并利用法图定理即得 (7.2.3) 式. □

定义 7.2.1   称状态空间 E 上的方形矩阵 $Q = (q_{ij} : i, j \in E)$ 为一个密度矩阵, 或者 Q 矩阵, 是指它满足条件

(1) 对任何 $i \in E$ 有 $q_i := -q_{ii} \in [0, \infty]$;

(2) 对任何 $i \neq j \in E$ 有 $0 \leqslant q_{ij} < \infty$;

(3) 对任何 $i \in E$ 有 $\sum\limits_{j \neq i} q_{ij} \leqslant q_i$.

如果 $q_i < \infty$, 那么我们称状态 $i \in E$ 是稳定的. 所有状态都稳定的密度矩阵称为全稳定的. 如果对任何 $i \in E$ 都有

$$\sum_{j \neq i} q_{ij} = q_i < \infty,$$

则称密度矩阵 Q 是保守的.

根据定理 7.2.1, 状态空间 E 上连续时间转移矩阵的 $(P(t))_{t \geqslant 0} = \{(p_{ij}(t) : i, j \in E) : t \geqslant 0\}$ 的导数矩阵 $Q := (p'_{ij}(0) : i, j \in E)$ 是就一个密度矩阵, 称为 $(P(t))_{t \geqslant 0}$ 的密度矩阵. 在这种情况下, 若 X 是以 $(P(t))_{t \geqslant 0}$ 为转移矩阵的马氏链, 我们也称 Q 为 X 的密度矩阵, 或称 X 为 Q 过程.

如无特别申明, 后面只考虑全稳定的密度矩阵.

7.2.2　轨道的跳跃性质

定理 7.2.2　设状态空间 E 上的右连续马氏链 $X = (X_t : t \geqslant 0)$ 具有保守的密度矩阵 $Q = (q_{ij} : i, j \in E)$. 对 $i \in E$ 记 $\mathbf{P}_i = \mathbf{P}_i(\cdot | X_0 = i)$. 定义 X 的首跳时间

$$\tau = \inf\{t > 0 : X_t \neq X_0\}. \tag{7.2.10}$$

则 τ 是停时, 且如下性质成立:

(1) 对任何 $t \geqslant 0$ 有 $\mathbf{P}_i(\tau \leqslant t) = 1 - \mathrm{e}^{-q_i t}$, 即在 $\mathbf{P}_i$ 下 τ 服从参数为 q_i 的指数分布;

(2) 当 $q_i \neq 0$ 时, 对 $i \neq j \in E$ 和 $t \geqslant 0$ 有 $\mathbf{P}_i(\tau \leqslant t, X_\tau = j) = (1 - \mathrm{e}^{-t q_i}) q_i^{-1} q_{ij}$;

(3) 当 $q_i \neq 0$ 时, 对 $i \neq j \in E$ 有 $\mathbf{P}_i(X_\tau = j) = q_i^{-1} q_{ij}$.

此外, 当 $q_i \neq 0$ 时, 随机变量 τ 与 X_τ 在 $\mathbf{P}_i$ 之下独立.

证明　(1) 记 X 的自然流为 $(\mathscr{F}_t : t \geqslant 0)$. 因为 $\{\tau > t\} = \{X_r = X_0; r \in [0, t)$ 为有理数 $\} \cap \{X_t = X_0\} \in \mathscr{F}_t$, 所以 τ 是停时. 注意, 由定理 7.2.1 (1) 有

$$\begin{aligned}
\lim_{s \to 0+} p_{ii}(st)^{1/s} &= \lim_{s \to 0+} \exp\left\{\frac{t \ln p_{ii}(st)}{st}\right\} \\
&= \lim_{s \to 0+} \exp\left\{\frac{-t[1 - p_{ii}(st)]}{st}\right\} = \mathrm{e}^{-q_i t}.
\end{aligned} \tag{7.2.11}$$

因此, 利用 X 的右连续性和马氏性 (7.1.5) 得

$$\begin{aligned}
\mathbf{P}_i(\tau > t) &= \mathbf{P}_i\big(X_{kt/2^n} = i : n \geqslant 1, k = 0, 1, \cdots, 2^n\big) \\
&= \lim_{n \to \infty} \mathbf{P}_i\big(X_{kt/2^n} = i : k = 0, 1, \cdots, 2^n\big) \\
&= \lim_{n \to \infty} p_{ii}(t/2^n)^{2^n} = \mathrm{e}^{-q_i t}.
\end{aligned}$$

(2) 令 $\tau_n = \inf\{k/2^n > 0 : X_{k/2^n} \neq i\}$. 显然 $\{\tau_n\}$ 为递降的停时列, 并且 $\tau_n \geqslant \tau$, 故 $\tilde{\tau} := \lim_{n \to \infty} \tau_n \geqslant \tau$. 显然, 对任何 $k/2^n < \tilde{\tau}$ 有 $X_{k/2^n} = i$. 由轨道右连续性, 对任何 $t \in [0, \tilde{\tau})$ 有 $X_t = i$. 这意味着 $\tau \geqslant \tilde{\tau}$, 故得 $\tau = \lim_{n \to \infty} \tau_n$. 因为 $\mathbf{P}_i(\tau = t) = 0$, 利用控制收敛定理得

$$\begin{aligned}
\mathbf{P}_i(\tau \leqslant t, X_\tau = j) &= \mathbf{P}_i(1_{\{\tau < t\}} 1_{\{X_\tau = j\}}) = \lim_{n \to \infty} \mathbf{P}_i(1_{\{\tau_n < t\}} 1_{\{X_{\tau_n} = j\}}) \\
&\leqslant \lim_{n \to \infty} \mathbf{P}_i(\tau_n \leqslant t, X_{\tau_n} = j) \leqslant \lim_{n \to \infty} \mathbf{P}_i(\tau \leqslant t, X_{\tau_n} = j) \\
&= \mathbf{P}_i(\tau \leqslant t, X_\tau = j).
\end{aligned}$$

利用定理 7.2.1 和 (7.2.11) 式有

$$\begin{aligned}
\mathbf{P}_i(\tau \leqslant t, X_\tau = j) &= \lim_{n \to \infty} \mathbf{P}_i(\tau_n \leqslant t, X_{\tau_n} = j) \\
&= \lim_{n \to \infty} \sum_{k/2^n \leqslant t} \mathbf{P}_i(\tau_n = k/2^n, X_{k/2^n} = j)
\end{aligned}$$

$$= \lim_{n\to\infty} \sum_{k\leqslant 2^n t} \mathbf{P}_i(X_{r/2^n} = i, X_{k/2^n} = j : r \leqslant k-1)$$

$$= \lim_{n\to\infty} \sum_{k=1}^{\lfloor 2^n t\rfloor} p_{ii}(1/2^n)^{k-1} p_{ij}(1/2^n)$$

$$= \lim_{n\to\infty} \frac{\left[1 - p_{ii}(1/2^n)^{\lfloor 2^n t\rfloor}\right] p_{ij}(1/2^n)}{1 - p_{ii}(1/2^n)}$$

$$= (1 - \mathrm{e}^{-q_i t}) q_i^{-1} q_{ij}.$$

(3) 在上面所证的结果中令 $t \to \infty$ 立得. □

设右连续马氏链 X 有保守的密度矩阵 Q. 根据定理 7.2.2, 当 $q_i < \infty$ 时, 该马氏链在状态 $i \in E$ 停留的时间服从以 q_i 为参数的指数分布, 此时 i 称为逗留态; 当 $q_i = 0$ 时有

$$\mathbf{P}_i(\text{对一切 } t \geqslant 0 \text{ 有 } X_t = i) = 1,$$

此时 i 称为吸收态.

令 $S_0 = 0$ 并对于 $n \geqslant 1$ 归纳地定义停时 $S_n = \inf\{t > S_{n-1} : X_t \neq X_{S_{n-1}}\}$. 显然, 对于 $n \geqslant 1$, 当 $S_n < \infty$ 时, 该停时就是 (X_t) 的第 n 个跳跃时.

定理 7.2.3　设右连续马氏链 $X = (X_t : t \geqslant 0)$ 有保守的密度矩阵 Q. 令

$$g_{ij}^{(n)}(t) = \mathbf{P}_i(X \text{ 在 } [0,t] \text{ 中跳 } n \text{ 次且 } X_t = j)$$

$$= \mathbf{P}_i(S_n \leqslant t < S_{n+1}, X_t = j), \tag{7.2.12}$$

则函数 $t \mapsto g_{ij}^{(n)}(t)$ 连续可导且有 $g_{ij}^{(0)}(t) = \delta_{ij}\mathrm{e}^{-q_i t}$ 和

$$g_{ij}^{(n)}(t) = \sum_{k\neq i} \int_0^t \mathrm{e}^{-q_i s} q_{ik} g_{kj}^{(n-1)}(t-s)\mathrm{d}s, \quad t \geqslant 0, n \geqslant 1. \tag{7.2.13}$$

证明　由定理 7.2.2, 显然 $t \mapsto g_{ij}^{(0)}(t) = \delta_{ij}\mathrm{e}^{-q_i t}$ 连续可导. 现在对于 $n \geqslant 1$, 设 $t \mapsto g_{ij}^{(n-1)}(t)$ 连续可导. 根据概率的可数可加性,

$$g_{ij}^{(n)}(t) = \sum_{k\neq i} \mathbf{P}_i\big(X_{S_1} = k, S_n \leqslant t < S_{n+1}, X_t = j\big)$$

$$= \sum_{k\neq i} \mathbf{P}_i\big(S_1 \leqslant t, X_{S_1} = k, S_n \leqslant t < S_{n+1}, X_t = j\big)$$

$$= \sum_{k\neq i} \mathbf{P}_i(A_k)\mathbf{P}_i\big(S_n \leqslant t < S_{n+1}, X_t = j | A_k\big),$$

其中 $A_k = \{S_1 \leqslant t, X_{S_1} = k\}$. 令 $(\mathscr{F}_t)$ 为 (X_t) 的自然流. 对 $q \geqslant 1$ 定义函数

$$r_q(s) = \frac{1}{2^q}(\lfloor 2^q s\rfloor + 1) = \sum_{k=1}^{\infty} \frac{k}{2^q} 1_{\{\frac{k-1}{2^q} \leqslant s < \frac{k}{2^q}\}}, \quad s \geqslant 0,$$

则 $r_q(t-S_1)$ 关于 $\mathscr{F}_{S_1}$ 可测, 故对任何 $r \geqslant 1$ 有 $G_{k,q,r} := A_k \cap \{r_q(t-S_1) = r/2^q\} \in \mathscr{F}_{S_1}$. 根据定理 7.1.5 在 $\mathbf{P}_i(\cdot|G_{k,q,r})$ 之下 $(X_{S_1+t} : t \geqslant 0)$ 是具有密度矩阵 Q 的马氏链, 所以有

$$\mathbf{P}_i\big(S_n \leqslant S_1 + r/2^q < S_{n+1}, X_{S_1+r/2^q} = j|G_{k,q,r}\big) = g_{kj}^{(n-1)}(r/2^q).$$

注意, 当 $q \to \infty$ 时, 递降地 $r_q(t-S_1) \to t-S_1$, 故利用轨道的右连续性,

$$\begin{aligned}
&\mathbf{P}_i(S_n \leqslant t < S_{n+1}, X_t = j|A_k)\\
&= \lim_{q\to\infty} \mathbf{P}_i\big(S_n \leqslant S_1 + r_q(t-S_1) < S_{n+1}, X_{S_1+r_q(t-S_1)} = j|A_k\big)\\
&= \lim_{q\to\infty} \sum_{r=1}^\infty \mathbf{P}_i\big(r_q(t-S_1) = r/2^q|A_k\big)g_{kj}^{(n-1)}(r/2^q)\\
&= \lim_{q\to\infty} \sum_{r=1}^\infty \mathbf{P}_i\big[g_{kj}^{(n-1)}(r_q(t-S_1))1_{\{r_q(t-S_1)=r/2^q\}}|A_k\big]\\
&= \lim_{q\to\infty} \mathbf{P}_i\big[g_{kj}^{(n-1)}(r_q(t-S_1))|A_k\big].
\end{aligned}$$

因为 Q 保守, 根据上面关系及定理 7.2.2 给出的 $\tau = S_1$ 与 X_τ 的联合分布,

$$\begin{aligned}
g_{ij}^{(n)}(t) &= \lim_{q\to\infty} \sum_{k\neq i} \mathbf{P}_i(A_k)\mathbf{P}_i\big[g_{kj}^{(n-1)}(r_q(t-S_1))|A_k\big]\\
&= \lim_{q\to\infty} \sum_{k\neq i} \mathbf{P}_i\big[g_{kj}^{(n-1)}(r_q(t-S_1))1_{\{S_1\leqslant t, X_{S_1}=k\}}\big]\\
&= \lim_{q\to\infty} \sum_{k\neq i} \int_0^t e^{-q_i s}q_{ik}g_{kj}^{(n-1)}(r_q(t-s))\mathrm{d}s\\
&= \sum_{k\neq i} \int_0^t e^{-q_i s}q_{ik}g_{kj}^{(n-1)}(t-s)\mathrm{d}s\\
&= \sum_{k\neq i} \int_0^t e^{-q_i(t-s)}q_{ik}g_{kj}^{(n-1)}(s)\mathrm{d}s.
\end{aligned}$$

故 $t \mapsto g_{ij}^{(n)}(t)$ 连续可导. 根据数学归纳法知 (7.2.13) 式对所有 $n \geqslant 1$ 成立. $\square$

推论 7.2.4　设右连续马氏链 X 有保守密度的矩阵 Q. 令 $\zeta = \lim_{n\to\infty} S_n$ 和

$$f_{ij}(t) = \mathbf{P}_i(X \text{ 在 } [0,t] \text{ 中跳有限次且 } X_t = j) = \mathbf{P}_i(t < \zeta, X_t = j), \quad (7.2.14)$$

则有

$$f_{ij}(t) = \sum_{k=0}^\infty g_{ij}^{(k)}(t). \quad (7.2.15)$$

推论 7.2.4 中定义的停时 ζ 就是 X 的第一个无穷多次跳跃时刻的聚点, 称为 X 的第一个飞跃时. 不难看出, 在 $[0,\zeta)$ 上 X 的轨道是阶梯函数, 即当 $S_n \leqslant t < S_{n+1}$ 时

有 $X_t = X_{S_n}$. 特别地, 密度矩阵 Q 完全决定马氏链在第一个飞跃时 ζ 以前的运动规律. 关于 ζ 我们有下面的:

定理 7.2.5　若密度矩阵 Q 保守且 $M := \sup\limits_{i \in E} q_i < \infty$, 则 $\mathbf{P}(\zeta = \infty) = 1$.

证明　令 $(\mathscr{F}_t)$ 为 X 的自然流. 对 $n \geqslant 1$, 当 $S_{n-1} < \infty$ 时令 $\tau_n = S_n - S_{n-1}$. 强马氏性和定理 7.2.2, 对于任意的 $a > 0$ 和 $A \in \mathscr{F}_{S_{n-1}}$ 有

$$\mathbf{P}(\tau_n \leqslant a | A \cap \{S_{n-1} < \infty\})$$
$$= \sum_{i \in E} \mathbf{P}(X_{S_{n-1}} = i | A \cap \{S_{n-1} < \infty\}) \cdot$$
$$\mathbf{P}(\tau_n \leqslant a | A \cap \{S_{n-1} < \infty, X_{S_{n-1}} = i\})$$
$$= \sum_{i \in E} \mathbf{P}(X_{S_{n-1}} = i | A \cap \{S_{n-1} < \infty\})(1 - e^{-aq_i})$$
$$\leqslant \sum_{i \in E} \mathbf{P}(X_{S_{n-1}} = i | A \cap \{S_{n-1} < \infty\})(1 - e^{-aM}) = 1 - e^{-aM}.$$

对于 $k, l \geqslant 1$ 令 $A_{k,l} = \bigcap\limits_{n=k}^{k+l} \{S_{n-1} < \infty, \tau_n \leqslant a\}$. 由上式有

$$\mathbf{P}(A_{k,l}) = \mathbf{P}(A_{k,l-1} \cap \{S_{k+l-1} < \infty\} \cap \{\tau_{k+l} \leqslant a\})$$
$$= \mathbf{P}(A_{k,l-1} \cap \{S_{k+l-1} < \infty\}) \cdot$$
$$\mathbf{P}(\tau_{k+l} \leqslant a | A_{k,l-1} \cap \{S_{k+l-1} < \infty\})$$
$$\leqslant \mathbf{P}(A_{k,l-1} \cap \{S_{k+l-1} < \infty\})(1 - e^{-aM})$$
$$\leqslant \mathbf{P}(A_{k,l-1})(1 - e^{-aM}) = \cdots = (1 - e^{-aM})^{l+1}.$$

再由概率测度的上连续性得

$$\mathbf{P}\Big(\bigcap_{n=k}^{\infty} \{S_{n-1} < \infty, \tau_n \leqslant a\}\Big) = \lim_{l \to \infty} \mathbf{P}(A_{k,l}) = \lim_{l \to \infty} (1 - e^{-aM})^{l+1} = 0.$$

显然, 若 $\zeta < \infty$, 则每个 $S_{n-1}, n \geqslant 1$ 有限且至多只有有限个 $n \geqslant 1$ 使得 $\tau_n > a$, 故

$$\{\zeta < \infty\} \subseteq \Big(\bigcap_{n=1}^{\infty} \{S_{n-1} < \infty\}\Big) \cap \Big(\bigcup_{k=1}^{\infty} \bigcap_{n=k}^{\infty} \{\tau_n \leqslant a\}\Big)$$
$$= \bigcup_{k=1}^{\infty} \Big(\bigcap_{n=1}^{\infty} \{S_{n-1} < \infty\} \cap \bigcap_{n=k}^{\infty} \{\tau_n \leqslant a\}\Big)$$
$$= \bigcup_{k=1}^{\infty} \bigcap_{n=k}^{\infty} \{S_{n-1} < \infty, \tau_n \leqslant a\},$$

其中的等号成立是由于停时列 $\{S_n\}$ 单增. 因此有

$$\mathbf{P}(\zeta < \infty) \leqslant \sum_{k=1}^{\infty} \mathbf{P}\Big(\bigcap_{n=k}^{\infty} \{S_{n-1} < \infty, \tau_n \leqslant a\}\Big) = 0,$$

故知 $\mathbf{P}(\zeta = \infty) = 1$. □

7.2.3　嵌入链

定理 7.2.6　设 E 上的连续时间马氏链 $(X_t : t \geqslant 0)$ 的密度矩阵 Q 为保守的, 且无吸收状态. 则 $(X_{S_n} : n \geqslant 0)$ 是离散时间马氏链, 且有转移矩阵 $P := (q_i^{-1} q_{ij}(1 - \delta_{ij}) : i, j \in E)$.

证明　因 Q 无吸收状态, 每个 S_n 都是有限停时. 注意 X_{S_n} 关于 $\mathscr{F}_{S_n}$ 可测. 根据强马氏性, 对 $i \in E$ 和 $F \in \mathscr{F}_{S_n}$, 在条件概率 $\mathbf{P}(\cdot | F \cap \{X_{S_n} = i\})$ 之下 $(X_{S_n+t} : t \geqslant 0)$ 为与 X 有相同密度矩阵的马氏链. 再利用定理 7.2.2, 对于任何 $j \neq i$ 有

$$\mathbf{P}(X_{S_{n+1}} = j | F \cap \{X_{S_n} = i\}) = q_i^{-1} q_{ij}.$$

因而 $(X_{S_n} : n \geqslant 0)$ 关于流 $(\mathscr{F}_{S_n} : n \geqslant 0)$ 是以 P 为转移矩阵的马氏链. □

在上面定理的情况下, 我们称离散时间马氏链 $(X_{S_n} : n \geqslant 0)$ 为 $(X_t : t \geqslant 0)$ 的嵌入链. 通过考虑嵌入链, 可将一些有关连续时间马氏链的问题转化为离散时间问题来处理.

例 7.2.1　考虑状态空间 $\mathbb{Z}_+$ 上参数为 $\alpha > 0$ 的泊松过程, 其转移矩阵 $(P_t)_{t \geqslant 0}$ 由例 7.1.2 给出. 特别地, 我们有

$$p_t(i, i) = \mathrm{e}^{-\alpha t}, \quad p_t(i, i+1) = \alpha t \mathrm{e}^{-\alpha t}, \quad p_t(i, i+2) = \frac{(\alpha t)^2}{2} \mathrm{e}^{-\alpha t}.$$

经简单计算知, 相应的密度矩阵为

$$Q = \alpha \begin{pmatrix} -1 & 1 & 0 & \cdots \\ 0 & -1 & 1 & \cdots \\ 0 & 0 & -1 & \cdots \\ \vdots & \vdots & \vdots & \end{pmatrix}. \tag{7.2.16}$$

由定理 1.4.1 或定理 7.2.2, 泊松过程在 $\mathbb{Z}_+$ 中每个点停留一个以 α 为参数的指数分布时间后跳到该点右边相邻的整数点, 如此一直运动下去.

例 7.2.2　由 (7.1.6) 式定义的转移矩阵有密度矩阵 $Q = \alpha(\pi - I)$.

例 7.2.3　令 $E = \{-1, 1\}^S$, 其中 $S \subseteq \mathbb{Z}^d$ 为非空有限集合. 对于 $k \in S$ 和 $x = \{x(i) : i \in S\} \in E$ 定义 $x_k = \{x_k(i) : i \in S\} \in E$ 如下:

$$x_k(i) = \begin{cases} x(i), & i \neq k, \\ -x(i), & i = k. \end{cases}$$

给定常数 $\beta > 0$, 我们可以定义 E 上的保守密度矩阵 $Q = \{q_{xy} : x, y \in E\}$ 如下: 当

$y = x_k \ (k \in S)$ 时令

$$q_{xx_k} = \exp\left\{ - \sum_{|k-j|=1} \beta x(k) x(j) \right\}, \tag{7.2.17}$$

当 $y \neq x$ 为其他状态时令 $q_{xy} = 0$. 以 Q 为密度矩阵的马氏链称为伊辛 (Ising) 模型, 它描述了铁磁体的磁化过程, 其中 β 与绝对温度的倒数成正比. 关于伊辛模型的详细讨论, 可参见 [4, 25].

练习题

1. 设 $P = (p_{ij}(t) : i, j \in E, t \geqslant 0)$ 是以 Q 为密度矩阵的马氏转移矩阵. 证明: 若 $M := \sup\limits_{i \in E} q_i < \infty$, 则 $\lim\limits_{t \to 0+} p_{ii}(t) = 1$ 对 $i \in E$ 一致地成立, 进而函数族 $\{p_{ij}(\cdot) : i, j \in E\}$ 在 $[0, \infty)$ 上等度连续.

提示: 由 (7.2.6) 式有 $p_{ii}(t) = \mathrm{e}^{-\phi_i(t)} \geqslant \mathrm{e}^{-tq_i} \geqslant \mathrm{e}^{-tM}$, 再应用定理 7.1.9.

2. 设 $P = (p_{ij}(t) : i, j \in E, t \geqslant 0)$ 是以 Q 为密度矩阵的马氏转移矩阵. 对 $i, j \in E$ 和 $\lambda > 0$ 令

$$u_{ij}(\lambda) = \int_0^\infty \mathrm{e}^{-\lambda t} p_{ij}(t) \mathrm{d}t.$$

证明: (1) 对 $i \in E$ 和 $\lambda > 0$ 有 $\sum\limits_j \lambda u_{ij}(\lambda) = 1$;

(2) 对 $i, j \in E$ 有

$$\lim_{\lambda \to \infty} \lambda u_{ij}(\lambda) = \delta_{ij}, \quad \lim_{\lambda \to \infty} \lambda[\lambda u_{ij}(\lambda) - \delta_{ij}] = q_{ij};$$

(3) 对 $i, j \in E$ 和 $\lambda, \mu > 0$ 有

$$u_{ij}(\lambda) - u_{ij}(\mu) = (\mu - \lambda) \sum_{k \in E} u_{ik}(\lambda) u_{kj}(\mu).$$

3. 设 $(\xi_n : n \geqslant 0)$ 是从 $x \in \mathbb{Z}$ 出发的离散时间一维对称简单随机游动, 而 $(N_t : t \geqslant 0)$ 与之独立, 从原点出发且以 $\alpha > 0$ 为参数的泊松过程. 证明连续时间对称简单随机游动 $(\xi_{N_t} : t \geqslant 0)$ 是鞅.

4. 设 $(X_t : t \geqslant 0)$ 是从 $x \in \mathbb{Z}$ 出发的连续时间一维对称简单随机游动. 对 $y \in \mathbb{Z}$ 令 $T_y = \inf\{t > 0 : X_t = y\}$. 利用 $(X_t : t \geqslant 0)$ 的鞅性质证明: 若 $a, b \in \mathbb{Z}$ 满足 $a < x < b$, 则

$$\mathbf{P}(T_a > T_b) = \frac{x-a}{b-a}, \quad \mathbf{P}(T_b > T_a) = \frac{b-x}{b-a}.$$

5. 设 $(\xi_n : n \geqslant 0)$ 是从原点出发的一维简单随机游动, 而 $(N_t : t \geqslant 0)$ 与之独立, 从原点出发, 以 $a > 0$ 为参数的泊松过程. 令 $X_n = \xi_n - \min\limits_{0 \leqslant k \leqslant n} \xi_k$ 和 $Y_n = \max\limits_{0 \leqslant k \leqslant n} \xi_k - \xi_n$. 证明 $(X_{N_t} : t \geqslant 0)$ 和 $(Y_{N_t} : t \geqslant 0)$ 都是连续时间马氏链, 并给出其密度矩阵.

提示: 令 $p = \mathbf{P}(\xi_1 = 1)$ 和 $q = \mathbf{P}(\xi_1 = -1)$. 再令 $\tau_1 = \inf\{n \geqslant 0 : X_n = 1\}$ 和 $S_1 = \inf\{t \geqslant 0 : X_{N_t} = 1\}$. 注意对 $k \geqslant 1$ 有 $\mathbf{P}(\tau_1 = k) = pq^{k-1}$, 且在条件概率 $\mathbf{P}(\cdot | \tau_1 = k)$ 之下 S_1 是 k 个独立且均服从参数为 α 的指数分布的随机变量之和. 根据全期望公式有

$$\mathbf{P}(\mathrm{e}^{-\lambda S_1}) = \sum_{k=1}^{\infty} pq^{k-1}\Big(\frac{a}{a+\lambda}\Big)^k = \frac{ap}{ap+\lambda}.$$

因此 S_1 服从参数为 ap 的指数分布. 类似地可知 $T_1 = \inf\{t \geqslant 0 : Y_{N_t} = 1\}$ 服从参数为 aq 的指数分布.

7.3   向前和向后方程

设 $(P(t))_{t \geqslant 0} = \{(p_{ij}(t) : i, j \in E) : t \geqslant 0\}$ 是可数状态空间 E 上的准马氏转移矩阵, 则对于 $t \geqslant 0$ 和 $h > 0$ 有

$$p_{ij}(t+h) - p_{ij}(t) = \sum_{k \neq j} p_{ik}(t)p_{kj}(h) - p_{ij}(t)[1 - p_{jj}(h)] \tag{7.3.1}$$

和

$$p_{ij}(t+h) - p_{ij}(t) = \sum_{k \neq i} p_{ik}(h)p_{kj}(t) - [1 - p_{ii}(h)]p_{ij}(t). \tag{7.3.2}$$

令 $Q = (q_{ij} : i, j \in E)$ 为 $(P(t))_{t \geqslant 0}$ 的密度矩阵. 我们自然地希望可以在上面二式两边同除以 h 并令 $h \to 0+$ 得到

$$p'_{ij}(t) = \sum_{k \neq j} p_{ik}(t)q_{kj} - p_{ij}(t)q_j \tag{7.3.3}$$

和

$$p'_{ij}(t) = \sum_{k \neq i} q_{ik}p_{kj}(t) - q_i p_{ij}(t). \tag{7.3.4}$$

这两个式子分别称为 (柯尔莫哥洛夫) 向前微分方程和向后微分方程. 显然 (7.2.1) 式和 (7.2.2) 式可视为 (7.3.3) 式和 (7.3.4) 式当 $t = 0$ 时的特例.

7.3.1 向后方程

定理 7.3.1 向后微分方程 (7.3.4) 等价于积分方程

$$p_{ij}(t) = \delta_{ij} + \sum_{k \neq i} \int_0^t q_{ik}p_{kj}(s)\mathrm{d}s - \int_0^t q_i p_{ij}(s)\mathrm{d}s. \tag{7.3.5}$$

证明 由定理 7.1.9 知 $p_{ij}(t)$ 关于 $t \geqslant 0$ 一致连续. 若 (7.3.4) 式成立, 根据控制收敛定理可知 $p'_{ij}(t)$ 也关于 $t \geqslant 0$ 一致连续, 对该式两边积分并应用富比尼定理即得 (7.3.5) 式. 反之, 设 (7.3.5) 式成立. 根据富比尼定理有

$$p_{ij}(t) = \delta_{ij} + \int_0^t \left[\sum_{k \neq i} q_{ik}p_{kj}(s) \right]\mathrm{d}s - \int_0^t q_i p_{ij}(s)\mathrm{d}s.$$

注意这里积分中的级数对 $s \geqslant 0$ 一致收敛且一致连续, 由此可见 $p_{ij}(t)$ 关于 $t \geqslant 0$ 连续可导. 在上式两边对 $t \geqslant 0$ 求导即得 (7.3.4) 式. □

定理 7.3.2 向后微分方程 (7.3.4) 等价于积分方程

$$p_{ij}(t) = \delta_{ij}\mathrm{e}^{-q_i t} + \sum_{k \neq i} \int_0^t q_{ik}p_{kj}(s)\mathrm{e}^{-q_i(t-s)}\mathrm{d}s. \tag{7.3.6}$$

证明 显然, 向后微分方程 (7.3.4) 等价于

$$[\mathrm{e}^{q_i t}p_{ij}(t)]' = \sum_{k \neq i} \mathrm{e}^{q_i t}q_{ik}p_{kj}(t).$$

另一方面, 积分方程 (7.3.6) 等价于

$$\mathrm{e}^{q_i t}p_{ij}(t) = \delta_{ij} + \sum_{k \neq i} \int_0^t q_{ik}p_{kj}(s)\mathrm{e}^{q_i s}\mathrm{d}s. \tag{7.3.7}$$

与定理 7.3.1 的证明中类似地, 可以看到以上二式等价, 故 (7.3.4) 式和 (7.3.6) 式等价. □

引理 7.3.3 令 $a < b \in \mathbb{R}$. 若连续函数 f 在区间 $[a,b]$ 上有连续的右导数 f'_+, 则存在 $z \in [a,b)$ 使得

$$(b-a)f'_+(z) = f(b) - f(a). \tag{7.3.8}$$

证明 首先, 考虑 $f(a) = f(b) = c$ 的特例. 假若对一切 $x \in [a,b]$ 有 $f(x) \leqslant c$, 则 $f'_+(a) \leqslant 0$. 否则函数 f 在某点 $x_1 \in (a,b)$ 取到其最大值, 因而 $f'_+(x_1) \leqslant 0$. 所以总有 $x_1 \in [a,b)$ 使得 $f'_+(x_1) \leqslant 0$. 类似地, 有 $x_2 \in [a,b)$ 使得 $f'_+(x_1) \geqslant 0$. 由 f'_+ 的连续性, 存在 $z \in [a,b)$ 使得 $f'_+(z) = 0$. 对于一般情况, 将前面的结论应用于函数

$$g(x) := f(x) - \frac{f(b) - f(a)}{b-a}(x-a),$$

知存在 $z \in [a,b)$ 使得 $g'_+(z) = 0$, 故 (7.3.8) 式成立. □

引理 7.3.4　令 $a < b \in \mathbb{R}$. 若连续函数 f 在区间 $[a,b]$ 上有连续的右导数 f'_+, 则 f 在 $[a,b]$ 上连续可导且 $f' = f'_+$.

证明　对于 $a \leqslant x < y \leqslant b$, 根据引理 7.3.3 有 $z \in [x,y)$ 使得

$$(y-x)f'_+(z) = f(y) - f(x).$$

类似地, 对于 $a \leqslant y < x \leqslant b$, 存在 $z \in [y,x)$ 使上面关系成立. 由 f'_+ 的连续性得

$$\lim_{y \to x} \frac{f(y) - f(x)}{y-x} = \lim_{y \to x} f'_+(z) = f'_+(x).$$

因此 f 在 $[a,b]$ 上连续可导且 $f' = f'_+$. □

定理 7.3.5　(柯尔莫哥洛夫) 设转移矩阵 $(P(t))_{t \geqslant 0}$ 有保守的密度矩阵 Q, 则对任意的 $i,j \in E$, 函数 $t \mapsto p_{ij}(t)$ 在 $[0,\infty)$ 上连续可导且向后微分方程 (7.3.4) 成立.

证明　一方面, 由 (7.3.2) 式和法图定理可得

$$\liminf_{h \to 0+} \frac{1}{h}[p_{ij}(h+t) - p_{ij}(t)] \geqslant \sum_{k \neq i} q_{ik}p_{kj}(t) - q_i p_{ij}(t). \tag{7.3.9}$$

另一方面, 取有限集合 $A \subseteq E$ 使 $i \in A$, 并记 $A^c = E \setminus A$. 由 (7.3.2) 式有

$$
\begin{aligned}
p_{ij}(h+t) - p_{ij}(t) &\leqslant \sum_{k \in A, k \neq i} p_{ik}(h)p_{kj}(t) - [1-p_{ii}(h)]p_{ij}(t) + \sum_{k \in A^c} p_{ik}(h) \\
&\leqslant \sum_{k \in A, k \neq i} p_{ik}(h)p_{kj}(t) - [1-p_{ii}(h)]p_{ij}(t) + \\
&\quad 1 - p_{ii}(h) - \sum_{k \in A, k \neq i} p_{ik}(h) \\
&= \sum_{k \in A, k \neq i} p_{ik}(h)p_{kj}(t) + [1-p_{ii}(h)][1-p_{ij}(t)] - \\
&\quad \sum_{k \in A, k \neq i} p_{ik}(h).
\end{aligned}
$$

将上式两端同除以 $h > 0$ 并取上极限得

$$\limsup_{h \to 0+} \frac{1}{h}[p_{ij}(h+t) - p_{ij}(t)] \leqslant \sum_{k \in A, k \neq i} q_{ik}p_{kj}(t) + q_i[1-p_{ij}(t)] - \sum_{k \in A, k \neq i} q_{ik}.$$

因为密度矩阵 Q 保守, 由有限集合 $A \subseteq E$ 的任意性得

$$\limsup_{h \to 0+} \frac{1}{h}[p_{ij}(h+t) - p_{ij}(t)]$$
$$\leqslant \sum_{k \neq i} q_{ik}p_{kj}(t) + q_i[1-p_{ij}(t)] - \sum_{k \neq i} q_{ik}$$

$$= \sum_{k \neq i} q_{ik} p_{kj}(t) - q_i p_{ij}(t). \tag{7.3.10}$$

由 (7.3.9) 式和 (7.3.10) 式, 若将 $p'_{ij}(t)$ 理解为右导数, 则 (7.3.4) 式成立, 而由控制收敛定理易知该右导数关于 $t \geqslant 0$ 连续. 再应用引理 7.3.4 知 $t \mapsto p_{ij}(t)$ 连续可导且满足方程 (7.3.4). □

推论 7.3.6 马氏转移矩阵 $(P(t))_{t \geqslant 0}$ 的向后微分方程 (7.3.4) 成立当且仅当其密度矩阵 Q 保守.

证明 若密度矩阵 Q 保守, 由定理 7.3.5 知向后微分方程 (7.3.4) 成立. 反之, 假设向后微分方程 (7.3.4) 成立. 由 (7.3.4) 式和控制收敛定理知 $t \mapsto p'_{ij}(t)$ 在 $[0, \infty)$ 上连续, 而且有

$$\sum_{j \in E} |p'_{ij}(t)| \leqslant \sum_{k \neq i} q_{ik} + q_i = 2q_i$$

和

$$\sum_{j \in E} p'_{ij}(t) = \sum_{k \neq i} q_{ik} - q_i.$$

再根据富比尼定理有

$$\Big(\sum_{k \neq i} q_{ik} - q_i \Big) t = \sum_{j \in E} \int_0^t p'_{ij}(s) \mathrm{d}s = \sum_{j \in E} p_{ij}(t) - 1 = 0,$$

其中最后一个等号成立是根据 $(P(t))_{t \geqslant 0}$ 的马氏性. 故密度矩阵 Q 保守. □

7.3.2 向前方程

与向后微分方程类似地, 向前微分方程也可写为等价的积分方程形式. 为了简化证明, 下面只对保守的密度矩阵讨论此问题.

定理 7.3.7 设密度矩阵 Q 保守, 则向前微分方程 (7.3.3) 等价于积分方程

$$p_{ij}(t) = \delta_{ij} + \sum_{k \neq j} \int_0^t p_{ik}(s) q_{kj} \mathrm{d}s - \int_0^t p_{ij}(s) q_j \mathrm{d}s. \tag{7.3.11}$$

证明 由定理 7.3.5 知 $t \mapsto p_{ij}(t)$ 在 $[0, \infty)$ 上连续可导. 若 (7.3.3) 式成立, 对两边积分即得 (7.3.11) 式. 反之, 设 (7.3.11) 式成立. 对 $t \geqslant 0$ 和 $h > 0$, 我们有

$$\frac{1}{h}[p_{ij}(t+h) - p_{ij}(t)] = \sum_{k \neq j} \frac{1}{h} \int_0^h p_{ik}(t+s) q_{kj} \mathrm{d}s - \frac{1}{h} \int_0^h p_{ij}(t+s) q_j \mathrm{d}s.$$

对上式取极限 $h \to 0+$ 并利用法图定理得到

$$p'_{ij}(t) \geqslant \sum_{k \neq j} p_{ik}(t)q_{kj} - p_{ij}(t)q_j.$$

假若 (7.3.3) 式不成立, 则当 t 属于某个非空开区间 $(u, v) \subseteq (0, \infty)$ 时上式中的严格大于号成立, 故当 $t > u$ 时有

$$p_{ij}(t) - \delta_{ij} > \sum_{k \neq j} \int_0^t p_{ik}(s)q_{kj}\mathrm{d}s - \int_0^t p_{ij}(s)q_j\mathrm{d}s,$$

这与 (7.3.11) 式矛盾, 故 (7.3.3) 式必然成立. 这就证明了 (7.3.3) 式和 (7.3.11) 式的等价性. □

与定理 7.3.7 的证明中类似地, 可以证明如下的:

定理 7.3.8   设密度矩阵 Q 保守, 则向前微分方程 (7.3.3) 等价于积分方程

$$p_{ij}(t) = \delta_{ij}\mathrm{e}^{-q_j t} + \sum_{k \neq j} \int_0^t p_{ik}(s)q_{kj}\mathrm{e}^{-q_j(t-s)}\mathrm{d}s. \tag{7.3.12}$$

与向后方程有所不同, 即使对保守的密度矩阵, 向前方程也并非总成立; 详见 [35] 中的讨论.

7.3.3 最小转移矩阵

设 $Q = (q_{ij} : i, j \in E)$ 为保守密度矩阵. 称准马氏转移矩阵 $(F(t))_{t \geqslant 0} = \{(f_{ij}(t) : i, j \in E) : t \geqslant 0\}$ 是向前方程 (7.3.3) 的最小解, 是指它满足 (7.3.3) 式且对任何满足该方程的准转移矩阵 $(P(t))_{t \geqslant 0} = \{(p_{ij}(t) : i, j \in E) : t \geqslant 0\}$ 都有

$$f_{ij}(t) \leqslant p_{ij}(t), \quad i, j \in E, t \geqslant 0.$$

类似地可定义向后方程 (7.3.4) 的最小解. 受到定理 7.2.3 和推论 7.2.4 的结果的启发, 对于 $t \geqslant 0$ 和 $i, j \in E$, 令 $g_{ij}^{(0)}(t) = \delta_{ij}\mathrm{e}^{-q_i t}$, 并对于 $n \geqslant 1$ 依次定义

$$g_{ij}^{(n)}(t) = \sum_{k \neq i} \int_0^t \mathrm{e}^{-q_i s} q_{ik} g_{kj}^{(n-1)}(t-s)\mathrm{d}s. \tag{7.3.13}$$

在此基础上, 我们定义

$$f_{ij}^{(n)}(t) = \sum_{k=0}^n g_{ij}^{(k)}(t), \quad f_{ij}(t) = \sum_{k=0}^\infty g_{ij}^{(k)}(t). \tag{7.3.14}$$

再令 $F(t) = (f_{ij}(t) : i, j \in E)$.

命题 7.3.9　对任意的 $n \geqslant 1$ 和 $i, j \in E$, 有

$$g_{ij}^{(n)}(t) = \sum_{k \neq j} \int_0^t g_{ik}^{(n-1)}(t-s) q_{kj} e^{-q_j s} \mathrm{d}s, \quad t \geqslant 0. \tag{7.3.15}$$

证明　使用归纳法证明. 根据 (7.3.13) 式我们有

$$g_{ij}^{(1)}(t) = \sum_{k \neq i} \int_0^t e^{-q_i s} q_{ik} g_{kj}^{(0)}(t-s) \mathrm{d}s = \sum_{k \neq i} \int_0^t e^{-q_i s} q_{ik} \delta_{kj} e^{-q_k(t-s)} \mathrm{d}s$$

$$= 1_{\{i \neq j\}} \int_0^t e^{-q_i s} q_{ij} e^{-q_j(t-s)} \mathrm{d}s = \sum_{k \neq j} \int_0^t e^{-q_i s} \delta_{ik} q_{kj} e^{-q_j(t-s)} \mathrm{d}s$$

$$= \sum_{k \neq j} \int_0^t g_{ik}^{(0)}(s) q_{kj} e^{-q_j(t-s)} \mathrm{d}s,$$

故 (7.3.15) 式对 $n = 1$ 成立. 下设 (7.3.15) 式对某个 $n \geqslant 1$ 成立. 由 (7.3.13) 式和归纳法假设有

$$g_{ij}^{(n+1)}(t) = \sum_{k \neq i} \int_0^t e^{-q_i s} q_{ik} g_{kj}^{(n)}(t-s) \mathrm{d}s$$

$$= \sum_{k \neq i} \int_0^t e^{-q_i s} q_{ik} \left[\sum_{l \neq j} \int_0^{t-s} g_{kl}^{(n-1)}(t-s-v) q_{lj} e^{-q_j v} \mathrm{d}v \right] \mathrm{d}s$$

$$= \sum_{l \neq j} \int_0^t q_{lj} \left[\sum_{k \neq i} \int_0^{t-v} g_{kl}^{(n-1)}(t-v-s) q_{ik} e^{-q_i s} \mathrm{d}s \right] e^{-q_j v} \mathrm{d}v$$

$$= \sum_{l \neq j} \int_0^t q_{lj} g_{il}^{(n)}(t-v) e^{-q_j v} \mathrm{d}v.$$

于是知 (7.3.15) 式对所有 $n \geqslant 1$ 成立.　□

命题 7.3.10　对任意的 $n \geqslant 0$ 和 $i, j \in E$ 有

$$g_{ij}^{(n)}(r+t) = \sum_{m=0}^n \sum_{l \in E} g_{il}^{(m)}(r) g_{lj}^{(n-m)}(t), \quad r, t \geqslant 0. \tag{7.3.16}$$

证明　显然 (7.3.16) 式对于 $n = 0$ 成立. 假设该式对某个 $n \geqslant 0$ 成立. 根据 (7.3.13) 式及归纳假设有

$$g_{ij}^{(n+1)}(r+t) = \sum_{k \neq i} \left(\int_0^r + \int_r^{r+t} \right) e^{-q_i s} q_{ik} g_{kj}^{(n)}(r+t-s) \mathrm{d}s$$

$$= \sum_{k \neq i} \left[\int_0^r e^{-q_i s} q_{ik} g_{kj}^{(n)}(r+t-s) \mathrm{d}s + \right.$$

$$\left. e^{-q_i r} \int_0^t e^{-q_i s} q_{ik} g_{kj}^{(n)}(t-s) \mathrm{d}s \right]$$

$$= \sum_{k \neq i} \left[\int_0^r e^{-q_i s} q_{ik} \sum_{l \in E} \sum_{m=0}^n g_{kl}^{(m)}(r-s) g_{lj}^{(n-m)}(t) ds \right]$$

$$+ e^{-q_i r} g_{ij}^{(n+1)}(t)$$

$$= \sum_{l \in E} \left[\sum_{m=0}^n g_{il}^{(m+1)}(r) g_{lj}^{(n-m)}(t) + g_{il}^{(0)}(r) g_{lj}^{(n+1)}(t) \right]$$

$$= \sum_{l \in E} \sum_{m=0}^{n+1} g_{il}^{(m)}(r) g_{lj}^{(n+1-m)}(t).$$

由数学归纳法知 (7.3.16) 式对一切 $n \geqslant 0$ 成立. $\square$

命题 7.3.11 对任意的 $n \geqslant 1$ 和 $i, j \in E$ 有

$$f_{ij}^{(n)}(t) = \delta_{ij} e^{-q_i t} + \sum_{k \neq j} \int_0^t f_{ik}^{(n-1)}(t-s) q_{kj} e^{-q_j s} ds \qquad (7.3.17)$$

和

$$f_{ij}^{(n)}(t) = \delta_{ij} e^{-q_i t} + \sum_{k \neq i} \int_0^t e^{-q_i s} q_{ik} f_{kj}^{(n-1)}(t-s) ds. \qquad (7.3.18)$$

证明 由于 $g_{ij}^{(0)}(t) = \delta_{ij} e^{-q_i t}$, 分别将 (7.3.13) 式和 (7.3.15) 式两边对 $n \geqslant 1$ 求和即得欲证结果. $\square$

定理 7.3.12 由 (7.3.14) 式定义的 $F(t) = (f_{ij}(t) : i, j \in E, t \geqslant 0)$ 是准马氏转移矩阵, 而且是向前微分方程 (7.3.3) 的最小解, 也是向后微分方程 (7.3.4) 的最小解.

证明 首先, 我们证明 $\sum_{j \in E} f_{ij}(t) \leqslant 1$. 为此只需证明 $\sum_{j \in E} f_{ij}^{(n)}(t) \leqslant 1$ 对一切 $n \geqslant 0$ 成立. 采用数学归纳法. 注意

$$\sum_{j \in E} f_{ij}^{(0)}(t) = \sum_{j \in E} g_{ij}^{(0)}(t) = \sum_{j \in E} \delta_{ij} e^{-q_i t} = e^{-q_i t} \leqslant 1.$$

假设 $\sum_{j \in E} f_{ij}^{(n)}(t) \leqslant 1$ 对某个 $n \geqslant 0$ 成立. 由 (7.3.18) 式有

$$\sum_{j \in E} f_{ij}^{(n+1)}(t) = e^{-q_i t} + \sum_{j \in E} \sum_{k \neq i} \int_0^t e^{-q_i s} q_{ik} f_{kj}^{(n)}(t-s) ds$$

$$\leqslant e^{-q_i t} + \sum_{k \neq i} \int_0^t e^{-q_i s} q_{ik} ds$$

$$\leqslant e^{-q_i t} + \int_0^t q_i e^{-q_i s} ds = 1.$$

因此 $\sum\limits_{j \in E} f_{ij}^{(n)}(t) \leqslant 1$ 对所有 $n \geqslant 0$ 成立. 根据命题 7.3.10 有

$$f_{ij}(s+t) = \sum_{n=0}^{\infty} g_{ij}^{(n)}(s+t) = \sum_{n=0}^{\infty} \sum_{m=0}^{n} \sum_{l \in E} g_{il}^{(m)}(s) g_{lj}^{(n-m)}(t)$$

$$= \sum_{l \in E} \sum_{m=0}^{\infty} \sum_{k=0}^{\infty} g_{il}^{(m)}(s) g_{lj}^{(k)}(t) = \sum_{l \in E} f_{il}(s) f_{lj}(t).$$

所以 F 是转移矩阵. 在 (7.3.18) 式两边令 $n \to \infty$ 知 F 满足向后积分方程 (7.3.6), 再据定理 7.3.2 知 F 满足向后微分方程 (7.3.4). 故 $f_{ij}(t)$ 关于 $t \geqslant 0$ 可导. 在 (7.3.17) 式两边令 $n \to \infty$ 知 F 满足向前积分方程 (7.3.12). 应用定理 7.3.8 知 F 满足向前微分方程 (7.3.3). 设有准转移矩阵 $(P(t))_{t \geqslant 0}$ 满足向前微分方程 (7.3.3), 则它也满足向前积分方程 (7.3.12). 因此 $p_{ij}(t) \geqslant \delta_{ij} \mathrm{e}^{-q_i t} = f_{ij}^{(0)}(t)$. 而若设 $p_{ij}(t) \geqslant f_{ij}^{(n)}(t)$, 则由 (7.3.12) 式得

$$p_{ij}(t) \geqslant \delta_{ij} \mathrm{e}^{-q_i t} + \sum_{k \neq j} \int_0^t f_{ik}^{(n)}(t-s) q_{kj} \mathrm{e}^{-q_i s} \mathrm{d}s = f_{ij}^{(n+1)}(t).$$

根据归纳法, 对一切 $n \geqslant 0$ 有 $p_{ij}(t) \geqslant f_{ij}^{(n)}(t)$. 取极限即得 $p_{ij}(t) \geqslant f_{ij}(t)$. 类似地可证, 若转移矩阵 $(P(t))_{t \geqslant 0}$ 满足向后微分方程 (7.3.4), 也有 $p_{ij}(t) \geqslant f_{ij}(t)$ 成立. $\square$

推论 7.3.13 若对任意 $t \geqslant 0$ 和 $i \in E$ 都有 $\sum\limits_{j \in E} f_{ij}(t) = 1$, 则 Q 的向前方程和向后方程均存在唯一解且二者相同.

根据定理 7.3.12 知, 密度矩阵 Q 的向前和向后微分方程有公共的最小解 $(F(t))_{t \geqslant 0}$, 我们称之为 Q 的最小转移矩阵. 以 $(F(t))_{t \geqslant 0}$ 为转移矩阵的马氏链称为 Q 的最小链.

具有给定密度矩阵的连续时间转移矩阵的唯一性的判别准则是基本的理论问题. 侯振挺 [18] 给出了该唯一性成立的简洁的充要条件, 解决了该领域长期遗留的难题. 关于连续时间马氏链的研究有丰富而深刻的理论, 参见 [4,35].

*7.3.4 最小链的随机方程

利用泊松随机测度驱动的随机积分方程的轨道唯一解, 可以构造出具有给定密度矩阵的右连续最小马氏链. 为了表达上的方便, 这里假定 $E \subseteq \mathbb{Z}$. 考虑 E 上的保守密度矩阵 $Q = (q_{ij} : i, j \in E)$. 用 $\pi(\mathrm{d}z)$ 表示 E 上的计数测度.

设 $N(\mathrm{d}s, \mathrm{d}z, \mathrm{d}u)$ 为 $(0, \infty) \times E \times (0, \infty)$ 上的以 $\mathrm{d}s\pi(\mathrm{d}z)\mathrm{d}u$ 为强度的泊松随机测度, 而 X_0 是取值于 E 且与 $N(\mathrm{d}s, \mathrm{d}z, \mathrm{d}u)$ 独立的随机变量. 这里 $\mathrm{d}s$ 和 $\mathrm{d}u$ 表示 $(0, \infty)$ 上的勒贝格测度. 记 $q(i, j) = q_{ij} 1_{\{i \neq j\}}$. 考虑随机积分方程

$$X_t = X_0 + \int_0^t \int_E \int_0^{q(X_{s-}, z)} (z - X_{s-}) N(\mathrm{d}s, \mathrm{d}z, \mathrm{d}u). \tag{7.3.19}$$

此处及以后约定 $\int_a^b = \int_{(a,b]}$. 该方程的确切含义如下: 根据泊松随机测度的构造, 存在 $(0,\infty) \times E \times (0,\infty)$ 的可数的随机子集 $\mathrm{supp}(N) = \{(s_i, z_i, u_i) : i \in I\}$ 使得

$$N(\mathrm{d}s, \mathrm{d}z, \mathrm{d}u) = \sum_{i \in I} \delta_{(s_i, z_i, u_i)}(\mathrm{d}s, \mathrm{d}z, \mathrm{d}u). \tag{7.3.20}$$

注意, 方程 (7.3.19) 可以写为

$$X_t = X_0 + \sum_{s_i \leqslant t} (z_i - X_{s_i-}) 1_{\{u_i \leqslant q(X_{s-}, z_i)\}}. \tag{7.3.21}$$

易证 $\mathbf{P}($ 存在 $i \neq j$ 使得 $s_i = s_j) = 0$. 方程 (7.3.19) 式或 (7.3.21) 式给出了轨道 $t \mapsto X_t$ 每次跳跃的时刻和跳幅. 它的第 1 次跳跃发生在时刻

$$S_1 := \inf\{s > 0 : N((0,s] \times E \times (0, q(X_0, z)]) > 0\}.$$

对 $0 \leqslant t < S_1$ 有 $X_t = X_0$. 由 (7.3.19) 式和 (7.3.20) 式不难看出, 存在唯一的 $(Z_1, U_1) \in E \times (0, q(X_0, z)]$ 满足 $(S_i, Z_i, U_i) \in \mathrm{supp}(N)$. 再由 (7.3.19) 式有

$$X_{S_1} = X_{S_1-} + (Z_1 - X_{S_1-}) = X_0 + (Z_1 - X_0) = Z_1.$$

轨道 $t \mapsto X_t$ 的第 2 次跳跃发生在时刻

$$S_2 := \inf\{s > S_1 : N((S_1, s] \times E \times (0, q(X_{S_1}, z)]) > 0\},$$

其后轨道的运动情况类似. 用 S_n 表示 $t \mapsto X_t$ 的第 n 次跳跃发生的时刻, 则 S_n 为停时且序列 $\{S_n\}$ 严格单增. 令 $\zeta = \lim_{n \to \infty} S_n$. 显然 $t \mapsto X_t$ 在时间区间 $[0, \zeta)$ 内的运动由 (7.3.19) 式唯一决定. 对于 $\zeta \leqslant t < \infty$, 我们补充定义 $X_t = \infty$. 则 $X = (X_t : t \geqslant 0)$ 是取值于 $\tilde{E} := E \cup \{\infty\}$ 的右连续过程. 注意, 在 (7.3.19) 式中将 t 替换为 $t \wedge S_n$ 后, 该等式对于每个 $n \geqslant 1$ 几乎必然成立.

在上述意义下, 我们说 X 是 (7.3.19) 式的轨道唯一解. 对于 $t \geqslant 0$ 令 $\mathscr{G}_t$ 是下面的随机变量族生成的 σ 代数:

$$\{X_0, N((0,s] \times A \times B) : 0 \leqslant s \leqslant t, A \subseteq E, B \in \mathscr{B}(0,\infty)\}.$$

不难看出, 过程 X 关于流 $(\mathscr{G}_t : t \geqslant 0)$ 适应.

定理 7.3.14　随机积分方程 (7.3.19) 的轨道唯一解 X 关于流 $(\mathscr{G}_t : t \geqslant 0)$ 是以 Q 为密度矩阵的马氏链, 且其转移矩阵 $(F(t))_{t \geqslant 0}$ 是 Q 的最小转移矩阵.

证明　记 $\mathbf{P}_i = \mathbf{P}(\cdot | X_0 = i)$ 和 $f_{ij}(t) = \mathbf{P}_i(X_t = j)$. 由方程 (7.3.19), 对任何 $t, r \geqslant 0$ 有

$$X_{r+t} = X_r + \int_0^t \int_E \int_0^{q(X_{r+s-}, z)} (z - X_{r+s-}) N(r + \mathrm{d}s, \mathrm{d}z, \mathrm{d}u). \tag{7.3.22}$$

根据泊松随机测度的性质, 对任何 $G \in \mathscr{G}_r$ 在 $\mathbf{P}(\cdot|G \cap \{X_r = i\})$ 之下 $N(r + \mathrm{d}s, \mathrm{d}z, \mathrm{d}u)$ 仍是 $(0, \infty) \times E \times (0, \infty)$ 上以 $\mathrm{d}s\pi(\mathrm{d}z)\mathrm{d}u$ 为强度的泊松随机测度. 比较 (7.3.19) 式和 (7.3.22) 式知 $\mathbf{P}(X_{r+t} = j|G \cap \{X_r = i\}) = f_{ij}(t)$. 由全概率公式得

$$
\begin{aligned}
f_{ij}(r + t) &= \mathbf{P}(X_{r+t} = j|X_0 = i) \\
&= \sum_{k \in E} \mathbf{P}(X_r = k|X_0 = i)\mathbf{P}(X_{r+t} = j|X_r = k, X_0 = i) \\
&= \sum_{k \in E} f_{ik}(r)f_{kj}(t).
\end{aligned}
$$

这说明 $(F(t))_{t \geqslant 0} = \{f_{ij}(t) : i, j \in E : t \geqslant 0\}$ 为 E 上的转移矩阵, 而 $(X_t : t \geqslant 0)$ 是以 $(F(t))_{t \geqslant 0}$ 为转移矩阵的马氏链. 注意 $f_{ij}(t) = \mathbf{P}_i(\zeta > t, X_t = j)$. 根据推论 7.2.4 知 $(F(t))_{t \geqslant 0}$ 由 (7.2.15) 式或 (7.3.14) 式给出. 再由定理 7.3.12 知 F 是其密度矩阵的最小转移矩阵. 下面证明 $(F(t))_{t \geqslant 0}$ 的密度矩阵为 Q. 对于固定的 $i \in E$, 定义左极右连过程

$$
Z_t = \int_0^t \int_E \int_0^{q(i,z)} zN(\mathrm{d}s, \mathrm{d}z, \mathrm{d}u), \quad t \geqslant 0.
$$

由定理 1.5.8 知 $(Z_t : t \geqslant 0)$ 是以 q_i 为跳跃速率以 $q_i^{-1}q(i, z)\pi(\mathrm{d}z)$ 为跳跃分布的复合泊松过程. 令 T_1 为其首次跳跃时间. 注意, 在 $\mathbf{P}_i$ 之下有

$$
X_{t \wedge T_1} = i + \int_0^{t \wedge T_1} \int_E \int_0^{q(i,z)} (z - i)N(\mathrm{d}s, \mathrm{d}z, \mathrm{d}u).
$$

故 T_1 也是 $(X_t : t \geqslant 0)$ 的首次跳跃时间且

$$
X_{T_1} = i + \int_{\{T_1\}} \int_E \int_0^{q(i,z)} (z - i)N(\mathrm{d}s, \mathrm{d}z, \mathrm{d}u) = Z_{T_1}.
$$

所以有

$$
\mathbf{P}_i(T_1 \leqslant t, X_{T_1} = j) = \mathbf{P}_i(T_1 \leqslant t, Z_{T_1} = j) = (1 - \mathrm{e}^{-q_i t})q_i^{-1}q(i, j).
$$

再由定理 7.2.2 知 $(F(t))_{t \geqslant 0}$ 有密度矩阵 Q. $\square$

随机积分方程 (7.3.19) 的关键结构是通过在随机区间 $(0, q(X_{s-}, z)]$ 上的积分得到解的随机跳跃强度 $q(X_{s-}, z)$. 关于泊松随机测度驱动的随机方程的研究, 可以参考 [20] 等.

练习题

1. 设向前微分方程 (7.3.3) 成立, 则对 $s, t \geqslant 0$ 和 $i, j \in E$ 有

$$
p'_{ij}(s + t) = \sum_{l \in E} p_{il}(s)p'_{lj}(t).
$$

2. 设向后微分方程 (7.3.4) 成立, 则对 $s, t \geqslant 0$ 和 $i, j \in E$ 有

$$p'_{ij}(s+t) = \sum_{l \in E} p_{il}(s) p'_{lj}(t).$$

3. 对于有限状态空间 E, 任何马氏转移矩阵 $(P(t))_{t \geqslant 0}$ 的密度矩阵 Q 是保守的, 而且向前和向后方程都成立.

提示: 由定理 7.2.1(3) 的证明不难看出, 当状态空间 E 有限时, 任何马氏转移矩阵的密度矩阵保守. 分别将 (7.3.1) 式和 (7.3.2) 式两边同除以 h 并令 $h \to 0+$ 即得 (7.3.3) 式和 (7.3.4) 式.

4. 设 E 是有限状态空间, 而 Q 为 E 上的保守密度矩阵, 则可定义 E 上的马氏转移矩阵 $P = (P(t) : t \geqslant 0)$ 如下:

$$P(t) = \mathrm{e}^{Qt} := \sum_{n=0}^{\infty} \frac{t^n}{n!} Q^n, \quad t \geqslant 0.$$

证明 $Q = P'(0)$ 且 $(P(t))_{t \geqslant 0}$ 是 Q 的向后方程的唯一解, 也是 Q 的向前方程的唯一解.

5. 考虑状态空间 $\mathbb{Z}_+$ 上参数为 $\alpha > 0$ 的泊松过程, 其转移矩阵 $(P(t) : t \geqslant 0)$ 和密度矩阵 Q 分别由例 7.1.2 和例 7.2.1 给出. 证明 $P(t) = \mathrm{e}^{Qt}$.

提示: 令 $D = Q + I$, 则

$$P(t) = \mathrm{e}^{-\alpha t} \sum_{k=0}^{\infty} \frac{(\alpha t)^k}{k!} D^k = \sum_{k=0}^{\infty} \frac{(\alpha t)^k}{k!} D^k \sum_{i=0}^{\infty} \frac{(-1)^i (\alpha t)^i}{i!}$$

$$= \sum_{n=0}^{\infty} \sum_{k=0}^{n} \frac{(-1)^{n-k} (\alpha t)^n}{k!(n-k)!} D^k = \sum_{n=0}^{\infty} \frac{(\alpha t)^n}{n!} (D-I)^n = \mathrm{e}^{Qt}.$$

第八章

连续时间马氏过程

在本章中, 我们对连续时间的马氏过程的基本概念和性质做简单的介绍, 主要内容包括转移半群、马氏性、强马氏性、费勒半群和费勒过程、卷积半群、莱维过程、强费勒性以及若干典型的例子等.

8.1 马氏转移半群

研究马氏过程的基本工具是转移半群, 它给出了过程的某种条件分布. 利用转移半群可以对马氏过程的若干基本分布给出简洁的表达. 本节讨论与转移半群相关的若干基本概念, 并简单介绍欧氏空间上的卷积半群.

8.1.1 转移核与半群

考虑可测空间 $(E, \mathscr{E})$. 严格来说, 后面涉及的积分都是指抽象测度的积分. 对该理论不熟悉的读者可假定 $(E, \mathscr{E})$ 是欧氏空间 $(\mathbb{R}^d, \mathscr{B}^d)$ 的可测子空间, 并将这里关于测度的积分理解为关于相应分布函数的斯蒂尔切斯积分. 用 $\mathrm{b}\mathscr{E}$ 表示 E 上的全体关于 $\mathscr{E}$ 可测的有界函数构成的线性空间. 对于 $f \in \mathrm{b}\mathscr{E}$ 定义其上确界范数:

$$\|f\| = \sup_{x \in E} |f(x)|. \tag{8.1.1}$$

注意 $\mathrm{b}\mathscr{E}$ 在范数 $\|\cdot\|$ 之下是完备的, 因此是巴拿赫 (Banach) 空间.

定义 8.1.1 设 $(E, \mathscr{E})$ 和 $(F, \mathscr{F})$ 是两个可测空间. 称映射 $K : E \times \mathscr{F} \to [0, \infty)$ 为由 $(E, \mathscr{E})$ 到 $(F, \mathscr{F})$ 上的转移核, 是指它满足如下条件:

(1) 当 $B \in \mathscr{F}$ 固定时, $x \mapsto K(x, B)$ 是 $(E, \mathscr{E})$ 上的可测函数;

(2) 当 $x \in E$ 固定时, $B \mapsto K(x, B)$ 是 $(F, \mathscr{F})$ 上的有限测度.

称转移核 K 是有界的, 是指它在 $E \times \mathscr{F}$ 上有界. 特别地, 当 $K(\cdot, F) \equiv 1$ 时称 K 是马氏转移核; 当 $K(\cdot, F) \leqslant 1$ 时称 K 是准马氏转移核; 当 $E = F$ 且 $\mathscr{E} = \mathscr{F}$ 时称 K 是 $(E, \mathscr{E})$ 或 E 上的转移核.

核与函数空间上的线性算子之间有密切的联系. 设 K 是 $(E, \mathscr{E})$ 到 $(F, \mathscr{F})$ 的有界核. 对于 $f \in \mathrm{b}\mathscr{F}$, 令

$$Kf(x) = \int_F f(y) K(x, \mathrm{d}y), \quad x \in E.$$

易知 $Kf \in \mathrm{b}\mathscr{E}$, 且 $f \mapsto Kf$ 是由线性空间 $\mathrm{b}\mathscr{F}$ 到线性空间 $\mathrm{b}\mathscr{E}$ 的线性算子. 显然该线性算子与核 K 相互唯一决定. 对于 $(E, \mathscr{E})$ 上的有限测度 μ 令

$$\mu K(B) = \int_E K(x, B) \mu(\mathrm{d}x), \quad B \in \mathscr{F}.$$

则 μK 是 $(F,\mathscr{F})$ 上的有限测度. 因此 K 诱导一个将 $(E,\mathscr{E})$ 上的有限测度映至 $(F,\mathscr{F})$ 上的有限测度的算子. 显然当 K 是马氏转移核时, 它将概率测度映为概率测度.

设 K 和 L 分别是可测空间 $(E,\mathscr{E})$ 到 $(F,\mathscr{F})$ 和 $(F,\mathscr{F})$ 到 $(G,\mathscr{G})$ 的有界核. 对 $x \in E$ 和 $A \in \mathscr{G}$ 定义

$$KL(x, A) = \int_F K(x, \mathrm{d}y) L(y, A).$$

则 KL 是一个 $(E,\mathscr{E})$ 到 $(G,\mathscr{G})$ 的有界核, 称为 K 与 L 的复合. 显然有

$$K(Lf) = (KL)f, \quad (\mu K)L = \mu(KL).$$

所以今后遇到上述运算时, 我们简写作 KLf 或 μKL.

定义 8.1.2 称 $(E,\mathscr{E})$ 上的一族准马氏转移核 $(P_t)_{t\geqslant 0}$ 为转移半群, 是指 $P_0(x,\cdot) = \delta_x$ 且对任意 $s,t \geqslant 0$, 有 $P_s P_t = P_{s+t}$, 这等价于

$$P_{t+s}(x, B) = \int_E P_s(x, \mathrm{d}y) P_t(y, B), \quad x \in E, B \in \mathscr{E}.$$

上式称为查普曼–柯尔莫哥洛夫方程.

根据上面的说明, 转移半群 $(P_t)_{t\geqslant 0}$ 决定了巴拿赫空间 $\mathrm{b}\mathscr{E}$ 的一族线性算子 $(P_t)_{t\geqslant 0}$. 显然在算子运算之下 $(P_t)_{t\geqslant 0}$ 仍然构成一个半群. 由于 P_t 是准马氏转移核, 易知

$$\|P_t f\| \leqslant \|f\|, \quad f \in \mathrm{b}\mathscr{E}. \tag{8.1.2}$$

所以 $(P_t)_{t\geqslant 0}$ 是 $\mathrm{b}\mathscr{E}$ 上的压缩线性算子半群.

称转移半群 $(P_t)_{t\geqslant 0}$ 是可测的, 是指对于任何 $f \in \mathrm{b}\mathscr{E}$ 映射 $(t,x) \mapsto P_t f(x)$ 关于乘积 σ 代数 $\mathscr{B}[0,\infty) \times \mathscr{E}$ 可测. 此时, 令

$$U^\alpha f(x) = \int_0^\infty \mathrm{e}^{-\alpha t} P_t f(x) \mathrm{d}t, \quad x \in E, \tag{8.1.3}$$

称 U^α 为 $(P_t)_{t\geqslant 0}$ 的 α 位势算子, 而称 $(U^\alpha)_{\alpha>0}$ 为 $(P_t)_{t\geqslant 0}$ 的预解式. 易证下面的预解方程

$$U^\beta f(x) = U^\alpha f(x) - (\beta - \alpha) U^\alpha U^\beta f(x), \quad \alpha, \beta > 0. \tag{8.1.4}$$

例 8.1.1 对于 $t \geqslant 0$ 令 $R_t(x, \mathrm{d}y) = \delta_{x+t}(\mathrm{d}y)$, 则 $(R_t)_{t\geqslant 0}$ 构成 $\mathbb{R}$ 上的马氏转移半群, 也可限定为 $\mathbb{R}_+$ 上的马氏转移半群, 或者限定为 $\mathbb{R}_- := (-\infty, 0]$ 上的准马氏转移半群.

例 8.1.2 对于 $t \geqslant 0$ 令 $Q_t(x, \mathrm{d}y) = \delta_{x+\mathrm{sgn}(x)t}(\mathrm{d}y)$, 则 $(R_t)_{t\geqslant 0}$ 构成 $\mathbb{R}$ 上的马氏转移半群, 也可限定为 $\mathbb{R}_+ := [0,\infty)$ 上的马氏转移半群.

例 8.1.3   设 π 为可测空间 $(E, \mathscr{E})$ 上的马氏转移核. 记 $\pi^0(x, \mathrm{d}y) = \delta_x(\mathrm{d}y)$, 并对 $n \geqslant 1$ 令 π^n 是 π 的 n 重复合. 再设 $\alpha \geqslant 0$ 为常数. 对于 $t \geqslant 0$ 利用泊松分布定义 $(E, \mathscr{E})$ 上的转移核

$$P_t(x, \mathrm{d}y) = \mathrm{e}^{-\alpha t} \sum_{n=0}^{\infty} \frac{(\alpha t)^n}{n!} \pi^n(x, \mathrm{d}y).$$

易证 $(P_t)_{t \geqslant 0}$ 构成 $(E, \mathscr{E})$ 上的马氏转移半群.

考虑 $(E, \mathscr{E})$ 上的准马氏转移半群 $(P_t)_{t \geqslant 0}$. 对于 $\partial \notin E$ 令 $\tilde{E} = E \cup \{\partial\}$. 再令 $\tilde{\mathscr{E}}$ 为 $\tilde{E}$ 上的由 $\mathscr{E}$ 和 $\{\partial\}$ 生成的 σ 代数. 不难证明 $\tilde{\mathscr{E}} = \mathscr{E} \cup \{B \cup \{\partial\} : B \in \mathscr{E}\}$. 则对于 $t \geqslant 0$ 存在 $(\tilde{E}, \tilde{\mathscr{E}})$ 上唯一的马氏转移核 $\tilde{P}_t$ 满足

$$\tilde{P}_t(x, A) = \begin{cases} P_t(x, A), & x \in E, A \in \mathscr{E}, \\ 1 - P_t(x, E), & x \in E, A = \{\partial\}, \\ \delta_{\partial}(A), & x = \partial, A \in \tilde{\mathscr{E}}. \end{cases} \tag{8.1.5}$$

易证 $(\tilde{P}_t)_{t \geqslant 0}$ 构成 $(\tilde{E}, \tilde{\mathscr{E}})$ 上的马氏转移半群. 所以, 任何一个准马氏转移半群总可扩张为马氏转移半群.

命题 8.1.1   设 E 为度量拓扑空间, 而 $\mathscr{E}$ 为其博雷尔 σ 代数. 再设 μ 和 ν 是 $(E, \mathscr{E})$ 上的有限测度, 则 $\mu = \nu$ 当且仅当有

$$\int_E f(x) \mu(\mathrm{d}x) = \int_E f(x) \nu(\mathrm{d}x), \quad f \in C_b(E), \tag{8.1.6}$$

其中 $C_b(E)$ 表示 E 上的有界连续函数的全体.

证明   若有 $\mu = \nu$, 则显然 (8.1.6) 式成立. 反之, 设 (8.1.6) 式成立. 任取开集 $G \subseteq E$. 对 $x \in E$ 令 $g(x) = \inf\{\rho(x, y) : y \in G^c\}$. 易证 g 为 E 上的连续函数, 且当 $x \in G$ 时有 $g(x) > 0$, 而当 $x \in G^c$ 时有 $g(x) = 0$. 对 $n \geqslant 1$ 令 $f_n = 1 \wedge (ng)$. 显然 $f_n \in C_b(E)$, 故 (8.1.6) 式中的等式对每个 f_n 成立. 注意, 在逐点收敛的意义下单调不降地 $\lim\limits_{n \to \infty} f_n = 1_G$. 根据单调收敛定理有 $\mu(G) = \nu(G)$, 再由邓肯类定理知 $\mu(A) = \nu(A)$ 对一切 $A \in \mathscr{E}$ 成立. $\square$

8.1.2   费勒转移半群

本小节假定 E 是可分局部紧度量空间, 其典型的特例包括欧氏空间 $\mathbb{R}^d$ 及其各种类型的区间. 对此概念不熟悉的读者可假定 E 是 $\mathbb{R}^d$ 或其中的某个区间. 令 $\mathscr{E}$ 为 E 的博雷尔 σ 代数, 即由 E 的所有开集生成的 σ 代数. 令 $\tilde{E} = E \cup \{\infty\}$ 是 E 的单点紧化空间. 也就是说, 点 ∞ 的邻域系就是 E 的所有紧子集在 $\tilde{E}$ 中的补集. 这样 $\tilde{E}$ 是一个

紧度量空间, 取其上的一个度量 ρ. 令 $C_0(E)$ 是由 E 上的满足 $\lim\limits_{x\to\infty} f(x) = 0$ 的连续函数 f 构成的线性空间. 注意, 在 (8.1.1) 式定义的上确界范数 $\|\cdot\|$ 之下 $C_0(E)$ 是巴拿赫空间 $b\mathscr{E}$ 的闭线性子空间, 故它也是巴拿赫空间.

命题 8.1.2   设 μ 和 ν 是 $(E, \mathscr{E})$ 上的有限测度, 则 $\mu = \nu$ 当且仅当有

$$\int_E f(x)\mu(\mathrm{d}x) = \int_E f(x)\nu(\mathrm{d}x), \quad f \in C_0(E). \tag{8.1.7}$$

证明   若有 $\mu = \nu$, 则显然 (8.1.7) 式成立. 反之, 设 (8.1.7) 式成立. 下证 (8.1.6) 式成立. 令 $\tilde{E} = E \cup \{\infty\}$ 是 E 的单点紧化空间, 并取其上的一个度量 ρ. 注意, 对任何 $x \in E$ 有 $h(x) := \rho(x, \infty) > 0$, 并且 $h \in C_0(E)$. 对 $n \geqslant 1$ 令 $h_n = 1 \wedge (nh)$. 则当 $f \in C_b(E)$ 时有 $f_n := f h_n \in C_0(E)$, 故 (8.1.7) 式中的等式对 f_n 成立. 因为 $\lim\limits_{n\to\infty} f_n = f$, 由控制收敛定理知 (8.1.6) 式成立. 再根据命题 8.1.1 有 $\mu = \nu$. $\square$

定义 8.1.3   称 $(E, \mathscr{E})$ 上的马氏转移半群 $(P_t)_{t\geqslant 0}$ 为费勒半群, 是指下面的两个性质成立:

(1) 对任意的 $t \geqslant 0$ 和 $f \in C_0(E)$, 有 $P_t f \in C_0(E)$;

(2) 对任意的 $x \in E$ 和 $f \in C_0(E)$, 有 $\lim\limits_{t\to 0} P_t f(x) = f(x)$.

显然, 费勒半群 $(P_t)_{t\geqslant 0}$ 是可测半群. 令 $(U^\alpha)_{\alpha>0}$ 是由 (8.1.3) 式定义的预解式.

命题 8.1.3   对 $\alpha > 0$, 记 $\mathscr{D} := U^\alpha C_0(E)$, 则 $\mathscr{D}$ 为 $C_0(E)$ 的稠密线性子空间且不依赖于常数 α 的选择.

证明   首先, 我们证明对 $\alpha > 0$ 和 $f \in C_0(E)$, 有 $U^\alpha f \in C_0(E)$. 由于 $P_t f \in C_0(E)$, 根据有界收敛定理, 当 $x \to x_0 \in E$ 时有

$$U^\alpha f(x) = \int_0^\infty \mathrm{e}^{-\alpha t} P_t f(x)\mathrm{d}t \to \int_0^\infty \mathrm{e}^{-\alpha t} P_t f(x_0)\mathrm{d}t = U^\alpha f(x_0).$$

类似地, 当 $x \to \infty$ 时有 $U^\alpha f(x) \to 0$. 这就证明了 $U^\alpha f \in C_0(E)$, 故 $\mathscr{D}$ 为 $C_0(E)$ 的线性子空间. 从预解方程不难看出 $\mathscr{D}$ 与 α 的选择无关. 下证 $\mathscr{D}$ 在 $C_0(E)$ 中稠密. 否则, 存在 $g \in C_0(E)$ 满足 $\inf\limits_{f\in\mathscr{D}} \|f - g\| > 0$. 根据哈恩–巴拿赫 (Hahn-Banach) 定理, 存在 $C_0(E)$ 上的有界线性泛函 ϕ 使 $\phi(g) \neq 0$, 同时对任意 $f \in \mathscr{D}$ 有 $\phi(f) = 0$, 参见 [17, p.214]. 利用里斯 (Riesz) 表示定理, 有 $(E, \mathscr{E})$ 上的有限符号测度 μ 使得

$$\phi(f) = \int_E f(x)\mu(\mathrm{d}x), \quad f \in C_0(E),$$

参见 [7, p.75]. 由于 $\alpha U^\alpha g \in \mathscr{D}$, 我们有

$$0 = \phi(\alpha U^\alpha g) = \int_E \alpha U^\alpha g(x)\mu(\mathrm{d}x) = \int_E \mu(\mathrm{d}x)\int_0^\infty \mathrm{e}^{-s} P_{s/\alpha} g(x)\mathrm{d}s.$$

在上式中令 $\alpha \to \infty$, 利用有界收敛定理和定义 8.1.3 中的性质 (2) 得

$$0 = \int_{\mathbb{R}^d} g(x)\mu(\mathrm{d}x) = \phi(g),$$

而这与 ϕ 的取法矛盾. 故 $\mathscr{D}$ 在 $C_0(E)$ 中稠密. $\square$

定理 8.1.4 对任何 $f \in C_0(E)$ 有 $\lim\limits_{t\to 0} \|P_t f - f\| = 0$.

证明 由命题 8.1.3 知 $\mathscr{D} := U^\alpha C_0(E)$ 在 $C_0(E)$ 中稠密. 对于 $t, \alpha > 0$ 和 $g \in C_0(E)$ 有

$$
\begin{aligned}
P_t U^\alpha g(x) - U^\alpha g(x) &= \int_0^\infty \mathrm{e}^{-\alpha s} P_{t+s} g(x) \mathrm{d}s - \int_0^\infty \mathrm{e}^{-\alpha s} P_s g(x) \mathrm{d}s \\
&= \int_t^\infty \mathrm{e}^{-\alpha(s-t)} P_s g(x) \mathrm{d}s - \int_0^\infty \mathrm{e}^{-\alpha s} P_s g(x) \mathrm{d}s \\
&= (\mathrm{e}^{\alpha t} - 1) \int_t^\infty \mathrm{e}^{-\alpha s} P_s g(x) \mathrm{d}s - \int_0^t \mathrm{e}^{-\alpha s} P_s g(x) \mathrm{d}s.
\end{aligned}
$$

显然, 当 $t \to 0$ 时上式在上确界范数下趋于零. 所以对 $f \in \mathscr{D}$ 有 $\lim\limits_{t\to 0} \|P_t f - f\| = 0$. 再由 $\mathscr{D}$ 在 $C_0(E)$ 中的稠密性和算子 P_t 的压缩性易得欲证结论. $\square$

推论 8.1.5 映射 $(s, x, f) \mapsto P_s f(x)$ 在 $[0, \infty) \times E \times C_0(E)$ 上连续.

证明 对于 $[0, \infty) \times E \times C_0(E)$ 中的 (s, x, f) 和 (t, y, g) 有

$$
\begin{aligned}
|P_s f(x) - P_t g(y)| &\leqslant |P_s f(x) - P_s g(x)| + |P_s g(x) - P_t g(x)| + \\
&\quad |P_t g(x) - P_t g(y)| \\
&\leqslant |P_s(f-g)(x)| + P_{s \wedge t} |P_{|t-s|} g - g|(x) + \\
&\quad |P_t g(x) - P_t g(y)| \\
&\leqslant \|f - g\| + \|P_{|t-s|} g - g\| + |P_t g(x) - P_t g(y)|.
\end{aligned}
$$

由定理 8.1.4, 上式右端当 $(s, x, f) \to (t, y, g)$ 时趋于零. $\square$

定理 8.1.4 所建立的性质称为费勒半群 (P_t) 的强连续性. 费勒半群 (P_t) 将 $C_0(E)$ 中的函数映射到 $C_0(E)$ 的函数. 由此可以推出 (P_t) 将 E 上的有界连续函数映成有界连续函数. 有些半群具有更好的分析性质, 即对 $t > 0$ 算子 P_t 将 E 上的有界可测函数映成有界连续函数, 此时我们说 (P_t) 满足强费勒性.

例 8.1.4 对于 $t \geqslant 0$ 和 $x \in \mathbb{R}$ 令 $P_t(x, \cdot)$ 为正态分布 $N(x, t)$ 的分布密度. 特别地, 当 $t > 0$ 时有

$$
P_t f(x) = \int_{\mathbb{R}} f(x + z) p(t, z) \mathrm{d}z, \quad f \in C_0(\mathbb{R}), \tag{8.1.8}
$$

其中

$$
p(t, z) = \frac{1}{\sqrt{2\pi t}} \mathrm{e}^{-z^2/2t}.
$$

易证 $(P_t)_{t \geqslant 0}$ 为 $\mathbb{R}$ 上的费勒转移半群. 此外, 不难验证

$$
\partial_t p(t, x) = \frac{1}{2t}\left(\frac{x^2}{t} - 1\right) p(t, x) = \frac{1}{2} \partial_{xx} p(t, x).
$$

令 $C_0^2(\mathbb{R})$ 为 $C_0(\mathbb{R})$ 中具有连续的一阶和二阶导数且这些导数均属于 $C_0(\mathbb{R})$ 的函数的全体. 基于上式和 (8.1.8) 式可以证明, 当 $f \in C_0^2(\mathbb{R})$ 时有

$$\partial_t P_t f(x) = \frac{1}{2} \partial_{xx} P_t f(x) = \frac{1}{2} P_t \partial_{xx} f(x). \tag{8.1.9}$$

特别地, 函数 $u(t,x) := P_t f(x)$ 满足下面的热方程:

$$\partial_t u(t,x) = \frac{1}{2} \partial_{xx} u(t,x). \tag{8.1.10}$$

由于这样的缘故, 上面定义的转移半群 (P_t) 也称为**热半群**. 利用控制收敛定理可以证明, 该半群具有强费勒性.

例 8.1.5   用 $\mathscr{B}_{++}$ 表示 $\mathbb{R}_{++} = (0, \infty)$ 上的博雷尔 σ 代数. 给定常数 $a \geqslant 0$ 可以定义 $(\mathbb{R}_{++}, \mathscr{B}_{++})$ 上的准马氏转移半群 (P_t°) 如下: 对 $x \in \mathbb{R}_{++}$ 和 $f \in b\mathscr{B}_{++}$,

$$P_t^\circ f(x) = \frac{1}{\sqrt{2\pi at}} \int_{\mathbb{R}_{++}} f(y) [\mathrm{e}^{-(y-x)^2/2at} - \mathrm{e}^{-(y+x)^2/2at}] \mathrm{d}y.$$

它可以自然地扩张为 $\mathbb{R}_+ = [0, \infty)$ 上的费勒马氏转移半群.

8.1.3 无穷可分分布

称欧氏可测空间 $(\mathbb{R}, \mathscr{B})$ 上的概率分布 μ 是**无穷可分**的, 是指对任意的整数 $n \geqslant 1$ 都有概率测度 μ_n, 使得

$$\mu = \mu_n * \cdots * \mu_n \quad (n \text{ 重卷积}). \tag{8.1.11}$$

此时称 μ_n 为 μ 的 n 次方根.

设 $\sigma^2 \geqslant 0$ 和 β 为实常数而 $(1 \wedge z^2) \nu(\mathrm{d}z)$ 为 $\mathbb{R} \setminus \{0\}$ 上的有限测度. 基于三元组 (β, σ^2, ν) 可以定义 $\mathbb{R}$ 上的连续复数值函数

$$\psi(\lambda) = \mathrm{i}\beta\lambda - \frac{\sigma^2}{2}\lambda^2 + \int_{\mathbb{R} \setminus \{0\}} \left(\mathrm{e}^{\mathrm{i}\lambda z} - 1 - \frac{\mathrm{i}\lambda z}{1 + z^2} \right) \nu(\mathrm{d}z). \tag{8.1.12}$$

此表达式称为**莱维–辛钦 (Lévy-Khintchine) 表示**.

我们经常用到莱维–辛钦公式另一种形式. 对于每个 $\lambda \in \mathbb{R}$ 可以定义 $\mathbb{R}$ 上的有界连续复函数 $K(\lambda, \cdot)$ 如下: 令 $K(\lambda, 0) = -\lambda^2/2$ 并对 $z \neq 0$ 令

$$K(\lambda, z) = \left(\mathrm{e}^{\mathrm{i}\lambda z} - 1 - \frac{\mathrm{i}\lambda z}{1 + z^2} \right) \frac{1 + z^2}{z^2}.$$

再定义 $\mathbb{R}$ 上的有限测度 $G(\mathrm{d}z)$: 令 $G(\{0\}) = \sigma^2$ 和

$$1_{\{z \neq 0\}} G(\mathrm{d}z) = \left(\frac{z^2}{1 + z^2} \right) \nu(\mathrm{d}z), \quad z \in \mathbb{R}.$$

则可将 (8.1.12) 式等价地写作

$$\psi(\lambda) = \mathrm{i}\beta\lambda + \int_{\mathbb{R}} K(\lambda, z) G(\mathrm{d}z), \quad \lambda \in \mathbb{R}. \tag{8.1.13}$$

命题 8.1.6   设 $\{\psi_n\}$ 是具有形如 (8.1.12) 式或 (8.1.13) 式的表达式的函数列. 若当 $n \to \infty$ 时 ψ_n 局部一致地收敛到函数 ψ, 则后者也具有形如 (8.1.12) 式或 (8.1.13) 式的表达式.

证明   不妨设 ψ_n 可通过 (β_n, G_n) 表达为 (8.1.13) 式的形式. 不难发现

$$V_n(\lambda) := 2\psi_n(\lambda) - \int_{\lambda-1}^{\lambda+1} \psi_n(s)\mathrm{d}s = \int_{\mathbb{R}} \mathrm{e}^{\mathrm{i}\lambda z} H_n(\mathrm{d}z),$$

其中

$$H_n(\mathrm{d}z) = 2\Big(1 - \frac{\sin z}{z}\Big)\frac{1+z^2}{z^2} G_n(\mathrm{d}z).$$

在假设条件下, 当 $n \to \infty$ 时局部一致地有

$$V_n(\lambda) \to V(\lambda) := 2\psi(\lambda) - \int_{\lambda-1}^{\lambda+1} \psi(s)\mathrm{d}s.$$

根据莱维连续性定理易知 V 是 $\mathbb{R}$ 上的某个有限测度 H 的特征函数且 $H_n \overset{\mathrm{w}}{\to} H$. 显然存在常数 $c_1 > c_0 > 0$ 使得

$$c_0 \leqslant \Big(1 - \frac{\sin z}{z}\Big)\frac{1+z^2}{z^2} \leqslant c_1, \quad z \in \mathbb{R}.$$

因此有 $G_n \overset{\mathrm{w}}{\to} G$, 其中

$$G(\mathrm{d}z) = \frac{1}{2}\Big(1 - \frac{\sin z}{z}\Big)^{-1}\frac{z^2}{1+z^2} H(\mathrm{d}z).$$

于是有

$$\lim_{n\to\infty} \int_{\mathbb{R}} K(\lambda, z) G_n(\mathrm{d}z) = \int_{\mathbb{R}} K(\lambda, z) G(\mathrm{d}z).$$

注意

$$\beta_n = \mathrm{i}\Big[\int_{\mathbb{R}} K(1, z) G_n(\mathrm{d}z) - \psi_n(1)\Big].$$

所以极限 $\beta := \lim\limits_{n\to\infty} \beta_n$ 存在, 故 ψ 有表达式 (8.1.13). 等价地, 它也有表达式 (8.1.12). $\square$

命题 8.1.7   设 ψ 由 (8.1.12) 式或 (8.1.13) 式给出, 则 $\phi = \mathrm{e}^{\psi}$ 是 $\mathbb{R}$ 上的某个无穷可分概率分布 μ 的特征函数.

证明   由关于复合泊松过程的结果, 对任意的 $k \geqslant 1$ 存在 $\mathbb{R}$ 上的概率分布 m_k 有特征函数 $\hat{m}_k(\lambda) = \mathrm{e}^{\rho_k(\lambda)}$, 其中

$$\rho_k(\lambda) = \int_{\{|z| > 1/k\}} (\mathrm{e}^{\mathrm{i}\lambda z} - 1)\nu(\mathrm{d}z).$$

事实上, 若 $N(\mathrm{d}z)$ 是以 $\nu(\mathrm{d}z)$ 为强度的泊松随机测度, 则随机变量

$$\xi_k := \int_{\{|z| > 1/k\}} z N(\mathrm{d}z)$$

就有分布 m_k. 记 $\gamma := N(0, \sigma^2)$ 和

$$\beta_k = \beta - \int_{\{|z| > 1/k\}} \left(\frac{z}{1 + z^2}\right) \nu(\mathrm{d}z).$$

则概率分布 $\eta_k := \delta_{\beta_k} * \gamma * m_k$ 有特征函数 $\hat{\eta}_k(\lambda) = \mathrm{e}^{\psi_k(\lambda)}$, 其中

$$\psi_k(\lambda) = \mathrm{i}\beta\lambda - \frac{\sigma^2}{2}\lambda^2 + \int_{\{|z| > 1/k\}} \left(\mathrm{e}^{\mathrm{i}\lambda z} - 1 - \frac{\mathrm{i}\lambda z}{1 + z^2}\right) \nu(\mathrm{d}z).$$

注意, 当 $k \to \infty$ 时在 $\mathbb{R}$ 上有 $\hat{\eta}_k \to \phi = \mathrm{e}^\psi$. 利用 (8.1.13) 式和有界收敛定理不难看出 ϕ 在 $\mathbb{R}$ 上连续. 再由莱维连续性定理知 ϕ 是 $\mathbb{R}$ 上的某个概率分布 μ 的特征函数. 类似地, 对于 $n \geqslant 1$ 可知 $\phi_n := \mathrm{e}^{\psi/n}$ 是 $\mathbb{R}$ 上的某个概率分布 μ_n 的特征函数. 显然 (8.1.11) 式成立. 所以 μ 是无穷可分的. $\square$

定理 8.1.8   欧氏空间 $\mathbb{R}$ 上的概率分布 μ 是无穷可分的当且仅当它有特征函数 $\hat{\mu} = \mathrm{e}^\psi$, 其中 ψ 有表达式 (8.1.12) 或 (8.1.13).

证明   若概率分布 μ 有特征函数 $\hat{\mu} = \mathrm{e}^\psi$, 其中 ψ 有表达式 (8.1.12) 或 (8.1.13), 由命题 8.1.7 知它是无穷可分的. 反之, 设 μ 是 $\mathbb{R}$ 上的无穷可分分布, 则其特征函数 $\hat{\mu}$ 在 $\mathbb{R}$ 上无零点; 参见 [31, p.32, Lemma 7.5], 故可写 $\hat{\mu} = \mathrm{e}^\psi$, 其中 $\psi = \ln\hat{\mu}$. 令 μ_n 为 μ 的 n 次方根. 根据泰勒展式有

$$\hat{\mu}_n(\lambda) = \mathrm{e}^{\psi(\lambda)/n} = 1 + \frac{1}{n}\psi(\lambda) + \frac{1}{n^2}\varepsilon_n(\lambda),$$

其中 $\varepsilon_n(\lambda)$ 为 $\mathbb{R}$ 上的局部有界函数. 因此局部一致地有

$$\psi(\lambda) = \lim_{n\to\infty} n[\hat{\mu}_n(\lambda) - 1] = \lim_{n\to\infty} n \int_{\mathbb{R}} (\mathrm{e}^{\mathrm{i}\lambda z} - 1)\mu_n(\mathrm{d}z). \tag{8.1.14}$$

若记

$$\beta_n = \int_{\mathbb{R}} \frac{nz}{1 + z^2}\mu_n(\mathrm{d}z), \quad G_n(\mathrm{d}z) = \frac{nz^2}{1 + z^2}\mu_n(\mathrm{d}z),$$

则可将 (8.1.14) 式写为

$$\psi(\lambda) = \lim_{n\to\infty} \left[\mathrm{i}\beta_n\lambda + \int_{\mathbb{R}} K(\lambda, z)G_n(\mathrm{d}z)\right].$$

再由命题 8.1.6 知 ψ 有表达式 (8.1.12) 或 (8.1.13). $\square$

8.1.4　卷积半群

定义 8.1.4　称 $\mathbb{R}$ 上的概率测度族 $(\mu_t)_{t \geqslant 0}$ 为卷积半群, 是指当 $t \to 0+$ 时 $\mu_t \overset{\mathrm{w}}{\to} \delta_0$ 且

$$\mu_s * \mu_t = \mu_{s+t}, \quad s, t \geqslant 0. \tag{8.1.15}$$

定理 8.1.9　欧氏空间 $\mathbb{R}$ 上的概率测度族 $(\mu_t)_{t \geqslant 0}$ 构成一个卷积半群当且仅当其特征函数有表达式

$$\hat{\mu}_t(\lambda) := \int_{\mathbb{R}} \mathrm{e}^{\mathrm{i}\lambda x} \mu_t(\mathrm{d}x) = \mathrm{e}^{t\psi(\lambda)}, \quad t \geqslant 0, \lambda \in \mathbb{R}, \tag{8.1.16}$$

其中 ψ 有莱维–辛钦表示 (8.1.12).

证明　设 $(\mu_t)_{t \geqslant 0}$ 的特征函数有表达式 (8.1.16). 根据定理 8.1.8, 每个概率测度 μ_t 无穷可分, 且有

$$\hat{\mu}_s(\lambda)\hat{\mu}_t(\lambda) = \hat{\mu}_{s+t}(\lambda), \quad s, t \geqslant 0, \lambda \in \mathbb{R}. \tag{8.1.17}$$

由特征函数的唯一性知 $(\mu_t)_{t \geqslant 0}$ 构成一个卷积半群. 反之, 假设 $(\mu_t)_{t \geqslant 0}$ 是卷积半群. 由 (8.1.15) 式不难看出, 每个概率测度 μ_t 无穷可分, 故有形如 (8.1.12) 式或 (8.1.13) 式的连续函数 $\psi_t(\lambda)$ 使得

$$\hat{\mu}_t(\lambda) = \mathrm{e}^{\psi_t(\lambda)}, \quad t \geqslant 0, \lambda \in \mathbb{R}.$$

再由卷积半群的定义, 当 $t \to s+$ 时 $\mu_{t-s} \overset{\mathrm{w}}{\to} \delta_0$, 故有

$$\hat{\mu}_t(\lambda) = \hat{\mu}_s(\lambda)\hat{\mu}_{t-s}(\lambda) \to \hat{\mu}_s(\lambda).$$

所以 $t \mapsto \psi_t(\lambda)$ 右连续. 由关系 $\mu_t = \mu_{t/n} * \cdots * \mu_{t/n}$ (n 重卷积) 得 $\psi_t(\lambda) = n\psi_{t/n}(\lambda)$. 故对任何正有理数 m/n 有

$$\psi_{m/n}(\lambda) = \frac{1}{n}\psi_m(\lambda) = \frac{m}{n}\psi_1(\lambda), \quad \lambda \in \mathbb{R}.$$

令 $\psi(\lambda) = \psi_1(\lambda)$. 由上式和 $t \mapsto \psi_t(\lambda)$ 的右连续性知 $\psi_t(\lambda) = t\psi(\lambda)$ 对所有 $t \geqslant 0$ 成立. 因此有表达式 (8.1.16). □

利用卷积半群, 可以构造出一类重要的费勒转移半群. 令 $(\mu_t)_{t \geqslant 0}$ 为 $\mathbb{R}$ 上的卷积半群. 对于 $t \geqslant 0$ 定义 $\mathbb{R}$ 上的马氏转移核 P_t 如下:

$$P_t(x, \cdot) = \delta_x * \mu_t, \quad x \in \mathbb{R}. \tag{8.1.18}$$

易知, 对任何 $f \in \mathrm{b}\mathscr{B}$ 有

$$P_t f(x) = \int_{\mathbb{R}} f(y) P_t(x, \mathrm{d}y) = \int_{\mathbb{R}} f(x + z) \mu_t(\mathrm{d}z). \tag{8.1.19}$$

定理 8.1.10 如上定义的 $(P_t)_{t\geqslant 0}$ 是费勒转移半群.

证明 根据 (8.1.19) 式易证当 $f \in C_0(\mathbb{R})$ 时有 $P_t f \in C_0(\mathbb{R})$. 因为当 $t \to 0+$ 时 $\mu_t \overset{w}{\to} \delta_0$, 所以对任何 $x \in \mathbb{R}$ 有 $P_t f(x) \to f(x)$. 另外, 对于 $s, t \geqslant 0$ 有

$$
\begin{aligned}
\int_{\mathbb{R}} P_s(x, \mathrm{d}y) \int_{\mathbb{R}} f(z) P_t(y, \mathrm{d}z) &= \int_{\mathbb{R}} P_s(x, \mathrm{d}y) \int_{\mathbb{R}} f(y+z) \mu_t(\mathrm{d}z) \\
&= \int_{\mathbb{R}} \mu_s(\mathrm{d}y) \int_{\mathbb{R}} f(x+y+z) \mu_t(\mathrm{d}z) \\
&= \int_{\mathbb{R}} f(x+z) \mu_{s+t}(\mathrm{d}z) \\
&= \int_{\mathbb{R}} f(z) P_{s+t}(x, \mathrm{d}z).
\end{aligned}
$$

所以 $(P_t)_{t\geqslant 0}$ 是费勒转移半群. $\square$

例 8.1.6 设 $\alpha \geqslant 0$ 为常数. 对 $t \geqslant 0$ 令 μ_t 为泊松分布 $P(\alpha t)$, 则 $(\mu_t)_{t\geqslant 0}$ 构成卷积半群, 而由 (8.1.18) 式定义的费勒转移半群 $(P_t)_{t\geqslant 0}$ 由下式给出:

$$
P_t f(x) = \sum_{k=0}^{\infty} \frac{\alpha^k t^k}{k!} \mathrm{e}^{-\alpha t} f(x+k), \quad x \in \mathbb{R}, f \in C_0(\mathbb{R}). \tag{8.1.20}
$$

例 8.1.7 对 $t \geqslant 0$ 令 ν_t 为正态分布 $N(0, t)$, 则 $(\nu_t)_{t\geqslant 0}$ 构成卷积半群, 而对应的费勒转移半群 $(P_t)_{t\geqslant 0}$ 就是 (8.1.8) 式定义的热半群.

练习题

1. 证明预解方程 (8.1.4).

2. 证明例 8.1.3, 例 8.1.4, 例 8.1.5 和例 8.2.3 中定义的转移核满足查普曼–柯尔莫哥洛夫方程.

3. 例 8.1.1 和例 8.1.2 中定义的马氏转移半群是费勒半群吗? 为什么?

4. 设 $\{X(n) : n \geqslant 0\}$ 是可数状态空间 E 上的以 $P = (P_{ij} : i, j \in E)$ 为转移矩阵的离散时间马氏链, 而 $(N_t : t \geqslant 0)$ 是以 $\alpha \geqslant 0$ 为参数且与 $\{X(n) : n \geqslant 0\}$ 独立的泊松过程. 证明 $\{X(N_t) : t \geqslant 0\}$ 是马氏过程并给出其转移半群的表达式.

5. 构造一个具有例 8.1.3 中定义的转移半群的马氏过程.

6. 证明例 8.1.4 中定义的热半群满足强费勒性.

8.2 马氏性和强马氏性

基于马氏转移半群的工具, 本节讨论一般连续时间马氏过程的基本概念和性质, 包括马氏性、有限维分布性质和强马氏性, 并导出右连续费勒过程的强马氏性.

8.2.1 马氏性的定义

考虑完备概率空间 $(\Omega, \mathscr{G}, \mathbf{P})$ 及其上的 σ 代数流 $(\mathscr{G}_t : t \geqslant 0)$. 假定状态空间 $(E, \mathscr{E})$ 上的随机过程 $X = (X_t : t \geqslant 0)$ 关于此流是适应的, 即对于任意的 $t \geqslant 0$ 随机变量 X_t 关于 $\mathscr{G}_t$ 可测. 再设 $(P_t)_{t \geqslant 0}$ 为 E 上的马氏转移半群.

定义 8.2.1   称 X 是关于流 $(\mathscr{G}_t)$ 以 (P_t) 为转移半群的马氏过程, 是指对任意的 $s, t \geqslant 0$ 和 $B \in \mathscr{E}$ 都有

$$\mathbf{P}(X_{s+t} \in B | \mathscr{G}_s) = P_t(X_s, B). \tag{8.2.1}$$

性质 (8.2.1) 称为以 (P_t) 为转移半群的马氏性. 在这种情况下, 称 X_0 在 $(E, \mathscr{E})$ 上的分布 μ 为 X 的初始分布.

由于 (8.2.1) 式右边的随机变量关于 $\sigma(X_s) \subseteq \mathscr{G}_s$ 可测, 该式成立的充要条件是对于任意的 $G \in \mathscr{G}_s$ 都有

$$\mathbf{P}(\{X_{s+t} \in B\} \cap G) = \mathbf{E}[P_t(X_s, B); G]. \tag{8.2.2}$$

在这种情况下, 当 $\mathbf{P}(G) > 0$ 时有

$$\mathbf{P}(X_{s+t} \in B | G) = \mathbf{E}[P_t(X_s, B) | G].$$

特别地, 若对 $x \in E$ 有 $\mathbf{P}(G \cap \{X_s = x\}) > 0$, 则

$$\mathbf{P}(X_{s+t} \in B | G \cap \{X_s = x\}) = P_t(x, B). \tag{8.2.3}$$

可见直观上 $P_t(x, B)$ 代表了给定 $G \cap \{X_s = x\}$ 时 $\{X_{s+t} \in B\}$ 的条件概率. 但是, 与可数状态空间的情况不同, 此时可能对每个 $x \in E$ 都有 $\mathbf{P}(X_s = x) = 0$, 故不能以 (8.2.3) 式作为一般状态空间的马氏性的定义.

定理 8.2.1   若 X 关于流 $(\mathscr{G}_t)$ 具有以 (P_t) 为转移半群的马氏性, 则它关于加强的流 $(\mathscr{G}_t^*)$ 也具有以 (P_t) 为转移半群的马氏性.

证明   根据命题 2.1.14 对任何 $G \in \mathscr{G}_s^*$ 存在 $G_0 \in \mathscr{G}_s$ 使得 $\mathbf{P}(G \triangle G_0) = 0$. 在假定条件下 (8.2.2) 式对任何 $G \in \mathscr{G}_s$ 成立, 故它对任何 $G \in \mathscr{G}_s^*$ 也成立. □

定理 8.2.2 过程 X 关于流 $(\mathscr{G}_t)$ 具有以 (P_t) 为转移半群的马氏性的充要条件是对任意的 $s, t \geqslant 0$ 和 $f \in \mathrm{b}\mathscr{E}$ 都有

$$\mathbf{E}[f(X_{s+t})|\mathscr{G}_s] = P_t f(X_s). \tag{8.2.4}$$

证明 显然 (8.2.4) 式蕴涵马氏性 (8.2.1). 反之, 假设 (8.2.1) 式成立, 下证 (8.2.4) 式成立. 为此只需证明对任意的 $G \in \mathscr{G}_s$ 有

$$\mathbf{E}[f(X_{s+t}); G] = \mathbf{E}[P_t f(X_s); G]. \tag{8.2.5}$$

由 (8.2.1) 式或 (8.2.2) 式知 (8.2.5) 式对于 $B \in \mathscr{E}$ 当 $f = 1_B$ 时成立. 由数学期望的线性性知 (8.2.5) 式对形如 $f = \sum_{i=1}^{n} a_i 1_{B_i} \in \mathrm{b}\mathscr{E}$ 的简单函数成立. 对于一般的 $f \in \mathrm{b}\mathscr{E}$, 令 $f_n = \phi_n(f^+) - \phi_n(f^-)$, 其中 ϕ_n 由 (2.1.4) 式给出而 $f^{\pm}$ 表示 f 的正负部, 则有

$$\mathbf{E}[f_n(X_{s+t}); G] = \mathbf{E}[P_t f_n(X_s); G].$$

注意, 当 $n \geqslant \|f\|$ 时 $\|P_t f_n - P_t f\| = \|P_t(f_n - f)\| \leqslant \|f_n - f\| \leqslant 1/2^n$. 在上式两端令 $n \to \infty$ 即知 (8.2.5) 式成立. $\square$

推论 8.2.3 过程 X 关于流 $(\mathscr{G}_t)$ 具有以 (P_t) 为转移半群的马氏性当且仅当对任意的 $t \geqslant 0$ 和 $f \in \mathrm{b}\mathscr{E}$ 有界过程 $\{P_{t-s}f(X_s) : s \in [0, t]\}$ 关于流 $\{\mathscr{G}_s : s \in [0, t]\}$ 是鞅.

定理 8.2.4 设 $(X_t : t \geqslant 0)$ 是关于流 $(\mathscr{G}_t : t \geqslant 0)$ 以 $(P_t)_{t \geqslant 0}$ 为转移半群的马氏过程. 再设对 $r \geqslant 0$ 和 $A \in \mathscr{G}_r$ 有 $\mathbf{P}(A) > 0$. 则在条件概率 $\mathbf{P}_A := \mathbf{P}(\cdot|A)$ 之下 $(X_{r+t} : t \geqslant 0)$ 是关于流 $(\mathscr{G}_{r+t} : t \geqslant 0)$ 以 $(P_t)_{t \geqslant 0}$ 为转移半群的马氏过程.

证明 任取 $s \geqslant 0$ 和 $G \in \mathscr{G}_{r+s}$. 由于 $G \cap A \in \mathscr{G}_{r+s}$, 根据 (8.2.2) 式, 对 $f \in \mathrm{b}\mathscr{E}$ 有

$$\mathbf{E}[f(X_{r+s+t}); G \cap A] = \mathbf{E}[P_t f(X_{r+s}); G \cap A].$$

用 $\mathbf{E}_A$ 表示在 $\mathbf{P}_A$ 之下的数学期望. 将上式两端同除以 $\mathbf{P}(A)$ 得

$$\mathbf{E}_A[f(X_{r+s+t}); G] = \mathbf{E}_A[P_t f(X_{r+s}); G].$$

这说明在 $\mathbf{P}_A$ 之下 $(X_{r+t} : t \geqslant 0)$ 是关于流 $(\mathscr{G}_{r+t} : t \geqslant 0)$ 以 $(P_t)_{t \geqslant 0}$ 为转移半群的马氏过程. $\square$

定理 8.2.5 过程 X 关于其自然流 $(\mathscr{F}_t)$ 具有以 (P_t) 为转移半群的马氏性当且仅当对任意的 $t \geqslant 0, 0 \leqslant s_1 < s_2 < \cdots < s_n = s$ 和 $f \in \mathrm{b}\mathscr{E}$ 有

$$\mathbf{E}[f(X_{s+t})|X_{s_1}, X_{s_2}, \cdots, X_{s_n}] = P_t f(X_s). \tag{8.2.6}$$

证明 设 X 关于其自然流 $(\mathscr{F}_t)$ 具有以 (P_t) 为转移半群的马氏性. 则 (8.2.4) 式对于 $(\mathscr{F}_t)$ 成立. 对该式取关于 $\sigma(X_{s_1}, X_{s_2}, \cdots, X_{s_n})$ 的条件期望即得 (8.2.6) 式. 反之,

假设 (8.2.6) 式对任意的 $t \geqslant 0, 0 \leqslant s_1 < s_2 < \cdots < s_n = s$ 和 $f \in \mathrm{b}\mathscr{E}$ 成立, 下证 (8.2.4) 式对于自然流 $(\mathscr{F}_t)$ 成立. 为此只需证明 (8.2.5) 式对任意的 $G \in \mathscr{F}_s$ 成立. 令 $\mathscr{D}$ 为使 (8.2.5) 式成立的所有 $G \in \mathscr{F}_s$ 构成的事件类. 易证 $\mathscr{D}$ 是一个邓肯类. 由 (8.2.6) 式知, 对任意的 $B_1, B_2, \cdots, B_n \in \mathscr{E}$ 有

$$\mathbf{E}\big[f(X_{s+t}); X_{s_1} \in B_1, X_{s_2} \in B_2, \cdots, X_{s_n} \in B_n\big]$$
$$= \mathbf{E}\big[P_t f(X_s); X_{s_1} \in B_1, X_{s_2} \in B_2, \cdots, X_{s_n} \in B_n\big]. \tag{8.2.7}$$

令 $\mathscr{C}$ 为所有形如 $\{X_{s_1} \in B_1, X_{s_2} \in B_2, \cdots, X_{s_n} \in B_n\}$ 的事件构成的类. 显然 $\mathscr{C}$ 对交运算封闭且 $\sigma(\mathscr{C}) = \mathscr{F}_s$. 上式说明 $\mathscr{D} \supseteq \mathscr{C}$. 根据邓肯类定理, 有 $\mathscr{D} \supseteq d(\mathscr{C}) = \sigma(\mathscr{C}) = \mathscr{F}_s$, 即 (8.2.5) 式对一切 $G \in \mathscr{F}_s$ 成立. $\square$

例 8.2.1　设 μ 为纵轴上的区间 $E_1 := (0,1)$ 上的概率测度. 考虑一个粒子在 E_1 中的随机运动: 在初始时刻粒子自点 $\xi(0) \in E_1$ 出发, 向下以单位速度匀速运动直至触及原点, 此时该粒子根据概率分布 μ 在 E_1 中选取一个新的位置, 然后从新位置开始向下以单位速度匀速运动, 如此不断重复下去. 用 $\xi(t)$ 表示粒子在 $t \geqslant 0$ 时刻的位置, 则 $\{\xi(t) : t \geqslant 0\}$ 是一个右连续马氏过程. 用 $(P_t)_{t \geqslant 0}$ 表示其转移半群, 则对 $t \geqslant 0, x \in E_1$ 和 E_1 上的有界连续函数 f 有

$$P_t f(x) = f(x-t) 1_{\{0 \leqslant t < x\}} + \int_{E_1} f(x+x_1-t) 1_{\{x \leqslant t < x+x_1\}} \mu(\mathrm{d}x_1) +$$
$$\int_{E_1} \mu(\mathrm{d}x_1) \int_{E_1} f(x+x_1+x_2-t) 1_{\{s_1 \leqslant t < s_2\}} \mu(\mathrm{d}x_2) +$$
$$\sum_{n=3}^{\infty} \int_{E_1} \mu(\mathrm{d}x_1) \cdots \int_{E_1} f(s_n-t) 1_{\{s_{n-1} \leqslant t < s_n\}} \mu(\mathrm{d}x_n),$$

其中 $s_n = x + \sum_{i=1}^{n} x_i$. 根据上式有方程

$$P_t f(x) = 1_{\{0 \leqslant t < x\}} f(x-t) + 1_{\{t \geqslant x\}} \int_{E_1} P_{t-x} f(y) \mu(\mathrm{d}y).$$

设 $(P_t)_{t \geqslant 0}$ 是 $(E, \mathscr{E})$ 上的准马氏转移半群, 而 $(\tilde{P}_t)_{t \geqslant 0}$ 是由 (8.1.5) 式定义的 $(\tilde{E}, \tilde{\mathscr{E}})$ 上的扩张马氏转移半群. 设 $X = (X_t : t \geqslant 0)$ 相对于流 $(\mathscr{G}_t : t \geqslant 0)$ 是以 $(\tilde{P}_t)_{t \geqslant 0}$ 为转移半群的马氏过程. 也就是说, 任意的 $s, t \geqslant 0$ 和 $f \in \mathrm{b}\tilde{\mathscr{E}}$ 有

$$\mathbf{E}[\tilde{f}(X_{s+t})|\mathscr{G}_s] = \tilde{P}_t \tilde{f}(X_s). \tag{8.2.8}$$

由 (8.1.5) 式不难发现, 若 $X_s = \partial$, 则 $X_{s+t} = \partial$. 我们把 E 上的函数 f 视为 $\tilde{E}$ 上的函数并约定 $f(\partial) = 0$. 于是对于 $t \geqslant 0$ 和 $f \in \mathrm{b}\mathscr{E}$ 有 $\tilde{P}_t f(\partial) = 0$ 和

$$\tilde{P}_t f(x) = \int_{\tilde{E}} f(y) \tilde{P}_t(x, \mathrm{d}y) = \int_E f(y) P_t(x, \mathrm{d}y) = P_t f(x), \quad x \in E.$$

在上述约定之下, 由 (8.2.8) 式有

$$\mathbf{E}[f(X_{s+t})|\mathscr{G}_s] = P_t f(X_s).$$

这里去掉了所有 "波浪" 号, 从而简化了表达. 注意上式与 (8.2.4) 式完全同型. 在很多情况下, 我们感兴趣的只是过程在 E 中的行为, 因此也称 X 为 E 上的以 $(P_t)_{t\geqslant 0}$ 为转移半群的马氏过程.

8.2.2 有限维分布性质

设 $(P_t)_{t\geqslant 0}$ 是 $(E, \mathscr{E})$ 上的马氏转移半群, 则对 $x \in E$ 及 $J := \{0 \leqslant t_1 < t_2 < \cdots < t_n\}$, 存在 $(E^n, \mathscr{E}^n)$ 上唯一的概率测度 $P_J(x, \cdot)$ 使对 $B_1, B_2, \cdots, B_n \in \mathscr{E}$ 有

$$P_J(x, B_1 \times B_2 \times \cdots \times B_n) = \int_{B_1} P_{t_1}(x, \mathrm{d}x_1) \int_{B_2} P_{t_2-t_1}(x_1, \mathrm{d}x_2) \cdots$$
$$\int_{B_n} P_{t_n-t_{n-1}}(x_{n-1}, \mathrm{d}x_n). \tag{8.2.9}$$

注意上式是 $x \in E$ 的可测函数. 利用邓肯类定理不难证明 P_J 是 E 到 E^n 的马氏转移核. 注意对任何 $t \geqslant 0$ 有 $P_{\{t\}} = P_t$.

定理 8.2.6 过程 (X_t) 关于流 $(\mathscr{G}_t)$ 具有以 (P_t) 为转移半群的马氏性当且仅当对任意的 $s \geqslant 0$, 有限集 $J = \{0 \leqslant t_1 < t_2 < \cdots < t_n\}$ 和 $f \in \mathrm{b}\mathscr{E}^n$ 有

$$\mathbf{E}[f(X_{s+t_1}, X_{s+t_2}, \cdots, X_{s+t_n})|\mathscr{G}_s] = P_J f(X_s). \tag{8.2.10}$$

证明 显然马氏性 (8.2.1) 是 (8.2.10) 式的特殊形式. 下面假设 (8.2.1) 式成立, 我们证明 (8.2.10) 式. 等价地, 这需要证明对 $G \in \mathscr{G}_s$ 有

$$\mathbf{E}[f(X_{s+t_1}, X_{s+t_2}, \cdots, X_{s+t_n}); G] = \mathbf{E}[P_J f(X_s); G]. \tag{8.2.11}$$

根据单调类定理, 只需证明对于任意的 $f_1, f_2, \cdots, f_n \in \mathrm{b}\mathscr{E}$ 有

$$\mathbf{E}\Big[1_G f_1(X_{s+t_1}) f_2(X_{s+t_2}) \cdots f_n(X_{s+t_n})\Big]$$
$$= \mathbf{E}\Big[1_G \int_E f_1(x_1) P_{t_1}(X_s, \mathrm{d}x_1) \int_E f_2(x_2) P_{t_2-t_1}(x_1, \mathrm{d}x_2) \cdots$$
$$\int_E f_n(x_n) P_{t_n-t_{n-1}}(x_{n-1}, \mathrm{d}x_n)\Big]. \tag{8.2.12}$$

由 (8.2.4) 式知当 $n = 1$ 时 (8.2.12) 式成立. 设该式对某个 $n \geqslant 1$ 成立. 再取 $t_{n+1} > t_n$ 和 $f_{n+1} \in \mathrm{b}\mathscr{E}$, 则有

$$\mathbf{E}\Big[1_G f_1(X_{s+t_1}) \cdots f_n(X_{s+t_n}) f_{n+1}(X_{s+t_{n+1}})\Big]$$

$$= \mathbf{E}\Big\{1_G f_1(X_{s+t_1}) \cdots f_n(X_{s+t_n}) \mathbf{E}\big[f_{n+1}(X_{s+t_{n+1}})|\mathscr{G}_{s+t_n}\big]\Big\}$$

$$= \mathbf{E}\Big[1_G f_1(X_{s+t_1}) \cdots f_n(X_{s+t_n}) P_{t_{n+1}-t_n} f_{n+1}(X_{s+t_n})\Big]$$

$$= \mathbf{E}\Big[1_G \int_E f_1(x_1) P_{t_1}(X_s, \mathrm{d}x_1) \int_E f_2(x_2) P_{t_2-t_1}(x_1, \mathrm{d}x_2) \cdots$$

$$\int_E f_n(x_n) P_{t_{n+1}-t_n} f_{n+1}(x_n) P_{t_n-t_{n-1}}(x_{n-1}, \mathrm{d}x_n)\Big]$$

$$= \mathbf{E}\Big[1_G \int_E f_1(x_1) P_{t_1}(X_s, \mathrm{d}x_1) \int_E f_2(x_2) P_{t_2-t_1}(x_1, \mathrm{d}x_2) \cdots$$

$$\int_E f_{n+1}(x_{n+1}) P_{t_{n+1}-t_n}(x_n, \mathrm{d}x_{n+1})\Big].$$

上式说明, 将 n 换为 $n+1$ 后 (8.2.12) 式仍然成立. 因此该式对所有 $n \geqslant 1$ 成立. □

在定理 8.2.6 中令 $s = 0$, 再对 (8.2.10) 式取期望就得到:

定理 8.2.7　设 (X_t) 为关于流 $(\mathscr{G}_t)$ 以 μ 为初始分布、以 (P_t) 为转移半群的马氏过程, 则对任意的 $J = \{t_1 < t_2 < \cdots < t_n\} \subseteq [0, \infty)$ 和 $f \in \mathrm{b}\mathscr{E}^n$ 有

$$\mathbf{E}[f(X_{t_1}, X_{t_2}, \cdots, X_{t_n})] = \int_E P_J f(x) \mu(\mathrm{d}x). \tag{8.2.13}$$

显然 (8.2.13) 式给出了 (X_t) 的有限维分布族的一个表示. 下面的定理说明在一定意义下定理 8.2.7 的逆命题也成立:

定理 8.2.8　若过程 (X_t) 的有限维分布族由 (8.2.13) 式给出, 则 (X_t) 是以 μ 为初始分布、以 (P_t) 为转移半群的马氏过程.

证明　在 (8.2.13) 式取 $J = \{0\}$ 即知 X_0 服从分布 μ. 利用 (8.2.9) 式和 (8.2.13) 式易证 (8.2.7) 式成立. 再由定理 8.2.5 的证明知 (X_t) 是以 (P_t) 为转移半群的马氏过程. □

8.2.3　强马氏性

定义 8.2.2　设状态空间 $(E, \mathscr{E})$ 上的随机过程 $X = (X_t : t \geqslant 0)$ 关于流 $(\mathscr{G}_t : t \geqslant 0)$ 循序可测. 如果对任意的 $t \geqslant 0$, $f \in \mathrm{b}\mathscr{E}$ 和 $(\mathscr{G}_t)$ 的停时 T 都有

$$\mathbf{E}[f(X_{T+t})1_{\{T<\infty\}}|\mathscr{G}_T] = P_t f(X_T)1_{\{T<\infty\}}, \tag{8.2.14}$$

那么称 X 具有关于流 $(\mathscr{G}_t)$ 以 (P_t) 为转移半群的强马氏性, 也称 X 为关于流 $(\mathscr{G}_t)$ 以 (P_t) 为转移半群的强马氏过程.

在上面的定义中, 因为 (X_t) 关于流 $(\mathscr{G}_t)$ 循序可测, 根据命题 2.1.20, 映射 $\omega \mapsto X_{T(\omega)}(\omega)$ 限制在 $\{T < \infty\}$ 上关于 $\{T < \infty\} \cap \mathscr{G}_T$ 可测. 另外, 易知 (8.2.14) 式等价于对任意的 $G \in \mathscr{G}_T$ 有

$$\mathbf{E}\big[f(X_{T+t}); \{T < \infty\} \cap G\big] = \mathbf{E}\big[P_t f(X_T); \{T < \infty\} \cap G\big]. \tag{8.2.15}$$

下面的定理给出了这个等价条件的另外一种形式:

定理 8.2.9 设过程 (X_t) 关于流 $(\mathscr{G}_t)$ 循序可测, 则强马氏性 (8.2.14) 成立的充要条件是对任意的 $t \geqslant 0$, $f \in b\mathscr{E}$ 和 $(\mathscr{G}_t)$ 的停时 T 有

$$\mathbf{E}[f(X_{T+t}); T < \infty] = \mathbf{E}[P_t f(X_T); T < \infty]. \tag{8.2.16}$$

证明 若强马氏性 (8.2.14) 成立, 在该式两端取期望即得 (8.2.16)式. 反之, 设 (8.2.16) 式对任意的 $t \geqslant 0$, $f \in b\mathscr{E}$ 和 $(\mathscr{G}_t)$ 的停时 T 成立. 对于 $G \in \mathscr{G}_T$ 令 $T_G = T \cdot 1_G + \infty \cdot 1_{G^c}$, 不难验证 T_G 也是 $(\mathscr{G}_t)$ 的停时. 对于其应用 (8.2.16) 式得

$$\begin{aligned}
\mathbf{E}[f(X_{T+t}); \{T < \infty\} \cap G] &= \mathbf{E}[f(X_{T_G+t}); T_G < \infty] \\
&= \mathbf{E}[P_t f(X_{T_G}); T_G < \infty] \\
&= \mathbf{E}[P_t f(X_{T_G}); \{T_G < \infty\} \cap G] \\
&= \mathbf{E}[P_t f(X_T); \{T < \infty\} \cap G],
\end{aligned}$$

即 (8.2.15) 式对任意的 $G \in \mathscr{G}_T$ 成立. 所以 (8.2.14) 式成立. □

我们知道, 两个停时之和仍然是停时. 基于这一事实, 与关于简单马氏性的讨论类似地, 可以证明如下的:

定理 8.2.10 设 $(X_t : t \geqslant 0)$ 是关于流 $(\mathscr{G}_t : t \geqslant 0)$ 以 $(P_t)_{t \geqslant 0}$ 为转移半群的强马氏过程. 再设 T 为 $(\mathscr{G}_t)$ 的停时, 而事件 $A \in \mathscr{G}_T$ 满足 $\mathbf{P}(A \cap \{T < \infty\}) > 0$, 则在条件概率 $\mathbf{P}_A := \mathbf{P}(\cdot | A \cap \{T < \infty\})$ 之下 $(X_{T+t} : t \geqslant 0)$ 具有相对于流 $(\mathscr{G}_{T+t} : t \geqslant 0)$ 以 $(P_t)_{t \geqslant 0}$ 为转移半群的强马氏性.

定理 8.2.11 过程 (X_t) 关于流 $(\mathscr{G}_t)$ 具有以 (P_t) 为转移半群的强马氏性当且仅当对任意的 $(\mathscr{G}_t)$ 的停时 T, 有限集 $J = \{0 \leqslant t_1 < t_2 < \cdots < t_n\}$ 和 $f \in b\mathscr{E}^n$ 有

$$\mathbf{E}[f(X_{T+t_1}, X_{T+t_2}, \cdots, X_{T+t_n}) | \mathscr{G}_T] = P_J f(X_T). \tag{8.2.17}$$

直观上, 定理 8.2.10 说明, 在给定 $\mathscr{G}_T$ 的条件下 $(X_{T+t} : t \geqslant 0)$ 具有相对于流 $(\mathscr{G}_{T+t} : t \geqslant 0)$ 以 $(P_t)_{t \geqslant 0}$ 为转移半群的强马氏性. 另外, 可以证明任何费勒过程都有左极右连的实现; 参见 [8, pp.54–55]. 下面的定理说明, 这样的实现具有强马氏性.

定理 8.2.12 设 (P_t) 为可分局部紧度量空间 E 上的费勒转移半群, 而 (X_t) 是关于流 $(\mathscr{G}_t)$ 以 (P_t) 为转移半群的右连续马氏过程, 则 (X_t) 是关于右连续加强流 $(\mathscr{G}_{t+}^*)$ 以 (P_t) 为转移半群的强马氏过程.

证明 由定理 8.2.1 知 (X_t) 关于加强的流 $(\mathscr{G}_t^*)$ 也具有以 (P_t) 为转移半群的马氏性. 因 (X_t) 右连续, 它是循序可测的. 根据命题 8.1.2 和定理 8.2.9, 只需证明对任意的 $t \geqslant 0$, $f \in C_0(E)$ 和 $(\mathscr{G}_{t+}^*)$ 的停时 T 有 (8.2.16) 式成立. 对 $n \geqslant 1$ 令 T_n 为 T 的二分点离散化, 即 $T_n = 2^{-n}(\lfloor 2^n T \rfloor + 1)$. 注意

$$\{T_n = k/2^n\} = \{(k-1)/2^n \leqslant T < k/2^n\} \in \mathscr{G}_{k/2^n}^*.$$

根据马氏性有

$$\mathbf{E}[f(X_{k/2^n+t}); T_n = k/2^n] = \mathbf{E}[P_t f(X_{k/2^n}); T_n = k/2^n],$$

亦即

$$\mathbf{E}[f(X_{T_n+t}); T_n = k/2^n] = \mathbf{E}[P_t f(X_{T_n}); T_n = k/2^n].$$

将上式对 $k \geqslant 0$ 求和并注意 $\{T_n < \infty\} = \{T < \infty\}$ 得

$$\mathbf{E}[f(X_{T_n+t}); T < \infty] = \mathbf{E}[P_t f(X_{T_n}); T < \infty].$$

由于 $f, P_t f \in C_0(E)$ 且 (X_t) 右连续, 对上式取极限 $n \to \infty$ 并应用有界收敛定理即得 (8.2.16)式. □

定理 8.2.13　设 (P_t) 是可分局部紧度量空间 E 上的费勒转移半群, 而 (X_t) 是关于流 $(\mathscr{G}_t)$ 以 (P_t) 为转移半群的右连续马氏过程. 再设 T 是关于右连续加强流 $(\mathscr{G}_{t+}^*)$ 的停时, 而 S 是关于 $\mathscr{G}_{T+}^*$ 可测的非负随机变量. 则对于任何 $f \in b\mathscr{E}$ 有

$$\mathbf{E}[f(X_{T+S}) | \mathscr{G}_{T+}^*] = P_S f(X_T), \tag{8.2.18}$$

其中右端理解为函数 $P_t f(x)$ 在 $(t, x) = (S, X_T)$ 处的值.

证明　令 $\{S_n\}$ 是 S 的二分点离散化序列, 即 $S_n = 2^{-n}(\lfloor 2^n S \rfloor + 1)$. 因为 $S \in \mathscr{G}_{T+}^*$, 所以 $S_n \in \mathscr{G}_{T+}^*$. 特别地, 有 $\{S_n = k/2^n\} \in \mathscr{G}_{T+}^*$. 设 $A \in \mathscr{G}_{T+}^*$. 则 $A_{n,k} := A \cap \{S_n = k/2^n\} \in \mathscr{G}_{T+}^*$. 根据定理 8.2.12 建立的强马氏性,

$$\begin{aligned}
\mathbf{E}[1_A f(X_{T+S_n})] &= \sum_{k=1}^{\infty} \mathbf{E}[1_{A_{n,k}} f(X_{T+k/2^n})] \\
&= \sum_{k=1}^{\infty} \mathbf{E}\{1_{A_{n,k}} \mathbf{E}[f(X_{T+k/2^n}) | \mathscr{G}_{T+}^*]\} \\
&= \sum_{k=1}^{\infty} \mathbf{E}[1_{A_{n,k}} P_{k/2^n} f(X_T)] = \mathbf{E}[1_A P_{S_n} f(X_T)].
\end{aligned}$$

注意, 当 $n \to \infty$ 时单调不降地 $S_n \to S$. 当 $f \in C_0(E)$ 时, 在上式两端令 $n \to \infty$, 利用 $t \mapsto X_t$ 和 $t \mapsto P_t f(x)$ 的右连续性得

$$\mathbf{E}[1_A f(X_{T+S})] = \mathbf{E}[1_A P_S f(X_T)].$$

根据命题 8.1.2 可知上式对一切 $f \in b\mathscr{E}$ 成立, 故 (8.2.18) 式成立. □

例 8.2.2　给定常数 $b > 0$, 可以定义正半直线 $\mathbb{R}_+$ 上的一族转移核 $(P_t)_{t \geqslant 0}$ 如下: 若 $x > 0$ 令 $P_t(x, \mathrm{d}y) = \delta_{x+t}(\mathrm{d}y)$, 再令

$$P_t(0, \mathrm{d}y) = \mathrm{e}^{-bt}\delta_0(\mathrm{d}y) + b \int_0^t \delta_{t-s}(\mathrm{d}y)\mathrm{e}^{-bs}\mathrm{d}s. \tag{8.2.19}$$

取 $r, t \geqslant 0$ 和 $f \in \mathrm{b}\mathscr{B}(\mathbb{R}_+)$. 对于 $x > 0$ 有

$$P_r P_t f(x) = P_t f(x+r) = f(x+t+r) = P_{r+t} f(x).$$

另外, 我们有

$$
\begin{aligned}
P_r P_t f(0) &= P_t f(0) \mathrm{e}^{-br} + b \int_0^r P_t f(r-s) \mathrm{e}^{-bs} \mathrm{d}s \\
&= f(0) \mathrm{e}^{-b(r+t)} + b \mathrm{e}^{-br} \int_0^t f(t-s) \mathrm{e}^{-bs} \mathrm{d}s + \\
&\quad\ b \int_0^r f(r+t-s) \mathrm{e}^{-bs} \mathrm{d}s \\
&= f(0) \mathrm{e}^{-b(r+t)} + b \int_r^{r+t} f(r+t-s) \mathrm{e}^{-bs} \mathrm{d}s + \\
&\quad\ b \int_0^r f(r+t-s) \mathrm{e}^{-bs} \mathrm{d}s \\
&= P_{r+t} f(0).
\end{aligned}
$$

所以 $(P_t)_{t \geqslant 0}$ 是 $\mathbb{R}_+$ 上的转移半群. 该转移半群描述了一个粒子在上半直线 $\mathbb{R}_+$ 中随机运动. 用 X_t 表示粒子在时刻 t 的位置. 若 $X_0 > 0$, 则粒子从该位置开始以单位速度向上运动; 而若 $X_0 = 0$, 则粒子先在 0 点停留一个以 b 为参数的指数分布的随机时间, 然后再开始以单位速度向上运动.

关于一般连续时间马氏过程的深入讨论, 可以参考著作 [8, 10].

8.2.4 布朗运动的强马氏性

根据定义 2.5.1, 关于流 $(\mathscr{F}_t)$ 的标准布朗运动 $(B_t : t \geqslant 0)$ 是一个连续的实数值 $(\mathscr{F}_t)$ 适应过程, 且对任意的 $t > s \geqslant 0$ 增量 $B_t - B_s$ 独立于 $\mathscr{F}_s$ 且服从高斯分布 $N(0, t-s)$. 下面的定理给出了 $(B_t : t \geqslant 0)$ 的强马氏性.

定理 8.2.14 设 (B_t) 是关于流 $(\mathscr{F}_t)$ 的标准布朗运动, 则 (B_t) 是关于右连续加强流 $(\mathscr{F}_{t+}^*)$ 的强马氏过程, 而其转移半群 (P_t) 是 (8.1.8) 式定义的热半群.

证明 由命题 2.5.4 知 (B_t) 也是关于右连续加强流 $(\mathscr{F}_{t+}^*)$ 的标准布朗运动. 因此对于 $s, t \geqslant 0$ 增量 $B_{s+t} - B_s$ 独立于 $\mathscr{F}_{s+}^*$ 且服从高斯分布 $N(0, t)$, 故对 $G \in \mathscr{F}_{s+}^*$ 和 $\theta \in \mathbb{R}$ 有

$$
\begin{aligned}
\mathbf{E}[1_G \mathrm{e}^{\mathrm{i}\theta B_{s+t}}] &= \mathbf{E}[1_G \mathrm{e}^{\mathrm{i}\theta B_s}] \mathbf{E}\big[\mathrm{e}^{\mathrm{i}\theta(B_{s+t} - B_s)}\big] \\
&= \mathbf{E}[1_G \mathrm{e}^{\mathrm{i}\theta B_s}] \mathrm{e}^{-t\theta^2/2} = \mathbf{E}\big[1_G \mathrm{e}^{\mathrm{i}\theta B_s - t\theta^2/2}\big],
\end{aligned}
$$

或者写为

$$\mathbf{E}[1_G \mathrm{e}^{\mathrm{i}\theta B_{s+t}}] = \mathbf{E}\Big[1_G \int_{\mathbb{R}} \mathrm{e}^{\mathrm{i}\theta y} P_t(B_s, \mathrm{d}y)\Big].$$

再由特征函数的唯一性, 对一切 $f \in C_0(\mathbb{R})$ 有

$$\mathbf{E}[1_G f(B_{s+t})] = \mathbf{E}\Big[1_G \int_{\mathbb{R}} f(y) P_t(B_s, \mathrm{d}y)\Big] = \mathbf{E}[1_G P_t f(B_s)].$$

上式说明 (B_t) 关于流 $(\mathscr{F}_{t+}^*)$ 是以 (P_t) 为转移半群的马氏过程. 再由定理 8.2.12 知相应的强马氏性成立. $\square$

定理 8.2.15 (反射原理)　设 (B_t) 是从原点出发的标准布朗运动, 则对任意的 $t \geqslant 0$ 和 $x > 0$ 有

$$\mathbf{P}\Big(\max_{0 \leqslant s \leqslant t} B_s \geqslant x\Big) = 2\mathbf{P}(B_t \geqslant x) = \mathbf{P}(|B_t| \geqslant x). \tag{8.2.20}$$

证明　令 $(\mathscr{F}_t)$ 为 (B_t) 的自然流. 由定理 8.2.14 知 (B_t) 关于右连续加强流 $(\mathscr{F}_{t+}^*)$ 是以 (8.1.8) 式定义的热半群 (P_t) 为转移半群的强马氏过程. 定义 $(\mathscr{F}_{t+}^*)$ 的停时

$$\tau_x := \inf\{s \geqslant 0 : B_s = x\} = \inf\{s \geqslant 0 : B_s \geqslant x\}.$$

记 $M_t = \max\limits_{0 \leqslant s \leqslant t} B_s$, 则有

$$\begin{aligned}
\mathbf{P}(M_t \geqslant x) &= \mathbf{P}(M_t \geqslant x, B_t \geqslant x) + \mathbf{P}(M_t \geqslant x, B_t < x) \\
&= \mathbf{P}(B_t \geqslant x) + \mathbf{P}(\tau_x \leqslant t, B_t \leqslant x).
\end{aligned}$$

根据定理 8.2.13 有

$$\begin{aligned}
\mathbf{P}(\tau_x \leqslant t, B_t \leqslant x) &= \mathbf{E}\big[1_{\{\tau_x \leqslant t\}} \mathbf{P}(B_{\tau_x + (t - \tau_x)} \leqslant x | \mathscr{F}_{\tau_x +})\big] \\
&= \mathbf{E}\big[1_{\{\tau_x \leqslant t\}} P_{t - \tau_x}(B_{\tau_x}, (-\infty, x])\big] \\
&= \mathbf{E}\big[1_{\{M_t \geqslant x\}} P_{t - \tau_x}(x, (-\infty, x])\big] = \mathbf{P}(M_t \geqslant x)/2.
\end{aligned}$$

所以 (8.2.20) 式成立. $\square$

推论 8.2.16　设 (B_t) 是从原点出发的标准布朗运动, 则对任意的 $x \in \mathbb{R}$ 几乎必然有 $\tau_x := \inf\{t \geqslant 0 : B_t = x\} < \infty$.

证明　不妨设 $x > 0$. 注意 $\lim\limits_{t \to \infty} \mathbf{P}(|B_t| \geqslant x) = 1$. 根据 (8.2.20) 式有

$$\mathbf{P}(\tau_x < \infty) = \lim_{t \to \infty} \mathbf{P}(\tau_x \leqslant t) = \lim_{t \to \infty} \mathbf{P}\Big(\max_{0 \leqslant s \leqslant t} B_s \geqslant x\Big) = 1.$$

由布朗运动的对称性, 当 $x < 0$ 时也有 $\mathbf{P}(\tau_x < \infty) = 1$. $\square$

例 8.2.3　设 $(B_t : t \geqslant 0)$ 是关于右连续加强流 $(\mathscr{G}_t)$ 的标准布朗运动, 称 $(|B_t| : t \geqslant 0)$ 为 $\mathbb{R}_+ = [0, \infty)$ 上的反射边界布朗运动. 对 $t \geqslant 0$ 定义 $\mathbb{R}_+$ 上的马氏转移核 Q_t 如下: 对 $x \in \mathbb{R}_+$ 和 $f \in C_0(\mathbb{R}_+)$,

$$Q_t f(x) = \frac{1}{\sqrt{2\pi t}} \int_{\mathbb{R}_+} f(y) [\mathrm{e}^{-(y-x)^2/2t} + \mathrm{e}^{-(y+x)^2/2t}] \mathrm{d}y.$$

易证 $(Q_t)_{t \geqslant 0}$ 构成 $\mathbb{R}_+$ 上的费勒半群. 由定理 8.2.14 知 (B_t) 关于流 $(\mathscr{G}_t)$ 是以 (8.1.8) 式定义的热半群 (P_t) 为转移半群的马氏过程. 因此对任意的 $s, t \geqslant 0$ 和 $a \geqslant 0$ 有

$$\mathbf{P}(|B_{s+t}| \geqslant a | \mathscr{G}_s) = P_t(B_s, (-\infty, -a] \cup [a, \infty))$$
$$= P_t(|B_s|, (-\infty, -a] \cup [a, \infty))$$
$$= Q_t(|B_s|, [a, \infty)).$$

所以 $(|B_t| : t \geqslant 0)$ 关于流 $(\mathscr{G}_t)$ 是以 $(Q_t)_{t \geqslant 0}$ 为转移半群的马氏过程.

例 8.2.4 设 $(B_t : t \geqslant 0)$ 是关于右连续加强流 $(\mathscr{G}_t)$ 的标准布朗运动且 $B_0 > 0$. 根据推论 8.2.16, 几乎必然有 $\tau_0 := \inf\{t \geqslant 0 : B_t < 0\} < \infty$. 称 $(B_{t \wedge \tau_0} : t \geqslant 0)$ 为 $\mathbb{R}_+ = [0, \infty)$ 上的吸收边界布朗运动. 令 $(\tilde{P}_t)_{t \geqslant 0}$ 为例 8.1.5 给出的 $\mathbb{R}_{++}$ 上的准马氏转移半群 $(P_t^\circ)_{t \geqslant 0}$ 在 $\mathbb{R}_+$ 上的费勒马氏扩张半群. 由定理 8.2.14 知 (B_t) 关于流 $(\mathscr{G}_t)$ 是以 (8.1.8) 式定义的热半群 (P_t) 为转移半群的马氏过程. 因此对任意的 $t > s \geqslant 0$ 和 $a > 0$ 有

$$\mathbf{P}(B_{t \wedge \tau_0} \geqslant a | \mathscr{G}_s) = \mathbf{P}(B_t \geqslant a, \tau_0 > s, \tau_0 > t | \mathscr{G}_s)$$
$$= \mathbf{P}(\tau_0 > s, B_t \geqslant a | \mathscr{G}_s) - \mathbf{P}(s < \tau_0 \leqslant t, B_t \geqslant a | \mathscr{G}_s)$$
$$= 1_{\{\tau_0 > s\}} P_t(B_s, [a, \infty)) - 1_{\{\tau_0 > s\}} \mathbf{P}(\tau_0 \leqslant t, B_t \geqslant a | \mathscr{G}_s).$$

根据定理 8.2.13, 在事件 $\{\tau_0 > s\}$ 上有

$$\mathbf{P}(\tau_0 \leqslant t, B_t \geqslant a | \mathscr{G}_s) = \mathbf{E}\big[1_{\{\tau_0 \leqslant t\}} \mathbf{P}(B_t \geqslant a | \mathscr{G}_{\tau_0}) | \mathscr{G}_s\big]$$
$$= \mathbf{E}\big[1_{\{\tau_0 \leqslant t\}} P_{t-\tau_0}(0, [a, \infty)) | \mathscr{G}_s\big]$$
$$= \mathbf{E}\big[1_{\{\tau_0 \leqslant t\}} P_{t-\tau_0}(0, (-\infty, -a]) | \mathscr{G}_s\big]$$
$$= \mathbf{E}\big[1_{\{\tau_0 \leqslant t\}} \mathbf{P}(B_t \leqslant -a | \mathscr{G}_{\tau_0}) | \mathscr{G}_s\big]$$
$$= \mathbf{P}(\tau_0 \leqslant t, B_t \leqslant -a | \mathscr{G}_s)$$
$$= \mathbf{P}(B_t \leqslant -a | \mathscr{G}_s) = P_t(B_s, (-\infty, -a]).$$

综合上面的计算得

$$\mathbf{P}(B_{t \wedge \tau_0} \geqslant a | \mathscr{G}_s) = 1_{\{\tau_0 > s\}} P_t(B_s, [a, \infty)) - 1_{\{\tau_0 > s\}} P_t(B_s, (-\infty, -a])$$
$$= 1_{\{\tau_0 > s\}} P_t(B_s, [a, \infty)) - 1_{\{\tau_0 > s\}} P_t(-B_s, [a, \infty))$$
$$= 1_{\{\tau_0 > s\}} P_t^\circ(B_{s \wedge \tau_0}, [a, \infty)) = 1_{\{\tau_0 > s\}} \tilde{P}_t(B_{s \wedge \tau_0}, [a, \infty)).$$

所以 $(B_{s \wedge \tau_0} : t \geqslant 0)$ 关于流 $(\mathscr{G}_t)$ 是以 $(\tilde{P}_t)_{t \geqslant 0}$ 为转移半群的马氏过程.

练习题

1. 设 X_0 为实数值随机变量. 令 $X_t = X_0 + t$. 证明 $(X_t : t \geqslant 0)$ 是费勒马氏过程.

2. 设 $(N_t : t \geqslant 0)$ 是以 $\alpha > 0$ 为参数的左极右连泊松过程. 证明 $(N_t : t \geqslant 0)$ 关于其自然流 $(\mathscr{F}_t : t \geqslant 0)$ 是马氏过程, 并给出其转移半群的表达式. 问 $(N_t : t \geqslant 0)$ 关于流 $(\mathscr{F}_t : t \geqslant 0)$ 是否为强马氏过程? 为什么?

3. 在上题的情况下, 令 $X_t = N_{t-}$. 问 $(X_t : t \geqslant 0)$ 关于流 $(\mathscr{F}_t : t \geqslant 0)$ 是否为马氏过程? 是否为强马氏过程? 为什么?

4. 证明左极右连的复合泊松过程是费勒强马氏过程.

5. 例 8.2.2 中定义的马氏转移半群是否费勒半群? 该例中描述的随机运动是否具有强马氏性?

6. 证明例 8.2.1 中定义的马氏转移核 $(P_t)_{t \geqslant 0}$ 满足查普曼–柯尔莫哥洛夫方程, 并对于 E_1 上的有界连续函数 f 说明:

(1) $t \mapsto P_t f(x)$ 右连续;

(2) $t \mapsto P_t f(x)$ 未必左连续;

(3) $x \mapsto P_t f(x)$ 未必右连续.

提示: 对于 E_1 上的有界连续函数 f, 显然 $t \mapsto P_t f(x)$ 右连续. 如果极限 $f(0+) := \lim\limits_{x \to 0+} f(x)$ 存在, 由上面方程可知对 $x \in E_1$, 有

$$P_x f(x) = \mu(f), \quad P_{x-} f(x) = P_x f(x+) = f(0+).$$

因此一般 $t \mapsto P_t f(x)$ 未必左连续, 而 $x \mapsto P_t f(x)$ 未必右连续.

8.3 莱维过程

莱维过程是具有独立增量性的费勒过程, 其最典型的特例是泊松过程和布朗运动. 莱维过程的转移半群由一个卷积半群确定, 这种结构大大增加了其可计算性. 本节讨论莱维过程的基本结构和性质. 为简单起见, 我们只讨论一维的情况.

8.3.1 独立增量性

定义 8.3.1 定义在概率空间 $(\Omega, \mathscr{G}, \mathbf{P})$ 上的实数值随机过程 $(X_t : t \geqslant 0)$ 称为关于流 $(\mathscr{G}_t : t \geqslant 0)$ 的独立增量过程, 是指它关于该流适应且对任何 $s, t \geqslant 0$, 增量 $X_{s+t} - X_s$ 与 $\mathscr{G}_s$ 独立. 此时, 若增量 $X_{s+t} - X_s$ 的分布只依赖于 t 而与 s 无关, 则称 (X_t) 为关于流 $(\mathscr{G}_t)$ 的平稳独立增量过程. 称具有左极右连轨道的平稳独立增量过程为莱维过程.

假定 $(X_t : t \geqslant 0)$ 是关于流 $(\mathscr{G}_t)_{t \geqslant 0}$ 的平稳独立增量过程, 则零初值过程 $(X_t - X_0 : t \geqslant 0)$ 也是关于该流的平稳独立增量过程. 再设 $(X_t : t \geqslant 0)$ 随机连续, 并令 μ_t 为

$X_t - X_0$ 的分布, 则显然 $(\mu_t)_{t \geqslant 0}$ 构成一个卷积半群, 称为 $(X_t : t \geqslant 0)$ 的卷积半群. 注意 $(X_t : t \geqslant 0)$ 和 $(X_t - X_0 : t \geqslant 0)$ 具有相同的卷积半群. 由于有上述关系, 很多时候我们只讨论零初值的平稳独立增量过程, 而将一般初值的结果作为推论.

定理 8.3.1　令 (P_t) 是由 (8.1.19) 式定义的费勒半群. 若 (X_t) 相对于流 $(\mathscr{G}_t)$ 是以 (μ_t) 为卷积半群的平稳独立增量过程, 则它是关于流 $(\mathscr{G}_t)$ 以 (P_t) 为转移半群的马氏过程.

证明　根据假设, 对于 $s, t \geqslant 0$, 增量 $X_{s+t} - X_s$ 独立于 $\mathscr{G}_s$ 且服从分布 μ_t. 对于 $G \in \mathscr{G}_s$ 和 $\lambda \in \mathbb{R}$, 由 (8.1.16) 式有

$$\mathbf{E}(1_G \mathrm{e}^{\mathrm{i}\lambda X_{s+t}}) = \mathbf{E}(\mathrm{e}^{\mathrm{i}\lambda X_s})\mathbf{E}\big[\mathrm{e}^{\mathrm{i}\lambda(X_{s+t}-X_s)}\big] = \mathbf{E}(1_G \mathrm{e}^{\mathrm{i}\lambda X_s}) \int_{\mathbb{R}} \mathrm{e}^{\mathrm{i}\lambda z} \mu_t(\mathrm{d}z)$$

$$= \mathbf{E}\Big[1_G \mathrm{e}^{\mathrm{i}\lambda X_s} \int_{\mathbb{R}} \mathrm{e}^{\mathrm{i}\lambda z} \mu_t(\mathrm{d}z)\Big] = \mathbf{E}\Big[1_G \int_{\mathbb{R}} \mathrm{e}^{\mathrm{i}\lambda y} P_t(X_s, \mathrm{d}y)\Big].$$

再由特征函数的唯一性, 对一切 $f \in C_0(\mathbb{R})$ 有

$$\mathbf{E}[1_G f(X_{s+t})] = \mathbf{E}\Big[1_G \int_{\mathbb{R}} f(y) P_t(X_s, \mathrm{d}y)\Big] = \mathbf{E}\big[1_G P_t f(X_s)\big].$$

上式说明 (X_t) 关于流 $(\mathscr{G}_t)$ 是以 (P_t) 为转移半群的马氏过程. □

定理 8.3.2　若 (X_t) 是关于流 $(\mathscr{G}_t)$ 以 (P_t) 为转移半群的马氏过程, 则它是相对于流 $(\mathscr{G}_t)$ 以 (μ_t) 为卷积半群的平稳独立增量过程.

证明　任取 $s, t \geqslant 0$ 和 $f \in \mathrm{b}\mathscr{B}$. 对 $J = (0, t)$ 和 $f(x, y) = f(y - x)$ 应用定理 8.2.6 得

$$\mathbf{E}[f(X_{s+t} - X_s)|\mathscr{G}_s] = \int_{\mathbb{R}} f(y - X_s) P_t(X_s, \mathrm{d}y) = \int_{\mathbb{R}} f(z) \mu_t(\mathrm{d}z).$$

因此对任意的 $G \in \mathrm{b}\mathscr{G}_s$ 有

$$\mathbf{E}[G f(X_{s+t} - X_s)] = \mathbf{E}\Big[G \int_{\mathbb{R}} f(z) \mu_t(\mathrm{d}z)\Big] = \mathbf{E}(G) \int_{\mathbb{R}} f(z) \mu_t(\mathrm{d}z).$$

这说明 $X_{s+t} - X_s$ 独立于 $\mathscr{G}_s$ 且有分布 μ_t, 因而 X 关于流 $(\mathscr{G}_t)$ 是以 (μ_t) 为卷积半群的平稳独立增量过程. □

例 8.3.1　设 (X_t) 是关于流 $(\mathscr{G}_t)$ 的零初值可积莱维过程. 由 (8.1.16) 式不难推出 $\mathbf{E}(X_t) = t\mathbf{E}(X_1)$. 对于 $t \geqslant s \geqslant 0$ 有

$$\mathbf{E}(X_t|\mathscr{G}_s) = \mathbf{E}[X_s + (X_t - X_s)|\mathscr{G}_s] = X_s + (t - s)\mathbf{E}(X_1).$$

因此当 $\mathbf{E}(X_1) \geqslant 0$ 时, (X_t) 是下鞅; 当 $\mathbf{E}(X_1) \leqslant 0$ 时, (X_t) 是上鞅; 当 $\mathbf{E}(X_1) = 0$ 时, (X_t) 是鞅.

例 8.3.2   以 $\alpha \geqslant 0$ 为参数的泊松过程是右连续的平稳独立增量过程, 因而是莱维过程. 令 $(\mu_t)_{t \geqslant 0}$ 为其卷积半群, 则 μ_t 就是泊松分布 $P(\alpha t)$, 而对应的费勒转移半群 $(P_t)_{t \geqslant 0}$ 由 (8.1.20) 式给出.

例 8.3.3   标准布朗运动 $(B_t : t \geqslant 0)$ 是连续的平稳独立增量过程, 因而是莱维过程. 用 $(\nu_t)_{t \geqslant 0}$ 表示其卷积半群, 则 ν_t 为正态分布 $N(0, t)$, 而对应的费勒转移半群 $(P_t)_{t \geqslant 0}$ 就是 (8.1.8) 式定义的热半群.

8.3.2   莱维–伊藤表示

现在我们讨论莱维过程的轨道的构造问题. 设 $(\mu_t)_{t \geqslant 0}$ 是由 (8.1.16) 式给出的卷积半群. 为方便后面的讨论, 我们将 ψ 的莱维–辛钦表示 (8.1.12) 式改写为

$$\psi(\lambda) = \mathrm{i}b\lambda - \frac{\sigma^2}{2}\lambda^2 + \int_{\mathbb{R}\setminus\{0\}} \left(\mathrm{e}^{\mathrm{i}\lambda z} - 1 - \mathrm{i}\lambda z 1_{\{|z| \leqslant 1\}}\right)\nu(\mathrm{d}z), \tag{8.3.1}$$

其中

$$b = \beta + \int_{\mathbb{R}\setminus\{0\}} \left(z 1_{\{|z| \leqslant 1\}} - \frac{z}{1+z^2}\right)\nu(\mathrm{d}z).$$

设 $(\Omega, \mathscr{F}, \mathbf{P})$ 是完备的概率空间, 且在此概率空间上定义了零初值的标准布朗运动 $\{B(t)\}$ 和 $(0, \infty) \times \mathbb{R}$ 上的强度为 $\mathrm{d}s\nu(\mathrm{d}z)$ 的泊松随机测度 $N(\mathrm{d}s, \mathrm{d}z)$. 令 $\tilde{N}(\mathrm{d}s, \mathrm{d}z) = N(\mathrm{d}s, \mathrm{d}z) - \mathrm{d}s\nu(\mathrm{d}z)$ 为 $N(\mathrm{d}s, \mathrm{d}z)$ 的补偿的随机测度. 在当前情况下, 若 $B \in \mathscr{B}$ 满足 $\nu(B) < \infty$, 则泊松过程

$$N_t(B) := N((0, t] \times B), \quad t \geqslant 0$$

独立于布朗运动 $\{B(t)\}$; 如可参见 [20, p.77]. 据此可以证明 $\{B(t)\}$ 和 $\{N(\mathrm{d}s, \mathrm{d}z)\}$ 相互独立. 对于 $t \geqslant 0$, 令 $\mathscr{G}_t$ 是由下面的随机变量族生成的加强 σ 代数:

$$\{B(s), N((0, s] \times B) : 0 \leqslant s \leqslant t, B \in \mathscr{B} \text{ 且 } \nu(B) < \infty\}.$$

再定义左极右连复合泊松过程

$$\eta(t) = \int_{(0, t]} \int_{\{|z| > 1\}} z N(\mathrm{d}s, \mathrm{d}z), \quad t \geqslant 0 \tag{8.3.2}$$

和零均值平方可积 $(\mathscr{G}_t)$ 鞅

$$\xi(t) = \int_{(0, t]} \int_{\{0 < |z| \leqslant 1\}} z \tilde{N}(\mathrm{d}s, \mathrm{d}z), \quad t \geqslant 0.$$

注意, 对于 $t \geqslant r \geqslant 0$ 有 $\mathbf{E}[\xi(t) - \xi(r)] = 0$ 和

$$\mathbf{E}[|\xi(t) - \xi(r)|^2] = (t - r)\int_{\{0 < |z| \leqslant 1\}} z^2\nu(\mathrm{d}z).$$

所以 $\{\xi(t)\}$ 随机连续, 由定理 2.5.2 它有左极右连修正. 现在令

$$X(t) = bt + \sigma B(t) + \int_{(0,t]} \int_{\{0<|z|\leqslant 1\}} z\tilde{N}(\mathrm{d}s, \mathrm{d}z) + \int_{(0,t]} \int_{\{|z|>1\}} zN(\mathrm{d}s, \mathrm{d}z), \qquad (8.3.3)$$

则过程 $\{X(t) : t \geqslant 0\}$ 有左极右连修正.

定理 8.3.3　由 (8.3.3) 式定义的 $\{X(t)\}$ 关于流 $(\mathscr{G}_t)$ 是以 (μ_t) 为卷积半群的平稳独立增量过程.

证明　我们首先证明 $X(t)$ 有分布 μ_t. 根据复合泊松过程的结果, 对于 $\lambda \in \mathbb{R}$ 有

$$\mathbf{E}\Big(\exp\Big\{\mathrm{i}\lambda \int_{(0,t]} \int_{\{|z|>1\}} zN(\mathrm{d}s, \mathrm{d}z)\Big\}\Big)$$
$$= \exp\Big\{t \int_{\{|z|>1\}} (\mathrm{e}^{\mathrm{i}\lambda z} - 1)\nu(\mathrm{d}z)\Big\}. \qquad (8.3.4)$$

对 $k \geqslant 1$ 令

$$\xi_k(t) = \int_{(0,t]} \int_{\{1/k<|z|\leqslant 1\}} z\tilde{N}(\mathrm{d}s, \mathrm{d}z).$$

不难发现

$$\mathbf{E}(\mathrm{e}^{\mathrm{i}\lambda\xi_k(t)}) = \exp\Big\{t \int_{\{1/k<|z|\leqslant 1\}} (\mathrm{e}^{\mathrm{i}\lambda z} - 1 - \mathrm{i}\lambda z)\nu(\mathrm{d}z)\Big\}.$$

在上式中令 $k \to \infty$ 并应用控制收敛定理得

$$\mathbf{E}(\mathrm{e}^{\mathrm{i}\lambda\xi(t)}) = \exp\Big\{t \int_{\{0<|z|\leqslant 1\}} (\mathrm{e}^{\mathrm{i}\lambda z} - 1 - \mathrm{i}\lambda z)\nu(\mathrm{d}z)\Big\}. \qquad (8.3.5)$$

因为 $\sigma B(t)$ 服从正态分布 $N(0, \sigma^2 t)$, 再综合 (8.3.4) 式与 (8.3.5) 式知 $X(t)$ 与 μ_t 有相同的特征函数, 故 $X(t)$ 服从分布 μ_t. 对于 $t \geqslant r \geqslant 0$, 由 (8.3.3) 式及布朗运动和泊松随机测度的性质易知 $X(t) - X(r)$ 与 $\mathscr{G}_r$ 独立且与 $X(t-r)$ 同分布. 所以 $\{X(t)\}$ 关于流 $(\mathscr{G}_t)$ 是以 (μ_t) 为卷积半群的平稳独立增量过程. $\square$

通常称 (8.3.3) 式为莱维过程 $\{X(t) : t \geqslant 0\}$ 的莱维–伊藤表示. 它给出了以 $(\mu_t)_{t\geqslant 0}$ 为卷积半群的莱维过程的一个构造. 事实上, 任何以 $(\mu_t)_{t\geqslant 0}$ 为卷积半群的莱维过程的轨道都可以分解为 (8.3.3) 式的形式; 参见 [31, pp.120–121].

8.3.3　半群的强费勒性

令 (μ_t) 是由 (8.1.16) 式给出的卷积半群, 而 (P_t) 是由 (8.1.19) 式定义的费勒转移半群. 我们称二维随机过程 $\{(X_1(t), X_2(t)) : t \geqslant 0\}$ 为耦合莱维过程, 是指 $\{X_1(t) : t \geqslant 0\}$

和 $\{X_2(t) : t \geqslant 0\}$ 都是具有转移半群 (P_t) 的莱维过程. 特别地, 取 $X_1(0) = x_1$ 和 $X_2(0) = x_2$, 则有

$$\|P_t(x_1, \cdot) - P_t(x_2, \cdot)\|_{\text{var}} = \sup_{f \in \mathscr{B}_1} |\mathbf{P}[f(X_1(t)) - f(X_2(t))]|, \tag{8.3.6}$$

其中 $\|\cdot\|_{\text{var}}$ 表示全变差范数, 而 $\mathscr{B}_1$ 表示 $\mathbb{R}$ 上的满足 $|f| \leqslant 1$ 的博雷尔可测函数 f 的全体.

定理 8.3.4   若 $\sigma > 0$, 则对于任意的 $t > 0$ 和 $x_1, x_2 \in \mathbb{R}$ 有

$$\|P_t(x_1, \cdot) - P_t(x_2, \cdot)\|_{\text{var}} \leqslant \frac{\sqrt{2}}{\sigma\sqrt{\pi t}}|x_1 - x_2|. \tag{8.3.7}$$

证明   不妨设 $x_1 \geqslant x_2$. 令 $\{X(t) : t \geqslant 0\}$ 是由莱维–伊藤表示 (8.3.3) 式定义的莱维过程. 记 $\zeta(t) = (x_1 - x_2) + 2\sigma B(t)$. 定义停时 $\tau = \inf\{t \geqslant 0 : \zeta(t) < 0\}$, 再令

$$B^*(t) = B(t) - 2B(t \wedge \tau) = -B(t \wedge \tau) + [B(t) - B(t \wedge \tau)].$$

注意, 对 $0 \leqslant t \leqslant \tau$ 有 $B^*(t) = -B(t)$, 而对 $t \geqslant \tau$ 有 $B^*(t) = B(t) - 2B(\tau)$. 利用强马氏性可以证明 $\{B^*(t) : t \geqslant 0\}$ 也是标准布朗运动. 令

$$X^*(t) = bt + \sigma B^*(t) + \int_{(0,t]}\int_{\{|z|\leqslant 1\}} z\tilde{N}(\text{d}s, \text{d}z) + \int_{(0,t]}\int_{\{|z|>1\}} zN(\text{d}s, \text{d}z).$$

显然 $\{X^*(t) : t \geqslant 0\}$ 也是具有转移半群 (P_t) 的莱维过程. 记 $X_1(t) = x_1 + X(t)$ 和 $X_2(t) = x_2 + X^*(t)$, 则 $\{(X_1(t), X_2(t)) : t \geqslant 0\}$ 是耦合莱维过程. 另外, 易见

$$X_1(t) - X_2(t) = (x_1 - x_2) + \sigma[B(t) - B^*(t)] = \zeta(t \wedge \tau).$$

所以当 $t \geqslant \tau$ 时有 $X_1(t) = X_2(t)$. 再由 (8.3.6) 式不难看出

$$\|P_t(x_1, \cdot) - P_t(x_2, \cdot)\|_{\text{var}} \leqslant 2\mathbf{P}(\tau > t).$$

利用布朗运动的反射原理, 我们有

$$\begin{aligned}
\mathbf{P}(\tau > t) &= \mathbf{P}\Big(\sup_{0 \leqslant s \leqslant t} B(s) < |x_1 - x_2|/2\sigma\Big) \\
&= \mathbf{P}\big(|B(t)| < |x_1 - x_2|/2\sigma\big) \\
&= \frac{1}{\sqrt{2\pi t}} \int_{-|x_1-x_2|/2\sigma}^{|x_1-x_2|/2\sigma} \text{e}^{-x^2/2t}\text{d}x \leqslant \frac{1}{\sigma\sqrt{2\pi t}}|x_1 - x_2|.
\end{aligned}$$

所以 (8.3.7) 式成立. $\square$

推论 8.3.5   若 $\sigma > 0$, 则 $(P_t)_{t\geqslant 0}$ 具有强费勒性.

下面考虑 $\nu(\mathbb{R}) > 0$ 的情况. 此时可取充分小的常数 $0 < \varepsilon < 1$ 使得 $0 < \nu(\bar{B}_\varepsilon^c) < \infty$, 其中 $\bar{B}_\varepsilon^c = \mathbb{R} \setminus \bar{B}_\varepsilon$ 而 $\bar{B}_\varepsilon = [-\varepsilon, \varepsilon]$. 注意莱维–伊藤表示 (8.3.3) 式可以改写为

$$X(t) = b_\varepsilon t + \sigma B_t + \int_{(0,t]} \int_{\bar{B}_\varepsilon} z\tilde{N}(\mathrm{d}s, \mathrm{d}z) + \int_{(0,t]} \int_{\bar{B}_\varepsilon^c} zN(\mathrm{d}s, \mathrm{d}z), \tag{8.3.8}$$

其中

$$b_\varepsilon = b - \int_{\mathbb{R}} 1_{\{\varepsilon < |z| \leqslant 1\}} z\nu(\mathrm{d}z).$$

对 $A \in \mathscr{B}(\mathbb{R})$ 写 $\nu_\varepsilon(A) = \nu(A \cap \bar{B}_\varepsilon^c)$, 则 ν_ε 是 $\mathbb{R}$ 上的有限测度. 定义概率测度 $\gamma_\varepsilon = \nu_\varepsilon(\mathbb{R})^{-1}\nu_\varepsilon$. 考虑条件

$$\limsup_{|x| \to 0} |x|^{-1} \|\gamma_\varepsilon - \delta_x * \gamma_\varepsilon\|_{\mathrm{var}} < \infty, \tag{8.3.9}$$

显然, 上面的条件等价于

$$K_\varepsilon := \sup_{x \in \mathbb{R}} |x|^{-1} \|\gamma_\varepsilon - \delta_x * \gamma_\varepsilon\|_{\mathrm{var}} < \infty. \tag{8.3.10}$$

定理 8.3.6 假设条件 (8.3.9) 成立, 则对 $t \geqslant 0$ 和 $x_1, x_2 \in \mathbb{R}$ 有

$$\|P_t(x_1, \cdot) - P_t(x_2, \cdot)\|_{\mathrm{var}} \leqslant 2\mathrm{e}^{-\nu(\bar{B}_\varepsilon^c)t} + K_\varepsilon |x_1 - x_2|.$$

证明 令 $\{X(t) : t \geqslant 0\}$ 由 (8.3.8) 式给出, 并令 $X_i(t) = x_i + X(t)$, $i = 1, 2$. 显然 $\{(X_1(t), X_2(t)) : t \geqslant 0\}$ 是耦合莱维过程. 记

$$\eta_\varepsilon(t) = \int_{(0,t]} \int_{\bar{B}_\varepsilon^c} zN(\mathrm{d}s, \mathrm{d}z),$$

由定理 1.5.7 知 $\{\eta_\varepsilon(t) : t \geqslant 0\}$ 是具有跳跃速率 $\nu(\bar{B}_\varepsilon^c)$ 和跳跃分布 γ_ε 的复合泊松过程. 令 $\tau_1 = \inf\{t \geqslant 0 : \eta_\varepsilon(t) \neq \eta_\varepsilon(t-)\}$ 为其首次跳跃的时间, 则对 $f \in \mathscr{B}_1$ 有

$$|P_tf(x_1) - P_tf(x_2)| = |\mathbf{E}[f(X_1(t)) - f(X_2(t))]| \leqslant 2\mathbf{P}(\tau_1 > t) + p_\varepsilon(t),$$

其中 $\mathbf{P}(\tau_1 > t) = \mathrm{e}^{-\nu(\bar{B}_\varepsilon^c)t}$ 而

$$p_\varepsilon(t) = |\mathbf{E}\{[f(X_1(t)) - f(X_2(t))]1_{\{\tau_1 \leqslant t\}}\}|.$$

注意对任何 $t \geqslant 0$ 有 $X_2(t) = (x_2 - x_1) + X_1(t)$. 根据强马氏性和 (8.3.10) 式有

$$p_\varepsilon(t) = \left|\mathbf{E}\left\{\int_0^t \nu(\bar{B}_\varepsilon^c)\mathrm{e}^{-\nu(\bar{B}_\varepsilon^c)s}\left[\int_{\mathbb{R}} P_{t-s}f(X_1(s-) + z)\gamma_\varepsilon(\mathrm{d}z) - \int_{\mathbb{R}} P_{t-s}f(X_2(s-) + z)\gamma_\varepsilon(\mathrm{d}z)\right]\mathrm{d}s\right\}\right|$$

$$= \left| \mathbf{E} \left\{ \int_0^t \nu(\bar{B}_\varepsilon^c) \mathrm{e}^{-\nu(\bar{B}_\varepsilon^c)s} \left[\int_{\mathbb{R}} P_{t-s} f(X_1(s) + z) \gamma_\varepsilon(\mathrm{d}z) - \right. \right. \right.$$

$$\left. \left. \left. \int_{\mathbb{R}} P_{t-s} f(X_1(s) + z) \delta_{x_2 - x_1} * \gamma_\varepsilon(\mathrm{d}z) \right] \mathrm{d}s \right\} \right|$$

$$\leqslant \int_0^t \nu(\bar{B}_\varepsilon^c) \mathrm{e}^{-\nu(\bar{B}_\varepsilon^c)s} \| \gamma_\varepsilon - \delta_{x_2 - x_1} * \gamma_\varepsilon \| \mathrm{d}s$$

$$\leqslant K_\varepsilon \nu(\bar{B}_\varepsilon^c) |x_2 - x_1| \int_0^t \mathrm{e}^{-\nu(\bar{B}_\varepsilon^c)s} \mathrm{d}s \leqslant K_\varepsilon |x_2 - x_1|.$$

所以

$$\left| P_t f(x_1) - P_t f(x_2) \right| \leqslant 2 \mathrm{e}^{-\nu(\bar{B}_\varepsilon^c)t} + K_\varepsilon |x_1 - x_2|.$$

将上式对 $f \in \mathscr{B}_1$ 取上确界即得欲证结果. □

推论 8.3.7　假设存在序列 $\{\varepsilon_n\} \subseteq (0,1]$ 满足 $\lim\limits_{n \to \infty} \nu(\bar{B}_{\varepsilon_n}^c) = \infty$ 且 (8.3.9) 式对每个 ε_n 成立. 则有

$$\lim_{x \to y} \| P_t(x, \cdot) - P_t(y, \cdot) \|_{\mathrm{var}} = 0, \tag{8.3.11}$$

因而 $(P_t)_{t \geqslant 0}$ 具有强费勒性.

证明　根据定理 8.3.6, 显然对任意的 $t > 0$ 和 $n \geqslant 1$ 有

$$\limsup_{x \to y} \| P_t(x, \cdot) - P_t(y, \cdot) \|_{\mathrm{var}} \leqslant 2 \mathrm{e}^{-\nu(\bar{B}_{\varepsilon_n}^c)t}.$$

在上式中令 $n \to \infty$ 即知 (8.3.11) 式成立. □

例 8.3.4　假设 $\nu(\mathrm{d}z) = 1_{\{z>0\}} z^{-(1+\alpha)} \mathrm{d}z$, 其中 $0 < \alpha < 2$. 于是对 $x > 0$ 有

$$\gamma_\varepsilon(\mathrm{d}z) = \frac{1_{\{z > \varepsilon\}} \mathrm{d}z}{\alpha \varepsilon^\alpha z^{1+\alpha}}, \quad \delta_x * \gamma_\varepsilon(\mathrm{d}z) = \frac{1_{\{z - x > \varepsilon\}} \mathrm{d}z}{\alpha \varepsilon^\alpha (z - x)^{1+\alpha}}$$

和

$$|\gamma_\varepsilon - \delta_x * \gamma_\varepsilon|(\mathrm{d}z) = \frac{1}{\alpha \varepsilon^\alpha} \left[\frac{1_{\{\varepsilon < z \leqslant x + \varepsilon\}}}{z^{1+\alpha}} + 1_{\{z > x + \varepsilon\}} \left(\frac{1}{(z-x)^{1+\alpha}} - \frac{1}{z^{1+\alpha}} \right) \right] \mathrm{d}z.$$

不难看出

$$\| \gamma_\varepsilon - \delta_x * \gamma_\varepsilon \|_{\mathrm{var}} = |\gamma_\varepsilon - \delta_x * \gamma_\varepsilon|(0, \infty) = \frac{2}{\alpha^2 \varepsilon^\alpha} \left(\frac{1}{\varepsilon^\alpha} - \frac{1}{(x+\varepsilon)^\alpha} \right).$$

根据中值定理, 存在 $\varepsilon < \xi < x + \varepsilon$ 使得

$$\| \gamma_\varepsilon - \delta_x * \gamma_\varepsilon \|_{\mathrm{var}} = \frac{2x}{\alpha \varepsilon^\alpha \xi^{1+\alpha}} \leqslant \frac{2x}{\alpha \varepsilon^{1+2\alpha}}.$$

当 $x < 0$ 时也有类似的估计. 所以此时条件 (8.3.9) 成立.

本小节的讨论提供了应用概率方法证明分析结果的典型案例. 耦合过程的方法在这里发挥了关键的作用. 由于耦合考虑了过程轨道的结构, 以此给出的有关分布的估计往往比纯分析的方法更为精确. 关于耦合与距离方法的系统理论和应用, 可以参阅著作 [4, 5, 34].

练习题

1. 设 (X_t) 是莱维过程. 对于 $\lambda \in \mathbb{R}$ 记 $f_t(\lambda) = \mathbf{E}[\mathrm{e}^{\mathrm{i}\lambda X_t}]$, 再令 $M_t = f_t(\lambda)^{-1}\mathrm{e}^{\mathrm{i}\lambda X_t}$. 证明 (M_t) 关于其自然流是复鞅 (即实部和虚部都是鞅).

2. 令 $t > 0$ 且 μ_t 由 (8.1.16) 式和 (8.3.1) 式定义. 证明下面的两个积分条件等价:
(1) $\displaystyle\int_{\mathbb{R}} |x|\mu_t(\mathrm{d}x) < \infty$;
(2) $\displaystyle\int_{\{|z|>1\}} |z|\nu(\mathrm{d}z) < \infty$.
提示: 根据定理 8.3.3, 由 (8.3.3) 式定义的随机变量 $X(t)$ 具有分布 μ_t. 令

$$X_0(t) = bt + \sigma B(t) + \int_{(0,t]} \int_{\{0<|z|\leqslant 1\}} z\tilde{N}(\mathrm{d}s, \mathrm{d}z)$$

和

$$X_1(t) = \int_{(0,t]} \int_{\{z>1\}} zN(\mathrm{d}s, \mathrm{d}z), \quad X_2(t) = -\int_{(0,t]} \int_{\{z<-1\}} zN(\mathrm{d}s, \mathrm{d}z),$$

则 $X(t) = X_0(t) + X_1(t) - X_2(t)$ 且 $X_0(t), X_1(t)$ 和 $X_2(t)$ 相互独立. 因 $\mathbf{E}[X_0(t)^2] < \infty$, 易知 $\mathbf{E}[|X(t)|] < \infty$ 当且仅当 $\mathbf{E}[X_1(t) + X_2(t)] < \infty$. 再由泊松随机测度的矩的计算公式即得结论.

3. 设上题中的积分条件满足. 证明

$$\int_{\mathbb{R}} x\mu_t(\mathrm{d}x) = t\left[b + \int_{\{|z|>1\}} z\nu(\mathrm{d}z)\right].$$

4. 证明由 (8.3.3) 式构造的莱维过程 $\{X(t)\}$ 的轨道取连续函数, 取阶梯函数和取单增函数的概率都是 0 或 1.

5. 设 $\{X(t)\}$ 是由 (8.3.3) 式构造的莱维过程. 再设 $\nu(0, \infty) > 0$. 对 $t > 0$ 令 $D(t) = \sup\limits_{0<s\leqslant t} [X(s) - X(s-)]$. 证明: 对于任何 $t > 0$ 几乎必然地 $D(t) = \max\limits_{0<s\leqslant t} [X(s) - X(s-)]$, 且对任何 $x > 0$ 有

$$\mathbf{P}\{D(t) > x\} = 1 - \mathrm{e}^{-t\nu(x,\infty)}.$$

提示: 对 $x, t > 0$ 令 $J_x(t)$ 为集合 $\{s \in (0, t] : X(s) - X(s-) > x\}$ 中元素的个数, 即 X 在时间区间 $(0, t]$ 中的跳幅严格大于 x 的跳跃的次数. 根据莱维–伊藤表示知 $J_x(t)$ 服从参数为 $t\nu(x, \infty)$ 的泊松分布. 特别地, 有 $\mathbf{P}\{J_x(t) < \infty\} = 1$, 故几乎必然地 $D(t) = \max\limits_{0<s\leqslant t} [X(s) - X(s-)]$. 再由 $\mathbf{P}\{D(t) > x\} = \mathbf{P}\{J_x(t) \geqslant 1\}$ 即得欲证等式.

第九章

随机积分及其应用

本章介绍关于布朗运动的随机积分理论及若干应用, 内容包括随机积分的定义、伊藤过程的伊藤公式、局部时和田中公式、随机微分方程、扩散过程与偏微分方程, 还讨论了几何布朗运动、奥恩斯坦–乌伦贝克过程等扩散过程的例子.

9.1　随机积分的定义

在本节中, 我们将定义一类循序可测过程相对于布朗运动的轨道的伊藤随机积分. 由于布朗运动的轨道在任何长度非零的区间上几乎必然有无限变差, 我们无法将其分解为两条单调不降轨道之差, 因此不能像黎曼-斯蒂尔切斯积分那样定义随机积分. 这里的思路是先定义简单过程的积分, 再用简单过程逼近循序可测过程, 然后通过 L^2 收敛的极限来定义一般的随机积分.

9.1.1　简单过程的积分

设 $(\Omega, \mathscr{F}, \mathbf{P})$ 是完备概率空间且带有满足通常条件的连续时间流 $(\mathscr{F}_t : t \geqslant 0)$, 令 $(B_t : t \geqslant 0)$ 是 $(\mathscr{F}_t)$ 标准布朗运动且 $B_0 = 0$.

定义 9.1.1　我们称严格增的序列 $\pi = \{0 = t_0 < t_1 < t_2 < \cdots\}$ 为 $[0, \infty)$ 的分割. 称 $(\mathscr{F}_t)$ 适应随机过程 $\phi = \{\phi(t) : t \geqslant 0\}$ 为简单过程, 是指存在 $[0, \infty)$ 的分割 π 使得

$$\phi(t) = \phi(0)1_{\{0\}}(t) + \sum_{i=1}^{\infty} \phi(t_{i-1})1_{(t_{i-1}, t_i]}(t), \quad t \geqslant 0, \tag{9.1.1}$$

其中 $\phi(t_{i-1})$ 是 $\mathscr{F}_{t_{i-1}}$ 可测随机变量且有 $\mathbf{E}[\phi(t_{i-1})^2] < \infty$. 对于由 (9.1.1) 式给出的简单过程 ϕ, 定义

$$I_t(\phi) = \sum_{i=1}^{\infty} \phi(t_{i-1})(B_{t_i \wedge t} - B_{t_{i-1} \wedge t}), \quad t \geqslant 0. \tag{9.1.2}$$

我们指出, 如上定义的 $I_t(\phi)$ 并不依赖于简单过程 ϕ 的具体表示, 而且当 $t_n \leqslant t < t_{n+1}$ 时有

$$I_t(\phi) = \sum_{i=1}^{n} \phi(t_{i-1})(B_{t_i} - B_{t_{i-1}}) + \phi(t_n)(B_t - B_{t_n}). \tag{9.1.3}$$

对于 $t \geqslant r \geqslant 0$ 定义

$$\int_r^t \phi(s)\mathrm{d}B_s = I_t(\phi) - I_r(\phi). \tag{9.1.4}$$

引理 9.1.1　由 (9.1.2) 式定义的随机过程 $\{I_t(\phi) : t \geqslant 0\}$ 是连续的平方可积 $(\mathscr{F}_t)$ 鞅.

证明　易知 $\{I_t(\phi) : t \geqslant 0\}$ 是连续的 $(\mathscr{F}_t)$ 适应过程. 由布朗运动的独立增量性有

$$\mathbf{E}\big[\phi(t_{i-1})^2(B_{t_i} - B_{t_{i-1}})^2\big] = \mathbf{E}\big\{\phi(t_{i-1})^2\mathbf{E}\big[(B_{t_i} - B_{t_{i-1}})^2|\mathscr{F}_{t_{i-1}}\big]\big\}$$
$$= (t_i - t_{i-1})\mathbf{E}[\phi(t_{i-1})^2] < \infty. \tag{9.1.5}$$

因此 (9.1.3) 式的等号右边的每项都平方可积, 故 $I_t(\phi)$ 平方可积. 另外, 显然 (9.1.2) 式的等号右边的每项都是 $(\mathscr{F}_t)$ 鞅, 故 $\{I_t(\phi) : t \geqslant 0\}$ 是 $(\mathscr{F}_t)$ 鞅. □

引理 9.1.2　对于任意的简单过程 ϕ 和 $t \geqslant 0$ 有

$$\mathbf{E}\bigg\{\bigg[\int_0^t \phi(s)\mathrm{d}B_s\bigg]^2\bigg\} = \mathbf{E}\bigg[\int_0^t \phi(s)^2\mathrm{d}s\bigg].$$

证明　令 $\Delta_i(t) = B_{t_i \wedge t} - B_{t_{i-1} \wedge t}$. 若有 $i \neq j$ 和 $t_{i-1} < t_i \leqslant t_{j-1}$, 则

$$\mathbf{E}\big[\phi(t_{i-1})\phi(t_{j-1})\Delta_i(t)\Delta_j(t)\big] = \mathbf{E}\big\{\mathbf{E}\big[\phi(t_{i-1})\phi(t_{j-1})\Delta_i(t)\Delta_j(t)|\mathscr{F}_{t_{i-1} \wedge t}\big]\big\}$$
$$= \mathbf{E}\big\{\phi(t_{i-1})\phi(t_{j-1})\Delta_i(t)\mathbf{E}[\Delta_j(t)|\mathscr{F}_{t_{i-1} \wedge t}]\big\}.$$

根据布朗运动的独立正态增量性, 有 $\mathbf{E}[\Delta_j(t)|\mathscr{F}_{t_{i-1} \wedge t}] = 0$. 这样, 与 (9.1.5) 式类似地可以看到

$$\mathbf{E}\bigg\{\bigg[\int_0^t \phi(s)\mathrm{d}B_s\bigg]^2\bigg\} = \sum_{i,j=1}^\infty \mathbf{E}\big[\phi(t_{i-1})\phi(t_{j-1})\Delta_i(t)\Delta_j(t)\big]$$
$$= \sum_{i=0}^\infty \mathbf{E}\big[\phi(t_{i-1})^2\Delta_i(t)^2\big]$$
$$= \sum_{i=0}^\infty \mathbf{E}[\phi(t_{i-1})^2](t_i \wedge t - t_i \wedge t).$$

再利用富比尼定理即得欲证等式. □

9.1.2　循序可测过程的逼近

定义 9.1.2　令 $\mathscr{L}^2$ 是满足下面积分条件的 $(\mathscr{F}_t)$ 循序可测随机过程 $f = \{f(t) : t \geqslant 0\}$ 的全体构成的集合:

$$\mathbf{E}\bigg[\int_0^t f(s)^2\mathrm{d}s\bigg] < \infty, \quad t \geqslant 0. \tag{9.1.6}$$

显然, 由 (9.1.1) 式给出的简单过程属于 $\mathscr{L}^2$. 我们下面将证明: 在一定意义下, 所有的简单过程构成 $\mathscr{L}^2$ 的一个稠密子集.

引理 9.1.3 对于任何 $f \in \mathscr{L}^2$, 存在序列 $\{f_n\} \subseteq \mathscr{L}^2$ 使得每个 f_n 都有界且

$$\lim_{n\to\infty} \mathbf{E}\Big[\int_0^t |f_n(s)-f(s)|^2 \mathrm{d}s\Big] = 0, \quad t \geqslant 0. \tag{9.1.7}$$

证明 对于 $n \geqslant 1$ 定义 $f_n = \{f_n(t): t \geqslant 0\}$ 如下:

$$f_n(t) = \begin{cases} -n, & f(t) < -n, \\ f(t), & -n \leqslant f(t) \leqslant n, \\ n, & f(t) > n. \end{cases}$$

显然 f_n 是 $(\mathscr{F}_t)$ 循序可测的, 且

$$[f_n(t)-f(t)]^2 \leqslant 2[f_n(t)^2+f(t)^2] \leqslant 4f(t)^2.$$

由控制收敛定理知 (9.1.7) 式成立. □

引理 9.1.4 若 $f \in \mathscr{L}^2$ 是有界的, 则存在有界连续过程列 $\{g_n\} \subseteq \mathscr{L}^2$ 满足

$$\lim_{n\to\infty} \mathbf{E}\Big[\int_0^t |g_n(s)-f(s)|^2 \mathrm{d}s\Big] = 0, \quad t \geqslant 0. \tag{9.1.8}$$

证明 因为 f 是 $(\mathscr{F}_t)$ 循序可测的, 映射 $(t,\omega) \mapsto f(t,\omega)$ 限制于 $[0,t] \times \Omega$ 关于乘积 σ 代数 $\mathscr{B}([0,t] \times \mathscr{F}_t$ 可测. 对 $(t,\omega) \in [-1,\infty) \times \Omega$ 令

$$F(t,\omega) = \int_{-1}^t f(s \vee 0,\omega)\mathrm{d}s,$$

则 $\omega \mapsto F(t,\omega)$ 关于 $\mathscr{F}_{t\vee0}$ 可测, 可参见 [23, p.90, Theorem 5.3]. 对于 $(t,\omega) \in [0,\infty) \times \Omega$, 令

$$g_n(t,\omega) = n[F(t,\omega) - F(t-1/n,\omega)],$$

容易看出 $\omega \mapsto g_n(t,\omega)$ 关于 $\mathscr{F}_t$ 可测, 所以过程 g_n 是 $(\mathscr{F}_t)$ 循序可测的. 由勒贝格定理, 对每一个 $\omega \in \Omega$, 当 $n \to \infty$ 时对几乎处处的 $t \geqslant 0$ 有 $g_n(t,\omega) \to h(t,\omega)$; 参见 [17, p.275]. 于是由控制收敛定理知 (9.1.8) 式成立. □

引理 9.1.5 若 $g \in \mathscr{L}^2$ 是有界且连续的, 则存在简单过程列 $\{\phi_n\} \subseteq \mathscr{L}^2$ 满足

$$\lim_{n\to\infty} \mathbf{E}\Big[\int_0^t |\phi_n(t)-g(t)|^2 \mathrm{d}t\Big] = 0, \quad t \geqslant 0. \tag{9.1.9}$$

证明 定义有界的简单过程

$$\phi_n(t) = g(0)1_{\{0\}}(t) + \sum_{i=1}^\infty g((i-1)/n)1_{((i-1)/n,i/n]}(t).$$

显然, 对于任意的 $t \geqslant 0$ 和 $\omega \in \Omega$, 当 $n \to \infty$ 时有 $\phi_n(t,\omega) \to g(t,\omega)$. 根据控制收敛定理知 (9.1.9) 式成立. □

综合引理 9.1.3, 引理 9.1.4 和引理 9.1.5, 我们得到如下的:

定理 9.1.6 对于任意的 $f \in \mathscr{L}^2$, 存在简单过程序列 $\{\phi_n\} \subseteq \mathscr{L}^2$ 满足

$$\lim_{n \to \infty} \mathbf{E}\Big[\int_0^t [\phi_n(t) - f(t)]^2 \mathrm{d}t \Big] = 0, \quad t \geqslant 0. \tag{9.1.10}$$

根据定理 9.1.6, 任意的过程 $f \in \mathscr{L}^2$ 都可以由一列简单过程 $\{\phi_n\} \subseteq \mathscr{L}^2$ 在 (9.1.10) 式的意义下逼近.

9.1.3 伊藤随机积分

引理 9.1.7 设 $f \in \mathscr{L}^2$ 和简单过程列 $\{\phi_n\} \subseteq \mathscr{L}^2$ 满足 (9.1.10)式, 则对任意的 $t \geqslant 0$ 极限 $\lim\limits_{n \to \infty} I_t(\phi_n)$ 在 L^2 收敛意义下存在.

证明 令 λ 表示实直线上的勒贝格测度. 则由 (9.1.10) 式知 $\{\phi_n\}$ 限制于 $[0,t] \times \Omega$ 是 $L^2([0,t] \times \Omega, \lambda \times \mathbf{P})$ 中的柯西列, 即对于任何 $\varepsilon > 0$, 存在 $N = N(\varepsilon)$ 使得

$$\mathbf{E}\Big[\int_0^t |\phi_n(s) - \phi_k(s)|^2 \mathrm{d}s \Big] < \varepsilon, \quad n \geqslant k \geqslant N.$$

由引理 9.1.2 知

$$\begin{aligned}
\mathbf{E}\big\{ [I_t(\phi_n) - I_t(\phi_k)]^2 \big\} &= \mathbf{E}\Big\{ \Big[\int_0^t (\phi_n(s) - \phi_k(s)) \mathrm{d}B_s \Big]^2 \Big\} \\
&= \mathbf{E}\Big\{ \int_0^t (\phi_n(s) - \phi_k(s))^2 \mathrm{d}s \Big\} < \varepsilon.
\end{aligned}$$

这说明随机变量序列 $\{I_t(\phi_n)\}$ 是 L^2 收敛意义下的柯西列. 因此极限 $\lim\limits_{n \to \infty} I_t(\phi_n)$ 在 L^2 收敛意义下存在. $\square$

定义 9.1.3 给定 $f \in \mathscr{L}^2$, 令 $\{\phi_n\} \subseteq \mathscr{L}^2$ 为满足 (9.1.10) 式的简单过程列. 我们利用 L^2 收敛极限定义

$$\int_0^t f(s)\mathrm{d}B_s = I_t(f) := \lim_{n \to \infty} I_t(\phi_n). \tag{9.1.11}$$

更一般地, 对于有限 $(\mathscr{F}_t)$ 的停时 $\sigma \leqslant \tau$ 令

$$\int_\sigma^\tau f(s)\mathrm{d}B_s = I_\tau(f) - I_\sigma(f), \tag{9.1.12}$$

我们分别称 (9.1.11) 式和 (9.1.12) 式中的随机变量为过程 $f \in \mathscr{L}^2$ 相对于 $(\mathscr{F}_t)$ 标准布朗运动 $(B_t : t \geqslant 0)$ 在区间 $[0,t]$ 和 $[\sigma, \tau]$ 上的随机积分.

注意, 在几乎必然相等的意义下, (9.1.11) 式和 (9.1.12)式中的随机变量不依赖于序列 $\{\phi_n\}$ 的选取.

定理 9.1.8 对于 $f \in \mathscr{L}^2$, 由 (9.1.11) 式定义的过程 $\{I_t(f) : t \geqslant 0\}$ 是平方可积的 $(\mathscr{F}_t)$ 鞅.

证明 若 $f \in \mathscr{L}^2$ 是简单过程, 则结论由引理 9.1.1 可知. 由于 (9.1.11) 式在 L^2 收敛意义下成立, 该结论对一般的 $f \in \mathscr{L}^2$ 也成立. □

定理 9.1.9 (伊藤等距) 对于任意的 $t \geqslant 0$ 和 $f \in \mathscr{L}^2$ 有

$$\mathbf{E}\Big\{\Big[\int_0^t f(s)\mathrm{d}B_s\Big]^2\Big\} = \mathbf{E}\Big[\int_0^t f(s)^2\mathrm{d}s\Big]. \tag{9.1.13}$$

证明 由 (9.1.11) 式和引理 9.1.2 立即得证. □

定理 9.1.10 对于 $f \in \mathscr{L}^2$ 由 (9.1.11) 式定义的平方可积 $(\mathscr{F}_t)$ 鞅 $\{I_t(f) : t \geqslant 0\}$ 有连续的修正.

证明 令 $\{\phi_n\} \subseteq \mathscr{L}^2$ 为满足 (9.1.10) 式的简单过程列. 对 $\{I_t(\phi_n) - I_t(\phi_m) : t \geqslant 0\}$ 应用鞅不等式可得

$$
\begin{aligned}
\mathbf{E}\Big\{\sup_{0\leqslant s\leqslant t} |I_s(\phi_n) - I_s(\phi_m)|^2\Big\} &\leqslant 4\mathbf{E}[|I_t(\phi_n) - I_t(\phi_m)|^2] \\
&= 4\mathbf{E}\Big[\int_0^t (\phi_n(s) - \phi_m(s))^2\mathrm{d}s\Big],
\end{aligned}
\tag{9.1.14}
$$

故对 $\varepsilon > 0$ 有

$$\mathbf{P}\Big\{\sup_{0\leqslant s\leqslant t} |I_s(\phi_n) - I_s(\phi_m)| \geqslant \varepsilon\Big\} \leqslant \frac{4}{\varepsilon^2}\mathbf{E}\Big[\int_0^t (\phi_n(s) - \phi_m(s))^2\mathrm{d}s\Big].$$

上式右边当 $n, m \to \infty$ 时趋于零. 因此可以选择递增的数列 $n_k \to \infty$ 使得

$$\mathbf{P}\Big\{\sup_{0\leqslant s\leqslant t} |I_s(\phi_n) - I_s(\phi_{n_k})| \geqslant 2^{-k}\Big\} < 2^{-k}, \quad n \geqslant n_k,$$

进而

$$\sum_{k=1}^{\infty} \mathbf{P}\Big\{\sup_{0\leqslant s\leqslant t} |I_s(\phi_{n_k}) - I_s(\phi_{n_{k+1}})| \geqslant 2^{-k}\Big\} < \infty.$$

根据博雷尔–坎泰利引理可知

$$\mathbf{P}\Big\{\sup_{0\leqslant s\leqslant t} |I_s(\phi_{n_k}) - I_s(\phi_{n_{k+1}})| \geqslant 2^{-k} \text{ 对无穷多个 } k \geqslant 1 \text{ 成立}\Big\} = 0,$$

即存在 $N \in \mathscr{F}_0$ 满足 $\mathbf{P}(N) = 0$ 且对每个 $\omega \in N^c$ 有 $l(\omega) \geqslant 1$ 使得

$$\sup_{0\leqslant s\leqslant t} |I_s(\phi_{n_k}, \omega) - I_s(\phi_{n_{k+1}}, \omega)| < 2^{-k}, \quad k \geqslant l(\omega). \tag{9.1.15}$$

注意对 $\omega \in N^c$ 有

$$I_t(\phi_{n_k}, \omega) = I_t(\phi_{n_1}, \omega) + \sum_{i=1}^{k-1} [I_t(\phi_{n_{i+1}}, \omega) - I_t(\phi_{n_i}, \omega)],$$

由 (9.1.15) 式易知对任何 $T > 0$ 上式等号右边的级数当 $k \to \infty$ 时关于 $t \in [0, T]$ 一致收敛. 令

$$J_t(f, \omega) = \lim_{k \to \infty} I_t(\phi_{n_k}, \omega) 1_{N^c}(\omega).$$

显然 $\{J_t(f) : t \geqslant 0\}$ 为 $(\mathscr{F}_t)$ 适应连续过程. 在 (9.1.14) 式两端令 $m = n_k \to \infty$ 并应用法图定理得

$$\mathbf{E}\Big\{ \sup_{0 \leqslant s \leqslant t} |I_s(\phi_n) - J_s(\phi)|^2 \Big\} \leqslant 4\mathbf{E}\Big[\int_0^t (\phi_n(s) - \phi(s))^2 \mathrm{d}s \Big],$$

因而在 L^2 收敛意义下有 $J_t(f) = \lim\limits_{n \to \infty} I_t(\phi_n) = I_t(f)$. 所以 $\{J_t(f) : t \geqslant 0\}$ 是 $\{I_t(f) : t \geqslant 0\}$ 的连续修正. $\square$

根据定理 9.1.10, 对于 $f \in \mathscr{L}^2$ 由 (9.1.11) 式定义的随机积分过程 $\{I_t(f) : t \geqslant 0\}$ 有平方可积的连续 $(\mathscr{F}_t)$ 鞅修正. 我们规定后面 $\{I_t(f) : t \geqslant 0\}$ 总表示这样的修正.

命题 9.1.11   (1) 对于 $t \geqslant 0$ 和 $f, h \in \mathscr{L}^2$ 有

$$\int_0^t [f(s) + h(s)] \mathrm{d}B_s = \int_0^t f(s) \mathrm{d}B_s + \int_0^t h(s) \mathrm{d}B_s.$$

(2) 对于 $t \geqslant r \geqslant 0$ 和 $f \in \mathscr{L}^2$ 有

$$\int_r^t f(s) \mathrm{d}B_s = \int_0^t f(s) \mathrm{d}B_s - \int_0^r f(s) \mathrm{d}B_s.$$

(3) 对于 $t \geqslant r \geqslant 0$, $\eta \in \mathrm{b}\mathscr{F}_r$ 和 $f \in \mathscr{L}^2$ 有

$$\eta \int_r^t f(s) \mathrm{d}B_s = \int_0^t 1_{\{s \geqslant r\}} \eta f(s) \mathrm{d}B_s.$$

证明   性质 (1) 对简单过程 $f, h \in \mathscr{L}^2$ 显然, 对一般循序可测过程 $f, h \in \mathscr{L}^2$ 可利用 (9.1.11) 式导出. 性质 (2) 是 (9.1.12) 式的直接推论. 性质 (3) 也可通过简单过程逼近得到. $\square$

命题 9.1.12   令 $h = \{h(t) : t \geqslant 0\}$ 是 $[0, \infty)$ 上的确定性的连续函数且满足

$$\sigma(t) := \int_0^t h(s)^2 \mathrm{d}s < \infty, \quad t > 0,$$

则伊藤积分

$$Z(t) := \int_0^t h(s) \mathrm{d}B_s$$

服从方差为 $\sigma(t)$ 的零均值正态分布.

证明 固定 $t \geqslant 0$. 对于 $n \geqslant 1$ 定义确定性的简单过程 $\phi_n \in \mathscr{L}^2$ 如下:

$$\phi_n(s) = \sum_{i=1}^{n} h((i-1)t/n) 1_{((i-1)t/n, it/n]}(s), \quad s \geqslant 0.$$

容易看出

$$\lim_{n \to \infty} \int_0^t [\phi_n(s) - h(s)]^2 \mathrm{d}s = 0.$$

由伊藤积分的定义, 在 L^2 收敛的意义下有

$$Z(t) = \lim_{n \to \infty} \int_0^t \phi_n(s) \mathrm{d}B_s = \lim_{n \to \infty} \sum_{i=1}^{n} h((i-1)t/n)(B_{it/n} - B_{(i-1)t/n}).$$

由布朗运动的性质不难看出, 上面和式定义的随机变量服从零均值正态分布, 其方差为

$$\sum_{i=1}^{n} h((i-1)t/n)^2 [it/n - (i-1)t/n] = \sum_{i=1}^{n} h((i-1)t/n)^2 t/n.$$

当 $n \to \infty$ 时该方差收敛到 $\sigma(t)$, 所以 $Z(t)$ 服从方差为 $\sigma(t)$ 的零均值正态分布. $\square$

命题 9.1.13 设 $(B_t : t \geqslant 0)$ 为标准布朗运动, 则对任意的 $t \geqslant 0$ 有

$$B_t^2 = B_0^2 + 2 \int_0^t B_s \mathrm{d}B_s + t.$$

证明 固定 $t \geqslant 0$. 对于 $n \geqslant 1$ 定义简单过程 $\phi_n \in \mathscr{L}^2$ 如下:

$$\phi_n(s) = \sum_{i=1}^{\infty} B_{(i-1)t/n} 1_{((i-1)t/n, it/n]}(s), \quad s \geqslant 0. \tag{9.1.16}$$

则当 $n \to \infty$ 时有

$$\begin{aligned}
\mathbf{E}\left\{ \int_0^t [\phi_n(s) - B_s]^2 \mathrm{d}s \right\} &= \mathbf{E}\left[\sum_{i=1}^{n} \int_{(i-1)t/n}^{it/n} (B_{(i-1)t/n} - B_s)^2 \mathrm{d}s \right] \\
&= \sum_{i=1}^{n} \int_{(i-1)t/n}^{it/n} \mathbf{E}[(B_{(i-1)t/n} - B_s)^2] \mathrm{d}s \\
&= \sum_{i=1}^{n} \int_{(i-1)t/n}^{it/n} [s - (i-1)t/n] \mathrm{d}s \\
&= n \int_0^{t/n} s \mathrm{d}s = \frac{t^2}{2n} \to 0.
\end{aligned}$$

根据伊藤积分的定义, 在 L^2 收敛的意义下有

$$\int_0^t B_s \mathrm{d}B_s = \lim_{n \to \infty} \int_0^t \phi_n(s) \mathrm{d}B_s.$$

再注意

$$B_t^2 - B_0^2 = \sum_{i=1}^{n}(B_{it/n}^2 - B_{(i-1)t/n}^2)$$

$$= \sum_{i=1}^{n}\left[(B_{it/n} - B_{(i-1)t/n})^2 + 2B_{(i-1)t/n}(B_{it/n} - B_{(i-1)t/n})\right]$$

$$= \sum_{i=1}^{n}(B_{it/n} - B_{(i-1)t/n})^2 + 2\int_0^t \phi_n(s)\mathrm{d}B_s.$$

在上式两端令 $n \to \infty$, 并应用定理 1.3.5 即得欲证等式. □

例 9.1.1   固定 $t \geqslant 0$. 对于 $n \geqslant 1$ 定义

$$I_n(t) = \sum_{i=1}^{n} B_{(i-1)t/n}(B_{it/n} - B_{(i-1)t/n}).$$

注意上式可以写成简单过程的随机积分

$$I_n(t) = \int_0^t \phi_n(s)\mathrm{d}B_s,$$

其中 $\phi_n \in \mathscr{L}^2$ 由 (9.1.16) 式给出. 根据命题 9.1.13 的证明, 在 L^2 收敛意义下有

$$\lim_{n\to\infty} I_n(t) = \int_0^t B_s\mathrm{d}B_s.$$

练习题

1. 固定 $t > 0$. 对于 $n \geqslant 1$ 定义

$$J_n(t) = \sum_{i=1}^{n} B_{it/n}(B_{it/n} - B_{(i-1)t/n}).$$

极限关系

$$\lim_{n\to\infty} J_n(t) = \int_0^t B_s\mathrm{d}B_s$$

在 L^2 收敛意义下是否成立? 为什么?

提示: 不成立. 所给等式右边是零均值的平方可积鞅. 但另一方面, 有

$$\mathbf{E}[J_n(t)] = \sum_{i=1}^{n}\mathbf{E}\big[B_{it/n}(B_{it/n} - B_{(i-1)t/n})\big]$$

$$= \sum_{i=1}^{n}\big\{\mathbf{E}\big[B_{it/n}(B_{it/n} - B_{(i-1)t/n})\big] +$$

$$\mathbf{E}[B_{(i-1)t/n}(B_{it/n} - B_{(i-1)t/n})]\}$$
$$= \sum_{i=1}^{n} \mathbf{E}[(B_{it/n} - B_{(i-1)t/n})^2] = \sum_{i=1}^{n} t/n = t.$$

因此, 所给极限关系对 $t > 0$ 不成立.

2. 利用伊藤积分的定义直接证明

(1) $tB_t = \int_0^t s\mathrm{d}B_s + \int_0^t B_s\mathrm{d}s$;   (2) $B_t^3 = 3\int_0^t B_s^2\mathrm{d}B_s + 3\int_0^t B_s\mathrm{d}s$.

3. 证明 $M_t := B_t^3 - 3tB_t$ 是连续的平方可积鞅.

4. 令 $t \geqslant r \geqslant 0$. 设 $f \in \mathscr{L}^2$ 而 ξ 是 $\mathscr{F}_r$ 可测随机变量且有

$$\mathbf{E}\left[\int_0^t \xi^2 f(s)^2 \mathrm{d}s\right] < \infty.$$

证明:

$$\int_r^t \xi f(s)\mathrm{d}B_s = \xi \int_r^t f(s)\mathrm{d}B_s.$$

9.2 伊藤公式

我们知道, 链式法则是黎曼积分理论中非常重要的基本公式. 在随机积分理论中, 最重要的公式之一是随机版本的链式法则, 即*伊藤公式*. 本节中我们分别给出布朗运动和伊藤过程的伊藤公式.

9.2.1 布朗运动的伊藤公式

引理 9.2.1   设 $\{g(t) : t \geqslant 0\}$ 是有界连续 $(\mathscr{F}_t)$ 循序可测过程. 对每个 $n \geqslant 1$ 取区间 $[0, t]$ 的分割

$$\pi_n := \{0 = t_{n,0} < t_{n,1} < \cdots < t_{n,k_n} = t\}.$$

再设当 $n \to \infty$ 时有 $\delta_n := \max_i (t_{n,i+1} - t_{n,i}) \to 0$. 则当 $n \to \infty$ 时在 L^2 收敛意义下有

$$Y_n(t) := \sum_{i=1}^{k_n} g(t_{n,i-1})(B_{t_{n,i}} - B_{t_{n,i-1}})^2 \to \int_0^t g(s)\mathrm{d}s. \tag{9.2.1}$$

证明   为了简单起见, 在此证明中我们写 $t_{n,i}$ 为 t_i. 注意当 $n \to \infty$ 时几乎必然地

$$Z_n(t) := \sum_{i=1}^{k_n} g(t_{i-1})(t_i - t_{i-1}) \to \int_0^t g(s)\mathrm{d}s. \tag{9.2.2}$$

由控制收敛定理, 上述极限在 L^2 收敛意义下也成立. 另一方面, 根据命题 9.1.13 有

$$B_{t_i}^2 - B_{t_{i-1}}^2 = 2 \int_{t_{i-1}}^{t_i} B_s \mathrm{d}B_s + (t_i - t_{i-1}),$$

所以

$$
\begin{aligned}
Y_n(t) - Z_n(t) &= \sum_{i=1}^{k_n} g(t_{i-1}) \big[(B_{t_i} - B_{t_{i-1}})^2 - (t_i - t_{i-1}) \big] \\
&= \sum_{i=1}^{k_n} g(t_{i-1}) \big[(B_{t_i}^2 - B_{t_{i-1}}^2) - (t_i - t_{i-1}) - 2B_{t_{i-1}}(B_{t_i} - B_{t_{i-1}}) \big] \\
&= 2 \sum_{i=1}^{k_n} g(t_{i-1}) \Big[\int_{t_{i-1}}^{t_i} B_s \mathrm{d}B_s - B_{t_{i-1}}(B_{t_i} - B_{t_{i-1}}) \Big].
\end{aligned}
$$

定义简单过程

$$g_n(s) = \sum_{i=1}^{k_n} g(t_{i-1}) 1_{(t_{i-1}, t_i]}(s), \quad B_n(s) = \sum_{i=1}^{k_n} B_{t_{i-1}} 1_{(t_{i-1}, t_i]}(s), \tag{9.2.3}$$

则有

$$
\begin{aligned}
Y_n(t) - Z_n(t) &= 2 \sum_{i=1}^{k_n} \Big[\int_{t_{i-1}}^{t_i} g_n(s) B_s \mathrm{d}B_s - \int_{t_{i-1}}^{t_i} g_n(s) B_n(s) \mathrm{d}B_s \Big] \\
&= 2 \int_0^t g_n(s)(B_s - B_n(s)) \mathrm{d}B_s.
\end{aligned}
$$

令 $C > 0$ 是 $\{g(s) : s \geqslant 0\}$ 的一个上界, 根据伊藤等距公式有

$$
\begin{aligned}
\mathbf{E}\{[Y_n(t) - Z_n(t)]^2\} &= 4 \int_0^t \mathbf{E}\{[g_n(s)(B_s - B_n(s))]^2\} \mathrm{d}s \\
&\leqslant 4C^2 \int_0^t \mathbf{E}\{[B_s - B_n(s)]^2\} \mathrm{d}s \\
&= 4C^2 \sum_{i=1}^{k_n} \int_{t_{i-1}}^{t_i} (s - t_{i-1}) \mathrm{d}s = 2C^2 \sum_{i=1}^{k_n} (t_i - t_{i-1})^2.
\end{aligned}
$$

显然当 $n \to \infty$ 时上式右端趋近于零. 再结合 (9.2.2) 式即得 (9.2.1) 式. $\square$

定理 9.2.2 (伊藤公式) 设 f 是 $\mathbb{R}$ 上的二次连续可微函数, 其对任意的 $t \geqslant 0$ 满足

$$\mathbf{E}\Big[\int_0^t f'(B_s)^2 \mathrm{d}s \Big] < \infty. \tag{9.2.4}$$

则有

$$f(B_t) - f(B_0) = \int_0^t f'(B_s) \mathrm{d}B_s + \frac{1}{2} \int_0^t f''(B_s) \mathrm{d}s. \tag{9.2.5}$$

证明 我们仅对 f' 和 f'' 有界的情形进行证明. 对 $n \geqslant 1$ 令 π_n 是如引理 9.2.1 中给定的区间 $[0,t]$ 的分割. 下面简写 $t_{n,i}$ 为 t_i. 根据泰勒展式,

$$
\begin{aligned}
f(B_t) - f(B_0) &= \sum_{i=1}^{k_n} [f(B_{t_i}) - f(B_{t_{i-1}})] \\
&= \sum_{i=1}^{k_n} \Big[f'(B_{t_{i-1}})(B_{t_i} - B_{t_{i-1}}) + \frac{1}{2} f''(\xi_i)(B_{t_i} - B_{t_{i-1}})^2 \Big] \\
&= \int_0^t f'(B_n(s))\mathrm{d}B_s + \frac{1}{2} \sum_{i=1}^{k_n} f''(B_{t_i})(B_{t_i} - B_{t_{i-1}})^2 + \\
&\quad \frac{1}{2} \sum_{i=1}^{k_n} \big[f''(\xi_i) - f''(B_{t_{i-1}}) \big](B_{t_i} - B_{t_{i-1}})^2,
\end{aligned}
$$

其中 ξ_i 是 $B_{t_{i-1}}$ 和 B_{t_i} 之间的某个点, 而 $\{B_n(s)\}$ 是由 (9.2.3) 式定义的简单过程. 由伊藤等距公式,

$$
\begin{aligned}
&\mathbf{E}\Big\{ \Big[\int_0^t f'(B_n(s))\mathrm{d}B_s - \int_0^t f'(B_s)\mathrm{d}B_s \Big]^2 \Big\} \\
&= \mathbf{E}\Big\{ \Big[\int_0^t [f'(B_n(s)) - f'(B_s)]\mathrm{d}B_s \Big]^2 \Big\} \\
&= \int_0^t \mathbf{E}\{ [f'(B_n(s)) - f'(B_s)]^2 \}\mathrm{d}s.
\end{aligned}
$$

由控制收敛定理, 上式右端当 $n \to \infty$ 时趋于零. 这说明在 L^2 收敛意义下有

$$
\int_0^t f'(B_n(s))\mathrm{d}B_s \to \int_0^t f'(B_s)\mathrm{d}B_s. \tag{9.2.6}
$$

根据引理 9.2.1, 在 L^2 收敛意义下有

$$
\sum_{i=1}^{k_n} f''(B_{t_{i-1}})(B_{t_i} - B_{t_{i-1}})^2 \to \int_0^t f''(B_s)\mathrm{d}s. \tag{9.2.7}
$$

注意

$$
\begin{aligned}
&\Big| \sum_{i=1}^{k_n} \big[f''(\xi_i) - f''(B_{t_{i-1}}) \big](B_{t_i} - B_{t_{i-1}})^2 \Big| \\
&\leqslant \max_{1 \leqslant i \leqslant k_n} \big| f''(\xi_i) - f''(B_{t_{i-1}}) \big| \sum_{i=1}^{k_n} (B_{t_i} - B_{t_{i-1}})^2.
\end{aligned}
$$

根据布朗运动的轨道的连续性, 几乎必然地 $\max_i |f''(\xi_i) - f''(B_{t_{i-1}})| \to 0$, 故由定理 1.3.5 易知上式右边依概率收敛于零. 再综合 (9.2.6) 式和 (9.2.7)式, 即得 (9.2.5)式. $\square$

例 9.2.1 由布朗运动的伊藤公式知 $X_t = \mathrm{e}^{B_t}$ 满足方程

$$
X_t = 1 + \int_0^t X_s \mathrm{d}B_s + \frac{1}{2} \int_0^t X_s \mathrm{d}s, \quad t \geqslant 0.
$$

9.2.2 伊藤过程的伊藤公式

定义 9.2.1 令 $(B_t : t \geq 0)$ 是 $(\mathscr{F}_t)$ 标准布朗运动. 称随机过程 $(X_t : t \geq 0)$ 为伊藤过程, 是指它有下面的表示

$$X_t = X_0 + \int_0^t v(s)\mathrm{d}B_s + \int_0^t u(s)\mathrm{d}s, \quad t \geq 0, \tag{9.2.8}$$

其中 $v = \{v(t) : t \geq 0\} \in \mathscr{L}^2$ 而 $u = \{u(t) : t \geq 0\}$ 是 $(\mathscr{F}_t)$ 循序可测过程且满足

$$\int_0^t |u(s)|\mathrm{d}s < \infty, \quad t \geq 0.$$

为了表达上的简单, 在定义 9.2.1 的情况下, 我们经常将 (9.2.8) 式写成其微分形式:

$$\mathrm{d}X_t = v(t)\mathrm{d}B_t + u(t)\mathrm{d}t, \quad t \geq 0. \tag{9.2.9}$$

在本小节中, 我们将给出伊藤过程的函数所对应的伊藤公式. 这里的证明的基本想法和上节的非常类似. 因此这里只给出证明的概要.

定理 9.2.3 设 $v \in \mathscr{L}^2$. 对 $n \geq 1$ 令 π_n 是如引理 9.2.1 中给定的区间 $[0,t]$ 的分割, 则当 $n \to \infty$ 时在 L^2 收敛意义下有

$$\sum_{j=1}^{k_n} \left[I_{t_{n,j}}(v) - I_{t_{n,j-1}}(v)\right]^2 \to \int_0^t v(s)^2\mathrm{d}s. \tag{9.2.10}$$

证明 (概要) 只考虑 $v \in \mathscr{L}^2$ 是有界连续过程的情况. 为简单起见, 依然简写 $t_{n,j}$ 为 t_j. 于是当 $n \to \infty$ 时有

$$\sum_{j=1}^{k_n} \left[I_{t_{n,j}}(v) - I_{t_{n,j-1}}(v)\right]^2 = \sum_{j=1}^{k_n} \left[\int_{t_{j-1}}^{t_j} v(s)\mathrm{d}B_s\right]^2$$
$$= \sum_{j=1}^{k_n} v(t_{j-1})^2 (B_{t_j} - B_{t_{j-1}})^2 + o(1).$$

根据引理 9.2.1 即得 (9.2.10) 式. $\square$

定理 9.2.4 (伊藤公式) 令 $(X_t : t \geq 0)$ 是由 (9.2.8) 式给出的伊藤过程. 设 $[0,\infty) \times \mathbb{R}$ 上的函数 $f = f(t,x)$ 对 t 一次连续可微而对 x 二次连续可微. 若对 $t \geq 0$ 有

$$\mathbf{E}\left[\int_0^t f'_x(s, X_s)^2 v(s)^2\mathrm{d}s\right] < \infty,$$

则有

$$f(t, X_t) - f(0, X_0) = \int_0^t f'_x(s, X_s)v(s)\mathrm{d}B_s + \int_0^t f'_x(s, X_s)u(s)\mathrm{d}s +$$
$$\int_0^t f'_t(s, X_s)\mathrm{d}s + \frac{1}{2}\int_0^t f''_{xx}(s, X_s)v(s)^2\mathrm{d}s. \tag{9.2.11}$$

证明 (概要) 对 $n \geqslant 1$ 令 π_n 是如引理 9.2.1 中给定的区间 $[0, t]$ 的分割, 简写 $t_{n,i}$ 为 t_i, 则当 $n \to \infty$ 时有

$$
\begin{aligned}
f(t, X_t) - f(0, X_0) &= \sum_{i=1}^{k_n} \left[f(t_i, X_{t_i}) - f(t_i, X_{t_{i-1}}) \right] + \\
&\quad \sum_{i=1}^{k_n} \left[f(t_i, X_{t_{i-1}}) - f(t_{i-1}, X_{t_{i-1}}) \right] \\
&= \sum_{i=1}^{k_n} f_x'(t_i, X_{t_{i-1}})(X_{t_i} - X_{t_{i-1}}) + \\
&\quad \frac{1}{2} \sum_{i=1}^{k_n} f_{xx}''(t_i, X_{t_{i-1}})(X_{t_i} - X_{t_{i-1}})^2 + \\
&\quad \sum_{i=1}^{k_n} f_t'(t_{i-1}, X_{t_{i-1}})(t_i - t_{i-1}) + o(1).
\end{aligned}
$$

根据命题 9.1.11 有

$$
\begin{aligned}
&\sum_{i=1}^{k_n} f_x'(t_i, X_{t_{i-1}})(X_{t_i} - X_{t_{i-1}}) \\
&= \sum_{i=1}^{k_n} f_x'(t_i, X_{t_{i-1}}) \Big[\int_{t_{i-1}}^{t_i} v(s) \mathrm{d}B_s + \int_{t_{i-1}}^{t_i} u(s) \mathrm{d}s \Big] \\
&= \int_0^t g_n(s, X_n(s)) v(s) \mathrm{d}B_s + \int_0^t g_n(s, X_n(s)) u(s) \mathrm{d}s \\
&= \int_0^t f_x'(s, X_s) v(s) \mathrm{d}B_s + \int_0^t f_x'(s, X_s) u(s) \mathrm{d}s + o(1),
\end{aligned}
$$

其中

$$
g_n(s, x) = \sum_{i=1}^{k_n} f_x'(t_i, x) 1_{(t_{i-1}, t_i]}(s), \quad X_n(s) = \sum_{i=1}^{k_n} X_{t_{i-1}} 1_{(t_{i-1}, t_i]}(s).
$$

再注意

$$
\sum_{i=1}^{k_n} f_t'(t_{i-1}, X_{t_{i-1}})(t_i - t_{i-1}) = \int_0^t f_t'(s, X_s) \mathrm{d}s + o(1)
$$

和

$$
\begin{aligned}
&\sum_{i=1}^{k_n} f_{xx}''(t_i, X_{t_{i-1}})(X_{t_i} - X_{t_{i-1}})^2 \\
&= \sum_{i=1}^{k_n} f_{xx}''(t_i, X_{t_{i-1}}) \Big[\int_{t_{i-1}}^{t_i} v(s) \mathrm{d}B_s + \int_{t_{i-1}}^{t_i} u(s) \mathrm{d}s \Big]^2
\end{aligned}
$$

$$= \sum_{i=1}^{k_n} f''_{xx}(t_i, X_{t_{i-1}}) \Big[\int_{t_{i-1}}^{t_i} v(s) \mathrm{d}B_s \Big]^2 +$$

$$2 \sum_{i=1}^{k_n} f''_{xx}(t_i, X_{t_{i-1}}) \Big[\int_{t_{i-1}}^{t_i} v(s) \mathrm{d}B_s \int_{t_{i-1}}^{t_i} u(s) \mathrm{d}s \Big] +$$

$$\sum_{i=1}^{k_n} f''_{xx}(t_i, X_{t_{i-1}}) \Big[\int_{t_{i-1}}^{t_i} u(s) \mathrm{d}s \Big]^2.$$

由定理 9.2.3 有

$$\sum_{i=1}^{k_n} f''_{xx}(t_i, X_{t_{i-1}}) \Big[\int_{t_{i-1}}^{t_i} v(s) \mathrm{d}B_s \Big]^2 = \int_0^t f''_{xx}(s, X_s) v(s)^2 \mathrm{d}s + o(1).$$

经适当的误差估计后可得到

$$\Big| \sum_{i=1}^{k_n} f''_{xx}(t_i, X_{t_{i-1}}) \Big[\int_{t_{i-1}}^{t_i} v(s) \mathrm{d}B_s \int_{t_{i-1}}^{t_i} u(s) \mathrm{d}s \Big] \Big|$$

$$\leqslant \max_{1 \leqslant i \leqslant k_n} \Big| \int_{t_{i-1}}^{t_i} v(s) \mathrm{d}B_s \Big| \cdot \int_0^t |f''_{xx}(s, X_s) u(s)| \mathrm{d}s + o(1),$$

类似地,

$$\Big| \sum_{i=1}^{k_n} f''_{xx}(t_i, X_{t_{i-1}}) \Big[\int_{t_{i-1}}^{t_i} u(s) \mathrm{d}s \Big]^2 \Big|$$

$$\leqslant \max_{1 \leqslant i \leqslant k_n} \Big| \int_{t_{i-1}}^{t_i} u(s) \mathrm{d}s \Big| \cdot \int_0^t |f''_{xx}(s, X_s) u(s)| \mathrm{d}s + o(1).$$

由相关过程的连续性, 上面二式中的最大值当 $n \to \infty$ 时都几乎必然趋于零. 综合上面的计算即得 (9.2.11)式. □

例 9.2.2 令 $Z_t = B_t - t/2$, 根据伊藤公式有

$$\mathrm{d}\mathrm{e}^{Z_t} = \mathrm{e}^{Z_t} \mathrm{d}Z_t + \frac{1}{2} \mathrm{e}^{Z_t} \mathrm{d}t = \mathrm{e}^{Z_t} \mathrm{d}B_t.$$

因此 $\{\mathrm{e}^{Z_t} : t \geqslant 0\}$ 是连续鞅, 称为布朗运动的指数鞅.

*9.2.3 局部时和田中公式

设 $(B_t : t \geqslant 0)$ 是标准布朗运动. 作为伊藤随机积分和伊藤公式的应用, 我们将证明对于任意的 $t \geqslant 0$ 和 $x \in \mathbb{R}$ 存在 L^2 极限

$$L(t, x) = \lim_{\varepsilon \to 0} \frac{1}{2\varepsilon} \int_0^t 1_{\{|B_s - x| \leqslant \varepsilon\}} \mathrm{d}s. \tag{9.2.12}$$

随机变量 $L(t, x)$ 称为 $(B_t : t \geqslant 0)$ 在时刻 $t \geqslant 0$ 前在点 $x \in \mathbb{R}$ 处的局部时. 它描述了布朗运动处在位置 x 的累积时间的变化过程. 定义函数

$$f_\varepsilon(z) = \begin{cases} |z - x|, & |z - x| > \varepsilon, \\ (\varepsilon + (z - x)^2/\varepsilon)/2, & |z - x| \leqslant \varepsilon. \end{cases}$$

引理 9.2.5　对于每个 $t \geqslant 0$, 几乎必然地有

$$f_\varepsilon(B_t) - f_\varepsilon(B_0) = \int_0^t f_\varepsilon'(B_s) \mathrm{d}B_s + \frac{1}{2\varepsilon} \int_0^t 1_{\{|B_s - x| \leqslant \varepsilon\}} \mathrm{d}s. \tag{9.2.13}$$

证明　我们将用无限可微函数列对 f_ε 进行逼近, 并以此为基础导出 (9.2.13) 式. 注意

$$f_\varepsilon'(z) = \begin{cases} 1, & z > x + \varepsilon, \\ -1, & z < x - \varepsilon, \\ (z - x)/\varepsilon, & |z - x| \leqslant \varepsilon. \end{cases}$$

另外, 当 $|z - x| \neq \varepsilon$ 时有 $f_\varepsilon''(z) = \varepsilon^{-1} 1_{\{|z-x| \leqslant \varepsilon\}}$. 定义

$$\phi(z) = \begin{cases} c \exp\{-(1 - z^2)^{-1}\}, & |z| < 1, \\ 0, & |z| \geqslant 1, \end{cases}$$

其中 $c > 0$ 为规范化常数, 使得 $\int_{\mathbb{R}} \phi(y) \mathrm{d}y = 1$. 再定义 $\phi_n(z) = n\phi(nz)$ 和

$$g_n(z) = \int_{\mathbb{R}} f_\varepsilon(z - y)\phi_n(y) \mathrm{d}y, \quad z \in \mathbb{R},$$

则 g_n 是无限可微的函数. 易知当 $n \to \infty$ 时有 $g_n(z) \to f_\varepsilon(z)$ 和 $g_n'(z) \to f_\varepsilon'(z)$ 且收敛对 $z \in \mathbb{R}$ 一致成立, 同时 $g_n''(z) \to \varepsilon^{-1} 1_{\{|z-x| \leqslant \varepsilon\}}$ 除了 $z = x \pm \varepsilon$ 外逐点成立. 对于 $g_n(B_t)$ 应用伊藤公式得

$$g_n(B_t) - g_n(B_0) = \int_0^t g_n'(B_s) \mathrm{d}B_s + \frac{1}{2} \int_0^t g_n''(B_s) \mathrm{d}s. \tag{9.2.14}$$

根据控制收敛定理有

$$\lim_{n \to \infty} \mathbf{E}\left\{ \int_0^t [g_n'(B_s) - f_\varepsilon'(B_s)]^2 \mathrm{d}s \right\} = 0.$$

再由伊藤同构, 在 L^2 收敛意义下,

$$\lim_{n \to \infty} \int_0^t g_n'(B_s) \mathrm{d}B_s = \int_0^t f_\varepsilon'(B_s) \mathrm{d}B_s.$$

注意, 对每个 $s > 0$ 有 $\mathbf{P}(B_s = x + \varepsilon$ 或 $x - \varepsilon) = 0$, 故 $\lim\limits_{n \to \infty} g_n''(B_s) = \varepsilon^{-1} 1_{\{|B_s - x| \leqslant \varepsilon\}}$ 几乎必然成立. 根据富比尼定理, 几乎必然地该收敛对几乎处处的 $s \geqslant 0$ 成立. 由于 $g_n''(z) \leqslant \varepsilon^{-1}$, 根据有界收敛定理, 在几乎必然和 L^2 收敛意义下有

$$\lim_{n \to \infty} \int_0^t g_n''(B_s)\mathrm{d}s = \frac{1}{\varepsilon} \int_0^t 1_{\{|B_s - x| \leqslant \varepsilon\}}\mathrm{d}s.$$

这样, 在 (9.2.14) 式令 $n \to \infty$ 即知 (9.2.13) 式几乎必然成立. □

定理 9.2.6　对 $t \geqslant 0$ 和 $x \in \mathbb{R}$ 令 $L(t, x)$ 由 (9.2.12) 式定义, 则几乎必然有

$$|B_t - x| - |B_0 - x| = \int_0^t \mathrm{sgn}(B_s - x)\mathrm{d}B_s + L(t, x). \tag{9.2.15}$$

证明　注意当 $\varepsilon \to 0$ 时对 $z \in \mathbb{R}$ 一致地有 $|f_\varepsilon(z) \to |z - x|$. 根据控制收敛定理有

$$\lim_{\varepsilon \to 0} \mathbf{E}\left\{ \int_0^t [f_\varepsilon'(B_s) - \mathrm{sgn}(B_s - x)]^2 \mathrm{d}s \right\} = 0.$$

再由伊藤同构, 在 L^2 收敛意义下有

$$\lim_{n \to \infty} \int_0^t f_\varepsilon'(B_s)\mathrm{d}B_s = \int_0^t \mathrm{sgn}(B_s - x)\mathrm{d}B_s.$$

由 (9.2.13) 式可知 L^2 极限 (9.2.12) 存在且 (9.2.15) 式成立. □

通常称 (9.2.15) 式为田中 (Tanaka) 公式. 局部时和田中公式在布朗运动的理论中扮演着关键角色. 由 (9.2.13) 式可以看出 $t \mapsto L(t, x)$ 有连续的修正, 再由 (9.2.13) 式知该修正几乎必然关于 $t \geqslant 0$ 单调不降. 实际上 $L(t, x)$ 有一个关于 $(t, x) \in [0, \infty) \times \mathbb{R}$ 连续的版本; 参见 [22, p.239, Theorem 9.4].

练习题

1. 利用伊藤公式将下列泛函写成形如 (9.2.9) 式的形式:

(1) $X_t = B_t^2$;　(2) $Y_t = B_t^3$;　(3) $Z_t = t + \mathrm{e}^{B_t}$.

2. 对 $v \in \mathscr{L}^2$ 令

$$Z_t = \exp\left\{ \int_0^t v(s)\mathrm{d}B_s - \frac{1}{2} \int_0^t v(s)^2 \mathrm{d}s \right\}.$$

假设 $\{v(t)Z_t\} \in \mathscr{L}^2$. 证明 $\mathrm{d}Z_t = v(t)Z_t\mathrm{d}B_t$.

3. 设 (B_t) 是标准布朗运动. 对 $t \geqslant 0$ 和 $n \geqslant 1$ 令 $\beta_n(t) = \mathbf{E}(B_t^n)$. 证明

$$\beta_n(t) = \frac{1}{2}n(n-1) \int_0^t \beta_{n-2}(s)\mathrm{d}s, \quad n \geqslant 2,$$

并据此求出 $\mathbf{E}(B_t^4)$ 和 $\mathbf{E}(B_t^6)$.

4. 证明下列过程是鞅:

(1) $X_t = \mathrm{e}^{t/2}\cos B_t$;   (2) $Y_t = \mathrm{e}^{t/2}\sin B_t$;   (3) $Z_t = (B_t + t)\mathrm{e}^{-B_t - t/2}$.

5. 证明对 $t \geqslant 0$ 和 $x \in \mathbb{R}$ 几乎必然有

$$(B_t - x) \vee 0 - (B_0 - x) \vee 0 = \int_0^t 1_{\{B_s > x\}}\mathrm{d}B_s + \frac{1}{2}L(t, x).$$

9.3 随机微分方程

在本节中, 我们对于系数满足利普希茨 (Lipschitz) 条件的一维随机方程, 建立其解的存在性和唯一性, 证明解的强马氏性, 并简单讨论抛物型偏微分方程的柯西初值问题的概率表示.

9.3.1 解和解的唯一性

设 $(\Omega, \mathscr{F}, \mathbf{P})$ 是完备概率空间, 而 $(\mathscr{F}_t : t \geqslant 0)$ 是此空间上的满足通常条件的 σ 代数流. 令 $(B_t : t \geqslant 0)$ 是 $(\mathscr{F}_t)$ 标准布朗运动. 给定 $\mathbb{R}$ 上的连续函数 σ 和 b, 我们考虑随机微分方程:

$$\mathrm{d}X_t = \sigma(X_t)\mathrm{d}B_t + b(X_t)\mathrm{d}t, \quad t \geqslant 0. \tag{9.3.1}$$

称函数 σ 和 b 满足利普希茨条件, 是指存在常数 $K \geqslant 0$ 使得

$$|\sigma(x) - \sigma(y)| + |b(x) - b(y)| \leqslant K|x - y|, \quad x, y \in \mathbb{R}. \tag{9.3.2}$$

定义 9.3.1   称连续的 $(\mathscr{F}_t)$ 循序可测过程 $(X_t : t \geqslant 0)$ 是随机微分方程 (9.3.1) 的解, 是指几乎必然地

$$X_t = X_0 + \int_0^t \sigma(X_s)\mathrm{d}B_s + \int_0^t b(X_s)\mathrm{d}s, \quad t \geqslant 0. \tag{9.3.3}$$

称方程 (9.3.1) 的解的唯一性或解的轨道唯一性成立, 是指它的任何满足 $X_0 \overset{\text{a.s.}}{=} Y_0$ 的解 $(X_t : t \geqslant 0)$ 和 $(Y_t : t \geqslant 0)$ 都是无区别的, 即有

$$\mathbf{P}(X_t = Y_t \text{ 对一切 } t \geqslant 0 \text{ 成立}) = 1.$$

引理 9.3.1   设 h 为区间 $[0, T]$ 上的可积函数. 若有常数 $C \geqslant 0$ 使得

$$f(t) = h(t) + C\int_0^t \mathrm{e}^{C(t-s)}h(s)\mathrm{d}s, \quad 0 \leqslant t \leqslant T, \tag{9.3.4}$$

则有

$$f(t) = h(t) + C \int_0^t f(s)\mathrm{d}s, \quad 0 \leqslant t \leqslant T. \tag{9.3.5}$$

证明 由 (9.3.4) 式以及分部积分公式可得

$$h(t) + C \int_0^t f(s)\mathrm{d}s$$

$$= h(t) + C \int_0^t h(s)\mathrm{d}s + C \int_0^t \Big[C\mathrm{e}^{Cs} \int_0^s \mathrm{e}^{-Cr}h(r)\mathrm{d}r \Big]\mathrm{d}s$$

$$= h(t) + C\mathrm{e}^{Ct} \int_0^t \mathrm{e}^{-Cr}h(r)\mathrm{d}r = f(t).$$

这就证明了 (9.3.5)式. $\square$

下面的结果称为格朗沃尔 (Gronwall) 不等式:

引理 9.3.2 设 g 和 h 是区间 $[0, T]$ 上的可积函数. 若有常数 $C \geqslant 0$ 使得

$$g(t) \leqslant h(t) + C \int_0^t g(s)\mathrm{d}s, \quad 0 \leqslant t \leqslant T, \tag{9.3.6}$$

则有

$$g(t) \leqslant h(t) + C \int_0^t \mathrm{e}^{C(t-s)}h(s)\mathrm{d}s, \quad 0 \leqslant t \leqslant T. \tag{9.3.7}$$

证明 令 $f(t)$ 由 (9.3.4) 式给出, 并记 $\Delta(t) = f(t) - g(t)$. 由 (9.3.5) 式和 (9.3.6) 式可得

$$\Delta(t) \geqslant C \int_0^t \Delta(s)\mathrm{d}s, \quad 0 \leqslant t \leqslant T.$$

反复应用上式有

$$\Delta(t) \geqslant C^2 \int_0^t \mathrm{d}s \int_0^s \Delta(r)\mathrm{d}r = C^2 \int_0^t (t-r)\Delta(r)\mathrm{d}r$$

$$\geqslant C^3 \int_0^t (t-r)\mathrm{d}r \int_0^r \Delta(s)\mathrm{d}s = \frac{C^3}{2} \int_0^t (t-s)^2 \Delta(s)\mathrm{d}s$$

$$\geqslant \cdots \geqslant \frac{C^n}{(n-1)!} \int_0^t (t-s)^{n-1} \Delta(s)\mathrm{d}s.$$

在上式两端令 $n \to \infty$ 得 $\Delta(t) \geqslant 0$, 即 (9.3.7) 式成立. $\square$

定理 9.3.3 设函数 σ 和 b 满足利普希茨条件 (9.3.2), 则存在常数 $C \geqslant 0$ 使对 (9.3.3) 式的任意的两个解 $(X_t : t \geqslant 0)$ 和 $(Y_t : t \geqslant 0)$ 有

$$\mathbf{E}[(Y_t - X_t)^2] \leqslant 3\mathbf{E}[(Y_0 - X_0)^2] \exp\{Ct(t+1)\}, \quad t \geqslant 0. \tag{9.3.8}$$

证明　只需考虑 $\mathbf{E}[(Y_0 - X_0)^2] < \infty$ 的情形. 为简单起见, 此证明假定 σ 和 b 是有界的利普希茨函数. 对于一般情况类似结果的证明, 可以参见 [22, pp.216–218]. 因为 $(X_t : t \geqslant 0)$ 和 $(Y_t : t \geqslant 0)$ 都是 (9.3.3) 式的解, 我们有

$$X_t - Y_t = X_0 - Y_0 + \int_0^t [\sigma(X_s) - \sigma(Y_s)]\mathrm{d}B_s + \int_0^t [b(X_s) - b(Y_s)]\mathrm{d}s.$$

由伊藤等距公式和柯西–施瓦茨不等式, 有

$$\begin{aligned}
\mathbf{E}[(X_t - Y_t)^2] &\leqslant 3\mathbf{E}[(X_0 - Y_0)^2] + 3\mathbf{E}\left\{\left[\int_0^t (\sigma(X_s) - \sigma(Y_s))\mathrm{d}B_s\right]^2\right\} + \\
&\quad 3\mathbf{E}\left\{\left[\int_0^t (b(X_s) - b(Y_s))\mathrm{d}s\right]^2\right\} \\
&\leqslant 3\mathbf{E}\{(X_0 - Y_0)^2\} + 3\int_0^t \mathbf{E}\{[\sigma(X_s) - \sigma(Y_s)]^2\}\mathrm{d}s + \\
&\quad 3t\int_0^t \mathbf{E}\{[b(X_s) - b(Y_s)]^2\}\mathrm{d}s. \qquad (9.3.9)
\end{aligned}$$

任取 $T \geqslant 0$. 因为 σ 和 b 是有界函数, 由上式知函数 $t \mapsto \mathbf{E}[(X_t - Y_t)^2]$ 在区间 $[0, T]$ 上有界, 因而可积. 再由 (9.3.9) 式和利普希茨性质有

$$\mathbf{E}[(X_t - Y_t)^2] \leqslant 3\mathbf{E}[(X_0 - Y_0)^2] + 3K^2(T+1)\int_0^t \mathbf{E}[(X_s - X_s)^2]\mathrm{d}s.$$

根据格朗沃尔不等式,

$$\mathbf{E}[(Y_t - X_t)^2] \leqslant 3\mathbf{E}[(Y_0 - X_0)^2]\exp\{3K^2(T+1)t\}, \quad 0 \leqslant t \leqslant T.$$

最后令 $C = 3K^2$ 和 $t = T$ 即得 (9.3.8)式. □

定理 9.3.4　设函数 σ 和 b 满足利普希茨条件 (9.3.2), 则随机微分方程 (9.3.1) 的解的轨道唯一性成立.

证明　当 $X_0 \overset{\text{a.s.}}{=} Y_0$ 时, 由定理 9.3.3 可知对 $t \geqslant 0$ 有 $\mathbf{E}[(X_t - Y_t)^2] = 0$, 从而 $\mathbf{P}(X_t = Y_t) = 1$. 再由 $(X_t : t \geqslant 0)$ 和 $(Y_t : t \geqslant 0)$ 的连续性知它们是无区别的, 即解的轨道唯一性对 (9.3.3) 式成立. □

9.3.2　解的存在性

引理 9.3.5　对于任何给定的 $T \geqslant 0$ 存在连续 $(\mathscr{F}_t)$ 循序可测过程 $(X_t : t \in [0, T])$ 使得 (9.3.3) 式几乎必然对一切 $t \in [0, T]$ 成立.

证明　此证明仍然假定 σ 和 b 是有界的利普希茨函数. 对于一般情况类似结果的证明, 可以参见 [22, pp.216–218]. 令 $\xi_0(t) = X_0$ 并对 $n \geqslant 0$ 递推地定义 $\xi_n(t)$ 如下

$$\xi_{n+1}(t) = X_0 + \int_0^t \sigma(\xi_n(s))\mathrm{d}B_s + \int_0^t b(\xi_n(s))\mathrm{d}s, \qquad (9.3.10)$$

则每个 $\{\xi_n(t) : t \geqslant 0\}$ 都连续 $(\mathscr{F}_t)$ 循序可测过程. 注意

$$
\begin{aligned}
\xi_{n+1}(t) - \xi_n(t) = &\int_0^t [\sigma(\xi_n(s)) - \sigma(\xi_{n-1}(s))]\mathrm{d}B_s + \\
&\int_0^t [b(\xi_n(s)) - b(\xi_{n-1}(s))]\mathrm{d}s.
\end{aligned}
\tag{9.3.11}
$$

类似于定理 9.3.3 的证明中的讨论, 函数 $t \mapsto \mathbf{E}\{[\xi_{n+1}(t) - \xi_n(t)]^2\}$ 在区间 $[0, T]$ 上有界且

$$
\mathbf{E}\{[\xi_{n+1}(t) - \xi_n(t)]^2\} \leqslant 2K^2(T+1) \int_0^t \mathbf{E}\{[\xi_n(s) - \xi_{n-1}(s)]^2\}\mathrm{d}s.
$$

记 $C = 2K^2(T+1)$ 和 $G_n(t) = \mathbf{E}\{[\xi_{n+1}(t) - \xi_n(t)]^2\}$, 则有

$$
\begin{aligned}
G_n(t) &\leqslant C \int_0^t G_{n-1}(s_1)\mathrm{d}s_1 \leqslant C^2 \int_0^t \mathrm{d}s_1 \int_0^{s_1} G_{n-2}(s_2)\mathrm{d}s_2 \\
&\leqslant \cdots \leqslant C^n \int_0^t \mathrm{d}s_1 \int_0^{s_1} \mathrm{d}s_2 \cdots \int_0^{s_{n-1}} G_0(s_n)\mathrm{d}s_n.
\end{aligned}
\tag{9.3.12}
$$

注意到

$$
G_0(t) = \mathbf{E}\{[\sigma(X_0)B_t + tb(X_0)]^2\} \leqslant 2(\|\sigma\|^2 + \|b\|^2 t)t \leqslant A,
$$

其中 $A = 2(\|\sigma\|^2 + \|b\|^2 T)T$. 将上式代入 (9.3.12) 式并对右侧积分可得

$$
\mathbf{E}\{[\xi_{n+1}(t) - \xi_n(t)]^2\} \leqslant \frac{AC^n t^n}{n!}, \quad 0 \leqslant t \leqslant T.
\tag{9.3.13}
$$

由 (9.3.11) 式可得

$$
\begin{aligned}
\sup_{0 \leqslant t \leqslant T} |\xi_{n+1}(t) - \xi_n(t)| \leqslant &\sup_{0 \leqslant t \leqslant T} \left| \int_0^t [\sigma(\xi_n(s)) - \sigma(\xi_{n-1}(s))]\mathrm{d}B_s \right| + \\
&\int_0^T |b(\xi_n(s)) - b(\xi_{n-1}(s))|\mathrm{d}s.
\end{aligned}
$$

根据鞅不等式和伊藤等距公式,

$$
\begin{aligned}
&\mathbf{P}\left\{ \sup_{0 \leqslant t \leqslant T} |\xi_{n+1}(t) - \xi_n(t)| \geqslant 2^{-n} \right\} \\
&\leqslant \mathbf{P}\left\{ \sup_{0 \leqslant t \leqslant T} \left| \int_0^t [\sigma(\xi_n(s)) - \sigma(\xi_{n-1}(s))]\mathrm{d}B_s \right| \geqslant 2^{-n-1} \right\} + \\
&\quad \mathbf{P}\left\{ \int_0^T |b(\xi_n(s)) - b(\xi_{n-1}(s))|\mathrm{d}s \geqslant 2^{-n-1} \right\} \\
&\leqslant 4^{n+1} \mathbf{E}\left\{ \left| \int_0^T [\sigma(\xi_n(s)) - \sigma(\xi_{n-1}(s))]\mathrm{d}B_s \right|^2 \right\} + \\
&\quad 4^{n+1} \mathbf{E}\left\{ \left[\int_0^T |b(\xi_n(s)) - b(\xi_{n-1}(s))|\mathrm{d}s \right]^2 \right\}
\end{aligned}
$$

$$\leqslant 4^{n+1} \int_0^T \mathbf{E}\{|\sigma(\xi_n(s)) - \sigma(\xi_{n-1}(s))|^2\}\mathrm{d}s +$$

$$4^{n+1}T \int_0^T \mathbf{E}\{|b(\xi_n(s)) - b(\xi_{n-1}(s))|^2\}\mathrm{d}s.$$

由 σ 和 b 的利普希茨性质并应用 (9.3.13) 式得

$$\mathbf{P}\Big\{ \sup_{0 \leqslant t \leqslant T} |\xi_{n+1}(t) - \xi_n(t)| \geqslant 2^{-n} \Big\}$$

$$\leqslant 4^{n+1} K^2(T+1) \int_0^T \mathbf{E}\{|\xi_n(s) - \xi_{n-1}(s)|^2\}\mathrm{d}s$$

$$\leqslant 4^{n+1} K^2(T+1) \int_0^T \frac{AC^{n-1}s^{n-1}}{(n-1)!}\mathrm{d}s$$

$$\leqslant 4^{n+1} K^2(T+1) \frac{AC^{n-1}T^n}{n!}$$

$$= \frac{4^{n+1}}{2n!} AC^n T^n.$$

于是

$$\sum_{n=1}^{\infty} \mathbf{P}\Big\{ \sup_{0 \leqslant t \leqslant T} |\xi_{n+1}(t) - \xi_n(t)| \geqslant 2^{-n} \Big\} < \infty.$$

根据博雷尔–坎泰利引理,

$$\mathbf{P}\Big\{ \sup_{0 \leqslant t \leqslant T} |\xi_{n+1}(t) - \xi_n(t)| \geqslant 2^{-n} \text{ 对无穷多个 } n \text{ 成立} \Big\} = 0.$$

所以存在 $\Omega_T \in \mathscr{F}_0$ 满足 $\mathbf{P}(\Omega_T) = 1$ 且对一切 $\omega \in \Omega_T$ 当 $n \to \infty$ 时

$$\xi_n(t, \omega) = X_0 + \sum_{k=i}^{n} [\xi_k(t, \omega) - \xi_{k-1}(t, \omega)]$$

关于 $t \in [0, T]$ 一致收敛. 现在令

$$X_t(\omega) = \lim_{n \to \infty} \xi_n(t, \omega) 1_{\Omega_T}(\omega), \quad \omega \in \Omega. \tag{9.3.14}$$

因为每个 $\{\xi_n(t) : t \in [0, T]\}$ 都是连续 $(\mathscr{F}_t)$ 循序可测过程, 所以 $\{X_t : t \in [0, T]\}$ 也是连续 $(\mathscr{F}_t)$ 循序可测过程. 由于 b 有界且连续, 根据控制收敛定理, 对 $\omega \in \Omega_T$ 和 $t \in [0, T]$ 有

$$\lim_{n \to \infty} \int_0^t b(\xi_n(s, \omega))\mathrm{d}s = \int_0^t b(X_s(\omega))\mathrm{d}s. \tag{9.3.15}$$

同样根据控制收敛定理, 对 $t \in [0, T]$ 有

$$\lim_{n \to \infty} \int_0^t \mathbf{E}\{[\sigma(\xi_n(s)) - \sigma(X_s)]^2\}\mathrm{d}s = 0.$$

由伊藤等距公式, 在 L^2 收敛意义下有

$$\lim_{n\to\infty}\int_0^t \sigma(\xi_n(s))\mathrm{d}B_s = \int_0^t \sigma(X_s)\mathrm{d}B_s, \tag{9.3.16}$$

进而该收敛对某个子列在几乎处处收敛的意义下成立. 综合 (9.3.10) 式以及 (9.3.14)—(9.3.16) 式可知 (9.3.3) 式对 $t \in [0,T]$ 几乎必然成立. 再由等号两边的连续性知方程 (9.3.3) 几乎必然对以一切 $t \in [0,T]$ 成立. $\square$

定理 9.3.6 设函数 σ 和 b 满足利普希茨条件 (9.3.2), 则对任意给定的 $\mathscr{F}_0$ 可测的随机变量 X_0, 随机微分方程 (9.3.3) 有唯一的解 $(X_t : t \geqslant 0)$.

证明 方程 (9.3.3) 的解的轨道唯一性由定理 9.3.4 保证. 所以我们只需证明 (9.3.3) 式的解的存在性. 由引理 9.3.5, 对每个 $n \geqslant 1$ 存在连续 $(\mathscr{F}_t)$ 循序可测过程 $\{X_n(t) : t \in [0,n]\}$ 满足 (9.3.3) 式且 $X_n(0) = X_0$. 与定理 9.3.4 的证明类似地不难看出 $\{X_n(t) : t \in [0,n]\}$ 和 $\{X_{n+1}(t) : t \in [0,n]\}$ 是无区别的, 即存在 $\Omega_n \in \mathscr{F}_0$ 满足 $\mathbf{P}(\Omega_n) = 1$ 且对 $\omega \in \Omega_n$ 和 $t \in [0,n]$ 有 $X_n(t) = X_{n+1}(t)$. 令 $\Omega_0 = \bigcap_{n\geqslant 1} \Omega_n \in \mathscr{F}_0$, 则 $\mathbf{P}(\Omega_0) = 1$. 再定义

$$X_t(\omega) = \sum_{n=1}^{\infty} X_n(t,\omega) 1_{[n-1,n)}(t) 1_{\Omega_0}(\omega), \quad t \geqslant 0, \omega \in \Omega.$$

显然 $(X_t : t \geqslant 0)$ 是方程 (9.3.3) 的解. $\square$

例 9.3.1 令 σ 和 b 为实常数. 再设 $(B_t : t \geqslant 0)$ 为 $(\mathscr{F}_t)$ 标准布朗运动. 给定 $\mathscr{F}_0$ 可测的初值 X_0, 定义连续 $(\mathscr{F}_t)$ 循序可测随机过程:

$$X_t = \mathrm{e}^{-bt}\Big(X_0 + \sigma\int_0^t \mathrm{e}^{bs}\mathrm{d}B_s\Big). \tag{9.3.17}$$

通常称 $(X_t : t \geqslant 0)$ 为奥恩斯坦–乌伦贝克 (Ornstein-Uhlenbeck) 过程. 由 (9.3.17) 式和伊藤公式可以看出, 此过程满足下面的朗之万 (Langevin) 方程:

$$\mathrm{d}X_t = \sigma\mathrm{d}B_t - bX_t\mathrm{d}t, \quad t \geqslant 0. \tag{9.3.18}$$

朗之万方程最初被用于描述微观粒子在粘性介质中的运动速度随时间的变化. 该模型在金融研究中也有很多应用, 参见 [21].

例 9.3.2 令 σ 和 β 是给定的实常数. 再设 $(B_t : t \geqslant 0)$ 为 $(\mathscr{F}_t)$ 标准布朗运动. 我们称连续 $(\mathscr{F}_t)$ 循序可测随机过程 $(S_t : t \geqslant 0)$ 为几何布朗运动, 是指它满足随机微分方程:

$$\mathrm{d}S_t = \sigma S_t\mathrm{d}B_t + \beta S_t\mathrm{d}t, \quad t \geqslant 0. \tag{9.3.19}$$

根据定理 9.3.4, 对于任意的 $\mathscr{F}_0$ 可测的初值 S_0 方程 (9.3.19) 有唯一的解 $(S_t : t \geqslant 0)$. 该解可以表示为

$$S_t = S_0\mathrm{e}^{bt+\sigma B_t}, \quad t \geqslant 0, \tag{9.3.20}$$

其中 $b = \beta - \sigma^2/2$. 对 (9.3.20) 式取期望得

$$\mathbf{E}(S_t) = \mathbf{E}(S_0)\mathrm{e}^{\beta t}.$$

可见 $t \mapsto \mathbf{E}(S_t)$ 以指数函数的速度变化. 几何布朗运动就是金融学中著名的布莱克-斯科尔斯 (Black-Scholes) 模型, 在期权定价等理论中有重要的应用, 参见 [21].

9.3.3　解的强马氏性

设 $(\Omega, \mathscr{F}, \mathbf{P})$ 是带有加强流 $(\mathscr{F}_t : t \geqslant 0)$ 的完备概率空间, 而 $(B_t : t \geqslant 0)$ 是 $(\mathscr{F}_t)$ 标准布朗运动. 再设函数 σ 和 b 满足利普希茨条件 (9.3.2). 根据定理 9.3.6, 给定 $\mathscr{F}_0$ 可测随机变量 X_0, 随机微分方程 (9.3.1) 有唯一的解 $(X_t : t \geqslant 0)$. 特别地, 对 $x \in \mathbb{R}$ 有 (9.3.1) 式的唯一解 $(X_t^x : t \geqslant 0)$ 满足 $X_0^x = x$. 用 $P_t(x, \cdot)$ 表示 X_t^x 在 $(\mathbb{R}, \mathscr{B})$ 上的分布, 即

$$P_t(x, A) = \mathbf{P}(X_t^x \in A), \quad A \in \mathscr{B}. \tag{9.3.21}$$

再令

$$P_t f(x) = \int_{\mathbb{R}} f(y) P_t(x, \mathrm{d}y), \quad f \in \mathrm{b}\mathscr{B}. \tag{9.3.22}$$

根据定理 9.3.3, 当 $x_n \to x \in \mathbb{R}$ 时在 L^2 收敛意义下有 $X_t^{x_n} \to X_t^x$, 故 $P_t(x_n, \cdot) \xrightarrow{\mathrm{w}} P_t(x, \cdot)$. 令 $C_b(\mathbb{R})$ 表示 $\mathbb{R}$ 上的有界连续函数的全体. 根据上面的分析不难证明, 当 $f \in C_b(\mathbb{R})$ 时有 $P_t f \in C_b(\mathbb{R})$. 利用邓肯类定理可以证明, 对任意的 $A \in \mathscr{B}$ 函数 $x \mapsto P_t(x, A)$ 关于 $\mathscr{B}$ 可测, 因此 P_t 是 $(\mathbb{R}, \mathscr{B})$ 上的马氏转移核. 此外, 由 $(X_t^x : t \geqslant 0)$ 的轨道的连续性, 当 $f \in C_b(\mathbb{R})$ 时有

$$\lim_{t \to 0} P_t f(x) = \lim_{t \to 0} \mathbf{E}[f(X_t^x)] = f(x), \quad x \in \mathbb{R}. \tag{9.3.23}$$

定理 9.3.7　由 (9.3.21) 式定义的马氏转移核 $(P_t)_{t \geqslant 0}$ 构成转移半群, 且 (9.3.3) 式的解 $(X_t : t \geqslant 0)$ 相对于流 $(\mathscr{F}_t)$ 满足以 $(P_t)_{t \geqslant 0}$ 为转移半群的强马氏性.

证明　给定 $r \geqslant 0$ 令 $B_{r,t} = B_{r+t} - B_r$ 和 $\mathscr{F}_{r+t} = \mathscr{F}_{r+t}$. 易知 $(B_{r,t} : t \geqslant 0)$ 是关于流 $(\mathscr{F}_{r,t} : t \geqslant 0)$ 的标准布朗运动. 由 (9.3.3) 式得

$$X_{r+t} = X_r + \int_0^t \sigma(X_{r+s}) \mathrm{d}B_{r,s} + \int_0^t b(X_{r+s}) \mathrm{d}s, \quad t \geqslant 0. \tag{9.3.24}$$

注意, 这里 X_r 关于 $\mathscr{F}_{r,0} = \mathscr{F}_r$ 可测. 对比 (9.3.3) 式和 (9.3.24) 式我们发现 $(X_{r,t} : t \geqslant 0)$ 也是具有系数 σ 和 b 的随机微分方程的以 X_r 为初值的解. 由 (9.3.21) 式和 (9.3.24) 式直观地推得

$$\mathbf{P}(X_{r+t} \in A | \mathscr{F}_r) = P_t(X_r, A), \quad A \in \mathscr{B}. \tag{9.3.25}$$

(此步的严格论证需要更多工作, 这里从略, 详见 [22, pp.221–222].) 特别地, 对 $(X_t^x : t \geqslant 0)$ 应用 (9.3.25) 式得

$$\mathbf{P}(X_{r+t}^x \in A) = \mathbf{E}[\mathbf{P}(X_{r+t}^x \in A | \mathscr{F}_r)] = \mathbf{E}[P_t(X_r^x, A)],$$

即有

$$P_{r+t}(x, A) = \int_{\mathbb{R}} P_r(x, \mathrm{d}y) P_t(y, A), \quad A \in \mathscr{B}.$$

所以 $(P_t)_{t \geqslant 0}$ 构成 $(\mathbb{R}, \mathscr{B})$ 上的马氏转移半群, 而 (9.3.25) 式说明 $(X_t : t \geqslant 0)$ 满足相对于流 $(\mathscr{F}_t)$ 以 $(P_t)_{t \geqslant 0}$ 为转移半群的马氏性. 利用 (9.3.23)式, 与定理 8.2.12 的证明类似地可以推出强马氏性成立. □

通常称连续的强马氏过程为扩散过程. 根据定理 9.3.7, 随机微分方程 (9.3.3) 的解 $(X_t : t \geqslant 0)$ 相对于流 $(\mathscr{F}_t)$ 是具有转移半群 $(P_t)_{t \geqslant 0}$ 的扩散过程. 分别称 σ 和 b 为 $(X_t : t \geqslant 0)$ 的扩散系数和漂移系数.

命题 9.3.8 若 σ 和 b 是有界的利普希茨函数, 则 $(P_t)_{t \geqslant 0}$ 是费勒半群.

证明 因 (9.3.23) 式对于一切有界连续函数 f 成立, 只需证明当 $f \in C_0(\mathbb{R})$ 时有 $P_t f \in C_0(\mathbb{R})$. 根据 (9.3.3) 式有

$$\begin{aligned}
\mathbf{E}[(X_t^x - x)^2] &\leqslant 2\mathbf{E}\left\{ \left[\int_0^t \sigma(X_s^x)\mathrm{d}B_s \right]^2 \right\} + 2\mathbf{E}\left\{ \left[\int_0^t b(X_s^x)\mathrm{d}s \right]^2 \right\} \\
&\leqslant 2\mathbf{E}\left[\int_0^t \sigma(X_s^x)^2 \mathrm{d}s \right] + 2t\mathbf{E}\left[\int_0^t b(X_s^x)^2 \mathrm{d}s \right] \\
&\leqslant 2t(\|\sigma\|^2 + t\|b\|^2).
\end{aligned}$$

根据上式和马尔可夫不等式,

$$\lim_{r \to \infty} \sup_{x \in \mathbb{R}} \mathbf{P}(|X_t^x - x| > r) = 0.$$

对于 $r > 0$ 有

$$\mathbf{E}[f(X_t^x)] \leqslant \mathbf{E}[f(X_t^x) 1_{\{|X_t^x - x| \leqslant r\}}] + \|f\| \mathbf{P}(|X_t^x - x| > r).$$

由上式和有界收敛定理得

$$\limsup_{|x| \to \infty} \mathbf{E}[f(X_t^x)] \leqslant \|f\| \sup_{x \in \mathbb{R}} \mathbf{P}(|X_t^x - x| > r).$$

再由 $r > 0$ 的任意性,

$$\lim_{|x| \to \infty} P_t f(x) = \lim_{|x| \to \infty} \mathbf{E}[f(X_t^x)] = 0.$$

因此有 $P_t f \in C_0(\mathbb{R})$. □

*9.3.4　柯西初值问题

设 $(X_t : t \geqslant 0)$ 是由随机微分方程 (9.3.3) 定义的的扩散过程. 这里假定扩散系数 σ 和漂移系数 b 都是有界利普希茨函数. 令 $C_b^2(\mathbb{R})$ 是 $\mathbb{R}$ 上二次连续可微且其本身和前两阶导数均有界的函数全体构成的集合. 对于 $f \in C_b^2(\mathbb{R})$ 写

$$Lf(x) = \frac{1}{2}\sigma^2(x)\partial_{xx}f(x) + b(x)\partial_x f(x), \quad x \in \mathbb{R}. \tag{9.3.26}$$

根据 (9.3.3) 式和伊藤公式,

$$f(X_t) = f(X_0) + \int_0^t f'(X_s)\sigma(X_s)\mathrm{d}B_s + \int_0^t Lf(X_s)\mathrm{d}s.$$

令 $X_0 = x$ 并对上式取期望得

$$P_t f(x) = f(x) + \int_0^t P_s Lf(x)\mathrm{d}s.$$

对 $t \geqslant 0$ 求导数, 并应用控制收敛定理得

$$\partial_t P_t f(x) = P_t Lf(x), \quad x \in \mathbb{R}. \tag{9.3.27}$$

给定 $[0,\infty) \times \mathbb{R}$ 上的函数 $u = u(t,x)$, 我们写 $u \in C^{1,2}([0,\infty) \times \mathbb{R})$, 是指该函数有连续的导数 $\partial_t u$, $\partial_x u$ 和 $\partial_{xx} u$ 且函数 $|u| + |\partial_t u| + |\partial_x u| + |\partial_{xx} u|$ 在 $[0,\infty) \times \mathbb{R}$ 上有界. 对于函数 $u \in C^{1,2}([0,\infty) \times \mathbb{R})$, 考虑抛物型偏微分方程:

$$\partial_t u(t,x) = Lu(t,x), \quad t \geqslant 0, x \in \mathbb{R}. \tag{9.3.28}$$

显然 (9.3.28) 式是例 8.1.4 中的热方程 (8.1.10) 的推广. 求解 (9.3.28) 式满足初值条件 $u(0,\cdot) = f$ 的解的问题称为柯西问题.

对于 (9.3.1) 式的解 $(X_t : t \geqslant 0)$ 和 $[0,t] \times \mathbb{R}$ 上的函数 $(r,x) \mapsto u(t-r,x)$ 应用伊藤公式得

$$u(t-r, X_r) = u(t, X_0) + \int_0^r \partial_x u(t-s, X_s)\sigma(X_s)\mathrm{d}B_s +$$

$$\int_0^r \partial_x u(t-s, X_s)b(X_s)\mathrm{d}s - \int_0^r \partial_t u(t-s, X_s)\mathrm{d}s +$$

$$\frac{1}{2}\int_0^r \partial_{xx} u(t-s, X_s)\sigma(X_s)^2\mathrm{d}s$$

$$= u(t, X_0) + \int_0^r \partial_x u(t-s, X_s)\sigma(X_s)\mathrm{d}B_s.$$

所以 $\{u(t-r, X_r) : r \in [0,t]\}$ 是有界的 $(\mathscr{F}_t)$ 鞅. 特别地, 上式对 (9.3.1) 式的满足 $X_0^x = x$ 的唯一解 $(X_t^x : t \geqslant 0)$ 成立. 再令 $r = t$ 并取期望得

$$u(t,x) = P_t f(x) = \mathbf{E}[f(X_t^x)]. \tag{9.3.29}$$

这就给出了 (9.3.28) 式的柯西问题的解的一个概率表示. 事实上, 在 b, σ 和 f 满足适当正则条件的情况下, 由 (9.3.29) 式定义的函数 u 是 (9.3.28) 式的初值问题的唯一解, 参见 [19, p.227, 定理 24.1]. 关于随机微分方程和扩散过程的更为深入的讨论, 还可以参考 [20, 22, 29, 38] 等.

练习题

1. 令 (X_t) 为由 (9.3.17) 式定义的奥恩斯坦–乌伦贝克过程.

(1) 证明 (X_t) 是朗之万方程 (9.3.18) 的解;

(2) 给出 (X_t) 的转移半群 (P_t);

(3) 证明 (P_t) 是费勒半群; (4) 证明: 若 $b > 0$, 则 X_t 的分布弱收敛到正态分布 $N(0, \sigma^2/2b)$.

2. 证明由 (9.3.20) 式给出的过程 (S_t) 是 (9.3.19) 式的解.

3. 利用关于正态分布的积分给出由 (9.3.20) 式定义的几何布朗运动 (S_t) 的转移半群 (P_t) 的表示并证明 (P_t) 是费勒半群.

4. 令 $g \in C_b^2(\mathbb{R})$ 而 L 是由 (9.3.26) 式定义的微分算子. 再设 $[0, \infty) \times \mathbb{R}$ 上的函数 $v = v(t, x)$ 有连续的导数 $\partial_t v, \partial_x v$ 和 $\partial_{xx} v$ 且函数 $|v| + |\partial_t v| + |\partial_x v| + |\partial_{xx} v|$ 在 $[0, \infty) \times \mathbb{R}$ 上有界. 证明: 若 v 满足偏微分方程

$$\partial_t v(t, x) = Lv(t, x) + g(x)v(t, x),$$

则它可以表示为

$$v(t, x) = \mathbf{E}\Big[v(0, X_t^x) \exp\Big\{\int_0^t g(X_s^x)\mathrm{d}s\Big\}\Big].$$

提示: 参见 [19, p.230, 定理 24.2].

参考文献

[1] ATHREYA K B, NEY P E. *Branching Processes*. Berlin: Springer, 1972.

[2] BIENAYMÉ I J. De la loi de multiplication et de la durée des families. *Soc. Philo-mat. Paris Extraits*, 1845, 5: 37-39.

[3] BOVIER A. *Gaussian Processes on Trees: From Spin Glasses to Branching Brownian Motion*. Cambridge: Cambridge Univ. Press, 2017.

[4] CHEN M F. *From Markov Chains to Non-Equilibrium Particle Systems*. 2nd ed. Singapore: World Sci., 2004.

[5] CHEN M F. *Eigenvalues, inequalities, and Ergodic Theory*. London: Springer, 2005.

[6] 陈木法, 毛永华. 随机过程导论. 北京: 高等教育出版社, 2007.

[7] CONWAY J B. *A Course in Functional Analysis*. New York: Springer, 1990.

[8] CHUNG, K L. *Lectures from Markov Processes to Brownian Motion*. New York: Springer, 1982.

[9] DUQUESNE T, LE GALL J F. Random Trees, Lévy Processes and Spatial Branching Processes. *Astérisque*, 2002, 281.

[10] ETHIER S N, KURTZ T G. *Markov Processes: Characterization and Convergence*. New York: John Wiley & Sons, 1986.

[11] EINSTEIN, A. Über die von der molekularkinetischen Theorie der Wärme geforderte Bewegung von in ruhenden Flüssigkeiten suspendierten Teilchen (On the movement of small particles suspended in stationary liquids required by the molecular-kinetic theory of heat). *Annalen der Physik*, 1905, 322(8): 549-560.

[12] 菲赫金哥尔茨. 微积分学教程 (第 8 版): 第一卷. 杨弢亮, 叶彦谦, 译. 北京: 高等教育出版社, 2006.

[13] 菲赫金哥尔茨. 微积分学教程 (第 8 版): 第二卷. 徐献瑜, 冷生明, 梁文骐, 译. 北京: 高等教育出版社, 2006.

[14] 菲赫金哥尔茨. 微积分学教程 (第 8 版): 第三卷. 路见可, 余家荣, 吴亲仁, 译. 北京: 高等教育出版社, 2006.

[15] GALTON F, WATSON H W. On the probability of the extinction of families. *J. Anthropol. Inst. Great Britain and Ireland*, 1874, 4, 138-144.

[16] GRIMMETT G, WELSH D. *Probability: An Introduction*. 2nd ed. Oxford: Oxford Univ. Press, 2014.

[17] HEWITT E, STROMBERG K. *Real and Abstract Analysis*. Berlin: Springer, 1965.

[18] 侯振挺. Q 过程的唯一性准则. 长沙: 湖南科学技术出版社, 1982.

[19] 黄志远. 随机分析学基础. 2 版. 北京: 科学出版社, 2001.

[20] IKEDA N, WATANABE S. *Stochastic Differential Equations and Diffusion Processes*. 2nd ed. Amsterdam: North-Holland, Tokyo: Kodansha, 1989.

[21] LAMBERTON D, LAPEYRE B. *Introduction to Stochastic Calculus Applied to Finance*. 2nd ed. Boca Raton: Chapman and Hall/CRC, 2008.

[22] LE GALL J -F. *Brownian Motions, Martingales and Stochastic Calculus*. Switzerland: Springer, 2016.

[23] LE GALL J -F. *Measure Theory, Probability, and Stochastic Processes*. Switzerland: Springer, 2022.

[24] LI Z H. *Measure-Valued Branching Markov Processes*. 2nd ed. Berlin: Springer, 2022.

[25] LIGGETT M. *Interacting Particle Systems*. Berlin: Springer, 1985.

[26] LINDGREN, G. *Stationary Stochastic Processes: Theory and Applications*. Boca Raton: CRC Press, 2013.

[27] PARDOUX E. *Probabilistic Models of Population Evolution: Scaling Limits, Genealogies and Interactions*. Switzerland: Springer, 2016.

[28] 钱敏平, 龚光鲁. 随机过程论. 2 版. 北京: 北京大学出版社, 1997.

[29] 任佳刚. 随机过程教程. 北京: 科学出版社, 2022.

[30] ROSE S M. *Introduction to Probability Models*. 12th ed. London: Academic Press, 2019.

[31] SATO K. *Lévy Processes and Infinitely Divisible Distributions*. Cambridge: Cambridge Univ. Press, 1999.

[32] SHI Z. Branching random walks. In: *Ecole d'Eté de Probabilités de Saint-Flour* Lecture Notes Math. **2151**. Cham: Springer, 2015.

[33] SHIRYAEV A N. *Probability*. New York: Springer, 1996.

[34] WANG F Y. *Functional Inequalities, Markov Semigroups and Spectral Theory*. Beijing: Science Press, 2005.

[35] 王梓坤, 杨向群. 生灭过程与马尔可夫链. 北京: 科学出版社, 2005.

[36] WIENER N. Differential space. *J. Math. Phys.,* 1923, 2, 131-174.

[37] 严士健, 刘秀芳. 测度与概率. 2 版. 北京: 北京师范大学出版社, 2003.

[38] 应坚刚. 随机过程基础. 3 版. 上海: 复旦大学出版社, 2024.

名词索引

外国人名索引

T

田中 (Tanaka), 239

W

沃尔德 (Wald), 41

维纳 (Wiener), 12

乌伦贝克 (Uhlenbeck), 245

X

辛钦 (Khintchine), 199

Y

延森 (Jensen), 49

伊藤 (Itô), 232

伊辛 (Ising), 181

郑重声明

高等教育出版社依法对本书享有专有出版权。任何未经许可的复制、销售行为均违反《中华人民共和国著作权法》，其行为人将承担相应的民事责任和行政责任；构成犯罪的，将被依法追究刑事责任。为了维护市场秩序，保护读者的合法权益，避免读者误用盗版书造成不良后果，我社将配合行政执法部门和司法机关对违法犯罪的单位和个人进行严厉打击。社会各界人士如发现上述侵权行为，希望及时举报，我社将奖励举报有功人员。

反盗版举报电话	（010）58581999　58582371
反盗版举报邮箱	dd@hep.com.cn
通信地址	北京市西城区德外大街4号 高等教育出版社知识产权与法律事务部
邮政编码	100120

读者意见反馈

为收集对教材的意见建议，进一步完善教材编写并做好服务工作，读者可将对本教材的意见建议通过如下渠道反馈至我社。

咨询电话	400-810-0598
反馈邮箱	hepsci@pub.hep.cn
通信地址	北京市朝阳区惠新东街4号富盛大厦1座 高等教育出版社理科事业部
邮政编码	100029

防伪查询说明

用户购书后刮开封底防伪涂层，使用手机微信等软件扫描二维码，会跳转至防伪查询网页，获得所购图书详细信息。

防伪客服电话	（010）58582300

图书在版编目（CIP）数据

概率论 . 下册 / 李增沪，张梅，何辉编著 . -- 北京：
高等教育出版社，2024.8. -- ISBN 978-7-04-063035-0

Ⅰ. O21

中国国家版本馆 CIP 数据核字第 20246L5U03 号

Gailülun

策划编辑	李 蕊	出版发行	高等教育出版社
责任编辑	杨 帆	社　　址	北京市西城区德外大街 4 号
封面设计	王 洋	邮政编码	100120
版式设计	徐艳妮	购书热线	010-58581118
责任校对	刁丽丽	咨询电话	400-810-0598
责任印制	赵义民	网　　址	http://www.hep.edu.cn
			http://www.hep.com.cn
		网上订购	http://www.hepmall.com.cn
			http://www.hepmall.com
			http://www.hepmall.cn

印　　刷	北京盛通印刷股份有限公司
开　　本	787mm×1092mm　1/16
印　　张	17.5
字　　数	350 千字
版　　次	2024 年 8 月第 1 版
印　　次	2024 年 8 月第 1 次印刷
定　　价	43.80 元

本书如有缺页、倒页、脱页等质量问题
请到所购图书销售部门联系调换

版权所有　侵权必究
物 料 号　63035-00